全国农业高等院校规划教材
农业部兽医局推荐精品教材

宠物治疗技术

● 欧阳龙　刘伯臣　主编

中国农业科学技术出版社

图书在版编目（CIP）数据

宠物治疗技术/欧阳龙，刘伯臣主编．—北京：中国农业科学技术出版社，2008.8
全国农业高等院校规划教材．农业部兽医局推荐精品教材
ISBN 978-7-80233-573-8

Ⅰ．宠…　Ⅱ．①欧…②刘…　Ⅲ．观赏动物—动物疾病—治疗—高等学校—教材
Ⅳ．S858.93

中国版本图书馆 CIP 数据核字（2008）第 081281 号

责任编辑　孟　磊
责任校对　贾晓红

出版发行　中国农业科学技术出版社
　　　　　北京市中关村南大街 12 号　邮编：100081
电　　话　（010）82106632（编辑室）
传　　真　（010）62121228
网　　址　http://www.castp.cn
经　　销　新华书店北京发行所
印　　刷　北京富泰印刷有限责任公司
开　　本　185 mm×260 mm　1/16
印　　张　21.625
字　　数　514 千字
版　　次　2008 年 8 月第 1 版　2008 年 8 月第 1 次印刷
定　　价　34.00 元

《宠物治疗技术》

编 委 会

主　　编　欧阳龙　黑龙江畜牧兽医职业学院
　　　　　刘伯臣　黑龙江民族职业学院

副 主 编　王　强　黑龙江生物科技职业学院
　　　　　解志峰　黑龙江农业职业技术学院
　　　　　董　冰　信阳农业高等专科学校

编写人员　（按姓氏笔画为序）
　　　　　王　奔　吉林农业科技学院
　　　　　王　强　黑龙江生物科技职业学院
　　　　　王成森　山东畜牧兽医职业学院
　　　　　马青飞　黑龙江生物科技职业学院
　　　　　刘伯臣　黑龙江民族职业学院
　　　　　刘本君　黑龙江畜牧兽医职业学院
　　　　　刘洪杰　黑龙江农业职业技术学院
　　　　　欧阳龙　黑龙江畜牧兽医职业学院
　　　　　董　冰　信阳农业高等专科学校
　　　　　解志峰　黑龙江农业职业技术学院

主　审　　徐向明　江苏畜牧兽医职业技术学院
　　　　　徐世文　东北农业大学

前　言

本教材是在《教育部关于加强高职高专教育人才培养工作的意见》、《关于加强高职高专教育教材建设的若干意见》、《关于全面提高高等职业教育教学质量的若干意见》等文件精神的指导下编写的。

在编写教材过程中，根据高职高专的培养目标，遵循高等职业教育的教学规律，针对学生的特点和就业面向的工作岗位特点，注重对学生专业素质的培养和综合能力的提高，突出实践技能训练。理论内容以“必需”、“够用”为度，适当拓宽知识面；实践内容以基本技能为主，又有综合实践项目。所有内容均最大限度地保证其科学性、针对性、应用性和实用性，并力求反映当代新知识、新方法和新技术。

在《宠物治疗技术》上，图文并茂，直观性很强，便于教师在教学中使用，更便于学生在临床实践中操作，有较高的应用价值，例如宠物雾化给药是当前宠物治疗中较为新颖，实用的方法，对宠物呼吸道疾病治疗效果较为理想，各项治疗技术在临床治疗中有创新特色，使最先进的治疗理念和治疗方法在教材中凸显。突出应用性，具有一定的理论高度，但重点强调实践，例如激光疗法的机理只做了简要的叙述，重点强调激光疗法的使用和适应症。教材内容充实，语言比较简练，适合高职高专教学特点，对培养高级职业技术人才具有一定实用性。

编写人员分工为（按章顺序排列）：刘伯臣编写第一、二、三章；第四章由马青飞编写；欧阳龙编写第五、六章、第九章和第十一章，并且担负全书统稿任务；第七章第一节由王强编写；第七章第二节由谢志峰编写；第七章第三节、第四节由王奔编写；第七章第五节由刘本君编写；第七章第六节由王成森编写；第八章由刘洪杰编写；第十章由董冰编写。东北农业大学动物医学院徐世文和江苏畜牧兽医职业技术学院徐向明为本书的审校以及黑龙江生物科技职业学院王强协助欧阳龙主编均做了大量工作。编写工作承蒙中国农业科技出版社本套书籍编委副主任闫庆建同志的指导；黑龙江民族职业学院丁岚峰编委副主任对本书结构体系和内容等方面提出了宝贵意见，同时也向“参考文献”的作者一并表示诚挚的谢意。

由于宠物医疗行业在我国尚处于起步阶段，宠物治疗技术的资料较少，加之编者水平所限，难免有不足之处，恳请专家和读者赐教指正。

编　者

2008 年 5 月

序

中国是农业大国，同时又是畜牧业大国。改革开放以来，我国畜牧业取得了举世瞩目的成就，已连续20年以年均9.9%的速度增长，产值增长近5倍。特别是“十五”期间，我国畜牧业取得持续快速增长，畜产品质量逐步提升，畜牧业结构布局逐步优化，规模化水平显著提高。2005年，我国肉、蛋产量分别占世界总量的29.3%和44.5%，居世界第一位，奶产量占世界总量的4.6%，居世界第五位。肉、蛋、奶人均占有量分别达到59.2千克、22千克和21.9千克。畜牧业总产值突破1.3万亿元，占农业总产值的33.7%，其带动的饲料工业、畜产品加工、兽药等相关产业产值超过8 000亿元。畜牧业已成为农牧民增收的重要来源，建设现代农业的重要内容，农村经济发展的重要支柱，成为我国国民经济和社会发展的基础产业。

当前，我国正处于从传统畜牧业向现代畜牧业转变的过程中，面临着政府重视畜牧业发展、畜产品消费需求空间巨大和畜牧行业生产经营积极性不断提高等有利条件，为畜牧业发展提供了良好的内外部环境。但是，我国畜牧业发展也存在诸多不利因素。一是饲料原材料价格上涨和蛋白饲料短缺；二是畜牧业生产方式和生产水平落后；三是畜产品质量安全和卫生隐患严重；四是优良地方畜禽品种资源利用不合理；五是动物疫病防控形势严峻；六是环境与生态恶化对畜牧业发展的压力继续增加。

我国畜牧业发展要想改变以上不利条件，实现高产、优质、高效、生态、安全的可持续发展道路，必须全面落实科学发展观，加快畜牧业增长方式转变，优化结构，改善品质，提高效益，构建现代畜牧业产业体系，提高畜牧业综合生产能力，努力保障畜产品质量安全、公共卫生安全和生态环境安全。这不仅需要全国人民特别是广大畜牧科教工作者长期努力，不断加强科学研究与科技创新，不断提供强大的畜牧兽医理论与科技支撑，而且还需要培养一大批掌握新理论与新技术并不断将其推广应用的专业人才。

培养畜牧兽医专业人才需要一系列高质量的教材。作为高等教育学科建设的一项重要基础工作——教材的编写和出版，一直是教改的重点和热点之一。为了支持创新型国家建设，培养符合畜牧产业发展各个方面、各个层次所需的复合型人才，中国农业科学技术出版社积极组织全国范围内有较高学术水平和多年教学理论与实践经验的教师精心编写出版面向21世纪全国高等农林院校，反映现代畜牧兽医科技成就的畜牧兽医专业精品教材，并进行有益的探索和研究，其教材内容注重与时俱进，注重实际，注重创新，注重拾遗补缺，注重对学生能力、特别是农业职业技能的综合开发和培养，以满足其对知识学习和实践能力的迫切需要，以提高我国畜牧业从业人员的整体素质，切实改变畜牧业新技术难以顺利推广的现状。我衷心祝贺这些教材的出版发行，相信这些教材的出版，一定能够得到有关教育部门、农业院校领导、老师的肯定和学生的喜欢。也必将为提高我国畜牧业的自主创新能力和增强我国畜产品的国际竞争力作出积极有益的贡献。

国家首席兽医官
农业部兽医局局长

二〇〇七年六月八日

目　录

第一章　治疗学概论

宠物临床兽医学是认识和防治宠物疾病，保护宠物健康的科学。其目的在于防治宠物疾病，减少因病、死亡所造成的经济损失和给患宠主人造成的精神损失；增强宠物机体的抗病力，保护宠物健康，以促进宠物养殖业的发展，增加经济效益。

宠物疾病的防治工作，主要在采取预防措施的同时，积极合理地进行治疗，才有重要的实际意义。因为宠物疾病不仅可导致生产性能及利用价值的降低，而且疾病的发生、发展和转归，又可造成直接的经济损失，所以及时合理地治疗患病宠物，既能防止疾病的发展、蔓延，又能使患病宠物尽快地康复。

宠物治疗学就是研究宠物疾病治疗方法的理论和实际应用的科学。

在现代科学技术发展的过程中，伴随着科学理论与科学技术的不断发展和更新，医学技术已将普通生物学、医用物理学、生理学及病理生理学等作为基础，又将综合药理学、一般治疗学、物理治疗学、外科手术学、现代超声技术、激光技术、计算机技术、分子生物学技术、遗传工程技术等有关理论与技术及新兴学科融汇为一体。首先，在外科技术的疼痛、失血和感染三大难关取得突破后，使外科疗法得到突飞猛进的发展。目前外科手术已由原来的切除外科修复阶段发展到显微外科和器官移植阶段。其次，化学疗法的开辟与抗生素的发现，使传染病得到了有效的控制。在人医以及宠物临床，以细胞动力学和分子药理学的原理指导化学疗法，显著提高了对某些癌症的疗效；白细胞介素、促红细胞生成素、干扰素、调钙素等的临床应用同样是当前最新的研究成果。此外，生物医学工程学的发展，如人工呼吸机、人工血管等的应用和改进，使某些宠物疾病的治疗效果显著提高；而人工器官的研究则是现代医学研究的新课题，即用人工器官代替那些不可逆损害、丧失正常功能的器官，如人工心、肺、肝、肾、膀胱等，有些处于试验阶段，有些即将过度到宠物的临床应用。

第一节　疾病与疾病发展的一般规律

一、健康与疾病

健康是以机体各器官系统机能的协调统一及机体与外界环境之间保持动态平衡为特征的。

疾病是机体与一定病因相互作用而发生的损伤与抗损伤的复杂斗争过程。在此过程中，机体的机能、代谢和形态结构发生异常，机体各器官系统之间以及机体与外界环境之间协调平衡关系发生改变。

人类对疾病的认识，是随着社会生产的不断发展和科学的不断进步，从不知到知之，从知之甚少到知之较多，是不断提高和不断完善的一个过程。现代医学对疾病的研究，已从群体水平、个体水平、系统器官水平、细胞水平、亚细胞水平发展到分子水平，进一步加深了对疾病的认识。

二、疾病与病因

（一）疾病的概念和特征

现代医学认为，疾病是机体在一定条件下与病因相互作用，因稳态调节异常而发生的一种异常生命过程。疾病时，机体对病因引起的损伤发生一系列的抗损伤反应，由于稳态调节异常和损伤与抗损伤的作用。在疾病过程中出现各种机能、代谢和形态结构的异常变化，以及各种相应的症状、体征和行为异常。这些异常变化使机体各器官系统之间及机体与外界环境之间的协调平衡关系发生改变，使宠物机体活动能力、生产性能、经济价值及观赏价值降低。疾病是完整机体的复杂反应，其发生、发展和转归有一定的规律性。因此疾病包括以下几个特征：

1. 任何疾病的发生都是由一定原因引起的，没有原因的疾病是不存在的。疾病发生的原因包括内因（机体本身的原因）和外因（外界致病因素）。此外，疾病的发生还与诱导发生疾病的条件有关。因此疾病的发生应从内因、外因、和条件三个方面来考虑。

2. 任何疾病都是完整统一机体的反应，呈现一定的机能、代谢和形态结构的变化，这是疾病时产生各种症状的体征的内在基础。这些变化，就其性质而言，又可分为二类：一类是疾病过程中造成的损伤性变化；另一类是机体对抗损伤所出现的防御代偿适应性变化。

3. 任何疾病都包括损伤和抗损伤两个方面的变化，疾病过程就是损伤与抗损伤相互斗争、相互转化和对立统一的过程。在疾病过程中损伤性变化占优势，疾病趋向恶化；抗损伤性变化占优势，则疾病趋向于好转。

4. 疾病是一个有规律发展的过程，在其发展的不同阶段，有其不同的变化和一定的因果转化关系。掌握疾病发展变化的规律，对认识疾病的变化、预测其发展和转归以及进行有效的防治，均有重要意义。

5. 疾病是在正常生命活动基础上发生的一个新过程，它与健康有质的区别。健康是以机体各器官系统之间的机体协调统一及机体与外界环境之间保持动态平衡为特征的。疾病时，这种体内外的协调平衡关系则发生改变。

6. 宠物是为人类服务的伴侣动物，疾病时不仅其生命活动能力减弱，而且动物的生产性能、经济价值降低，同时失去其观赏性和趣味性。这是宠物疾病的重要特征。

（二）病因学概论

病因是疾病发生的必要因素，没有病因就不会发生疾病，因此，没有病因的疾病是不存在的。尽管目前还有些病因不明的疾病，但是随着医学的进展和研究的深入，其致病因素迟早是会被认识的。

病因可分为外因和内因。此外，能促进疾病发生的条件，则称为诱因。病因和诱因是有区别的，二者不能混同，在研究病因时应予以分清。

1. 外因

(1) 生物性致病因素　如各种病原微生物（细菌、病毒、支原体、弓形体、立克次氏体、螺旋体和真菌等）和寄生虫（原虫、蠕虫等）。这些因素的致病作用与其致病力、数量及侵入机体的部位是否适宜有关。病原体侵入机体后，在一定部位生长繁殖，一方面造成机械损伤，另一方面通过其代谢产物，如毒素、侵蚀性酶及死亡变性的病原体等干扰、破坏组织细胞的正常代谢，或引起变态反应，或造成生理功能障碍，或引起组织器官的损伤并出现各种临床症状。生物性致病因素所引起的疾病，必须具备病原体、易感动物和造成感染的环境条件等三个基本因素。

(2) 物理性致病因素　包括各种外界机械力（引起创伤、骨折、震荡等）、电离辐射（引起放射病）、高温与低温（引起烧伤或冻伤）、电流（引起电击伤）、大气压力改变和激光等。内源性机械因素，如体内肿瘤、异物、寄生虫、结石、脓肿、肠内闭结物等。此类病因的作用特点是直接作用于组织、细胞而造成损害，起病急但多不参与疾病的发展过程，而是由其引起的损伤——组织水肿、断裂、出血、坏死等继续起致病作用。

(3) 化学性致病因素　如强酸、强碱、一氧化碳、有机磷、生物性毒物等。这些因素的作用特点，往往在体内积累到一定量后才引起疾病，且或多或少在体内有残留并参与疾病的发展过程，常有选择地作用于一定部位。

(4) 必需营养物质的不足或过盛　如蛋白质、脂肪、糖类或维生素、矿物质、微量元素等的不足或过盛以及饲养、卫生、管理条件的失宜或错误等，这在宠物的营养代谢疾病以及各器官系统疾病和中毒性疾病的病原上具有重要意义。

此外，在环境条件因素的致病作用中，近年来某些工业生产的三废（废气、废水、废渣）污染了自然环境，造成公害，严重威胁人及宠物健康，已成为值得注意的外界致病因素。

2. 内因

(1) 机体防御机能的降低　如皮肤、黏膜的屏障作用，吞噬细胞的吞噬、杀菌作用，肝脏的解毒机能，呼吸道、消化道及肾脏的排除机能等降低的因素。

(2) 机体的反应性不同　如种属、品种及品系、年龄、性别等因素。

(3) 机体免疫特性的改变　如免疫功能障碍或免疫反应异常等因素。

(4) 机体遗传因素的改变　遗传物质的改变可以直接引起遗传病，也可使机体获得遗传易感性，即遗传因素。

一般而言，外因是疾病发生的重要因素，没有外因通常不能发生疾病，但外界致病因素作用于机体能否引起发病则在很大程度上取决于机体的内部因素，即外因通过内因起作用。致病外因如何通过内因而起作用，问题甚为复杂，须做具体分析。当致病因素数量多、强度大，而机体的抵抗力衰弱时，机体不能或仅能部分地消除致病因子，机体内组织细胞不断遭到破坏而使功能障碍，从而表现出疾病的症状或体征；或当致病因素作用强，而机体的免疫反应也过于强烈时，也可导致组织的损伤而致病。所以，外因和内因之间的反应强度十分重要，不足或过度都会导致疾病。

就一般疾病而言，外界致病因子作用于机体时，首先引起机体局部的免疫反应或炎症反应，这是内因与外因间相互斗争的第一个表现，也可说是疾病的第一个阶段。而机体内部的状态，决定着疾病的发展和转归。当机体的修复和代偿能力超过了外界致病因子所致的损害时，疾病被消灭在萌芽状态，机体得到康复。如果机体的内在抗病能力不足，则疾病继续发展，同时病因与机体的斗争也在延续。

致病因子可能通过体液成分的改变，神经反射和对细胞的直接影响，从而引起机体的变化。这些改变可以最终导致机体内体液的质、量的改变和细胞代谢的改变，引起一系列机能和形态结构的异常，从而促成了疾病的发生。

3. 病因学在宠物疾病治疗过程中的实际意义

病因学的基本理论为宠物医疗实践提供了预防原则和治疗原则。

（1）病因学的预防原则　病因学的预防原则是通过各种措施，防病于未然。在致病因素作用于机体前将其消除，或者阻挡病因与机体相互作用，或者增强机体抵抗力等，以防止某些疾病的发生。例如对宠物传染病和寄生虫病的预防，可采取必要的防疫卫生措施，消灭病原微生物或寄生虫，清除传播疾病的中间媒介，防止或减少病因与机体的接触机会，加强饲养管理增强动物抵抗力等。病因学的预防原则是以“预防为主”的医疗方针为理论基础。祖国医学曾提出“上工不治已病治未病”，正是强调了病因学的治疗原则的重要意义。

（2）病因学的治疗原则　病因学的治疗原则是指疾病发生以后，对继续起致病作用的病因，采取医疗措施消灭病因的原则。例如，由病原微生物引起的感染性疾病，采用各种抗菌素或特异血清等进行治疗；对寄生虫病采用各种驱虫剂，以消灭或驱除病原等。如果将病因学的治疗与发病学的预防与治疗相配合，那么在宠物治疗实践中将具有重要意义。

（三）疾病发展过程的一般规律

疾病的种类繁多，每种疾病均有其各自的发展特点。但是，许多种疾病又存在着共同的发展规律。

1. 损伤与抗损伤的斗争和转化

在疾病的发展过程中，致病因素引起各种病理性损伤，同机体的抗损伤反应相互斗争，并贯穿疾病发展过程的始终。斗争双方的力量对比，决定疾病发展的方向和结局。如创伤出血引起血压下降、缺氧、酸中毒等一系列损伤性病理变化，同时又激起机体的抗损伤性反应，表现为周围小动脉收缩，贮存在血库中的血液参与循环，心跳加快加强等。如果出血量少，机体通过上述抗损伤性反应，可以很快恢复。但如出血量大或持续出血，抗损伤性反应不足以代偿，就可导致休克、缺氧、酸中毒等一系列严重后果。再如，发生炎性疾病时，其主要病因是细菌侵入机体，引起组织细胞的破坏，即造成损伤。同时，在损伤的部位，局部血管扩张，血流量增多，血管内液体成分和细胞成分渗出。渗出的细胞（如白细胞）可吞噬病原体，渗出的液体还可以稀释毒素并带来抗体，进一步对抗致病因素。再有巨噬细胞清除坏死组织，组织细胞增生以修复由于细胞被破坏而形成的组织缺损。所有这些都是机体、细胞与损伤斗争的抗损伤反应。炎性疾病的本质，就是由损伤与抗损伤的矛盾所决定的。

损伤与抗损伤斗争的发展，使疾病呈现一定的阶段性。然而，不同阶段中抗损伤性变化对机体的意义不同，损伤与抗损伤的矛盾双方在一定条件下又是可以相互转化的。如急性肠炎时的腹泻，最初有助于排除肠道内的细菌和毒素，是机体的抗损伤性变化之一，但剧烈的腹泻可引起脱水和酸中毒，原来作为抗损伤性变化的腹泻此时则变为对机体不利的损伤性变化。又如，创伤性出血时，局部血液凝固，可以阻止或减少出血，是一种抗损伤性变化，但当出血停止后，由于血液凝塞血管，可能引起局部血液循环障碍，就转化为对机体不利的因素。所以，在研究疾病过程中损伤和抗损伤时，必须根据具体情况进行具体分析，才能作出正确的判断和采取合理的医疗措施。

2. 因果关系及其转化

原始病因作用于机体而引起发病，产生一定的病理变化，即为原始病因作用的结果。而这一结果又可引起新的变化，从而又成为新的病理变化的原因。如此因果的交替变化，形成一个链锁式发展过程。例如，机械损伤引起大失血，大失血使血容量减少，血容量减少导致心输出量减少及动脉血压下降，血压下降又反射地引起交感神经兴奋，进而皮肤及腹腔器官的微动脉及小静脉收缩，结果造成组织缺血、缺氧，继之毛细血管大量开放，多量血液淤积在毛细血管之中，从而回心血量及心输出量进一步减少，动脉血压愈加降低，微循环中血液淤积再增加，组织细胞缺血，缺氧更加严重而发生坏死，造成重要器官功能衰竭。如此，病程不断发展，病情不断变化，终可导致死亡。这就是创伤性大失血病程中的因果转化及其所造成的恶性循环。

在病程发展链锁上的不同环节，其发病学的意义和作用也不同。其中，决定病程发展和影响疾病转归的主要变化为主导环节（创伤性大失血的主导环节是血容量减少）。病程发展的不同阶段，其主导环节也可能不同，随着病程的发展，主导环节也可能发生转化。

在宠物医疗临床实践中，要正确的掌握疾病过程中的因果关系，要善于识别病程发展阶段的不同环节，采取合理的医疗措施，预防其主导环节的发生，打断其主导环节的发展，防止疾病恶化，提高机体的抵抗力，才能有效地防治疾病。

3. 局部和整体

疾病过程中的病理变化，有时表现在某些局部组织器官，有时表现为全身性的。但是，首先应该明确，任何局部的病理变化都是整体疾病的一定组成部分，任何疾病都是完整统一机体的复杂反应，局部既受整体的影响，同时它又影响整体。例如，患大叶性肺炎时，病变虽主要表现在肺脏局部，但就其发生、发展又与整体不能分开。致病因素作用于肺脏，通过调节肺脏血管的神经功能改变，致使肺血管扩张、充血、渗出和血细胞游出，从而引起肺脏的炎症过程。而肺脏局部的炎症变化又引起机体的体温升高、食欲减退、精神沉郁等全身性反应。

疾病的局部病理变化，有时是整体疾病的重要标志或特征，有时局部的病理变化又成为整体疾病的主导环节。局部病变在一定条件下可以转变为全身性病理变化，如局部化脓性炎症，在机体的抗病力降低时，可发展成为脓毒败血症。应当指出，疾病时的局部病理变化，有时是整体疾患的重要环节。例如肠套叠、局部化脓灶、某些肿瘤等。在这种情况下，采取有效措施，消除局部病变，疾病就可好转或痊愈。总之，在认识和对待疾病时，既应从整体观念出发，又不能忽视局部的变化，要进行全面分析和客观处理，才能客观正确地认识和有效地防治疾病。

第二节　病因学及发病学与治疗

研究病因学与发病学，对指导宠物疾病临床防治工作有重要的实际意义。

病因学是疾病预防的理论基础，只有明确病因，才能达到防患于未然的目的。

病因学从治疗的角度提示，治疗疾病首先必须针对疾病的原因进行对因治疗，采取病原疗法，才能达到根本的治疗目的。治病必求其本。在医疗实践中，对每个病例都应明确病因，通过有效的治疗方法和措施，消除病因并配合必要的其他疗法进行综合治疗，以使患病宠物康复。

发病学中损伤与抗损伤的斗争规律告诉人们，临床工作中应该认识和辨别各种病变和症状的性质及其对机体的影响，哪些对机体有利，哪些对机体不利。治疗过程应采取适当的方法和手段，以促使对机体有利的抗损伤性变化向优势方面发展，加快患病宠物的康复过程。掌握不同病程阶段损伤与抗损伤性病变的转化规律，以期能及时地消除不利于机体的损伤性病变。如急性肠炎的腹泻达到极其剧烈和频繁的程度，使机体发生严重失水和酸中毒的危害时，则宜采取止泻疗法，以阻止病情恶化，同时进行消炎，补液等综合治疗，以使患病宠物迅速康复。

疾病发展过程的因果转化规律启示我们，临床实践中，要正确地掌握疾病发展中的因果关系，善于识别不同病程阶段的主导环节，及时地采取相应的治疗措施，切断恶性循环的链锁，防止病情恶化，以争取疾病的良好转归。如创伤性大失血的主导环节是血容量减少，对此，及时地采取输血、补液疗法，达到扩容目的，病情将向良好转归方面发展；再综合运用其他必要治疗，患病宠物将会转危为安。

发病学的治疗原则，是根据各种疾病发生发展的规律和机理，采取适当的医疗措施，增强机体的抗病能力，打断恶性循环的因果转化连锁和主导环节，阻止或减轻疾病时的病理损伤性变化，促使疾病向良性转归方向发展。疾病过程的局部与整体关系，为进行局部和全身的综合疗法提供了理论根据。患肺炎时既应治疗肺脏的局部炎症，又应配合全身疗法，出血时进行止血、输血，脱水时进行补液等。正确掌握发病学的治疗原则，在临床治疗中具有重要意义。

病因学和发病学的基本规律和基本观点，是指导临床治疗工作的重要理论基础。运用这些理论，对每个病例进行具体分析，可以为选用合理的治疗方法，制定正确的治疗方案，取得良好的治疗效果提供有益的线索与启示。

复习思考题

1. 疾病发展过程中有哪些规律?
2. 病因学与发病学，对指导宠物疾病临床防治工作有哪些重要的实际意义?

第二章　疾病与治疗

第一节　治疗的目的

治疗患病宠物，其主要目的是采取各种治疗方法和措施，以消除外界致病原因，保护机体的生理功能并调整其他各种功能之间的协调平衡关系，增强机体的抗病力，以使之尽快地得到康复。

疾病是机体在外界或体内的某些致病因素作用下，因自稳调节紊乱而发生的生命活动障碍过程。在此过程中，机体对病因及其造成的损伤产生抗损伤反应，组织细胞发生功能、代谢和形态结构的病理变化，患病宠物出现各种症状、体征及行为的异常，对环境的适应能力降低。疾病一旦发生，机体内环境稳定性和机体对自然环境的适应性就会遭到破坏，机体便进入了与健康状态完全不同的失衡运动状态。

疾病有时不用任何治疗，只靠机体的反应能力或防御机能就能自愈，这是生理上的保护手段，即所谓的自然自愈。宠物对于刺激都有发挥自愈的能力，但这主要依靠机体的抵抗力。因此，在治疗疾病时，有必要考虑宠物的身体状况。

对于患病宠物机体，施以治疗刺激（治疗药物、物理性的处置等），可以显著的促进疾病的治愈。由此可见，所谓治疗就是更好的改善机体的机能，以维持和延长生命。治疗的目的在于力求治愈疾病的同时，设法使动物不再得病，以维持机体的健康。

1. 消除病因

病因学是疾病预防的理论基础。只有明确病因，才能采取各种措施防病于未然。首要的问题是消除内在或外在的刺激或应激，阻止病因与机体的相互作用，提高机体的抗病力。这包括改善饲养管理和环境条件，投给药剂和进行适当的外科处理等。治疗疾病必须针对疾病的原因进行对因治疗，采取病因疗法，才能达到根本的治疗目的。

2. 保护患病宠物的机能

在实施治疗时，首先保护患病宠物的机能。治疗过程中采取适当的方法和手段，使机体向有利于抗损伤变化的优势方向发展，加快患病宠物的康复过程。应掌握不同程度或不同阶段的损伤与抗损伤性变化的规律，以便能及时消除不利于机体的损伤性病变。如果要保护与运动有关的机能，就必须使其休息和安静；发热时投给解热剂；心脏机能障碍时给予强心剂，并令其休息等，以促使患畜恢复体力，给予其机能恢复的充裕条件，也就是说，机能保护特别需要给予适当的管理和治疗制剂。

3. 调节患病宠物的机能

调节患病宠物的机能就是使其减退了的机能得以增强，亢进的机能得到抑制。为此，除了要排除各种疾病的刺激，增进动物的抵抗力之外，还可以应用药物的治疗。

4. 增强抵抗力

患病宠物痊愈的关键是增强机体对各种刺激的抵抗能力。因此，必须加强营养，改善患病宠物的管理和护理。

（1）改善饲养　无论治疗何种患病宠物，加强营养都是一个根本问题。如果患病宠物的营养状态良好，就能增强对疾病的抵抗能力，加速宠物体的修复作用。也就是说，依据患病宠物机体营养状态采用营养疗法，通过不同的途径来调配和饲喂含有蛋白质、糖、脂肪、矿物质以及维生素等各种营养的物质；同时，饲料的给予数量、质量和次数都颇为重要，切忌单纯而盲目地给料。

（2）患病宠物的卫生管理　应充分根据病性来改善患病宠物生活环境（宠物舍、光照、温度、湿度及清扫等），清洁或刷拭宠物体，给予适当的运动。在患病的恢复期，要逐渐促进其机能的恢复，避免突然的、粗暴的方法。如开腹手术的患病宠物、全身麻醉恢复期的患病宠物，给予适当的饲养管理，使其机能逐渐恢复。

第二节　治疗的手段和方法

用作治疗的手段、方式、方法和措施十分复杂，对现有的多种治疗方法进行统一的分类也甚为困难，如按不同的内容加以相对的区分，可大致归纳如下。

一、按照治疗的具体手段及其特征的分类

（一）药物疗法

凡是应用药物及其制剂进行治疗的方法，统称为药物疗法。药物疗法是治疗学中应用极为广泛、意义极为重要的治疗法。

药物是指用于机体以防治疾病的化学物质。它能针对治疗目的，产生有利于机体并促进其康复的治疗作用。按照用药目的不同其治疗作用也不一样，通常可分为对因治疗和对症治疗。

1. 对因治疗

病因疗法就是明确致病原因，并针对病因进行治疗，以除去发病因素为目的的治疗方法。如利用磺胺类药物或抗生素药物对病原体的抑制或杀灭作用，以治疗某些生物性病原所引起的传染病；应用驱虫药物治疗寄生虫病的方法。总之，这些药物都是通过直接杀死或阻止病原体生长发育来治疗疾病的。病原体被消除，机体即恢复，患病宠物得到痊愈。临床上可利用某些药物的对因治疗作用而实施病因疗法。

2. 对症治疗

对症治疗的目的，主要是消除或减轻疾病的某一或某些症状，间接增强患病宠物的恢复机能的治疗方法。如当疾病呈体温升高、腹痛、皮下浮肿等症状时，应用解热、镇痛、利尿药，以调节相应的机能，解除有关症状以使患病宠物康复。

为了收到药物治疗的预期效果，必须根据患病宠物及疾病的具体情况，正确、合理地选择药物，应用适当的剂量、剂型及给药方法，并应按治疗计划完成规定的疗程。

（二）化学疗法

化学疗法通常是指化学物质治疗感染性疾病的一种疗法。其实质是一种特定（或特异）的药物疗法。根据药物所属的医学体系，可以分为中药疗法、西药疗法和中西医结合疗法；根据药物作用，作用可以分为抗微生物类药物疗法，抗肿瘤药物疗法，免疫调节疗法等；根据给药途径可以分为口服疗法、注射疗法、外用疗法等。治疗所用的化学物质，称为化学治疗药，其特定的含意是指对病原体有高度的选择性毒性，能杀灭侵害机体的病原体，而对宠物机体细胞无明显的毒性的物质。化疗药包括的范围很广，包括抗菌药、抗病毒药、抗霉菌药、抗原虫药等均为化疗药物。过去化疗药物的概念，只看作是抗感染药，近年来将对恶性肿瘤有选择性抑制作用的化学物质也称为化疗药。因此，现在可将化学治疗广义地理解为用化学物质选择性地作用于病原体的一种病因疗法。

初期的化学治疗，只对原虫、螺旋体等大型原体有效，20 世纪 30～40 年代磺胺类药及青霉素的临床应用，完全改变了细菌感染性疾病的治疗局面，其后，在从微生物来源寻求其他抗生素的研究中，相继有不同抗菌谱的多种抗生素问世，从而为多数由细菌感染的宠物传染病的防治提供了极其重要的作用。

当然，近年伴随抗菌药物的广泛使用，在取得积极的防治效果的同时，也出现了一些问题，如抗菌药物的滥用对畜体的毒性反应，细菌耐药性的产生及药物的残留等。为此，必须切实的注意抗菌药物的合理使用。临床用药的基本原则是：严格掌握适应症，正确地选药，应用适当的剂量，规定恰当足够的疗程，做到合理地用药，并注意药物的副作用和不良反应的发生。

（三）物理疗法

应用自然界和人工的各种物理因子，如光、电、X 射线、水、冷、热以及按摩等物理因子进行治疗疾病的方法，称为物理疗法。以医用物理学、动物生理学的现代理论知识为基础，结合临床治疗的应用，物理治疗学已形成为治疗学中的一个重要分支学科。科学技术的进展，不断为物理治疗的临床应用、设计提供了日益增多的新的、实用的医疗仪器，某些新技术的应用，如激光疗法、冷冻疗法等，为宠物临床治疗学增添了新的内容。目前物理疗法已较普遍地应用于宠物疾病的治疗工作中，并且显示出重要的实际意义。

物理疗法的治疗机理，实际上是一种刺激疗法和调节神经营养功能疗法。一般而言，物理因素对机体的作用具有非特异性质，其作用是通过神经系统而实现的，应用物理疗法，可在一定程度上消除或减弱某些病理性反应，使紊乱的机体的机能正常化，并使相应的神经营养功能得到恢复。

物理疗法的有效性决定于：根据疾病的性质、程度和时期以及患病宠物的具体情况而选用适宜的物理性治疗因子、规定适当的剂量和疗程、配合进行必要的其他疗法等。

（四）营养疗法

是给予患病宠物必要的营养物质或营养药剂的治疗方法。营养是能量代谢的物质基础。必需的足够的营养，是保证机体健康和高度生产效能的基本条件，营养疗法能改善患病宠物的营养条件、代谢状况、促进其生理功能的恢复，加快机体的康复过程。营养疗法在综合治疗中占有重要的地位。对于由某些营养物质缺乏或不足而引起的疾病（如维生素，矿物质微量元素的缺乏症等），给予所需要的营养药剂（如维生素、必需的微量元素或磷、钙制剂等）或富含营养物质的饲料、饲料添加剂，更可起到病因治疗的作用。从某种意义上来看，输血疗法、补液疗法、给氧疗法等也可属于广义的营养疗法。

特定的营养疗法，系指以治疗为目的，根据疾病的性质、情况确定日粮标准及饲养制度，而专门对患病宠物组织的治疗性饲养，即所谓食饵疗法治疗性饲养的基本原则是：

①选择能满足患病宠物机体需要和由于疾病而过度消耗的营养物质；

②用作饲养物质，应是容易消化并且有营养价值和适口性；

③食饵疗法应符合宠物种属的特点；

④营养物质一般应通过患病宠物的自然采食而给予，必要时可辅以人工饲喂法；

⑤食饵疗法的选定，除应考虑机体的需要和具体病情外，还应注意其肝脏功能，排泄器官及肾脏的状态。应限制或停止饲用那些能使病理过程加剧的营养物质。

有关具体的饲养制度，应根据患病宠物、疾病的具体情况而定，如保守疗法、半饥饿疗法或全饥饿疗法等。

（五）外科手术疗法

即通过对患病宠物施行外科手术以达到治疗目的的方法。兽医外科及实验外科的发展，为很多疾病的治疗研究成功提供了有效的手术方法。化学疗法的应用，已能有效地防止术后感染及其并发症，为手术疗法的临床应用提供了可靠的保证。尽管手术具有创伤性，但其临床意义却十分重要。手术疗法的应用十分广泛，在治疗学中占有重要地位，某些手术（如肿瘤异物的切除或器官变位的整复等），可起根治作用。而许多其他手术治疗，也均有对症治疗和病理机制疗法的意义。

手术疗法的应用，应根据疾病的具体情况及患病宠物的具体状态而定。手术疗法的效果既决定于手术过程本身及其技巧，也与术后治疗及护理有关。合理的术后治疗及周到的护理，是保证手术疗法成效的重要条件。因此，手术疗法一般都应同时配合进行其他必要的综合治疗，如药物疗法、营养疗法和物理疗法等。

某些急性病例的手术治疗、手术时机的选择甚为关键。在适宜手术的时机，及时、果断地施行手术，才能取得预期的良好效果。犹豫不定、拖延时间会使手术治疗失去良机，从而影响实际的治疗效果。

（六）针灸疗法

针灸疗法是祖国医学及兽医学中一种独特的传统治疗方法。由于其简便易行，治疗效果明显，所以一直传延至今并有一定的发展。针灸疗法包括针法和灸法。针法是用特制的针具，通过刺扎患病宠物的特定部位（所谓穴位），给以机械的刺激，从而达到治疗目的的一种疗法。

宠物治疗学中针刺疗法的应用甚为广泛，根据所用针具的不同又分为圆针（圆利针）疗法、血针疗法、水针疗法、新针疗法、电针疗法、激光针疗法及气针火针疗法等。其中以圆针在特定穴位针刺的所谓白针疗法，实际应用最多。

灸法治疗在宠物临床上常用艾灸疗法、穴位理线疗法和按摩疗法等。其中以按摩疗法最为简易实用。

针灸治疗的效果，与选穴是否恰当及定穴是否准确有直接关系。所以依据疾病的具体情况，选取适当的穴位，并根据解剖部位准确地定取相应穴位。

关于针灸疗法的机理，近年来通过深入的研究虽有一定的进展，但还在继续探讨之中。

二、按照治疗作用机理的分类

（一）病原疗法

当机体内有病原因素存在，且病原起继续作用时，应采取病原疗法。病原疗法的直接目的是消除致病因素，病原被消除则疾病痊愈，从而起到根本的治疗作用。病原疗法的主要手段有：

1. 特异性生物制剂疗法

针对特定的病原微生物采用特异性血清或疫苗，以达特效的治疗效果。如应用破伤风抗毒素血清治疗破伤风等。

2. 化学疗法

如应用磺胺类药或抗生素治疗细菌感染性疾病，应用抗原虫及抗蠕虫药治疗寄生虫病，以及其他化学治疗药的临床应用。

3. 营养疗法及替代疗法

营养疗法和替代疗法中的某些手段和药剂，在治疗某些疾病时，同样可起到病原治疗作用，如维生素缺乏症应用维生素治疗，内分泌器官功能减退时应用激素治疗；大失血时采取输血疗法等。

4. 治本的手术疗法

通过手术的切除或整复，以根除肿瘤、异物和某些局部病变，从而起到病原治疗的作用。

病原疗法的应用范围极广，包括大多数宠物传染病及寄生虫病，全身或局部感染性疾病，某些营养缺乏和代谢紊乱性疾病，某些中毒病及宜施行手术治疗的局部或器官的病变等。

（二）对症疗法

针对患病宠物所表现的症状进行治疗，一般虽不能达到治本的目的，但可消除或减轻其主要症状，切断疾病发展过程恶性循环的链锁，阻止病程发展，这在临床治疗中具有重要的实际意义。特别是对某些急性病例，如稽留高热、极度狂躁兴奋、重剧腹痛、频繁腹泻、大面积皮下浮肿、剧烈咳嗽等，及时地采取解热、镇静、镇痛、止泻、利尿、镇咳等对症治疗，可以缓解病情，争得时间，为进一步治疗提供条件。针对某些重危的病例，根据情况积极采取补液、强心、输氧等救急措施，常可使患病宠物转危为安。

中医治疗原则中的“急则治标、缓则治本”也就含有这种意思。所谓“标”一般指疾病的症状而言。

对症治疗要分清症状的主次，不能只是发热就解热，疼痛便镇痛。必须抓住主要矛盾和主导环节。如当慢性心功能不全时，可产生一系列症状，如心跳加快、第二心音减弱、脉搏微弱、静脉淤滞、咳嗽、呼吸困难、减食、腹泻、皮下浮肿甚至有腹水等，但是此时的基本矛盾和主导环节是心脏收缩力的减弱，其他症状都是由此而引起的。如能应用强心剂进行合理的对症治疗，心缩力增强后就可使其他症状逐渐缓解，减轻以至消失。

对症治疗的手段也很多，某些手术疗法、营养疗法、物理疗法等，但是最重要的对症治疗手段还是药物疗法。根据症状的特点，结合药物的选择性，选用恰当的药剂，是取得有效治疗的基本条件。

（三）病理机制疗法

当疾病原发性病因的作用已停止，但病理过程还继续进展时，或某些外界不良因素（如创伤、受寒、饲养管理错误等）作用于机体而引起疾病时应用病理机制疗法甚为重要。病理机制疗法的目的，在于促进器官、组织、神经调节功能障碍的恢复，促使患病宠物迅速痊愈。

病理机制疗法包括有各种刺激疗法和调节神经营养机能疗法。

1. 非特异性刺激疗法

将乳汁、血清、血液或组织液注入机体的皮下或肌肉内，这些蛋白类物质经分解、吸收，对机体产生刺激作用，表现为注射部位红、肿、热、痛、发生局限性反应及全身的体温升高、白细胞增多及吞噬机能的亢进，从而促使机体防御功能增强。为此而应用的治疗方法，称非特异性刺激疗法。

非特异性刺激疗法又依所用注射物质不同而分为蛋白疗法（注射血清、乳汁等），自家血疗法（注射患病宠物自身的血液），同质血或异质血疗法（注射同种属动物的异体血液或不同种属动物血液，或将上述血液经抗凝和一定时间的冷藏后用作注射）等。此外，还有组织疗法、组织溶解疗法以及细胞毒素疗法等。

以上这些疗法的机理尚不十分清楚。随同有效的药物疗法（尤其是抗生素及磺胺类药物的应用）的发展及其他各种疗法的增多，非特异性刺激疗法的应用已逐渐减少。目前在宠物临床治疗中，有时还应用蛋白疗法、自家血疗法及同质血或异质血疗法，其具体内容在此不做详述。

2. 调节神经营养功能疗法

根据神经论学说的观点，高等动物机体的各种活动，包括营养功能，也就是新陈代谢的调节功能，都受中枢神经系统的支配与调节。在病理过程中，机体的代谢受有害因素的影响而发生改变。如果这种改变超出机体自身调节的界限，就应该进行治疗性的积极干预。

调节神经营养功能疗法主要有保护性抑制即所谓睡眠疗法及普鲁卡因封闭疗法。

（1）保护性抑制疗法　应用镇静或镇痛剂（水合氯醛、酒精、安乃近等）。睡眠疗法可以阻断病痛对中枢－大脑皮层的不断刺激，抑制过程可使大脑皮层得到充分休息，并促使其功能紊乱得以恢复。

（2）封闭疗法　应用普鲁卡因或其他具有类似作用的药物，使外周神经或植物神经发生一时性封闭，使病灶向中枢神经不断发生的刺激暂时中断，为神经中枢的休息创造良好的条件，并促进病变部位营养调节功能的恢复。

调节神经营养功能疗法可以有效地应用于某些外科和内科疾病的治疗，具有一定的实际意义。

（四）替代疗法

补足机体缺乏或损失的物质，称替代疗法。

1. *输血疗法*

输血疗法在起补充、替代作用的同时，尚有刺激（加强代谢及造血）作用、止血（提高血液凝固性）作用及解毒作用。输血可用于急性大失血、休克及虚脱、中毒、烧伤、衰竭症等。

2. *激素疗法*

是用以治疗内分泌腺疾病或其功能减退时的一种替代疗法。

3. *维生素疗法*

用于治疗原发或继发的维生素缺乏症或具有维生素缺乏症状的患病宠物。根据患病宠物的具体情况，可经口给予富含维生素的饲料或制剂；也可以从注射途经补给之。

第三节　治疗的基本原则

正确合理的治疗，才能收到预期的良好效果。为了达到有效的治疗目的，必须根据患病宠物的特点和疾病的具体情况选择适当的治疗方法并组织实施治疗措施。每种疾病的都有不同的具体疗法，但是在治疗时则都应遵循一些共同的基本原则。

一、治病必求其本的治疗原则

任何疾病，都必须明确致病原因，并且力求消除病因而采取对因治疗的方法。根据不同的致病原因，采取不同的病原，采取不同的病原疗法。如对某些传染病，应用特异性生物制剂，可收到特异性治疗效果；对各种微生物感染性疾病，就用抗生素或磺胺类药物进行化学治疗（也是特效疗法）效果较好；对各种原虫病，蠕虫病，应用抗原虫或抗蠕虫药，能确切地达到治疗目的；对一些营养品代谢性疾病，给予所需要的特质营养性药剂，应实行替代法；对某些中毒性疾病，针对病原性毒物进行解毒治疗；对某些适合于进行外科手术治疗的疾病，适时而果断地施行治本的手术疗法。这些都是能取得根治效果的必要手段，因此病原疗法具有首要意义。

在进行病原疗法的同时，并不排斥配合应用必要的其他疗法，有些疾病，病因未明，显然无法对因治疗，有些疾病虽然病因明确，但缺乏对因治疗的有效药物，所以对症治疗仍为切实可行的办法，特别是当疾病过程矛盾转化，使某些症状成为致命的主要危险时，及时地对症治疗就更有必要。

对于有合并其他疾病或继发休克的病例，积极采取对症疗法，纠正休克，这无疑是临床当务之急。

二、主动积极的治疗原则

唯有主动积极的治疗，才能及时地发挥治疗作用和防止病情蔓延，阻断病程的发展，迅速而有效地消灭疾病，使患病宠物恢复健康。

主动积极的治疗，要贯彻预防为主的方针，进行预防性治疗，针对畜群的具体情况（种属、品种、年龄等），结合当地疫情及检疫结果制定常年的、定期的检疫、防疫制度及疾病的防治办法，如采取定期的预防接种使宠物获得特异性免疫力，预防某些传染病的发生与流行，对宠物群实行定期的驱虫措施，以防寄生虫病的侵袭；制定科学的饲养制度，合理地调配饲料日粮，以防某些营养代谢疾病的发生。

治疗的主动性和积极性，还应体现为早期发现宠物患病，及时采取治疗措施。做到早期发现，早期诊断，才能及时治疗，防止疾病发展和蔓延。无疑根据疾病早期症状而进行及时治疗，可将疾病消灭在萌芽状态或初期阶段，从而收到主动而积极地治疗效果。为此，应经常监视宠物，随时发现疾病的信号或线索，制定宠物监护制度，定期检测某些疾病的亚临床指标，以作早期发现、早期诊断的依据。

针对具体病情，采用特效疗法，应用首选药物，给予足够剂量（如磺胺药的首剂倍量）进行突击性治疗，以期最快、最彻底消灭疾病，这也是主动积极治疗原则的一个内容。

完成规定疗程，坚持进行治疗，才能收到彻底的、稳定的预期疗效，尤其是在应用磺胺类及抗生素类药物进行化学疗法时更是应该注意的，如病情稍见好转就中途停药，可因疗程未完而病情反复，甚至会引起耐药性等不良后果。

三、综合性的治疗原则

所谓综合疗法，是根据具体病例的实际情况，选取多种治疗手段和方法予以必要的配合与综合运用。每种治疗方法和手段都有其各自的特点，而每个具体病例又都有千差万别。针对任何一个病例只采用单一的治疗方法，即使是特效疗法，有时也难以收到完全满意的效果。因此，必须根据疾病的实际情况，采取综合性治疗，发挥各种疗法相互配合的优势，以期相辅相成。临床宠物医师的重要任务，就在于综合分析患病宠物和疾病的具体情况，合理的选择组合。应用各种必要的疗法，进行具体的综合治疗。如对因治疗可配合必要的对症治疗；局部疗法也应并用必要的全身疗法；手术治疗必须结合药物疗法等综合性的术后措施。合理的治疗更应辅以周密的护理，才能取得满意的治疗效果。所以，综合性治疗是临床治疗学中一项重要的基本原则。

四、生理性的治疗原则

宠物机体在进化过程中获得了很强的抗病力和自愈能力，包括适应环境能力，对病原体的免疫、防御能力，对损伤与破坏的代偿和修复能力等。生理性的治疗原则就是在治疗疾病时，必须注意保护机体的生理机能，增强机体的抗病力，促进机体的代偿、修复和机体的抗损伤性变化，使病势向良好方向转化，以加速其康复过程。

疾病既然是抗病因素同致病因素相互斗争的结果，那么单纯使用药物消除外部致病因素的治疗是不够全面的，战胜疾病的更积极主动的手段是从根本上增强机体的免疫力，调动机体抗损伤性的代偿和修复能力，生理性的治疗原则也是积极主动治疗原则的一种体现。

五、个体性的治疗原则

治疗的不是疾病而是患病的机体，治疗的对象是不同种类的宠物，从这个意义上讲，宠物临床人员必须树立治疗的个体性原则。治疗时，应该考虑患病宠物的品种特点以及不同年龄、性别条件等。掌握个体反应性，以进行个体性的治疗。对具体宠物进行具体分析，是进行个体治疗的出发点。

六、局部治疗结合全身治疗的原则

疾病发展过程中，局部与全身是密切相关的，局部病变以全身的生理代谢状态为前提，并会影响到其他局部以至全身。治疗时应采取局部疗法与全身疗法相配合的原则，依据宠物机体病情不同也可酌情有所侧重。

所谓全身治疗是指所用药物作用于全身，或是改善全身各器官的功能和代谢，或是加强整个机体的抗病力。所谓局部疗法则指治疗措施仅仅作用于病灶局部，局部法虽然对全身也有影响，但一般来说仅是间接的。当然在某些情况下，局部治疗又可能成为当务之急，局部病痛被消除，全身状态可随之恢复。

所以，治疗工作中应将局部疗法与全身疗法结合运用。

基于以上各点，总的治疗原则是：在生理性、个体性治疗的前提下，应以病原疗法为基础，配合其他的必要疗法进行综合性治疗，而一切治疗措施又都必须遵循积极、主动性的基本原则。

第四节　有效治疗的前提和保证

一、诊断与治疗

诊断是对疾病本质的认识和判断，是治疗的前提和依据。临床治疗工作中，只有经过一系列的诊断，对疾病的原因、性质、病情及其进展有了一定认识之后，才能提出恰当的治疗方案。

诊断必须正确，因为误诊常可导致误治。诊断内容中，首先要求查明疾病的原因，做出病原学诊断，明确致病原因，才能有针对性的采取对因治疗，病原疗法是根本的治疗方法。

为作出病原诊断，在诊断过程中，应进行病史的详细调查了解，从中探讨特定的致病条件，临床中要注意发现疾病的特征性症状，为病原诊断提出线索，还要配合进行病理材料的检验分析，掌握病原诊断的特异性材料和根据，必要时在通过实验诊断（实验动物接种或实验病理学的病例复制）以证实疾病的原因，通过这些为病原疗法提供基础和依据。具体的诊断不能仅仅标明一个病名，而是应该反映病理解剖学特征，即疾病的基本性质和主要被侵害的器官、部位、程度，分清症状的主次，明确主导的病理环节和疾病的类型，病期和程度等，以作为制定具体治疗方案，采取对证治疗及其他综合措施的依据和参考。

对复杂病例，还要弄清原发病与继发病，主要疾病与并发病及其相互关系。完整的诊断还应包括对预后的判断，预后就是对疾病发展趋势和可能的结局、转归的估计与推断。科学的预后，常是制定合理的治疗方案和确定恰当的处理措施的必要条件。

主动积极的治疗原则，要求及时地做出早期诊断。任何诊断的拖延，都可导致治疗失去良机。根据及时的早期诊断，采取预防性的治疗，以收到积极的防治效果。

早期诊断须以经常巡视，检查患病宠物个体，及时发现病情线索和定期对宠物群进行监测措施等综合性宠物医疗防治制度为基础，而研究各种疾病的亚临床指标和早期诊断根据，则是宠物疾病临床诊断工作的重要课题。

诊断是治疗的前提，而治疗又可验证诊断。对疾病的认识、判断是否符合实际，是否正确，还有待治疗实践的检验。

正确的诊断常被有效的治疗结果所验证。但也有某些例外，有时虽然诊断不够明确，治疗也未必完全恰当，而依机体的自愈能力使病情好转以至痊愈；有时尽管诊断正确，但因缺乏确切、特效的治疗方法，而使治疗无效，但更多的实例证明，诊断结论同治疗结果是密切相关的。正确诊断是合理治疗的先导，误诊可以导致误治，而治疗效果又可为修正或完善诊断提示方向。

既然疾病是一个发展的过程，那么诊断就应伴随病程进展而不断补充，修正并使之逐渐完善，直至病程结束而得出最后诊断结论。有时初步诊断只能提示大致的方向，最后诊断是在对病程的继续观察、检验及治疗结果的启示下逐渐形成的。

有时根据临床初步材料，只能提示可能是肠阻塞的疑似或初步诊断。在进一步的诊疗过程中，有时甚至是在剖腹探查手术中，根据确实找到的患病部位的局部变化而得到确诊，并经手术治疗而获得治愈，可见，治疗对验证和确定诊断确有重要实际意义。

治疗与诊断在临床实践中是辩证统一的，二者是相辅相成的。因此，诊断是治疗的前提和依据，治疗结果又可检验、纠正诊断，进一步的诊断又为下一步的治疗提出启示，如此反复以至最后诊断的确立和治疗的患病宠物得到康复。

二、治疗与护理

适宜的护理是取得有效治疗的重要保证。

护理工作中首先要求给患病宠物提供良好的环境条件、适宜的温度、光照、湿度、通风良好的畜舍，可加快患病宠物的恢复。

针对疾病特点，组织治疗性饲养（食饵疗法），具有重要的实际意义。

依病情需要，可对患病宠物做适宜的保定，或进行适当的运动。对长期躺卧的患病宠物，每日应翻转躯体，以防褥疮发生。

经常刷拭患病宠物机体，保持清洁，兼能起到物理疗法作用。

治疗方法恰当，护理周密、适宜，是取得良好治疗效果的两个基本条件。

三、治疗计划及具体方案的制定和执行

对每一个具体病例的治疗，都应根据患病宠物具体情况，采取适当的综合疗法，并制定具体的治疗计划。为此，应将各种方法、手段，按照一定的组合，一定程序加以安排，并规定所用药剂的给药方法、剂量和疗程。

最初的治疗方案可能不够全面或不够完善，这就要在治疗实践中详细地观察病程经过，周密地注意患病宠物的反应、变化和治疗效果，而随时加以修改、补充。

根据治疗的反应和结果，或许可为诊断提供修改、补充线索或可对治疗方法的修正、补充提出方向，如此边实践边改进，直到病程结束。

治疗计划与治疗方案制定后，应取得宠物主人同意和支持，按计划执行，无特殊原因

一般应按规定完成疗程计划，不宜中途废止。

一切治疗措施、方法、反应、变化、结果，均应详细地记录于病历中。每个病例治疗结束后，均应及时地作出总结以吸取经验教训。

复习思考题

1. 填空：宠物治疗的目的包括（　　）、（　　）、（　　）、（　　）四个方面。

2. 填空：治疗宠物疾病按具体手段分为（　　）、（　　）、（　　）、（　　）、（　　）、（　　）六个方面。

3. 填空：宠物疾病治疗方法按作用机理分为（　　）、（　　）、（　　）、（　　）四种。

4. 简要回答宠物疾病的治疗原则包括哪几个方面？

第三章　常用治疗技术

第一节　保定

宠物性格及行为表现一般分为三种类型：与人友善型、胆怯型和攻击型。第一种类型的宠物性格温顺，易于与人接近，临床上也易于捕捉和保定；第二种类型的宠物胆小、怕生，当陌生人接近时，主要表现自我防范行为；第三种类型的宠物，性格暴烈，具有强烈的攻击欲望，不易被人控制，临床上也难于接近和捕捉。

在宠物临床工作中，为了便于诊疗疾病，确保人和宠物的安全，往往需要使用人力、器械甚至药物等限制宠物的活动或制约其攻击行为。保定的方法有多种，通常要按照临床诊疗工作选择适当的保定方法。

因宠物对其主人有较强的依恋性，保定时若有主人配合，可使保定工作顺利进行。保定方法分为多种，可根据宠物个体的大小、行为及诊疗目的，选择不同的保定法。保定要做到方法简单、确实、确保人及宠物的安全。在给宠物进行诊疗时要注意不被其咬伤，对于温顺的宠物可以不必保定，一边安抚一边治疗。治疗时要防止咬伤，但也不要过于害怕。

一、徒手保定法

1. 怀抱保定

保定者站在犬一侧，两手臂分别放在犬胸前部和股后部将犬抱起，然后一手将犬头颈部紧贴自己胸部，另一只手抓住犬两前肢限制其活动（图 3－1）。此法适用于小型犬和幼龄大中型犬进行听诊等检查，并常用于皮下或肌肉注射。

2. 站立保定

保定者蹲在犬的一侧，一只手向上托起犬下颌并捏住犬嘴，另一只手臂经犬腰背部向外抓住外侧前肢（图 3－2）。此法用于比较温顺或经过训练的大、中型犬进行临床检查，或用于皮下、肌肉注射。

3. 侧卧保定

保定者站在犬一侧，两只手经其外侧体壁向下绕腹下分别抓住内侧前肢腕部和后肢小腿部，用力使其离地，犬侧卧地，然后用两前臂分别压住犬的肩部和臀部使其不能站立

(图3-3)。此法用于对大中型犬腹壁、腹下、臀部和会阴部等进行短时快速的检查和治疗。当猫遇到威胁时有突然抓咬的特点，所以治疗时必须将猫的头颈及四肢紧紧抓牢，否则会被猫咬伤或抓伤。保定者一只手尽量靠近猫头部抓住颈部皮肤，防止猫回头；另一只手抓住猫的前后肢，将其按倒在治疗台上（图3-4)。此法多用于短时快速的临床检查或皮下、肌肉注射等治疗。

4. 倒提保定

保定者提起犬两后肢小腿部，使犬两前肢着地（图3-5)。此法适用于犬的腹腔注射、腹股沟阴囊疝手术、直肠脱和子宫脱的整复等。

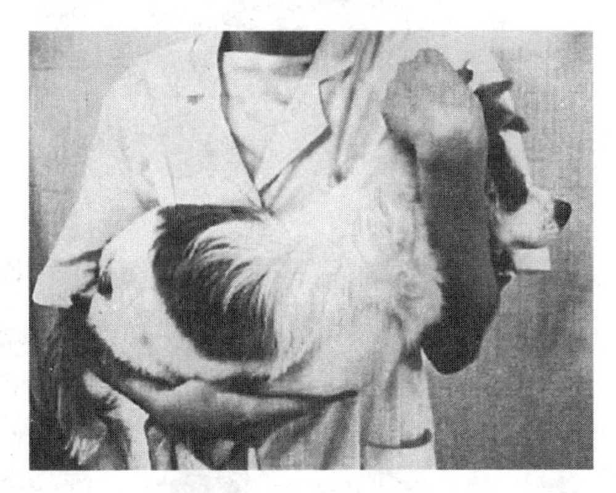

图3-1　怀抱保定

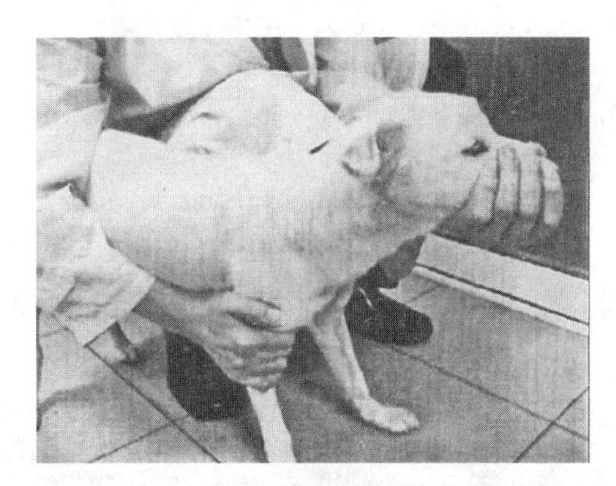

图3-2　站立保定

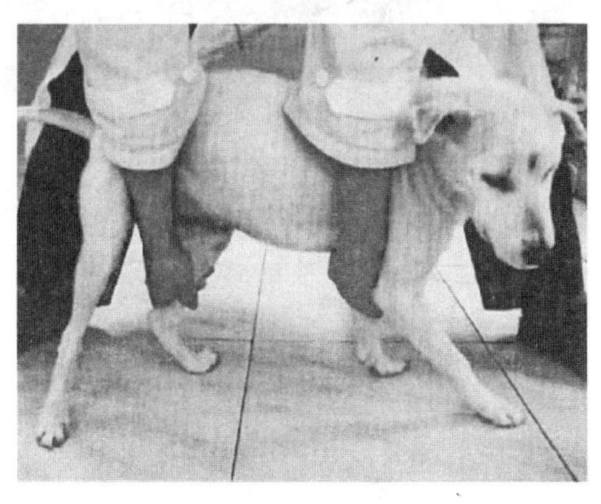

图3-3　侧卧保定

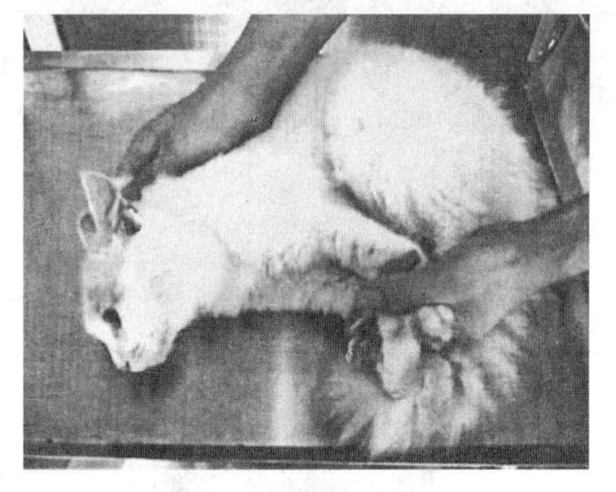

图3-4　猫徒手侧卧保定

二、扎口保定法

将一条绷带或绳索绕成活圈套在犬鼻梁前部捆住犬嘴（图3-6)，并将绷带或绳索两端在下颌交叉向后引至颈部打结固定（图3-7)。短嘴犬或猫扎口后容易滑脱，可在扎口基础上把颈部打结后的绷带或绳索长头向前穿过鼻背侧活圈，再返回颈部与绷带或绳索的另一端打结（图3-8)。此法试用于性情较凶或对陌生人有敌意的犬或猫，以防医护人员进行检查治疗时被其咬伤。

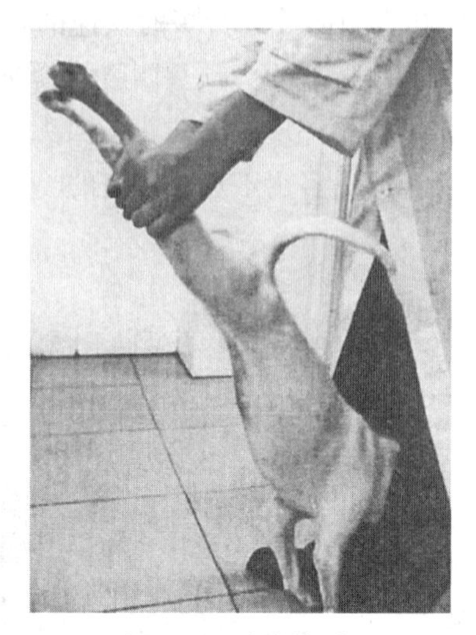

图3-5　倒提保定

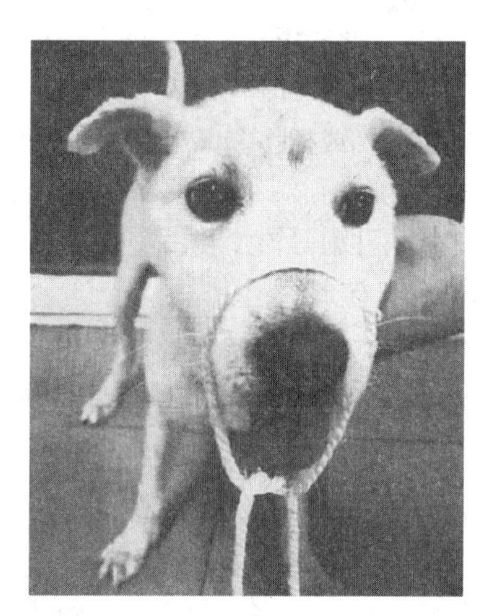

图3-6　扎口保定

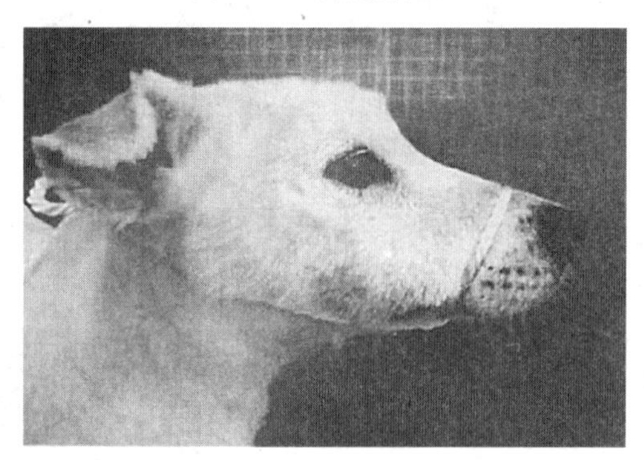

图3-7　扎口保定

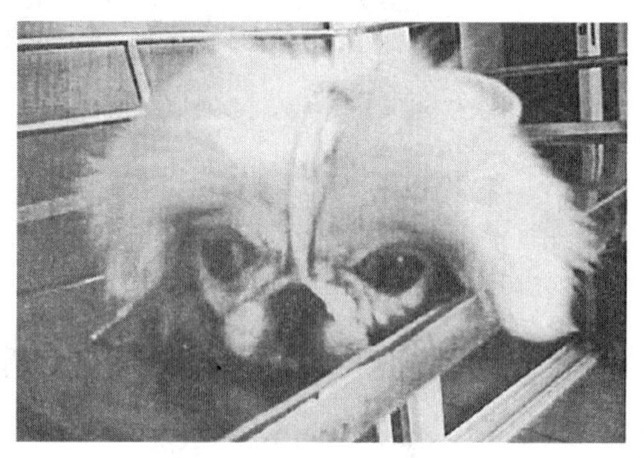

图3-8　扎口保定

三、口套保定法

把用牛皮或硬质塑料等制成的网套套在犬的口部，利用连接绳带将起固定在犬的颈部（图3-9）。此法保定效果与扎口保定法基本相同。

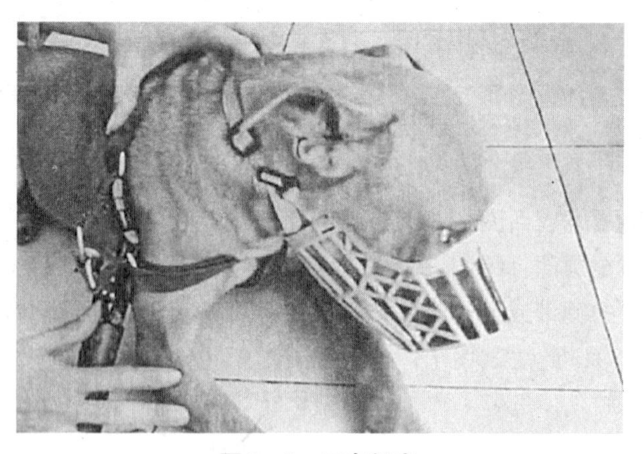

图3-9　口套保定

四、颈圈保定法

商品化的宠物颈圈（也叫伊丽莎白项圈），是由坚韧且富有弹性的塑料板制成（图3－10、图3－11）。使用时将其围成圆环套在犬猫颈部，然后利用上面的扣带将其固定（图3－12、图3－13）。此法多用于限制犬、猫回头舔咬躯干或四肢的术部，以免再次受损，有利于创口愈合。

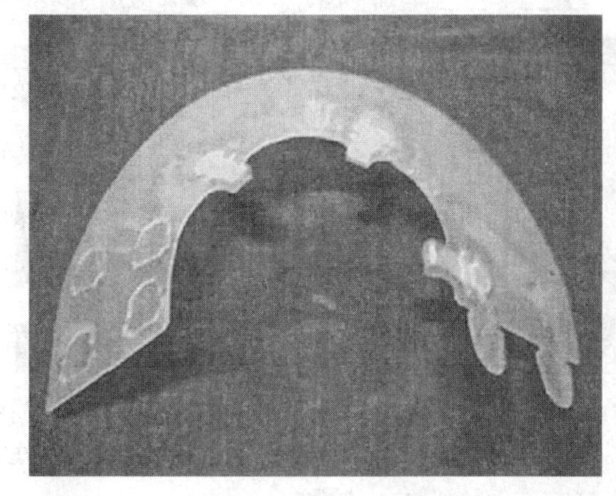

图3－10　宠物颈圈

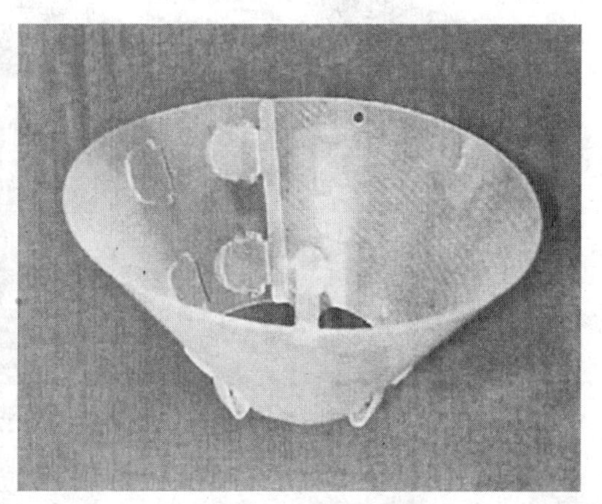

图3－11　宠物颈圈

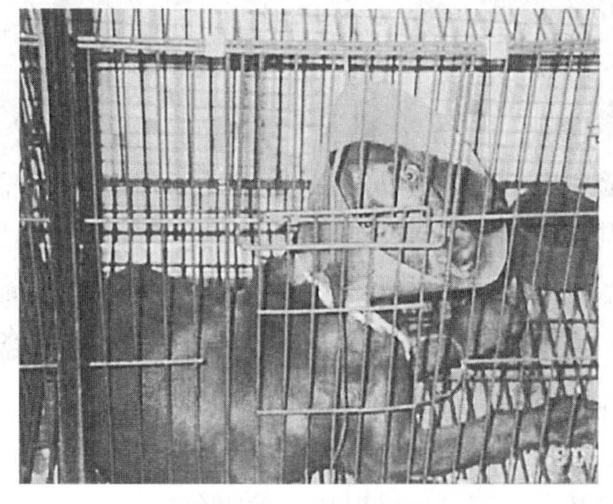

图3－12　犬颈圈保定

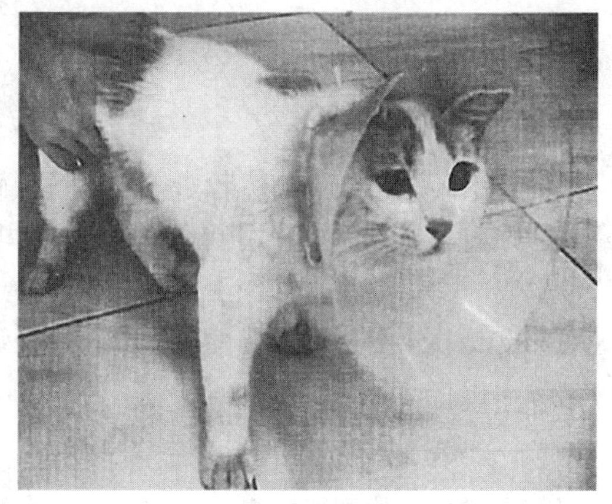

图3－13　猫颈圈保定

五、犬笼保定法

将犬放在不锈钢制作的长方形犬笼内，推动活动板将其挤紧，然后扭紧固定螺丝，以限制其活动（图3－14、图3－15）。此法适用于兴奋性很强的或性情暴烈的犬只，多用于肌肉注射或静脉滴注。

六、化学保定法

是指应用某些化学药物，使动物暂时失去正常反抗能力的保定方法。此法达不到真正麻醉要求，仅使犬的肌肉松弛、意识减退、消除反抗。常用的药物包括镇静剂、安定剂、催眠剂、镇静止痛剂、麻醉剂等，如氯丙嗪、安定、静松灵、速眠新、氯氨酮、噻胺酮等。此法适用于对患病宠物进行长时间或复杂的治疗，方便操作，对人安全，但增加了药物可能带来的一些风险。除此以外，也可以应用厌恶气味物质涂抹于患部（包括苦味、辣味等）给犬留下记忆。

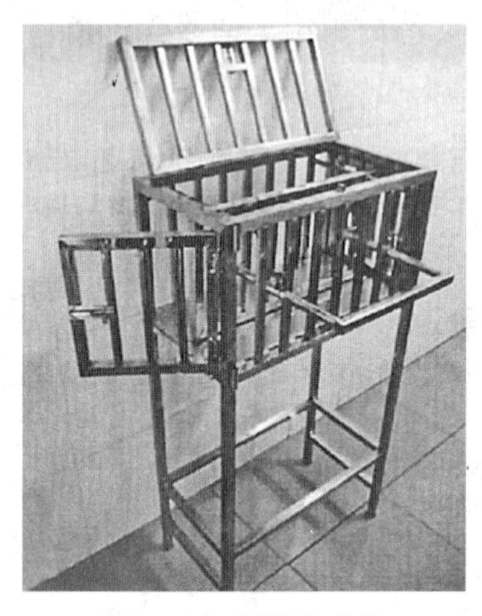

图3－14　不锈钢犬笼

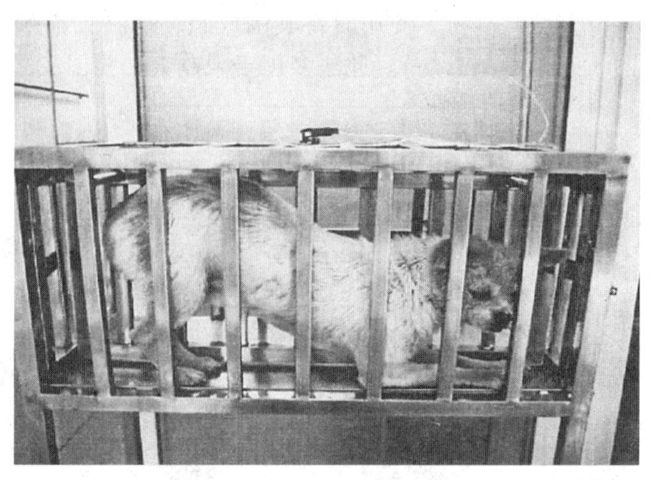

图3－15　犬笼保定

第二节　给药法

一、投服给药法

经口给药法是宠物临床较多应用的一种简便的给药方法，在许多疾病的早期，投服给药具有疗效明显，治疗费用低廉的优点。尤其是用于某些消化道疾病如消化不良、便秘或胃肠炎等，由于药物直接作用于胃肠内容物或胃肠黏膜而发挥药理作用，因此产生疗效迅速可靠，是临床上不可取代的一种给药途径。依据宠物的生理特点和药物不同剂型，投药一般采取以下两种方法：

（一）胶囊及片丸剂给药

如果投给的片剂、胶囊剂无异味，而宠物又有食欲时，可以将药剂包在它们喜欢吃的食物内，同食物一起给服，这种方法行不通时可以尝试其他方式。

将宠物站立或呈犬坐式保定。投药者左手从犬鼻背部或猫头后用拇指和中指挤压口角，打开口角，右手持匙、镊或直接用手指将药片或药丸送于舌根部（图3－16）。投药后立即抽出匙、镊或手指，迅速合拢口腔并抬高宠物下颌，或用手掌叩打其下颌或咽部，以诱发其吞咽动作。也可以使用塑料投药器，其形状与注射器相似，内装少量清水，前部有加药片的夹头（图3－17）。将其插入宠物口腔后推动针芯，药片与水同时进入口中。投药应掌握的原则是快速、果断，在宠物意识到之前药已投入。

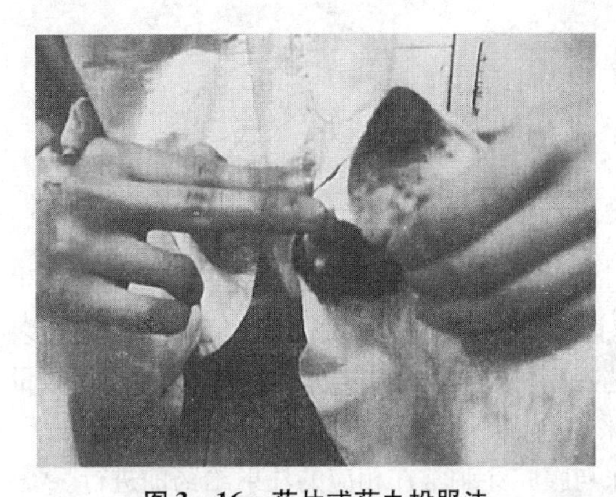

图3－16　药片或药丸投服法

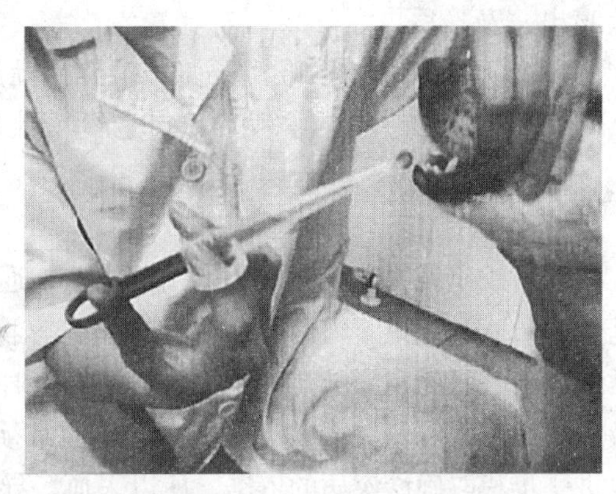

图3－17　药片或药丸投服法

（二）水、油剂给药

1. 不使用胃管的投药方法

当投给少量药液时，可以将唇的口角拉起，形成一个皱襞，将药液从皱襞注入口腔内，要求将宠物的头部保持水平。可以使用注射器投药，既可定量又很方便。把握并抬高头部，右手将吸好药液的注射器头部从其一侧插入口腔，缓缓推入药液，宠物便可自然吞咽。（图3－18）。

主要用于少量的水剂药物或将粉剂、研碎的片剂，加适量的水而制成溶液、混悬液、糊剂。中药及其煎剂以及片剂、丸剂、舔剂等，各种动物均可应用。例如苦味健胃剂也要经口给药。要准备好灌角，投药橡胶瓶、小勺、系上颌保定器、鼻钳子以及丸剂投药器等。

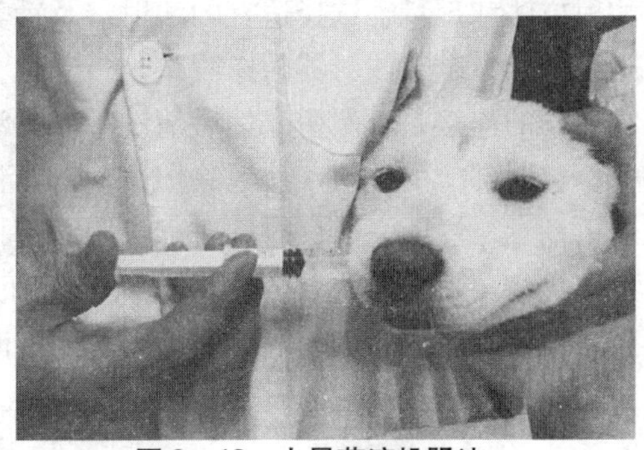

图3－18　少量药液投服法

2. 胃管投药法

宠物的胃管投管因鼻腔狭窄而极少应用。经口插管简便实用。当患病宠物沉郁或衰竭时，不用特殊的保定便可顺利实施。

插胃管时，首先将宠物的口腔打开，在打开的口腔内插入胶布圈，令其咬合并将胶布圈固定，从胶布圈的中央孔将胃管经咽插入食道，并插入至第八肋骨处，然后用漏斗或注射器将药液注入。

在插入导管时，可能误入气管，需要进行具体判断，具体方法有：通过导管外判断是否有与呼吸节律相同的气流存在，如无气流存在，表明是在食管或胃内，可以进行投药。

投药时应选择胃管的尺寸，对于幼龄犬、猫应选择直径4mm的柔软的导管，成犬可以根据犬猫体格的大小选择直径7～12mm的导管。为使插管顺利，可以在插管前端涂上凡士林软膏或液体石蜡以润滑。

（三）注意事项

（1）每次灌入的药量不宜过多，不要太急。不能连续灌。以防误咽。

（2）头部吊起或仰起的高度、以口角与眼角呈水平线为准、不宜过高。

（3）灌药中，患病宠物如发生强烈咳嗽时，应立即停止灌药，并使其头部低下，使药液咳出，安静后再灌。

（4）宠物在嚎叫时喉门开张，应暂停灌服，停叫后再灌。

（5）当宠物咀嚼、吞咽时，如有药液流出，应用药碗接取，以免流失。

二、注射法

注射法是宠物临床最常用的给药方法，通过注射将药物直接注入宠物体内，可迅速发生药效，从而避免投服给药所存在的胃肠内容物对药物剂量及作用的影响。给药的途径很多，常选皮下、肌肉和静脉几种途径。具体给药时选择哪种途径注射，应根据药物的性质、数量及宠物病情而定。在临床实践中，治疗前常须采集血液、尿液或腹腔渗出液进行检验分析，以进一步获取确诊疾病的依据，所以采血、导尿与腹腔穿刺常在相应的注射给药前进行。

注射法是使用注射器将药液直接注入宠物体内的给药方法。它具有药量小、奏效快、避免经口给药麻烦和降低药效的优点。

注射器械：现在广泛应用的兽用注射器有玻璃、金属、尼龙、塑料等4种，按其容量有1、2、5、10、20、50、100ml等规格，大量输液时则有容量较大的输液瓶（吊瓶），此外还有连续注射器等。此外，近来国外生产一种无针注射器，不用注射针头可将药液注入皮下或肌肉内。注射针头则根据其内径大小及长短而分为不同型号。使用时按宠物种类、注射方法和剂量，选择适宜的注射器及针头，并应检查注射器有无破损：针筒和针筒活塞是否适合，金属注射器的橡胶垫是否老化，松紧度的是否适宜，针尖是否锐利、畅通，与注射器的连接是否严密。然后清洗干净煮沸或高压蒸汽灭菌备用。

注射部位的处理，剪毛涂擦5%碘酊消毒，再以75%酒精脱碘，也可使用0.1%新洁尔灭消毒。注射完毕，对注射部位用酒精棉消毒。注射时必须严格执行无菌操作规程。注射前先将药液抽入注射器内或放入输液瓶中，同时要注意认真检查药品的质量，有无变质、混浊、沉淀。如果混注两种以上药液时，应注意有无配伍禁忌。抽完药液后，一定要排出注射器内或输液瓶胶管中的气泡。

（一）皮内注射

1. 应用

常用于药物过敏试验。

2. 准备

1～2ml特制的注射器与短针头。

3. 部位

可在腹侧或胸侧。

4. 方法

左手拇指与食指将皮肤捏起皱襞，右手持注射器使针头尖（针尖斜面朝上）与皮肤呈10°角刺入皮内约0.3cm，深达真皮层，即可注射规定量的药液。注毕，拔出针头，术部轻轻消毒，但应避免压挤。注射准确时，可见注射局部形成小豆大的隆起，并感到推药时有一定阻力，如误入皮下则无此现象。

5. 注意

注射部位一定要认真判定准确无误，否则将影响诊断和预防接种的效果。

（二）皮下注射

宠物具有疏松的皮下结缔组织，很容易贮存大量的药物，但也可以因吸收不良而引发感染或刺破血管而导致血肿。

1. 应用

将药液注射于皮下结缔组织内，经毛细血管、淋巴管吸收进入血液，发挥药效作用，而达到防治疾病的目的。凡是易溶解、无强刺激性的药品及疫苗、菌苗等，均可做皮下注射。

2. 准备

根据注射药量多少，可用5、10、20ml的注射器及针头。当吸取药液时，先将安瓿封口端用酒精棉消毒，并随时检查药品名称及质量，而后打去顶端，再将连接针头的注射器插入安瓿的药液中，慢慢抽出针筒活塞吸引药液到针筒中，吸完后排出气泡，用酒精棉包好针头。

3. 部位

多选在皮肤较薄、皮下组织富有、松弛容易移动、活动性较小的部位。犬可在颈侧及股内侧。

4. 方法

左手中指和拇指捏起注射部位的皮肤，同时以食指尖压皱褶向下陷呈窝状，右手持连接针头的注射器，从皱褶基部的陷窝处刺入皮下1～2cm，此时如感觉针头无抵抗，且能自由活动针头时，左手把持针头连接部，右手推压针筒活塞，即可注射药液。如需注射大量药液时，应分点注射。注完后，左手持酒精棉按住刺入点，右手拔出针头，局部消毒。必要时可对局部进行轻度按摩，促进吸收。

5. 利弊

（1）皮下注射的药液，可通过皮下结缔组织中的广泛的毛细血管吸收而进入血液。

（2）药物的吸收比经口给药和直肠给药发挥药效快而确实。

（3）与血管内注射比较，没有危险性，操作容易，大量药液也可注射，而且药效作用持续时间较长。

（4）皮下注射时，根据药物的种类，有时引起注射局部的肿胀和疼痛。特别对局部刺激较强的钙制剂、砷制剂、水合氯醛及高渗溶液等，易诱发炎症，甚至组织坏死。

（5）因皮下有脂肪层，吸收较慢，一般经5～10min，才能呈现药效。

（6）应注意刺激性强的药品不能做皮下注射。多量注射补液时，需将药液加温后分点注射。注后应轻度按摩或进行温敷，以促进吸收。

（三）肌肉注射

由于肌肉内血管丰富，药液注入肌肉内吸收较快。其次肌肉内的感觉神经较少，故疼痛轻微。所以一般刺激性较强和较难吸收的药液；进行血管内注射而有副作用的药液；油剂、乳剂而不能进行血管内注射的药液；为了缓慢吸收，持续发挥作用的药液等，均可应用肌肉内注射。

1. 准备

同皮下注射。

2. 部位

宠物等多在颈侧及臀部，应避开大血管及神经的经路。

3. 方法

左手的拇指与食指轻压注射局部，右手如执笔式持注射器，使针头与皮肤呈垂直，迅速刺入肌肉内。一般刺入2～4cm，而后用左手拇指与食指握住露出皮外的针头结合部分，以食指指节顶在皮上，再用右手抽动针筒活塞，确认无回血后，即可注入药液。注射完毕，用左手持酒精棉球压迫针孔部，迅速拔出针头。以左手拇指、食指捏住针体后部，右手持针筒部，两手握注射器，垂直迅速刺入肌肉内，而后按上述方法注入药液。左手持注射器，先以右手持注射针头刺入肌肉内，然后把注射器转给右手，左手把住针头（或连接的乳胶管），右手持的注射器与针头（或连接的乳胶管）接合好，再行注入药液（图3－19）。

4. 利弊

（1）肌肉内注射由于吸收缓慢，能长时间保持药效、维持浓度。

（2）注射的药液虽然具有吸收较慢、感觉迟钝的优点，但不能注射大量药浆。

（3）由于动物的骚动或操作不熟练，注射针头或注射器的接合头易折断。

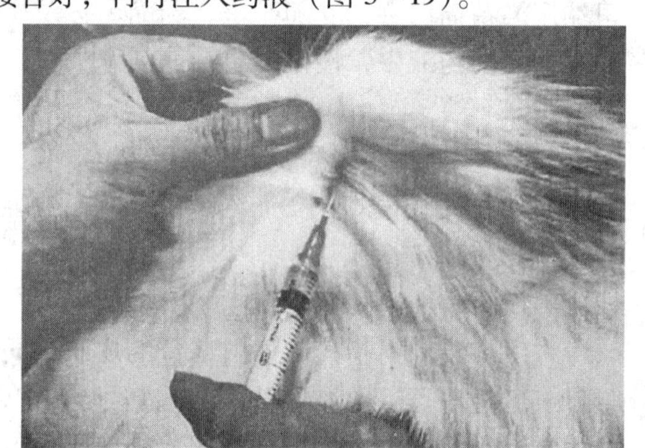

图3－19　犬的肌肉注射

5. 注意

（1）针体刺入深度，一般只刺入2/3，不宜全长刺入，以防针体折断。

（2）对强刺激性药物如水合氯醛、钙制剂、浓盐水等，不能肌肉内注射。

（3）注射针尖如接触神经时，则动物感觉疼痛不安，应变换方向，再注射药液。

（4）一旦针体折断，应立即拔出。如不能拔出时，先将宠物保定好，防止骚动，行局部麻醉后迅速切开注射部位，用小镊子或钳子拔出折断的针体。

（四）静脉采血及注射法

静脉采血用于检验血样或输血。静脉滴注是将药液缓慢滴注于静脉血管内，随血液循环全身分布，迅速发生药效，静脉滴注适用于大量补液输液、输血、注入急需奏效的药品以抢救危重病例；并可耐受（被血液稀释）刺激性较强的药品，如四环素、红霉素、氯化钙等。

1. 前肢头静脉采血及滴注

静脉采血时，宠物应俯卧或侧卧，嘴部、头部和四肢确实保定。采血部位依据采血量而定。采血量少时，选前肢头静脉（图3－20）。采血时，局部可按需要剪毛，用乳胶管结扎或用左手拇指按压静脉近心端，并用70%酒精棉消毒采血部位，待血管充盈明显隆起后，右手持注射器将针头与血管约成15°～20°角刺入血管，抽够需要的血量后迅速用酒精棉压迫针孔片刻，以防血液由针孔外渗形成血肿。

静脉滴注的保定与采血相同。将一次性输液管与输液瓶连接好并排出气泡，针头可暂时浅浅插在瓶口胶塞上。备好固定针头用的小段胶布，一端临时粘在输液架上或直接将其粘在针头柄上。将针头刺入血管后，即见血液回流，把针头继续推入血管达其2/3长度以上，将备好的胶布压紧针柄并环绕肢体缠绕一周，再把连接针头的细管向前折转，并用胶布压在上边缠绕固定（图3－21、3－22、3－23）。放松输液阀持续输液（图3－24），解去乳胶管。

2. 颈静脉注射及采血

主要用于仔犬及猫。助手用左手托住宠物的后肢及臀部，右手把持颈部，并用中指和无名指于颈基部固定颈静脉，助手用左拇指压迫颈静脉使之怒张（图3－24），剪毛、消毒后，术者用左手拇指、食指持针头与颈静脉成30°角向头部方向刺入，见回血后进行注射。颈静脉注射用于休克的抢救、中毒与昏迷的快速补液及作为供血动物进行血液采集时用。

3. 后肢静脉注射

当前肢头静脉肿胀无法识别时，可选用后肢外侧隐静脉前支（图3－25）或跖背静脉（图3－26），猫可选股内侧隐静脉（图3－27），必要时再选颈外静脉。

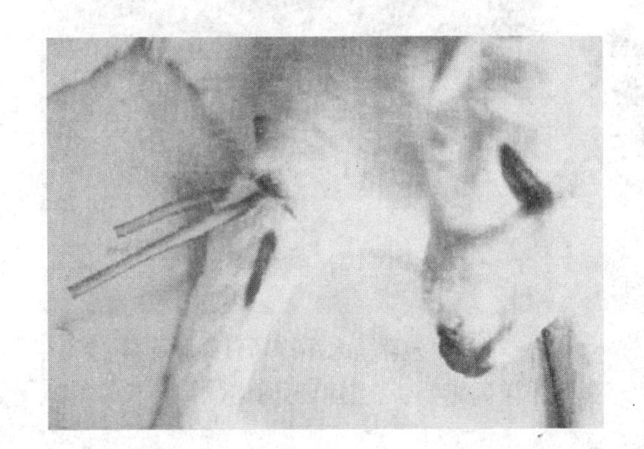

图3－20　犬前肢头静脉注射

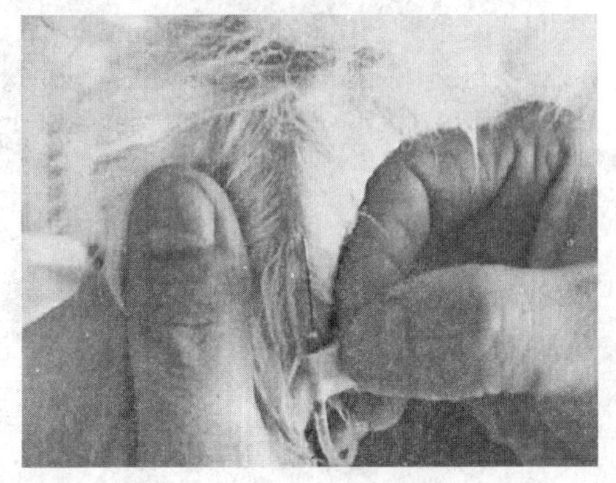

图3－21　静脉近端扎乳胶管使血管充盈进针

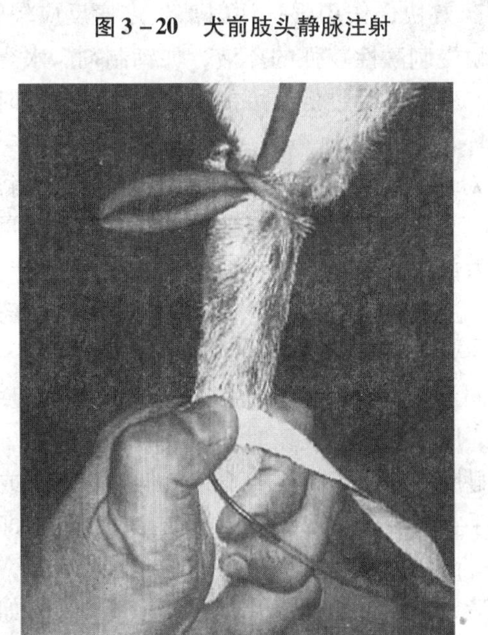

图3－22　针头刺入血管后有血液回流

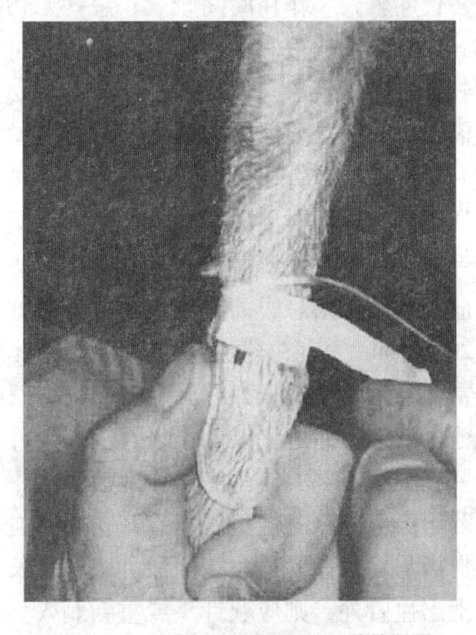

图3－23　将胶布压紧针柄环肢体缠绕

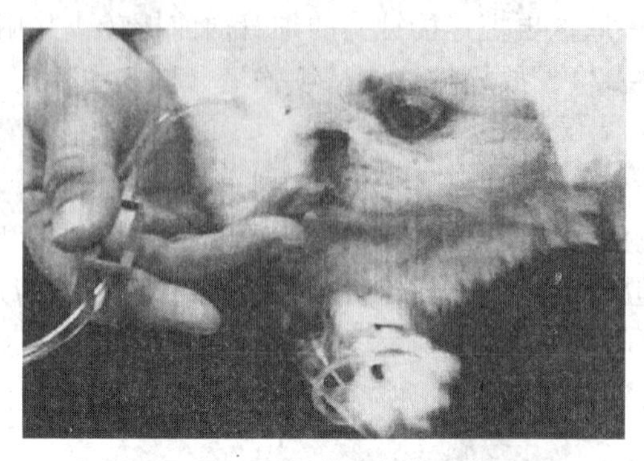

图 3－24　放松输液阀持续输液

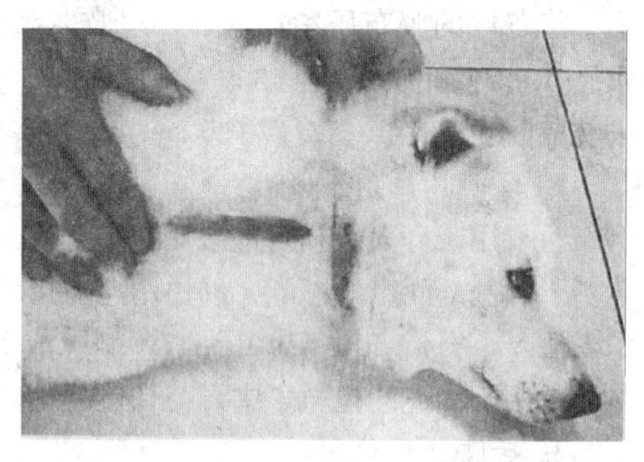

图 3－25　犬颈外静脉注射

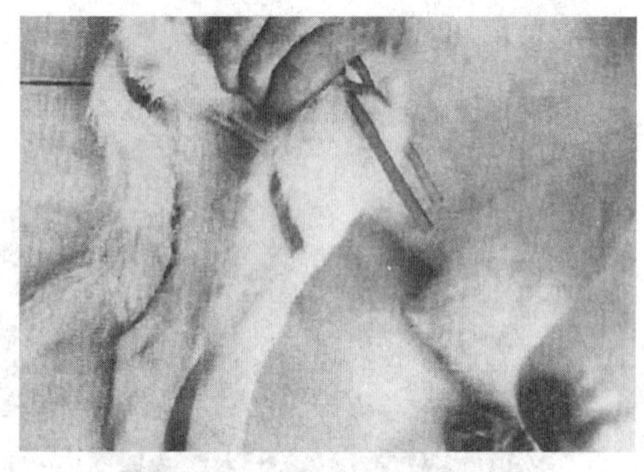

图 3－26　犬后肢外侧静脉注射

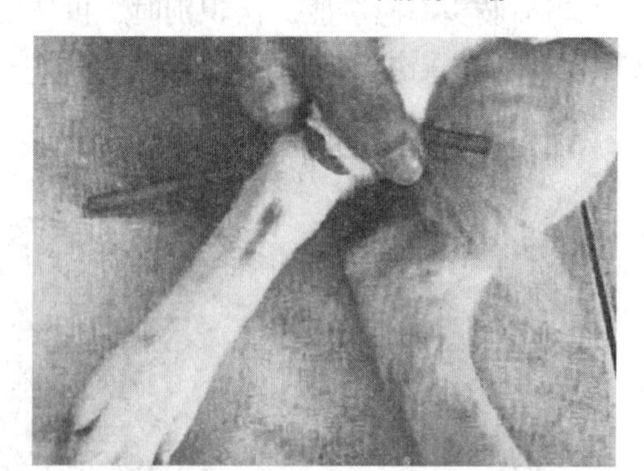

图 3－27　犬后肢跖背静脉注射

4. 利弊与注意事项

药液直接注入脉管内，随血液分布全身，药效快，作用强，注射部位疼痛反应较轻。但药物代谢较快，作用时间较短；患病宠物能耐受刺激性较强的药液，如钙制剂、水合氯醛和容纳大量的输液和输血；当注射速度过快，药液温度过低，可能引起副作用，同时有些药物发生过敏现象。

需要注意的是要严格遵守无菌操作常规，对所有注射用具，注射局部均应严密消毒；注射时要注意检查针头是否畅通，当反复刺入时常被组织块或血凝块堵塞，应放出适量药液疏通清洗；注射时要看清脉管经路，明确注射部位，准确一针见血，防止乱刺，以免引起局部血肿或静脉炎；刺针前应排净注射器或输液乳胶管中的气泡；混合注入多种药液时，应注意配伍禁忌，油类制剂不能作静脉内注射；大量输液时，注入速度不宜过快，以10～20 滴/min 为宜；药液最好加至宠物体相同温度，同时注意心脏功能；输液过程中，要经常注意动物表现，如有骚动、出汗、气喘、肌肉震颤等征象时，应及时停止注射。当发现输入液体突然过慢或停止以及注射局部明显肿胀时，应检查回血，放低输液瓶，或一手捏紧乳胶管上部，使药液停止下流，再用另手在乳胶管下部突然加压或拉长，并随即放开，利用产生的一时性负压，看其是否回血，另法也可用右手小指与手掌捏紧乳胶管，同时以拇指与食指捏紧远心端前段乳胶管拉长，造成空隙，随即放开，看其是否回血；如针头已滑出血管外，则应顺针头或重新刺入。

静脉内注射时，常由于未刺入血管，或刺入后，因宠物骚动而针头移位脱出血管外，致使药液漏于皮下。故当发现药液外漏时，应立即停止注射，根据不同的药液采取下列措施处理：立即用注射器抽出外漏的药液；如系等渗溶液（如生理盐水或等渗葡萄糖），一般很快自然吸收；如系高渗盐溶液，则应向肿胀局部及其周围注入适量的灭菌溜水，以稀释之；如系刺激性强或有腐蚀性的药液，则应向其周围组织内，注入生理盐水；如系氯化钙液，可注入10%硫酸钠或10%硫代硫酸钠10～20ml，使氯化钙变为无刺激性的硫酸钙和氯化钠；局部可用5%～20%硫酸镁进行温敷，以缓解疼痛；如系大量药液外漏，应作早期切开，并用高渗硫酸镁溶液引流。

（五）动脉内注射

1. 应用

主要用于肢蹄、乳房及头颈部的急性炎症或化脓性炎症疾病的治疗。一般使用普鲁卡因青霉素或其他抗生素及磺胺类药物注射。

2. 准备

与一般注射的准备相同。保定宜确实安全，消毒要彻底。

3. 部位

（1）会阴动脉注射部位　在乳房后正中韧带附着部的上方2指处，可触知会阴体表的会阴静脉，于会阴静脉侧方附近，与会阴静脉平行即为会阴动脉。

（2）颈动脉注射的部位　约在颈部的上1/3部，即颈静脉上缘的假想平行线与第6颈椎横突起的中央：向下引垂线，其交点即为注射部位。

4. 方法

（1）会阴动脉内注射法　先以左手触摸到会阴静脉，在其附近，右手用针先刺入1～2cm深。此时稍有弹力性的抵抗感，再刺入即可进入动脉内，并见有搏动样的鲜红色血液涌出，立即连接注射器，徐徐注入药液。

（2）颈动脉内注射法　在病灶的同侧，注射部位消毒后，一手握住注射部位下方，另手持连接针头的注射器与皮肤呈直角刺入4cm左右，刺入过程同样有动脉搏动感，流出鲜红色血液，即可注入药液。

5. 利弊与注意事项

（1）利弊　动脉内注射抗生素药物，直接作用于局部，发挥药效快、作用强，特别治疗乳房炎，经会阴动脉内注射药液，可直接分布于乳腺的毛细血管内，迅速奏效；动脉内注射药液有局限性，不适合全身性治疗；注射技术要求高，不如静脉内注射易掌握和应用广泛。

（2）注意　保定确实，操作要准确，严防意外；当刺入动脉之后，应迅速连接注射器，防止流血过多，污染术部，影响操作；操作熟练者最好1次注入，以免出血。

（六）心脏内注射

1. 应用

当患病宠物心脏功能急剧衰竭，静脉注射急救无效时，可将强心剂直接注入心脏内，恢复心功能抢救宠物。

2. 准备

宠物，一般注射针头。注射药液多为盐酸肾上腺素。

3. 部位

犬、猫在左侧胸廓下 1/3 处。

4. 方法

以左手稍移动注射部位的皮肤然后压住，右手持连接针头的注射器，垂直刺入心外膜，再进针 2～3cm 可达心肌。当针头刺入心肌时有搏动感，注射器摆动，继续刺针可达左心室内，此时感到阻力消失。拉引针筒活塞时回流暗赤色血液，然后徐徐注入药液，很快进入冠状动脉，迅速作用于心肌，恢复心脏机能。注射完毕，拔出针头，术部涂碘酊。用碘仿火棉胶封闭针孔。

5. 注意

（1）宠物确实保定，操作要认真，刺入部位要准确，以防损伤心肌。

（2）为了确实注入药液，可配合人工呼吸，防止由于缺氧引起呼吸困难而带来危险。

（3）心脏内注射时，由于刺入的部位不同，可引起各种危险，应严格掌握操作常规，以防意外。

（4）当注入心房壁时，因心房壁薄，伴随搏动而有出血的危险。此乃注射部位不当，应改换位置，重新刺入。

（5）在心搏动中如将药液注入心内膜时，有引起心动停搏的危险。这主要是注射前判定不准确，并未回血所造成的。

（6）当针刺入心肌，注入药液时，也易发生各种危险。此乃深度不够所致，应继续刺入至心室内经回血后再注入。

（7）心室内注射容易，效果确实，但注入过急，可引起心肌的持续性收缩，易诱发急性心搏动停止。因此，必需缓慢注入药液。

（8）心脏内注射不得反复应用，此种刺激可引起传导系统发生障碍。

（七）气管内注射

1. 应用

将药液注入气管内，使药物直接作用于呼吸道病灶，对于治疗气管或肺部炎症疾病有良好的效果。

2. 准备

大、中型宠物站立保定；小型宠物徒手保定。

3. 部位

助手将宠物头颈尽量上仰伸直，颈腹侧中部皮肤常规消毒。腹侧面正中，两个气管轮软骨环之间进行注射。

4. 方法

术者持连接针头的注射器，另手拇指和食指固定气管，于两个气管轮软骨环之间，垂直刺入皮肤后，继续向内刺入第 2～5 气管环间，此时摆动针头，感觉前端空虚，再缓缓滴入配好的药液（图 3－28）。注完后拔出针头，涂擦碘酊消毒。

5. 注意

注射前宜将药液加温至宠物同温，以减轻刺激；注射过程如遇动物咳嗽时，应暂停，待安静后再注入；注射速度不宜过快，最好一滴一滴地注入，以免刺激气管黏膜咳出药液；如患病宠物咳嗽剧烈，或为了防止注射诱发咳嗽，可先注射 2% 盐酸普鲁卡因溶液

2ml 降低气管的敏感反应，再注入药液。

（八）腹腔内穿刺与注射法

腹腔穿刺用于采集腹腔液以检查其性质，对诊断腹腔器官的形态及机能改变具有重要作用。同时腹腔穿刺也是改善腹水症状的一种手段。腹腔注射是将药液注入腹膜腔，腹膜面积很大，腹膜内有较丰富的毛细血管和淋巴管。当腹膜腔内有少量积液，积气时可被完全吸收。利用腹膜的这一特性，可将药液直接注入腹膜腔内，经腹膜吸收进入血液循环，适用于需要补充大量液体而静脉滴注又有困难的病例。此外，采用腹腔封闭疗法治疗腹腔某些疾病，如肠炎、腹膜炎等，具有显著疗效。

腹腔穿刺或注射时，对宠物行左侧卧保定，前、后肢分别向前后伸展，使腹底部充分暴露。穿刺或注射部位选耻骨前缘与脐之间腹正中线右侧，中小型犬或猫也可施以倒提保定，于耻骨前缘腹正中线前缘进针（图 3－29）。局部常规消毒，穿刺用无菌 12 号针头或 16 号针头垂直刺入皮肤并缓慢推进针头，当手感针头阻力减弱或有腹水流出时，表明针头已进入腹腔，此时应将针头再刺进一定深度，连接大小合适的注射器抽吸。注射针头与穿刺所用相同，也常用一次性输液管快速滴注。需要指出的是，配制药液应等渗或低渗，以便于药液经腹膜吸收；药液应加温至 37～38℃，以防冷药引起胃肠痉挛而发生腹痛；药液剂量应控制在 30～50ml/kg 体重。

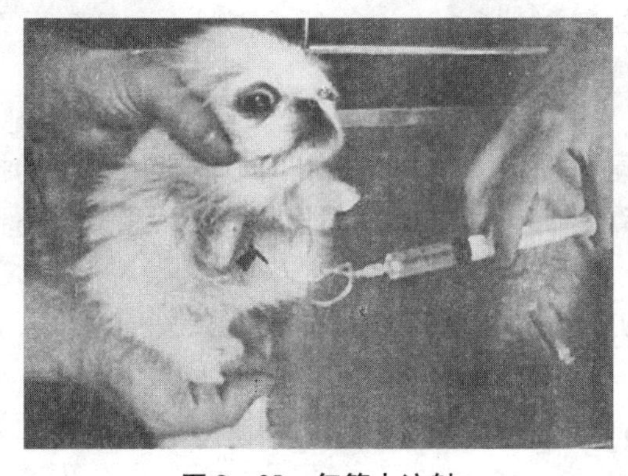

图 3－28 气管内注射

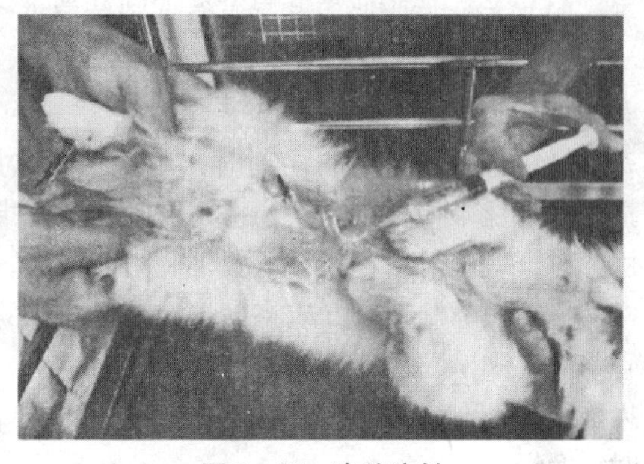

图 3－29 腹腔注射

三、雾化给药

超声波雾化器疗法指采用超声波雾化器将药物雾化后进行治疗的一种方法。该方法操作简便，仪器价格低，目前已在宠物医院广泛使用。

1. 原理

雾化给药法是当前宠物临床治疗犬猫呼吸道疾病的良好方法。雾化给药使用的仪器为超声波雾化器，其原理是通过电子震荡电路，由晶片产生的超声波，通过介质水作用于药杯，使杯中的水溶性药物变成极其微小的雾粒，并经波纹管及面罩送入宠物的鼻腔而发挥治疗作用。超声波雾化器设有 0～60min 定时装置，并设有空气过滤装置、雾化量与风量调节按钮等，其有利于根据需要进行调节。

2. 操用方法

先将药液加入药杯中，盖紧药杯盖。再将面罩给宠物带上，或不用面罩而直接将波纹管口对准宠物口、鼻部。插上电源，开机即可（图 3－30）。雾化量开关可调节出雾量的大小，以不引起动物不适为宜。

3. 临床应用

超声波雾化器广泛应用于治疗上的呼吸道、气管、支气管感染、肺部感染如支气管肺炎，通过稀释痰液，具有湿化气道、祛痰等作用。因药物能直接作用于患病部位，见效快，对于改善呼吸道疾病的症状、消炎抗菌以及止咳祛痰具有独特的治疗功能，也可作为抗过敏和脱敏疗法的一种途径，吸入抗过敏药或疫苗接种等，适于在宠物临床工作中推广应用。

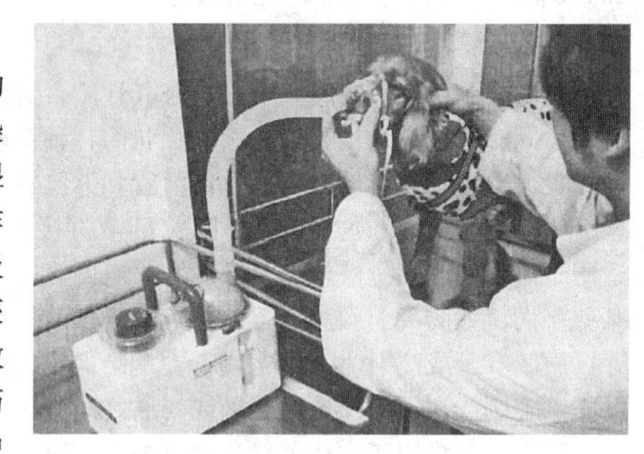

图 3－30　犬雾化给药

4. 注意事项

（1）注意雾化药液的温度，最好接近正常体温。

（2）治疗中注意观察雾化罐内药液消耗情况，如消耗药液过快，应及时添加。

（3）水槽内蒸馏水及雾化罐内药液均不能过少，以免声头空载工作。

（4）治疗后呼吸罩和导气管要清洁消毒。

四、直肠给药

投给直肠消炎用的栓剂时，用左手执拿尾根部向上抬举，使肛门显露，用右手的拇指、食指及中指夹持药栓，按入肛门并用食指向直肠深部推入，暂停片刻，待患犬猫不再用力时，轻轻滑出食指，不要再刺激肛门部。

投给液体制剂时，应将尖端涂有凡士林的肛门管插入直肠内 5～10cm，并用左手将导管与肛门固定在一起，以防药液从肛门溢出。投给的药液应与体温一致，且无刺激性，如果药液量大，应再向深部插入导管。拔出导管时不要松开闭塞肛门的手，待其不再用力时，缓慢松开。

第三节　灌肠法

灌肠法用于促进有毒物质的排出、催吐（高压灌肠时）、松懈套叠的肠管，深部直肠投药补液及配合其他给药方法治疗肠炎、便秘，或当宠物呕吐剧烈且静脉输液有困难时，可以作为营养补给途径。根据灌肠目的不同，灌肠可分为浅部灌肠法和深部灌肠法两种。

一、深部灌肠

是将大量液体或药物灌到较靠前的肠管内，此法多用于治疗肠套叠、结肠便秘、胃内毒物和异物等。

用于深部给药或补液时，应注意选择无刺激性、等体温、等渗的液体，并且剂量应合理，一般 8～12ml/kg 体重，并且灌肠时动作应轻柔。

灌肠时，使宠物站立或侧卧保定，呈前低后高的姿势。术者先将灌肠器的胶管浸蘸石蜡油（图3－31），一只手提起尾巴，另一只手把灌肠器一端插入肛门，并向直肠内推进8～10cm，直到有阻力为止（图3－32）。另一端连接漏斗或吊桶，也可使用100ml注射器注入溶液。先灌入少量药液软化直肠内积粪，待排净积粪后再灌入大量药液，直至从肛门流出灌入的药液为止。灌入量根据宠物个体大小而定，一般幼年宠物100ml左右，成年宠物300ml左右，药液35℃为宜。待灌肠完毕，拔除灌肠器胶管，再紧捏肛门一会，然后松开肛门，让宠物自由活动。

灌肠时应注意直肠内存有宿粪时，按直肠检查要领取出宿粪，再进行灌肠；避免粗暴的操作，以免损伤肠黏膜或造成肠穿孔；溶液注入后由于排泄反射，易被排出，应用手压迫尾根和肛门，或于注入溶液的同时，用手指刺激肛门周围，也可通过按摩腹部减少排出。

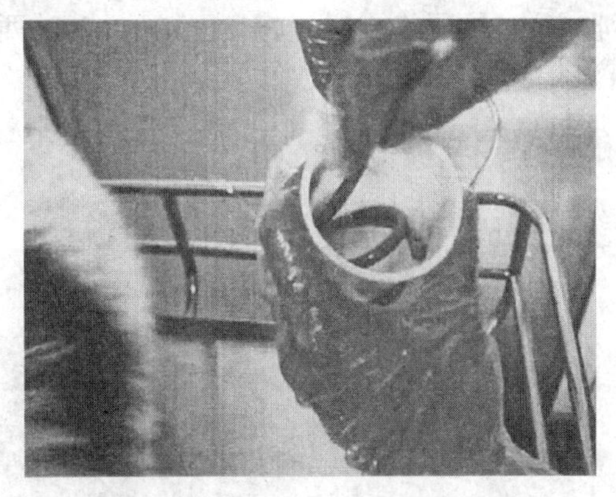

图3－31　灌肠法：胶管浸蘸石蜡油

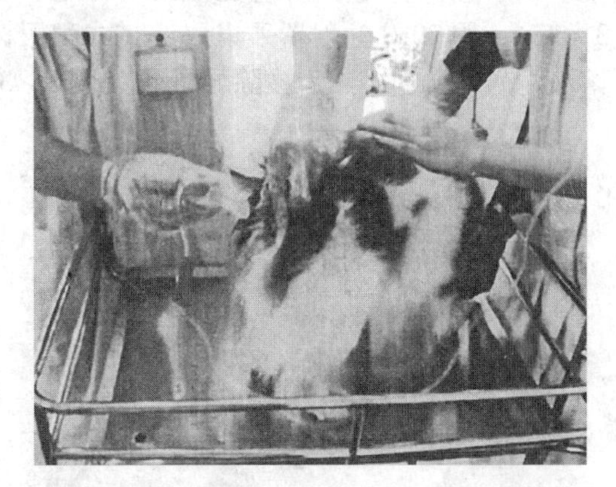

图3－32　灌肠法：胶管插入肛门进行灌肠

二、浅部灌肠

是将药液直接灌入直肠内。常在患病宠物采食障碍或咽下困难、食欲废绝时，进行人工营养；直肠或是结肠炎症时，灌入消炎剂；患病宠物兴奋不安时，灌入镇静剂；排除直肠积粪时使用。浅部灌肠用的药液量，患病宠物一般为200ml。灌肠溶液根据用途而定，一般用1%温盐水、林格尔氏液、甘油、0.1%高锰酸钾溶液、2%硼酸溶液、葡萄糖溶液等。

灌肠时将动物保定好，助手把尾巴拉向一侧。术者一手提盛有药液的灌肠用吊桶，另一手将连接吊桶的橡胶管徐徐插入肛门5～10cm，然后高举吊桶，使药液流入直肠内。灌肠后使动物保持安静，以免引起排粪动作而将药液排出。对以人工营养、消炎和镇静为目的的灌肠，在灌肠前应先把直肠内的宿粪取出。

第四节　导尿法

导尿是指应用各种导尿管（橡胶、聚乙烯、不锈钢等）将蓄积在膀胱内的尿液导出体外的方法。导尿常用于以下目的：尿闭塞的救助；清洗膀胱；采集膀胱内的尿液以进行化验。

一、公犬导尿法

1. 导尿物品

消毒的导尿管、灭菌润滑油、新洁尔灭、灭菌手套、灭菌止血钳、20ml 注射器、积尿杯、呋喃西林溶液。

2. 导尿方法

横卧保定，上侧后肢向前拉伸并保持屈曲状态。剥开包皮显露龟头。选择适宜尺寸的导尿管（通常用一次性的8号聚乙烯导尿管），在其前端涂2～3cm长灭菌凡士林油进行润滑，从导尿口将导尿管插入尿道内。在前送导尿管时，可以用戴灭菌手套的手或止血钳进行前送，当前送有困难时，也可以在导尿管内插入6～8号骨科钢丝，以增加聚乙烯及导尿管的强度。当导尿管不能顺利通过尿道达到膀胱时，则可能存在尿道结石或尿道狭窄。如果患犬体小，则应更换细导尿管。当导尿管插入膀胱内时，将有尿液流出（图3－33），用20ml 注射器采集尿液（或积尿杯收集）。导尿终止时，将2～5ml 的呋喃西林溶液注入膀胱内，然后拔除导尿管（图3－34）。

图3－33　公犬导尿法

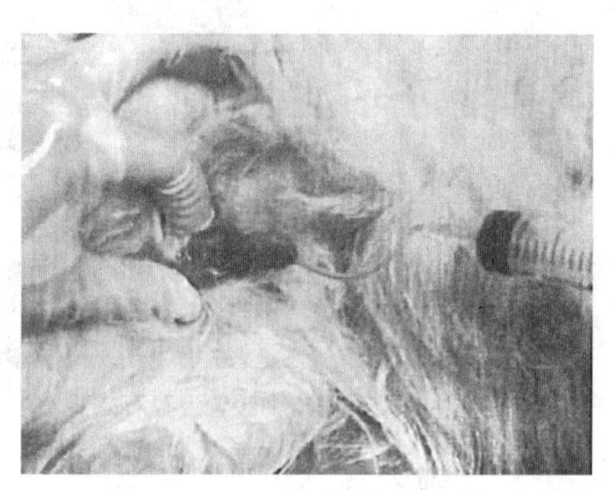

图3－34　公犬尿道膀胱注药法

二、母犬导尿法

1. 所需物品

灭菌的金属或塑料制的母犬导尿管、开膣器、20ml 注射器、0.1% 新洁尔灭、0.5% 利多卡因、积尿杯、5ml 呋喃西林溶液。

2. 导尿方法

用0.1% 新洁尔灭将阴门彻底清洗消毒。为降低插管的不适感，可将0.5% 利多卡因溶液滴入阴道内。在站立位下，即使不能看到尿道开口的隆起，也可以将导尿管插入尿道内。如果盲插困难，可以用开膣器观察到尿道口的隆起，如果插入有困难，还可以采用仰卧保定，通过开膣器确定尿道口。导尿后应向膀胱内注入5ml 呋喃西林溶液。

第五节　麻醉

麻醉是宠物诊疗工作中常用的技术，根据临床检查，治疗或外科手术需要分局部麻醉和全身麻醉两种。鉴于宠物活泼好动，对外来“侵犯”有抓咬习性，为保障人和宠物的安全，确保各项诊疗工作顺利进行，所以在宠物临床上较少采用的局部麻醉方法，而大多采取全身麻醉。

一、局部麻醉

局部麻醉是利用局部麻醉药选择性地暂时阻断神经末梢、神经纤维以及神经干的冲动传导，使其分布或支配的相应局部组织暂时丧失痛觉的麻醉方法。对机体生理干扰轻微，麻醉并发症和后遗症很少，不需要麻醉设备，操作简便和安全性高。但因犬猫等宠物的性情特点，使局部麻醉在宠物临床上的适用范围缩小。目前宠物临床多采用的局部麻醉方法主要是表面麻醉，此外还有硬膜外腔麻醉。

（一）表面麻醉

表面麻醉是将适宜浓度的局部麻醉药液滴在或喷洒在黏膜表面，利用局部麻醉药的渗透作用，使其透过黏膜表面而阻滞潜在的神经末梢，使感觉消失（图 3－35）。

1. 皮肤

常用盛有氯乙烷的开口瓶握于手掌，喷口射向手术部位皮肤，使液体氯直接喷射到皮肤表面，距离 20～30cm，喷射的液体在皮肤表面直接形成冰晶，这种“冰冻”使皮肤表面麻醉，用于小的皮肤切口或穿刺。

2. 黏膜（口腔、咽喉、鼻道、阴道）结膜及角膜

用棉花药签浸润局部麻醉药，例如5% 盐酸普鲁卡因溶液，压迫到黏膜表面几分钟，也可以把浸润局部麻醉药的棉花用镊子夹好在黏膜表面擦拭几次进行麻醉。角膜麻醉常用的麻醉药主要是盐酸丁卡因或盐酸利多卡因，如 0.5% 丁卡因或 2% 利多卡因多用于犬、猫眼结膜或角膜麻醉，适用于犬瞬膜腺摘除与复位术、角膜新鲜创缝合术或角膜移植术等（图 3－36）；1%～2% 丁卡因或 2%～4% 利多卡因常用于口、鼻黏膜或直肠黏膜麻醉，适用于口腔乳头状瘤摘除术、鼻腔或直肠息肉摘除术或经口声带切除术等。采用表面麻醉施术时，为防止动物骚动，确保手术与术者安全，应当配合应用全身镇静剂或安定剂。

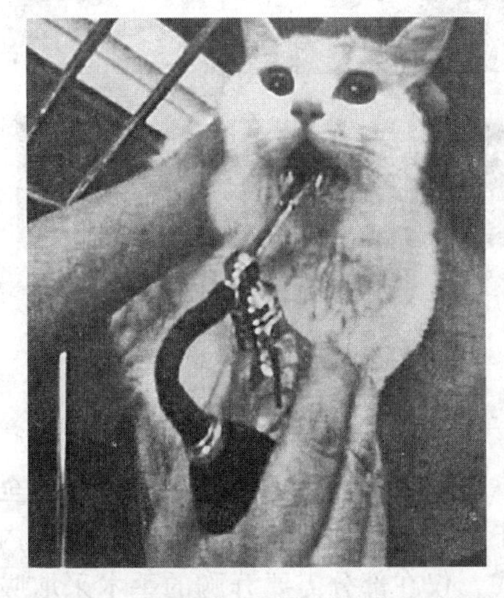

图 3－35　用喉头喷雾器咽黏膜表面麻醉

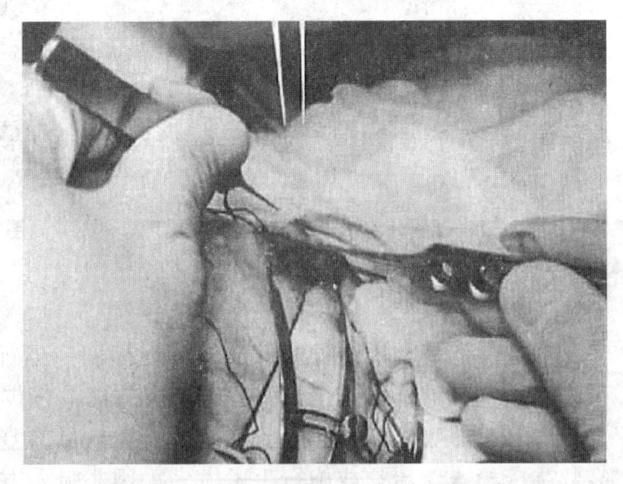

图 3－36　角膜表面麻醉后施行角膜缝合术

（二）浸润麻醉

应用0.5%～1%盐酸普鲁卡因在手术局部进行浸润，一般1～5min出现麻醉，持续时间大约0.5～1h。

1. 直接浸润麻醉

在准备切口部位对整个长度和深度进行直接浸润麻醉。

方法：皮下组织浸润，麻醉真皮。应用足够长的针刺入皮下组织，沿着准备切口部位长度缓慢推进皮下。如果切口有较大的深度，针要向下，再注入深层组织。

2. 外周浸润麻醉

对于手术部位和下层组织的四周注射，达到术部麻醉。

方法：针刺入手术部位边缘四周的皮下组织，呈菱形或扇形注射。

3. 浸润麻醉的禁忌症

如果术部存在蜂窝织炎和坏死性炎症时，不能进行浸润麻醉。

（三）硬膜外麻醉

硬膜外麻醉是将局部麻醉药经腰荐间隙或腰椎间隙注入硬膜外腔中，以阻滞脊神经的传导，使其所支配的区域暂时性丧失痛觉。近年来国内外研究对犬采用连续硬膜外麻醉，即在硬膜外间隙置入导管，依据手术范围和时间分次给药，有利于控制麻醉平面，延长麻醉时间，提高麻醉质量，适用于犬腹壁、腹腔、盆腔、肛门、会阴部与后肢的手术等。施行麻醉时，将犬侧卧保定，两后肢前伸，使腰背部尽量弓起而呈弧形，局部严格消毒、隔离后，用16号注射针头刺破皮肤和韧带，再将硬膜外穿刺针沿针眼刺入，当刺破黄韧带后即到硬膜外间隙，然后经针蒂插入硬膜外导管，长度为3～5cm即可。硬膜外给药宜将长效和短效或速效和慢效局部麻醉药混合后使用，有人推荐将1%利多卡因和0.15%丁卡因混合，另将0.5μg/g肾上腺素配合，麻醉效果最好（图3－37，图3－38）

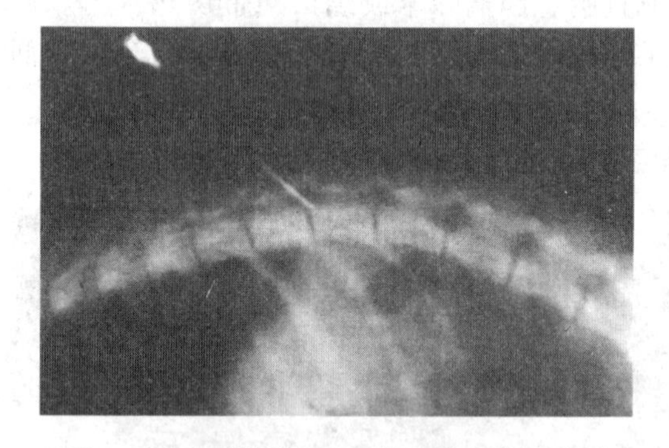

图3－37　硬膜外麻醉：犬胸部硬膜外穿刺

图3－38　硬膜外麻醉：犬腰部硬膜外穿刺

二、全身麻醉

全身麻醉是利用全身麻醉药广泛地抑制中枢神经系统，暂时使宠物的意识、感觉、反射和肌肉张力部分或全部丧失的麻醉方法。依据麻醉剂引入体内方式的不同，可将全身麻醉分为非吸入麻醉和吸入麻醉两大类。目前鉴于设备条件和收费标准等因素，国内宠物临床检查、治疗或施行手术大多采用非吸入方式，仅在部分需要开胸的手术采取吸入麻醉。

（一）非吸入麻醉

是将某种全身麻醉药通过皮下、肌肉、静脉或腹腔等途径注入体内而产生麻醉作用的方法。宠物在全身麻醉时会形成特有的麻醉状态，表现为镇静、无痛、肌肉松弛、意识消失等。在全身麻醉下，对动物可以进行比较复杂的和难度较大的手术。临床上常采用非吸入性全身麻醉，该种麻醉方法操作简便，不需特殊的设备，不出现兴奋期，比较安全。缺点是需要严格掌握用药剂量，麻醉深度和麻醉持续时间不易灵活掌握。宠物临床当前应用的非吸入麻醉药主要有静松灵、氯胺酮、速眠新（846 合剂）和保定宁、舒泰 50 等（图 3－39）。有时为增强麻醉药的作用，减低其毒性和副作用，也可联合使用几种麻醉药进行复合麻醉（图 3－40）。

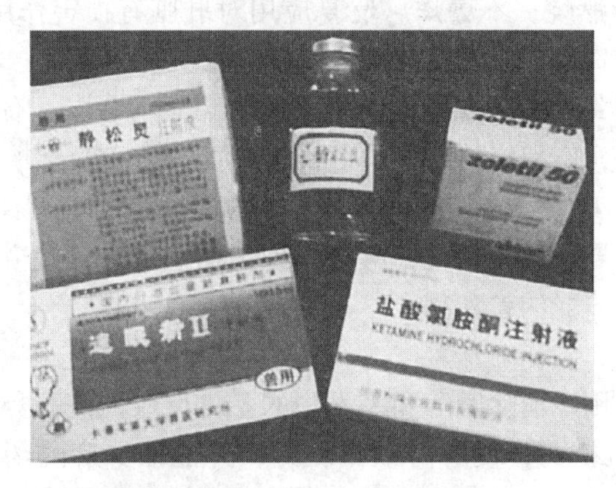

图 3－39　常用的非吸入麻醉药

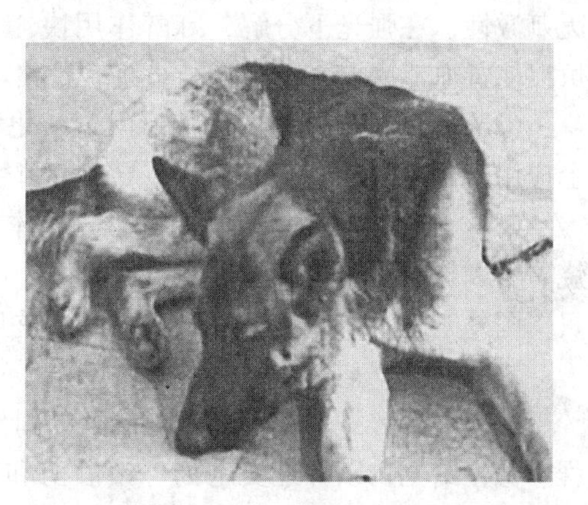

图 3－40　犬的全身麻醉状态

犬的麻醉方法常见以下几种：①速眠新麻醉：0.1～0.15ml/kg 体重，肌肉注射，麻醉维持时间约 1h；②速眠新－氯胺酮麻醉：速眠新 0.05～0.1ml/kg 体重，氯胺酮 5～10mg/kg 体重，混合肌肉注射，麻醉时间 1～1.5h；③安定－氯胺酮麻醉：安定与氯胺酮按 1∶1 体积比例混合，以 0.2ml/kg 体重剂量静脉推注，麻醉时间约为 0.5h；④静松灵－氯胺酮麻醉：首先肌肉注射静松灵 1.5～2mg/kg 体重，10min 后肌肉注射氯胺酮 5～10mg/kg 体重，或两者混合后一起注射，麻醉时间约 1h；⑤舒泰 50 麻醉：小手术 10～15mg/kg 体重，大手术 15～25mg/kg 体重，肌肉注射；也可静脉注射，但剂量要减半。麻醉维持时间视剂量而定，约 20～60min；⑥犬眠宝：是犬的安定镇痛剂，使用剂量：小、中型犬：0.15～0.2ml/kg 体重，大型犬 0.1～0.15ml/kg，肌肉注射，其麻醉效果确实可靠，安全性较大，副作用小，使用方便，其苏醒剂为犬醒宝，手术完成后，注射 0.2～0.4ml/kg 体重，犬即可苏醒。

猫的麻醉方法常见以下几种：①氯胺酮麻醉：25～30mg/kg 体重，肌肉注射，麻醉维持时间约 0.5h；②速眠新－氯胺酮麻醉：速眠新 0.1ml/kg 体重，氯胺酮 5～10mg/kg 体重，混合肌肉注射，麻醉时间约为 1h；③静松灵－氯胺酮麻醉：首先肌肉注射静松灵 1.5～2mg/kg 体重，15min 后肌肉注射氯胺酮 10～12mg，两者混合后一起注射，麻醉维持时间约 1h；④速眠新麻醉：0.15～0.2ml/kg 体重，肌肉注射，麻醉维持时间约为 1h；⑤舒泰 50 麻醉：10mg/kg 体重用于检查，大手术 15mg/kg 体重，肌肉注射；也可静脉注射，但剂量减半。麻醉维持时间视剂量而定，约 20～60min。

（二）吸入麻醉

是利用挥发性强的液态或气态麻醉剂通过呼吸道被吸入肺内，既而进入血液而产生麻醉作用的方法。吸入麻醉因其良好的可控性和对机体的较小影响，被称为是一种安全的麻醉形式，受到人们的青睐。目前国内宠物临床常用的吸入麻醉药是氟烷和安氟醚，最新型麻醉药七氟醚和地氟醚因价格昂贵，尚未在宠物临床普及应用。实施吸入麻醉需要具备相关的生理学和药理学理论知识，同时需要相应的麻醉设备和麻醉操作经验。

1. 吸入麻醉药物

（1）氟烷　特点是麻醉性能很强，为无色透明的液体，具有特异香味，沸点为50℃，无刺激性，在强光下分解，麻醉作用快，不燃烧，不爆炸。反复应用对肝脏有损害作用，可以使肾血流减少，使肾功能下降。价格较贵，多用密闭式吸入麻醉。

（2）氨氟醚　是新的卤族麻醉剂，化学结构似甲氧氟烷，液体味甘甜，不爆炸。临床上应用于犬麻醉，安全可靠，诱导、苏醒快，麻醉维持平稳。但价格昂贵。

（3）异氟醚　为氨氟醚的同分异构体，其特点为无色稍有刺激性的挥发性气体，不燃烧、不爆炸，对肝肾影响性小，肌松好，诱导平稳、快，苏醒快，副作用小。因其价格昂贵，国外宠物临床应用于难产、病情严重且体弱的犬和猫。

2. 麻醉前给药

为提高麻醉的安全性，减少麻醉的副作用，消除麻醉和手术中的不良反应，使麻醉过程平稳，给宠物以神经安定药、镇静药和肌松药，使麻醉效果更好，并能减少麻醉药用量。抗胆碱药会明显地减少呼吸道和唾液腺的分泌，有利于麻醉时呼吸的管理。

常用的麻醉前用药包括：

（1）氯丙嗪　犬1～2mg/kg，猫2～4mg/kg，肌肉注射。

（2）安定　产生安静、催眠和肌松作用。犬猫0.66～1.1mg/kg，肌肉注射。

（3）龙朋　二甲苯胺噻嗪。具有镇痛、镇静、催眠和肌松作用。犬1～3mg/kg，猫3mg/kg，肌肉注射。

（4）阿托品　抗胆碱药，在吸入麻醉时，可防止流涎和呼吸道狭窄，能够消除吸入麻醉剂造成的由于副交感神经兴奋而引起的心血管系统和呼吸系统异常造成的副作用。临床常规在吸入麻醉前20～30min，将阿托品与神经安定药一并注射。犬0.5～5mg/kg，猫1mg/kg，皮下或肌肉注射。

3. 麻醉呼吸机

麻醉呼吸机是实施吸入麻醉的必须设备，不仅用于吸入麻醉，还用于对危重宠物的供氧抢救。麻醉呼吸机一般由压缩汽缸筒、压力表、减压装置、流量计、吸入麻醉药蒸发器、二氧化碳吸收装置、导向活瓣、逸气活阀、呼吸囊、呼吸管道（螺纹管）和衔接管等部件构成。由于目前尚未定型生产犬、猫专用麻醉呼吸机，而国产医用MHB－ⅢB型麻醉机（图3－41）和MHJ－ⅢB型麻醉呼吸机（图3－42）价格较低，所以适合宠物临床选用。后者配有人工呼吸装置，能进行人工通气，并能自由调节呼吸频率，呼吸比和潮气量，使用方便。

图 3-41 MHB-ⅢB 型麻醉机

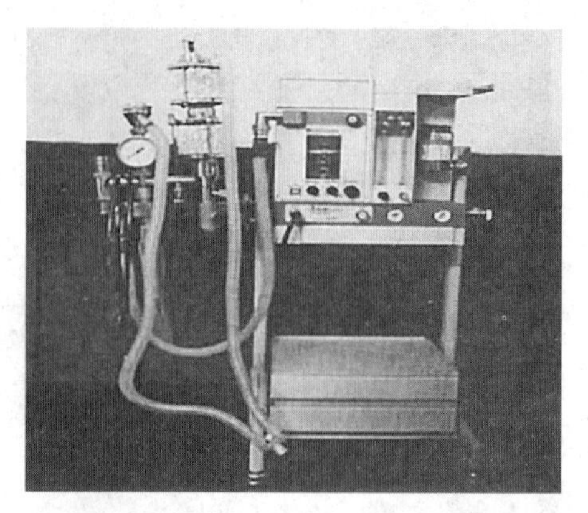

图 3-42 MHJ-ⅢB 型麻醉呼吸机

4. 气管内插管

实施吸入麻醉时，须先对犬、猫进行气管内插管。其目的在于：①防止唾液和胃内容物误吸入气管，有效地保证呼吸道畅通；②避免麻醉剂污染环境和手术人员吸入；③为人工呼吸创造条件，便于对危重宠物抢救和复苏。吸入麻醉所需的气管内插管，应按犬、猫体重选用与其气管内径相应的规格（图 3-43）；④犬猫气管内插管标准见表 3-1。

表 3-1 犬猫气管内插管选择标准

宠物种类	体重（kg）	插管内径（mm）
猫	1	3.0
	3	4.0
	5	4.5
	2	5.0
	4	6.0
	7	7.0
	9	7.0～8.0
犬	12	8.0
	14	9.0～10.0
	16～20	10.0～11.0
	30	12.0
	40	14.0～16.0

进行气管内插管时，先用适宜的非吸入麻醉剂对犬猫进行基础麻醉，使其咽喉反射基本消失，然后借助于麻醉咽喉镜在直视下插管（图 3-44）。操作时将宠物的头、颈伸直，安置金属开口器，除去口腔内的食物残渣等，将咽喉镜前端的扁平头抵于舌根背部，然后下压舌根，使会厌软骨被牵拉而开张显露声门。此时可用喉头喷雾器将局麻药喷至咽喉部，以降低喉反射和削弱插管时的心血管反应。待动物呼气、声门开大时，迅速将气管内插管经声门插入气管内。成功插入气管插管后，向套囊内缓慢注气至套囊充起，然后将一中空木棍置于一侧上下犬齿间维持张口状态。接着用纱布条临时固定气管内插管于下颌旁，安装衔接管，将气管内插管与麻醉呼吸机相连接，开始进行吸入麻醉（图 3-45）。

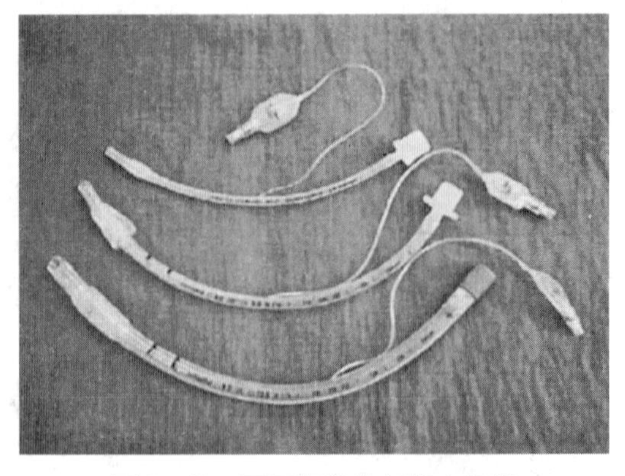

图 3－43　不同规格的气管内插管

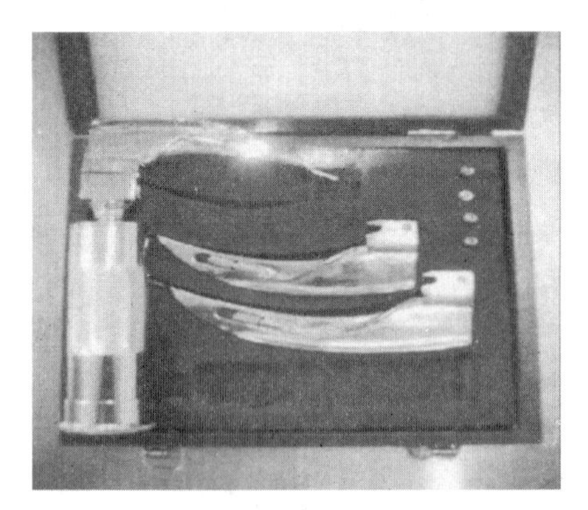

图 3－44　麻醉咽喉镜

5. 麻醉监护

手术麻醉期间的监护重点是麻醉深度、呼吸系统、心血管系统和体温等。一般通过观察动物眼睑反射、角膜反射、眼球位置、瞳孔大小和咬肌紧张度等，大致判断麻醉深度；通过观察动物可视黏膜颜色及呼吸状态，检查毛细血管再充盈的时间、听诊心率等，了解心肺功能。有的宠物医院在麻醉中使用现代化的麻醉监护仪，自动显示心率、收缩压、舒张压、平均血压、呼吸率、动脉血氧饱和度和体温等多项生理指标，为确保动物安全与手术成功创造了很好的条件（图 3－46）。如果还配有心电图仪和血气分析仪等先进仪器，便可对宠物麻醉实施全面监控。

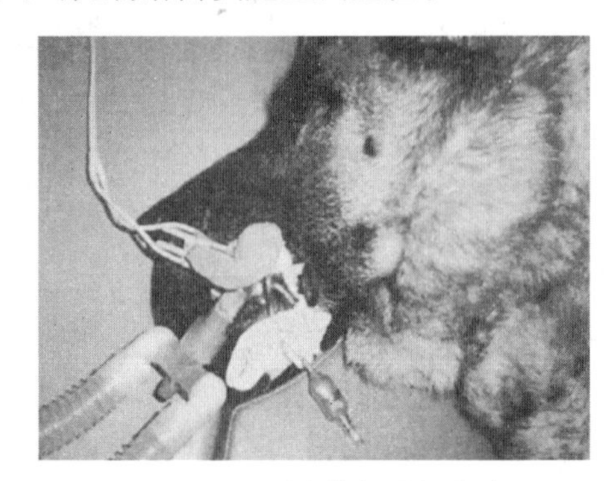

图 3－45　对犬施行吸入麻醉

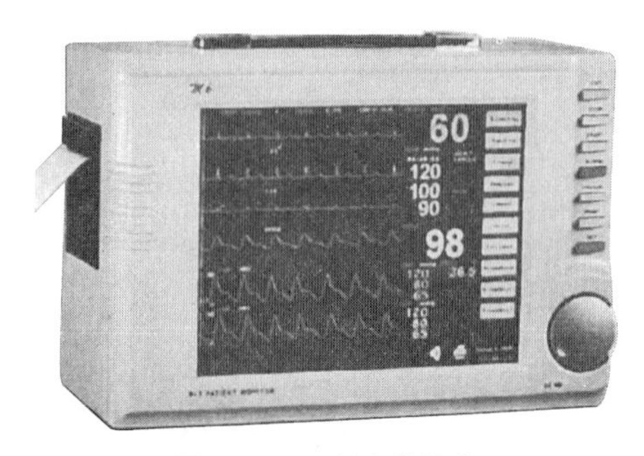

图 3－46　麻醉监护仪

6. 拔管

在手术和麻醉结束、动物恢复自主呼吸和脱离麻醉机呼吸后，将气管内插管囊中的气体排出。当麻醉宠物吞咽和咀嚼反射尚未恢复，拔管后有可能发生误咽和呼吸；如宠物已清醒且肌张力恢复后再行拔管，容易诱发动物反抗，并损害气管内插管。

复习思考题

1. 填空：宠物保定分为（　　）、（　　）、（　　）、（　　）、（　　）、（　　）六种方法。
2. 填空：宠物给药分为（　　）、（　　）、（　　）、（　　）、（　　）五种方式。
3. 简要回答前肢头静脉注射的操作方法？
4. 简答犬的非吸入麻醉有哪些药物？

第四章　常用手术疗法

第一节　眼、耳部疾病手术

眼睛及耳朵是宠物重要的感觉器官，也是容易遭受损伤或感染的部位。近年来随着宠物饲养数量的增多，临床上遇到的眼病也日益增多，常见眼睑、瞬膜、结膜、角膜或眼球的异常、损伤或感染。在宠物的眼病中，有的必须及时施行手术治疗，否则将造成视力不可逆性损害；有的眼病本身轻微，用药本应当有效，但由于宠物自身不善保护眼睛，而且治疗人类眼病的常规药液滴眼法用于治疗宠物眼病并不十分适用，所以也往往需要施行简单的手术方法配合治疗。在宠物玩赏、打闹、嬉戏中常会咬伤耳朵，而且在宠物洗澡等过程中常使水进入耳道，并且耳部的美容已逐渐被宠物爱好者重视。因此，掌握宠物眼病、耳病常用的手术方法具有十分重要的作用。

一、眼睑内翻矫正术

（一）适应症

眼睑内翻是犬常见的一种眼病，多发生于面部皮肤皱褶的犬种。由于眼睑内翻（图4－1、图4－2），睫毛或眼睑毛刺激角膜、结膜，引起角膜或结膜炎症，严重影响视力。其病因有先天性、痉挛性和后天性三种。对于先天性需采用眼睑内翻矫正术加以治疗。

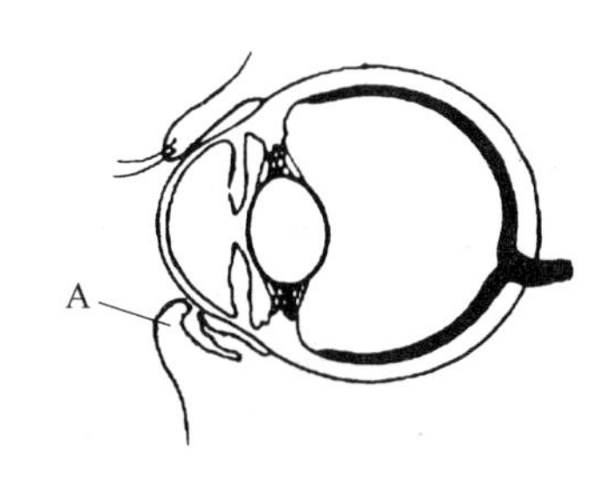

图4－1　眼睑内翻侧面示意图

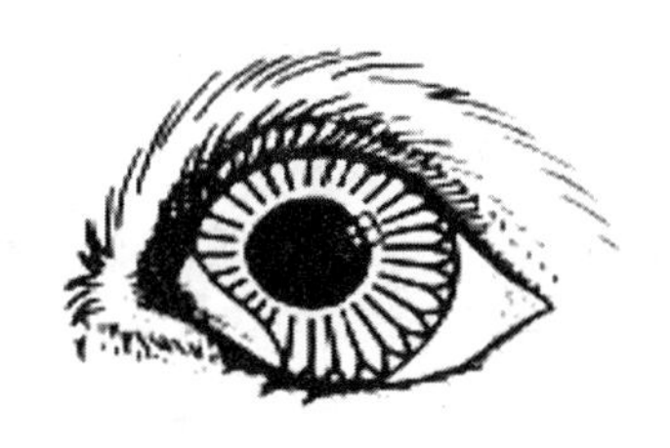

图4－2　眼睑内翻正面示意图

（二）局部解剖

眼睑从外科角度分前、后两层，前层为皮肤、眼轮匝肌，后层为睑板、睑结膜。犬仅上眼睑有睫毛，猫无真正的睫毛。眼睑皮肤疏松、移动性大。眼轮匝肌为平滑肌，起闭合眼裂作用。其感觉受三叉神经支配，运动受面神经支配。

上睑提肌功能为提起上睑，受动眼神经支配。米勒（Muller）氏是一层平滑肌，加强上睑提肌的作用。内眦提肌为一小的肌肉，也有提内侧上睑的作用，受面神经支配。

睑板为一层纤维板，与眶隔相连附着于眶缘骨膜。每个睑板有20～40个睑板腺，其导管沿皮纹沟分布，在睑缘形成一“灰线”。其他眼睑腺包括皮脂腺、汗腺和副泪腺等。睑结膜薄而松弛，含有杯状细胞、副泪腺、淋巴滤泡等。

（三）麻醉与保定

全身麻醉或镇静剂配合局部麻醉。手术台侧卧保定，患眼在上。

（四）术式

局部剃毛、消毒。常用改良霍尔茨－塞勒斯（Holtz－Colus）氏手术。术者距下眼睑缘2～4mm用镊子提起皮肤，并用一把或两把直止血钳夹住（图4－3）。夹持皮肤的多少，视内翻严重程度而定。用力钳夹皮肤30s后松开止血钳。镊子提起皱起的皮肤，再用手术剪沿皮肤皱褶的基部将其剪除（图4－4）。切除后的皮肤创口呈半月形（图4－5）。最后用4号丝线结节缝合，闭合创口。缝合要紧密，针距为2mm（图4－6）。

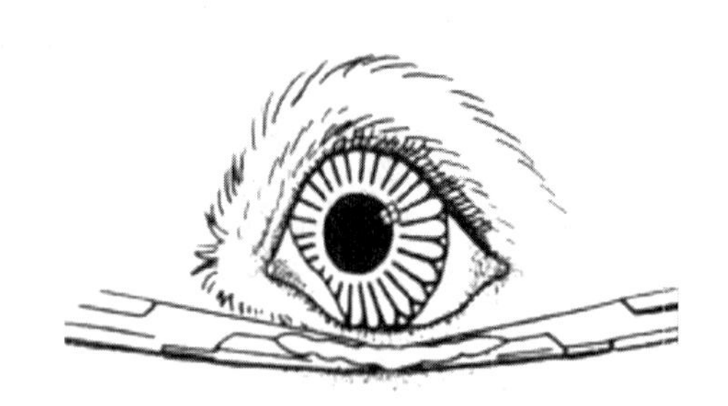

图4－3　用两把直止血钳钳住皮肤

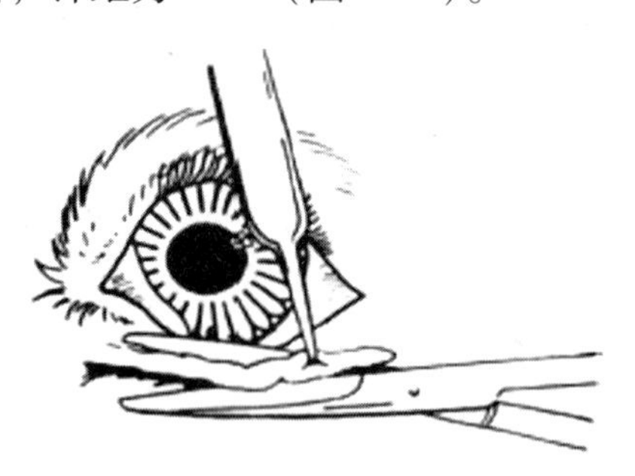

图4－4　将皮肤皱褶的基部剪除

图4－5　切除后的皮肤创口呈半月形

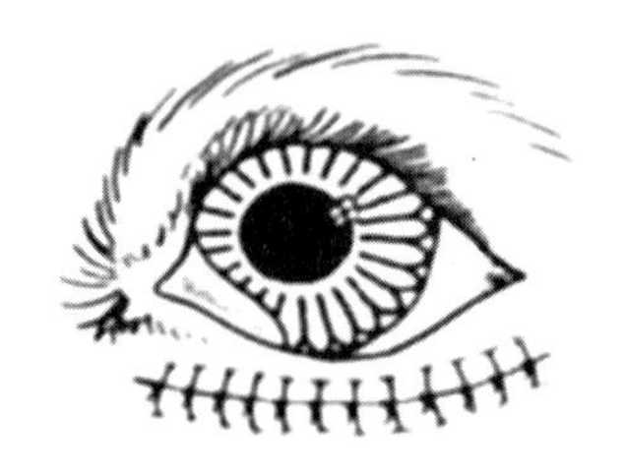

图4－6　眼睑内翻治愈后的情况

（五）术后护理

一般术后前几天因肿胀，眼睑似乎矫正过度，以后则会恢复正常。术后患眼用抗生素眼膏或抗生素眼药水，3～4次/d。颈部安装颈圈，防止自我损伤患眼。术后10～14d拆除缝线。

二、眼球脱出复位术

眼球脱出是指整个眼球或大半个眼球脱出眼眶的一种外伤性眼病。临床上以短头品种犬多发，其中以北京犬发生率最高。动物之间斗咬或遭受车辆冲撞，特别是头部或颞窝部受剧烈震荡后容易导致眼球脱出。本病多发生于北京犬等短头品种犬，与其眼眶偏浅和眼球显露过多（大眼睛）有关。

（一）适应症

眼球突出是眼球突出于眼眶外，呈半球状，由于发生嵌闭而固定不动，眼球表面被覆血凝块，结膜充血严重，角膜很快干燥、浑浊无光（图4－7A、B）。手术不适用于严重的眼球脱出、眼内肿瘤、难以治愈的青光眼及全眼球炎等。

图4－7　犬眼球突出病例A

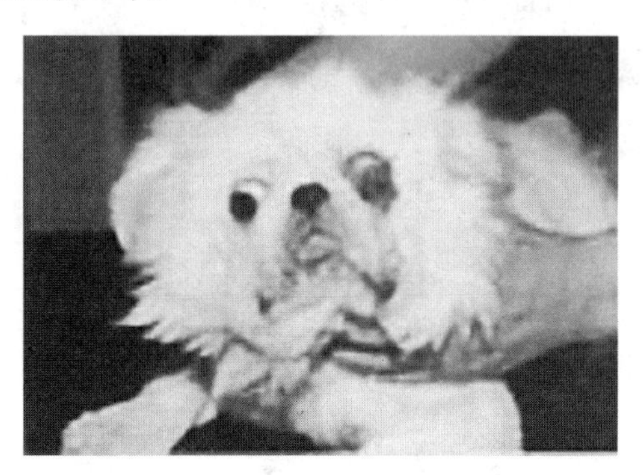

图4－7　犬眼球突出病例B

（二）麻醉与保定

846麻醉注射液进行全身麻醉，患眼用1.5%盐酸丁卡因进行表面麻醉，手术台侧卧保定，患眼在上位。

（三）手术方法

眼球脱出后应尽快施行手术复位。据有关资料，眼球突出后3h内整复，视力可望不受影响：若超过3h则预后谨慎，若眼球脱出则预后不良。用含有适量氨苄青霉素或庆大霉素的灭菌生理盐水清洗眼球（图4－8），再用浸湿的纱布块托住眼球，将突出的眼球向眼眶内按压使其复位（图4－9）。若复位困难，做上、下眼睑牵引线以拉开睑裂或切开外眼角皮肤，均有助于眼球复位。为润滑角膜和结膜并预防感染，在结膜囊内涂以四环素或红霉素眼膏，然后对上、下眼睑行结节或纽扣状缝合并保留1周左右，以防眼球再次脱出（图4－10、图4－11）。对脱出时久已干燥坏死的眼球，将其切除后在眼眶内填塞灭菌纱布条，睑缘做暂时缝合；术后12～24h除去填塞的纱布，每日通过眼角用适宜消毒液对眼眶冲洗。术后还可配合应用消炎、消肿药物，促使球后炎性产物的吸收。

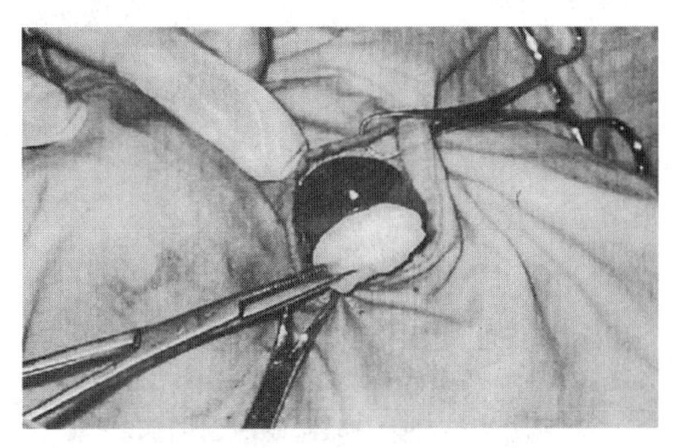

图4－8　眼球复位术，用生理盐水清洗眼球

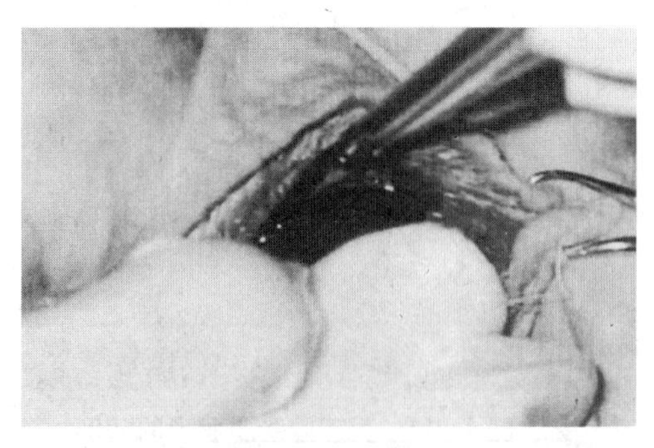

图4－9　用生理盐水浸湿的纱布将眼球压回眼眶

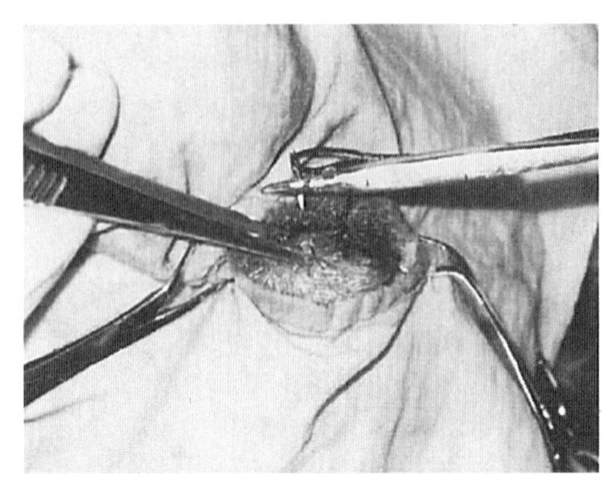

图 4－10　对上下眼睑做 3～5 个结节缝合

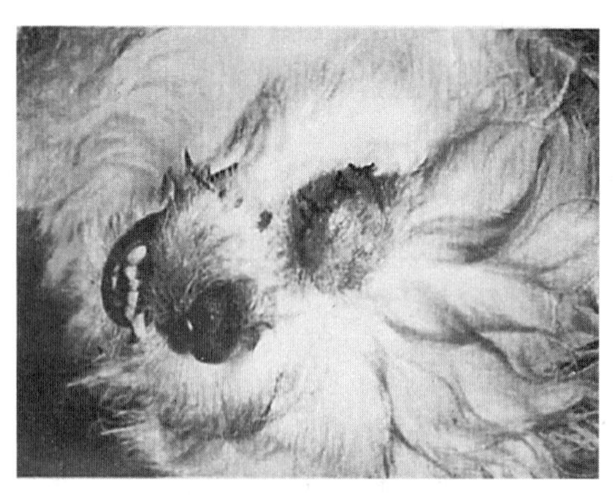

图 4－11　手术完毕

三、第三眼睑腺切除术

第三眼睑腺脱出是指因腺体肥大越过第三眼睑游离级而脱出于眼球表面。又称樱桃眼，多发生于北京犬、西施犬、比格犬等小型犬。多为单眼发病，有的双眼发病。开始小块粉红色软组织从眼内眦脱出，并逐渐增大。长期暴露在外，腺体充血、肿胀、流泪。动物不安，常用前爪搔抓患眼。严重者，脱出物呈暗红色、破溃，经久不治可引起角膜炎和结膜炎。

（一）适应症

第三眼睑腺脱出是某些品种犬常见的一种眼病。对于脱出物严重充血、肿胀，甚或破溃者，可采用第三眼睑腺脱出切除术（图 4－12、图 4－13）。

（二）局部解剖

第三眼睑又称瞬膜，为一变体的结膜皱褶，位于眼内眦。第三眼睑随眼球而曲行，故其球面凹，睑面凸。第三眼睑前缘有色素沉着。

第三眼睑腺位于瞬膜前下方，如一扁平的“T”形玻璃样软骨支撑，其臂与瞬膜前缘平行，而其杆则包埋在第三眼睑腺的基部。第三眼睑腺被覆脂肪组织。其腺体组织呈浆液黏液样（犬）或浆液样（猫）。分泌的液体经多个导管抵至球结膜表面，提供大约 30% 的水性泪膜。第三眼睑腺与眶周组织间的纤维样附着部限制腺体的活动，防止其脱出。

图 4－12　第三眼睑腺脱出的病例

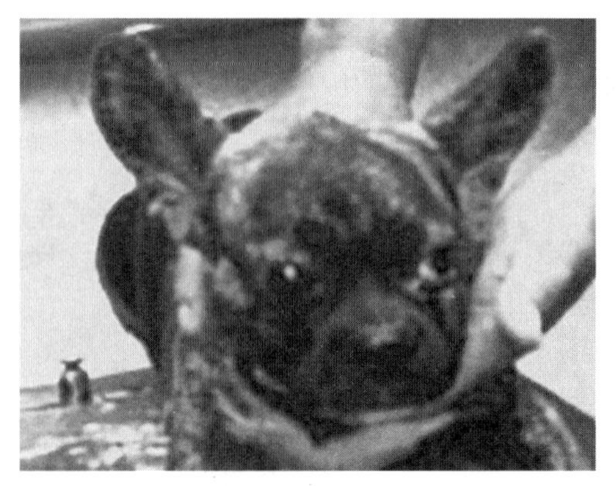

图 4－13　第三眼睑腺脱出的病例

第三眼睑的血液供给来自眼动脉分支，其感觉受交感神经纤维支配。

第三眼睑的运动大都是被动的，当眼球受眼球牵引肌（外展神经支配）牵引时而引起第三眼睑的移动。

第三眼睑具有保护角膜、除去角膜上异物、分泌和驱散角膜泪膜及免疫等功能。有人认为不宜切除第三眼睑腺（除非组织学证实为恶性肿瘤或严重损伤），否则易引起角膜结膜炎和干性角膜结膜炎。

（三）麻醉与保定

利用846合剂麻醉注射液进行全身麻醉，1.5%盐酸丁卡因滴入患眼结膜囊内进行表面麻醉。手术台健侧卧保定，如果双眼都患本病，则进行俯卧保定。用无菌隔离巾隔离术野。

（四）手术方法

用生理盐水冲洗患眼，以清除眼内的眼屎及其他分泌物。左手用消毒的有齿镊子夹持脱出物（腺体）向眼外轻轻牵引（图4－14），右手将弯止血钳夹持脱出物的根蒂部，停留数分钟后用消毒的手术剪将脱出物沿根蒂部剪除（图4－15、图4－16），如有出血，用干棉球压迫眼内角止血，将手术刀柄于酒精灯火焰灼烧至微红（图4－17），在第三眼睑使脱出物切面上进行烧烙至结痂（图4－18），松开止血钳，滴入3%眼药水于患眼结膜囊内松解保定。

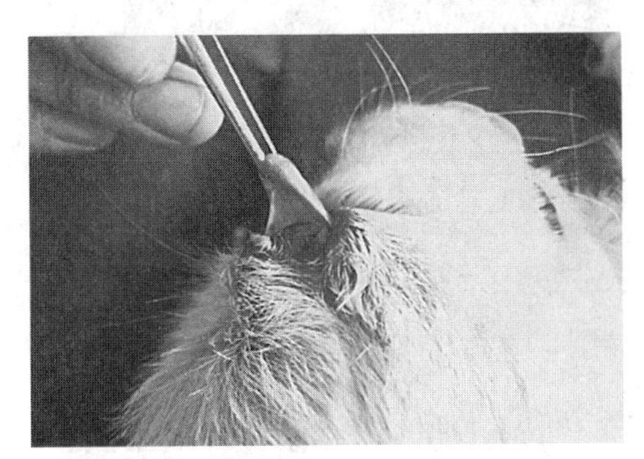

图4－14　夹持脱出物向眼外轻轻牵引

图4－15　用消毒剪子剪除脱出物

也可用双钳捻转法进行手术切除治疗脱出物。具体方法是左手持有齿镊提起腺体后，先用一把止血钳尽量向下夹住腺体基部，再用另一把止血钳反方向同样夹持腺体基部（图4－19），然后固定下方止血钳，顺时针转动上方止血钳，约10s左右腺体自然脱落（图4－20、图4－21）。此法几乎达到滴血不出的效果，即使少量出血，用干棉球压迫也迅速奏效。

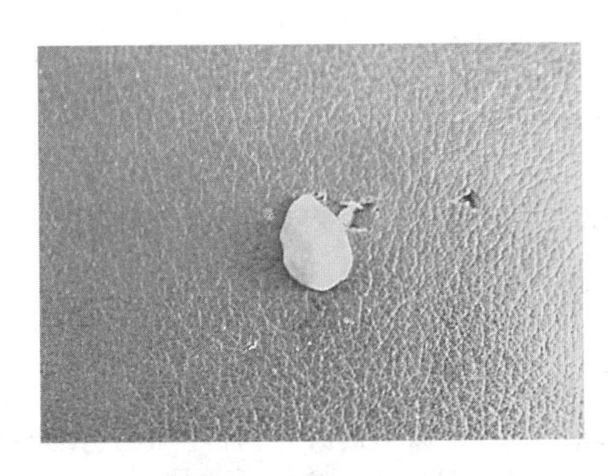

图4－16　剪掉的脱出物

图4－17　火焰消毒手术刀柄

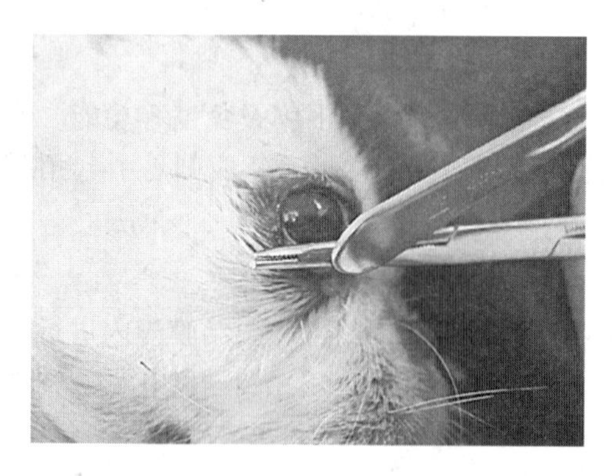

图 4-18　对切除后的切面进行烧烙

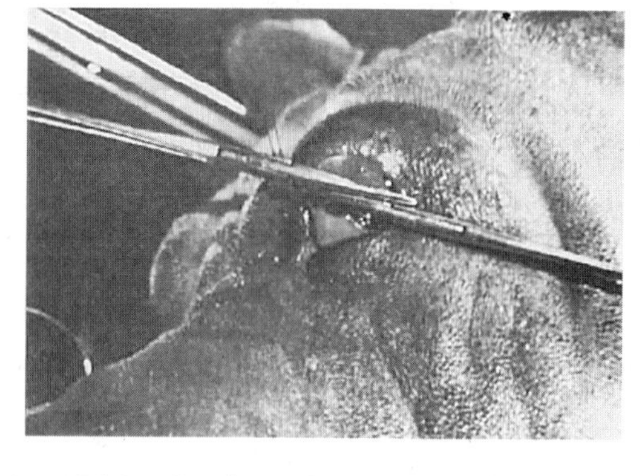

图 4-19　上下两把止血钳夹持脱出物

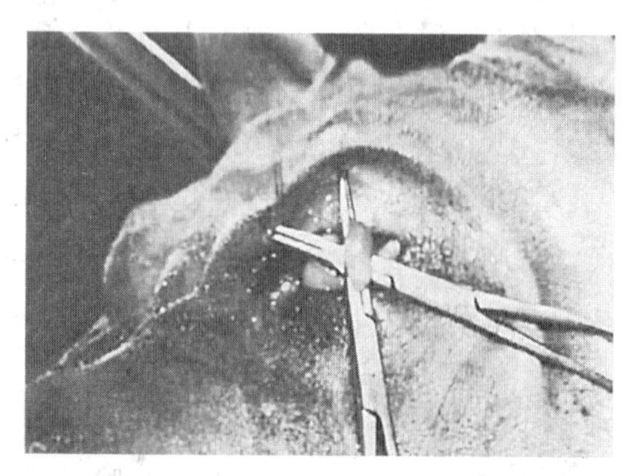

图 4-20　两把止血钳相互捻转

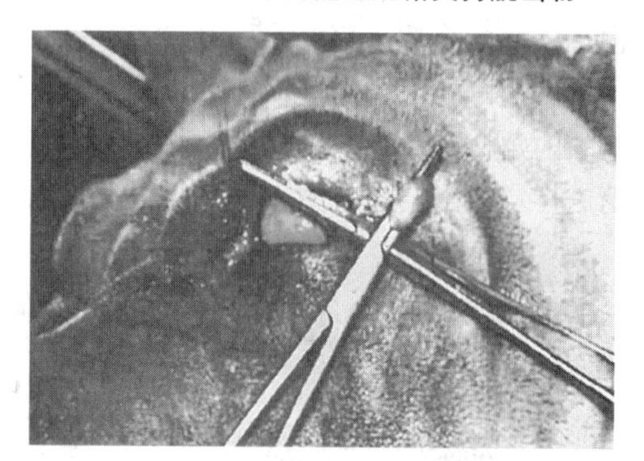

图 4-21　捻转切掉的第三眼睑腺

（五）术后护理

术后 3d 内应用 3% 氯霉素眼药水滴眼，3～4 次/d，可有效地预防感染。

四、眼球摘除术

眼球脱出多因挫伤引起。犬、猫均可发生，其中短头品种犬常发。眼球脱出会出现以下严重病理变化：因涡静脉和睫状静脉被眼睑闭塞，引起静脉淤滞和充血性青光眼；严重的暴露性角膜炎和角膜坏死；引起虹膜炎、脉络膜视网膜炎、视网膜脱离、晶体脱位及视神经撕脱等。

多数急性眼球脱出可以通过手术复位的，但眼球脱出过久、眼内容物已挤出，内容物严重破坏，不宜做手术复位，需做眼球摘除。

（一）适应症

严重眼穿孔，严重眼突出，眼内肿瘤，难以治愈的青光眼，眼内炎及全眼球炎等适宜做眼球摘除术（图 4-22）。

（二）局部解剖

眼球似球形，由眼球、保护装置、运动器官及视神经组成。眼球位于眼眶的前部和眼睑的后侧，在其后方填满肌肉（眼球直肌、眼球斜肌、眼球退缩肌），神经和脂肪的间隙称眼球后间隙。眼球借助视神经通过视神经孔与大脑相连接。

眼睑的内面被覆眼睑结膜，翻转到眼球上的称为眼球结膜，翻转处称之为眼球穹窿

（图4－23）。

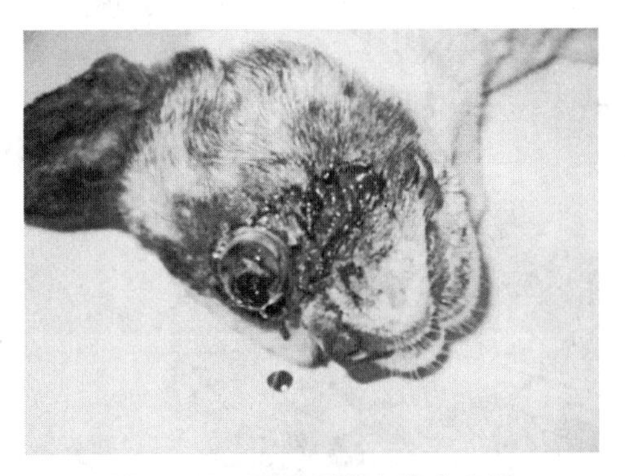

图4－22　严重眼脱出的犬病例

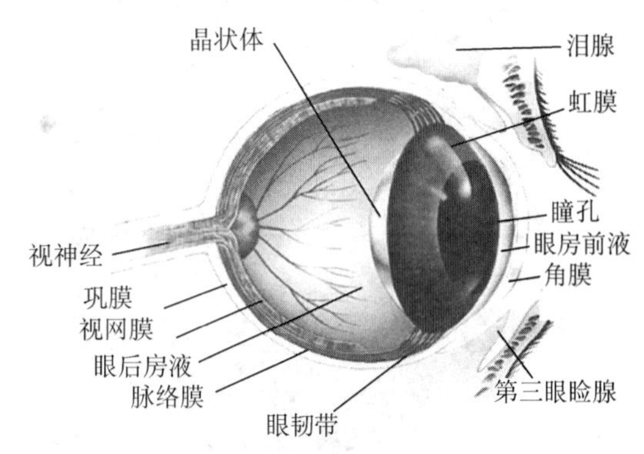

图4－23　眼球局部结构

（三）保定与麻醉

利用846合剂麻醉注射液进行全身麻醉，患眼用1.5%盐酸丁卡因进行表面麻醉。进行侧卧保定，患眼在上位。

（四）术式

可分经眼睑和经结膜两种眼球摘除方法。前者当全眼球化脓和眶内肿瘤已蔓延到眼睑时最为适用。

1. 经眼睑眼球摘除术

手术时，先做连续缝合，将上、下眼睑缝合一起（图4－24），环绕眼睑缘做一椭圆形切口。在犬，此椭圆形切口可远离眼睑缘。切开皮肤、眼轮匝肌至睑结膜（不要切开睑结膜）后（图4－25），一边牵拉眼球，一边分离球后组织，并紧贴眼球壁切断眼外肌，以显露眼缩肌（图4－26）。用弯止血钳伸入眼窝底连同眼缩肌及其周围的动、静脉和神经一起钳住，再用手术刀或者弯剪沿止血钳上缘将其切断，取出眼球（图4－27）。于止血钳下面结扎动静脉，控制出血（图4－28）。移走止血钳，再将球后组织连同眼外肌一并结扎，堵塞眶内死腔。此法既可止血，又可替代纱布填塞死腔（图4－29）。最后结节缝合皮肤切口，并做结系绷带或装置眼绷带以保护创口（图4－30）。

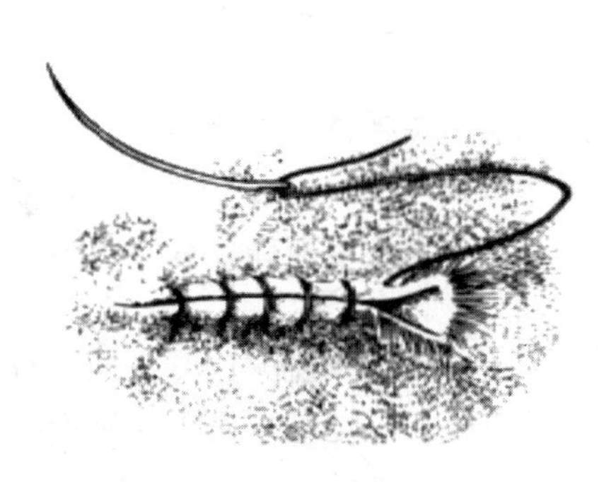

图4－24　将上、下眼睑连续缝合在一起

图4－25　切开皮肤、眼轮匝肌至睑结膜

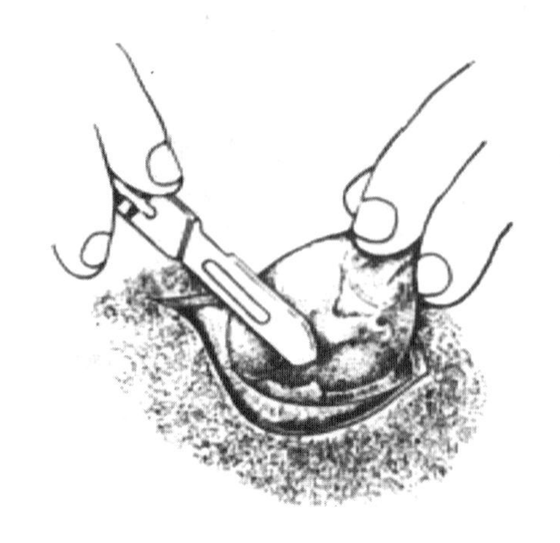

图 4－26　切断眼外肌，以显露眼缩肌

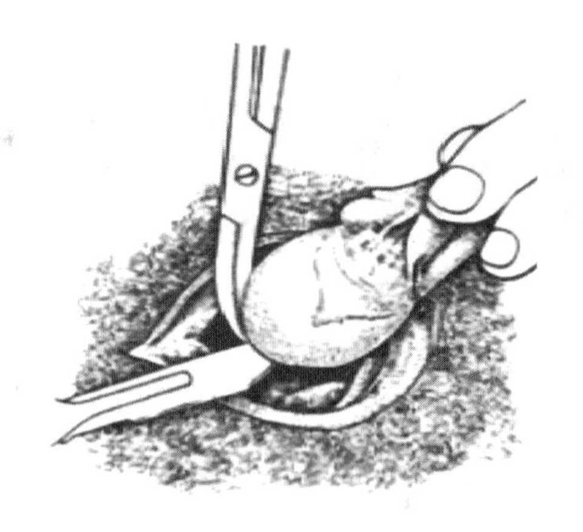

图 4－27　切断眼球动静脉，取出眼球

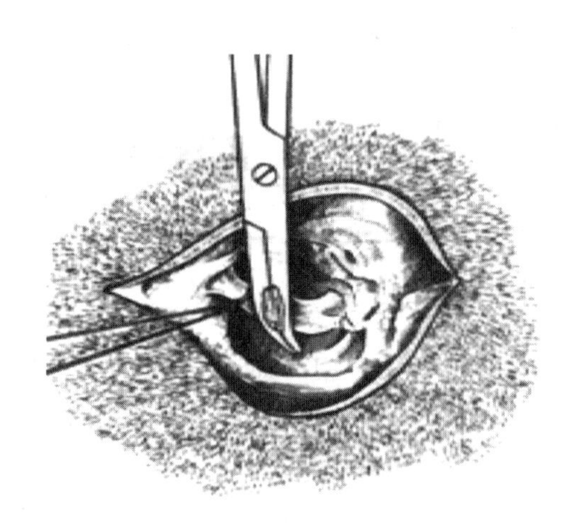

图 4－28　结扎动、静脉，控制出血

图 4－29　结扎球后组织及眼外肌，堵塞眶内死腔

2. 经结膜眼球摘除术

用眼睑开张器张开眼睑。为扩大眼裂，先在眼外眦切开皮肤 1～2cm（图 4－31）。用组织镊夹持角膜缘，并在其缘外侧的球结膜上做环形切开（图 4－32）。用弯剪顺巩膜面向眼球赤道方向分离筋膜囊，暴露四条直肌和上、下斜肌的止端，再用手术剪挑起，尽可能靠近巩膜将其剪断（图 4－33）。

眼外肌剪断后，术者一手用止血钳夹持眼球直肌残端，一手持弯剪紧贴巩膜，利用其开闭向深处分离眼球周围组织至眼球后部。用止血钳夹持眼球壁做旋转运动，眼球可随意转动，证明各眼肌已断离，仅遗留退缩肌及视神经束。将眼球继续前提，弯剪继续深入球后剪断退缩肌和视神经束（图 4－34）。

眼球摘除后，立即用温生理盐水纱布填塞眼眶，压迫止血。出血停止，取出纱布块，再用生理盐水清洗创腔。将各条眼外肌和眶筋膜对应靠拢缝合。也可先在眶内放置球形填充物，再将眼外肌覆盖于其上面缝合，可减少眼眶内腔隙。将球结膜和筋膜创缘作间断缝合（图 4－35），最后闭合上下眼睑。

图 4－30 做结系绷带或眼绷带以保护创口

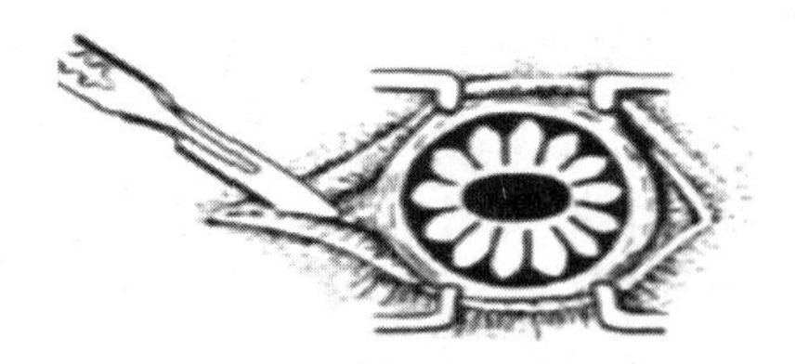

图 4－31 在眼外眦切开皮肤 1～2cm

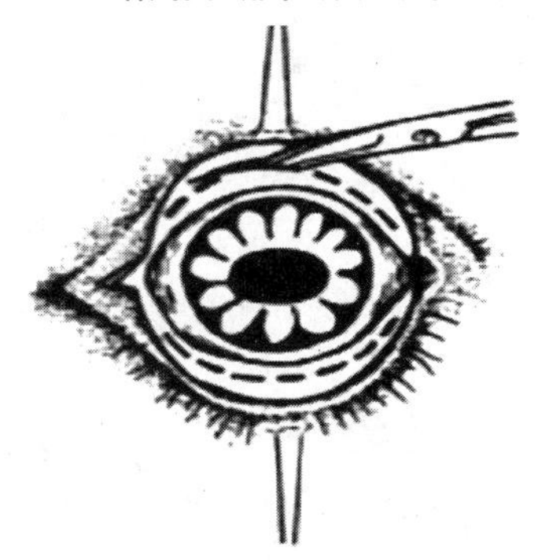

图 4－32 球结膜上行环形切开

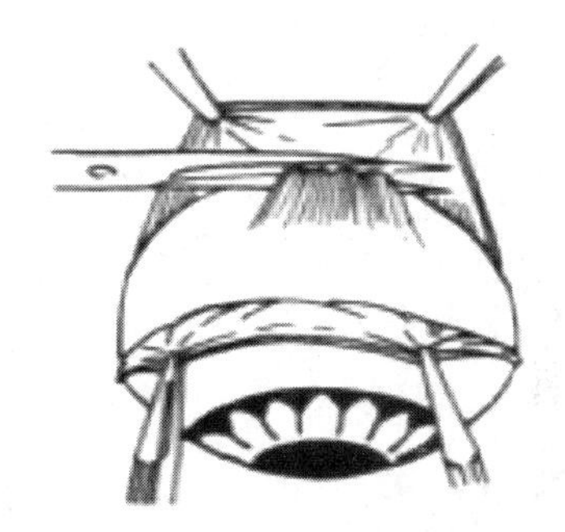

图 4－33 尽可能靠近巩膜剪断肌肉和筋膜

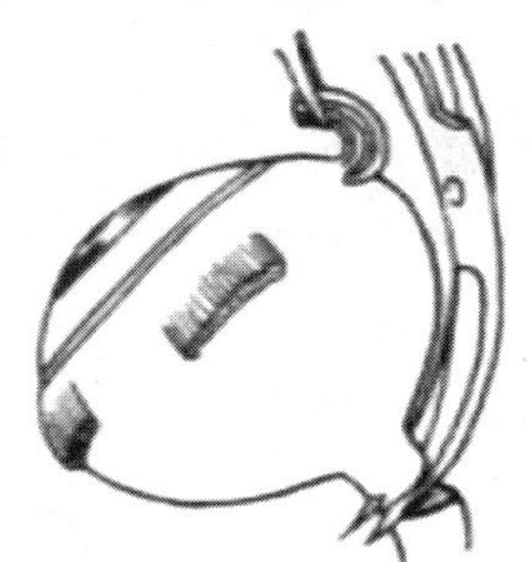

图 4－34 剪断退缩肌和视神经束

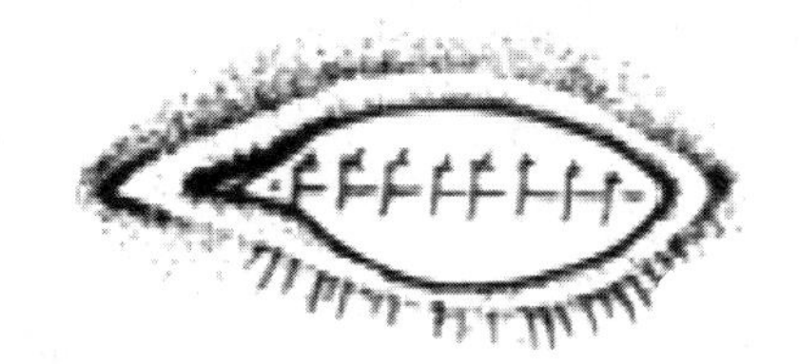

图 4－35 将球结膜和筋膜创缘行间断缝合

（五）术后护理

术后可能因眶内出血使术部肿胀，且从创口处或鼻孔流出血清色液体。术后 3～4d 渗出物可逐渐减少。局部温敷可减轻肿胀，缓解疼痛。对感染的外伤眼，应全身用抗生素。术后 7～10d 拆除眼睑缝线。

五、眼丝虫取出术

眼虫病是由结膜吸吮线虫，寄生于犬结膜囊和瞬膜下，有的也出现在泪管内，引起的以急、慢性结膜炎和角膜炎为主要特征的疾病，病犬痛痒难忍，不时用指爪蹭眼面部和反复摩擦头额部，严重的引起角膜穿孔及失明。

（一）适应症

在结膜囊特别是瞬膜下，滴加眼科用 3% 利多卡因 2～3 滴，按摩眼睑 5～10s 后，用动脉钳翻转瞬膜可见到乳白色不活动的细线头样蛇形眼虫虫体者。

（二）保定与麻醉

站立或手术台侧卧保定病犬，进行眼部表面麻醉或全身麻醉。

（三）手术方法

用注射器抽取5%盐酸左旋咪唑注射液1～2ml，由眼角缓缓滴入眼内，用手揉搓1～2min，翻开上下眼睑，用眼科球头镊子夹持灭菌湿纱布或棉球轻轻擦拭黏附其上的虫体，直至全部清除，再用生理盐水反复冲洗患眼，药棉拭干，涂布四环素或红霉素眼膏。有角膜炎、角膜溃疡的情况可按有关治疗方法处理。

六、浅层角膜切除术

（一）适应症

在宠物尤其是犬猫等眼病中，角膜最多发生损伤和感染，常见的有角膜浅表性创伤、角膜溃疡、角膜全层透创和角膜穿孔。由于宠物自身特点和临床用药的局限性，常规药物往往疗效不佳，而且症状容易恶化，以至最终失明。若在用药同时配合简单手术治疗，即通过结膜瓣或瞬膜瓣遮盖术则可大大提高角膜损伤的疗效。

（二）保定及麻醉

手术台侧卧保定，患眼在上，施行846合剂全身麻醉并配合患眼表面麻醉。

（三）手术方法

1. 瞬膜瓣遮盖术

上眼睑外侧皮肤剪毛，常规消毒。用0.05%～0.1%新洁尔灭溶液清洗结膜囊及眼球表面，用无齿镊夹持第三眼睑（瞬膜）并向外提起，在距离瞬膜2～3mm处由瞬膜内侧（球面）进针，于外侧（睑面）出针后做纽扣状缝合，即再由睑面进针，由球面出针。然后将两线末端分别经上眼睑外侧结膜囊穹窿处穿出皮肤，并按实际针距在一根缝线上套上等长的灭菌细胶管，收紧缝线打结，从而使瓣膜完全遮盖在眼球表面。

2. 部分结膜瓣遮盖术

适用于边缘性角膜损伤、角膜溃疡或角膜穿孔的病例。用开睑器撑开上下眼睑，同时常规洗眼，做上下直肌牵引线固定眼球，以保持施术时眼球固定。在靠近角膜病灶侧角膜缘的球结膜上做一弧形切口，用钝头手术剪在结膜切口下向穹窿方向分离，使分离的结膜瓣向角膜中央牵拉能够完全覆盖角膜病灶，然后用带有5/0～9/0缝线的眼科铲形针将其缝合固定在角膜缘旁的浅层巩膜及角膜上（深度应达到角膜厚度的2/3～3/4）。最后患眼涂布抗生素软膏，另行眼睑缝合，并保留7～10d。

3. 全部结膜瓣遮盖术

适用于大面积或全角膜损伤或溃疡的病例。常规开睑和做上下直肌牵引线，常规洗眼。在环绕角膜缘的球结膜上距角膜缘0.5～1.0cm处做360°环行切口，或用钝头手术剪沿角膜缘将球结膜环行切开，钝性分离结膜与下方巩膜之间的联系，牵拉上下结膜瓣使其能够对合并覆盖住角膜中央病灶，然后将已对合的结膜瓣用5/0缝线行结节缝合。最后患眼涂布抗生素软膏，另行眼睑缝合，缝线一般需保留2～3周。

七、耳血肿手术

（一）适应症

动物之间玩耍、撕咬，或因耳内瘙痒而剧烈甩头和摩擦耳部，结果造成耳廓内血管破裂而形成肿胀。血肿形成后，耳廓显著增厚并下垂，按压有波动感和疼痛反应（图4－36、图4－37）。穿刺放血后往往复发。若反复穿刺且未严格执行无菌操作，容易感染化脓。

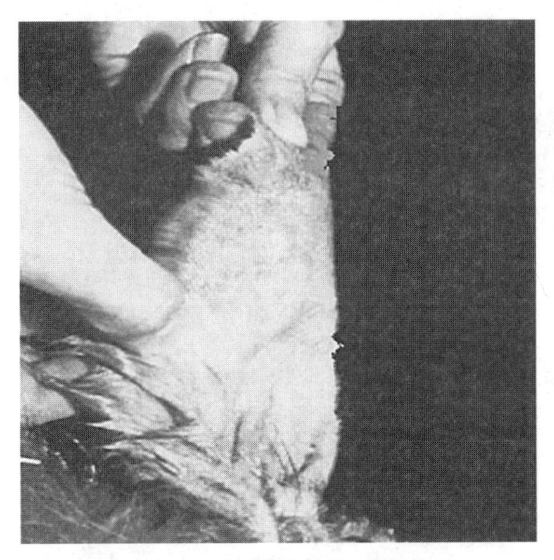

图4－36 耳血肿按压疼痛和波动

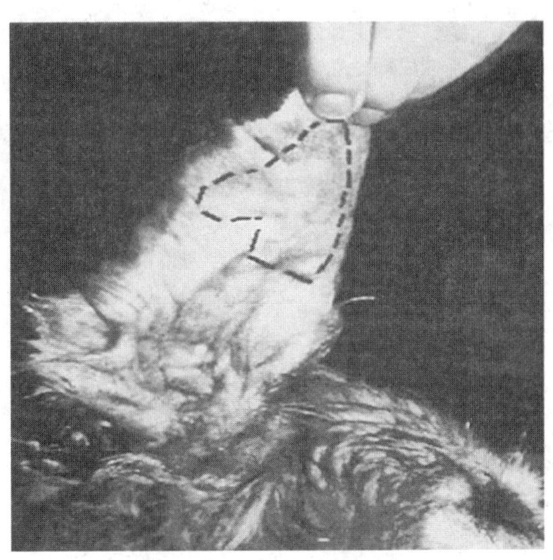

图4－37 耳廓显著增厚并下垂

（二）保定与麻醉

宠物实施侧卧保定，患耳于上方，实施全身麻醉（图4－38）配合耳部局部浸润麻醉。

（三）手术方法

患部局部剃毛、消毒，用棉球塞入外耳道入口（图4－39），较大的耳血肿可在穿刺放血（图4－40）后，装加压耳绷带，并保留7～10d。若保守疗法无效，可将耳廓两侧被毛除去（图4－41）并消毒（图4－42），在血肿一侧做1～1.5cm长纵向切口（图4－43），排出积血及凝血块（图4－44、图4－45），进行全面止血（图4－46、图4－47、图4－48），然后做若干散在的平行于切口的耳廓全层结节缝合（图4－49、图4－50），缝合时从耳廓凸面进针，穿过全层至凹面，再从凹面进针穿出凸面，并在凸面打结。针距为5～10mm，每排间隔5～10mm（图4－51、图4－52、图4－53）。以消除血肿腔。术后可装置耳绷带，以适当施压制止出血和渗出。耳部保持安静，必要时使用止血剂。

（四）术后护理

患耳用绷带包扎，3～5d拆除更换。宠物不安，甩耳或抓耳，可适当给予安定镇静药，以防血肿再发生。术后第10天拆除缝线。

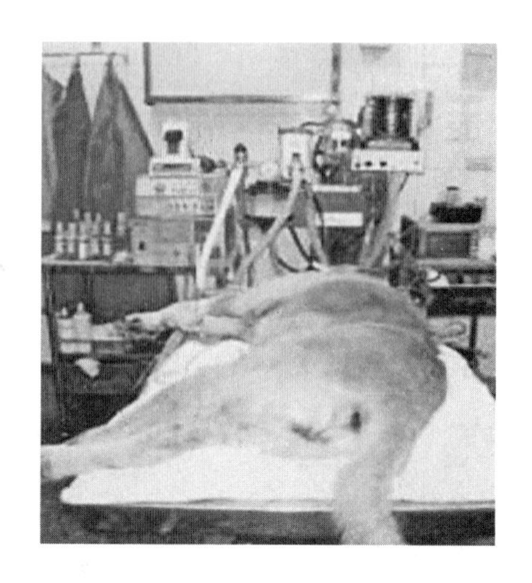

图4－38 患犬全身麻醉

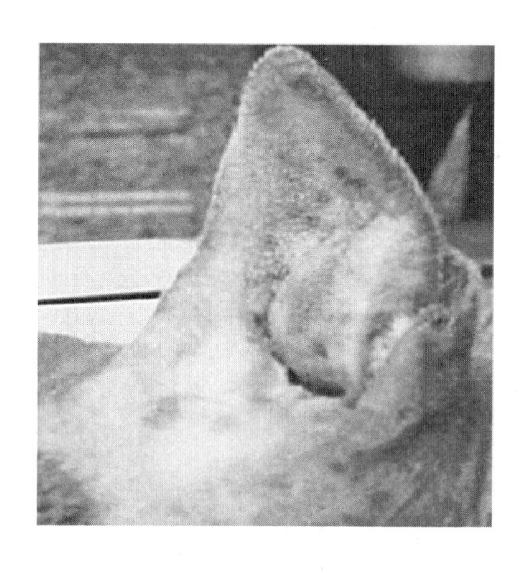

图4－39 用棉花塞住患犬外耳道

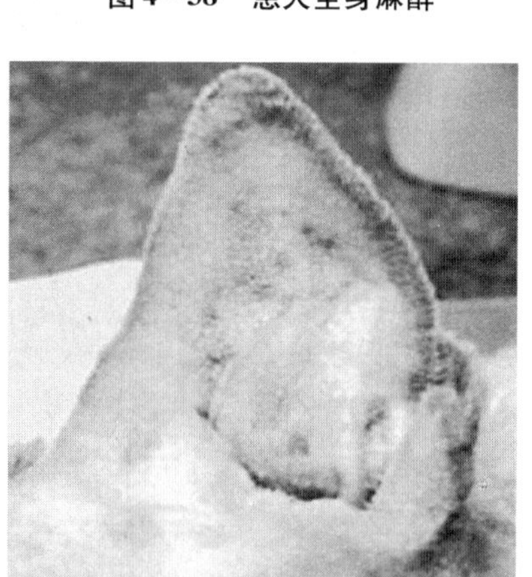

图4－40 患部剃毛

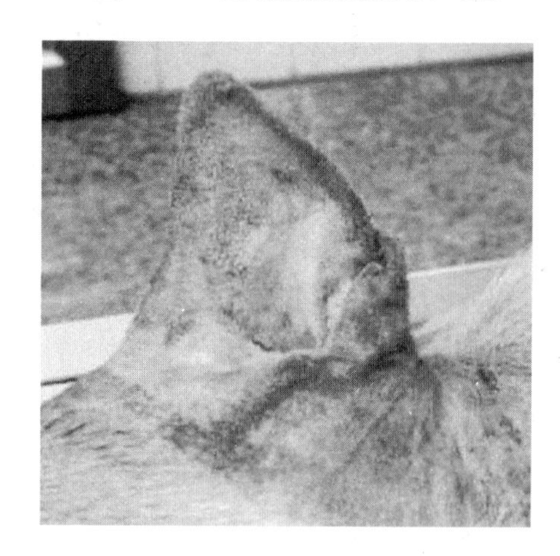

图4－41 患部常规消毒

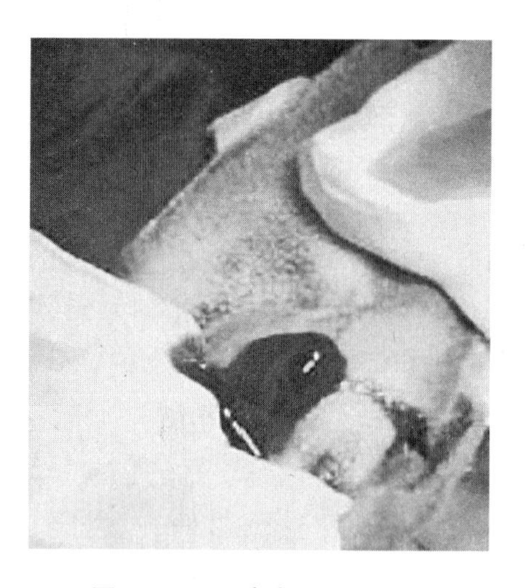

图4－42 耳廓内面线形切开

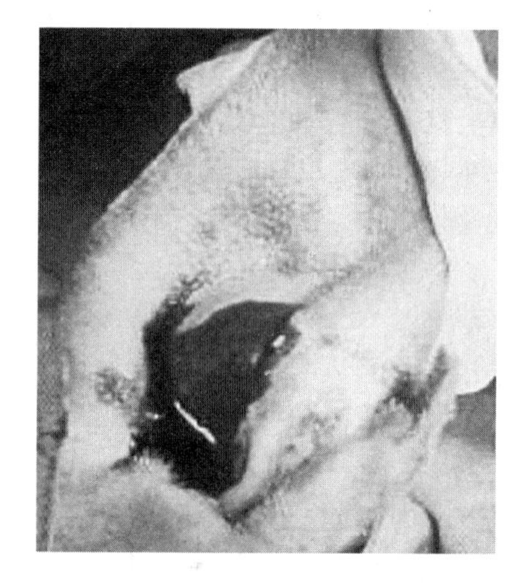

图4－43 切开后将蓄积的血液排出

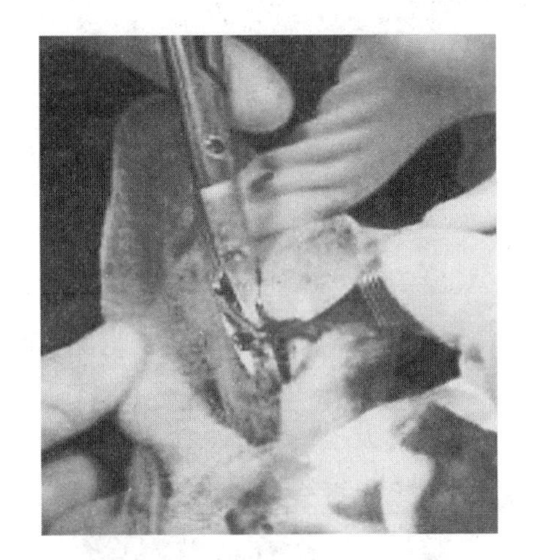

图 4－44　用外科刀将创口加宽

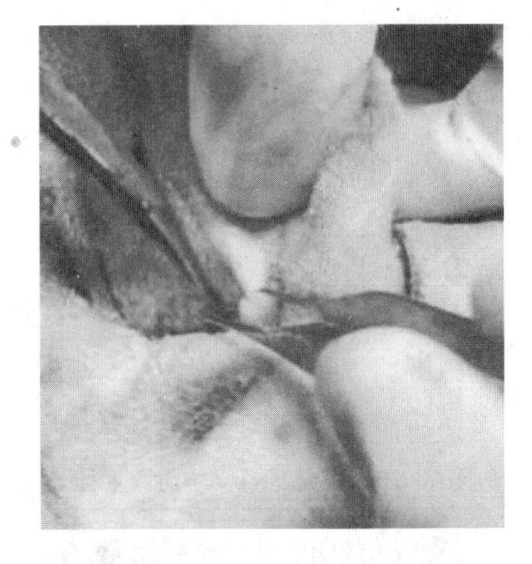

图 4－45　扩创利于缝合时不易变形

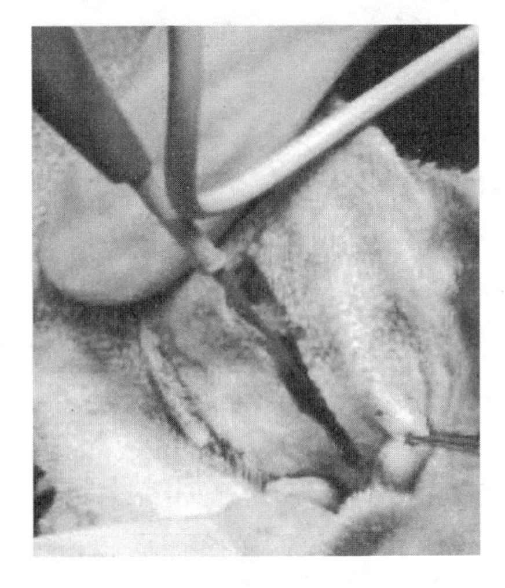

图 4－46　用电刀将切面止血

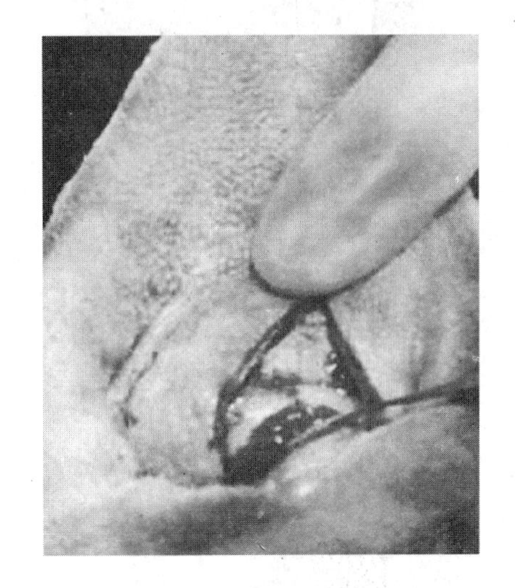

图 4－47　用电刀将内面止血

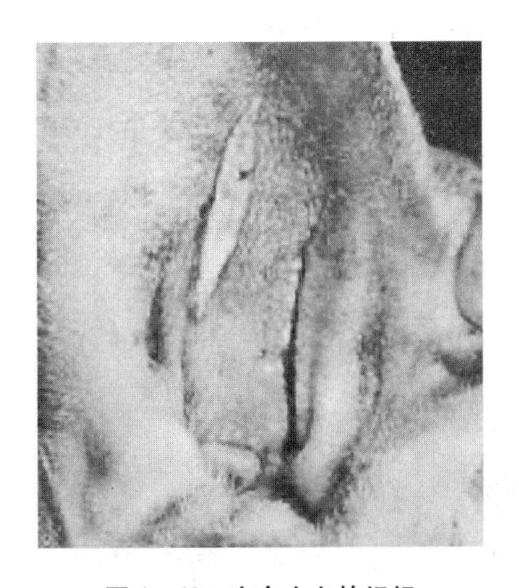

图 4－48　完全止血的组织

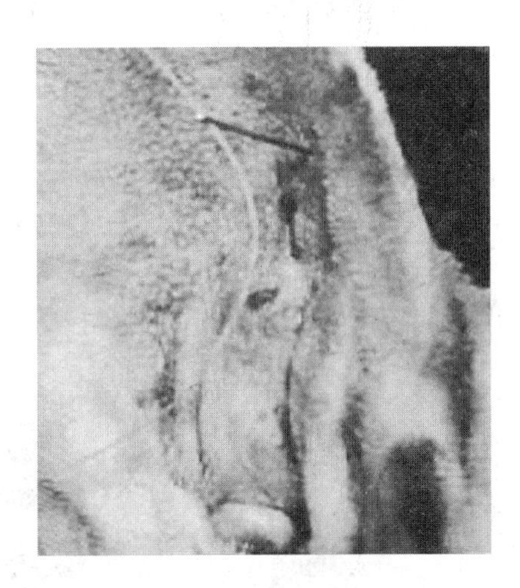

图 4－49　内侧面用肠线做间断穿透缝合

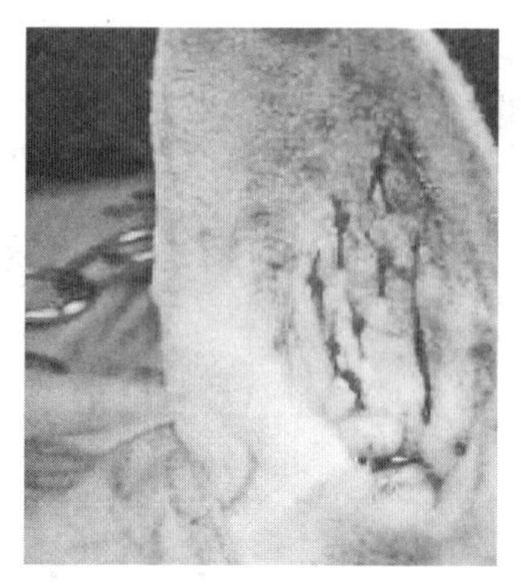

图 4－50　缝合方向要与切口平行

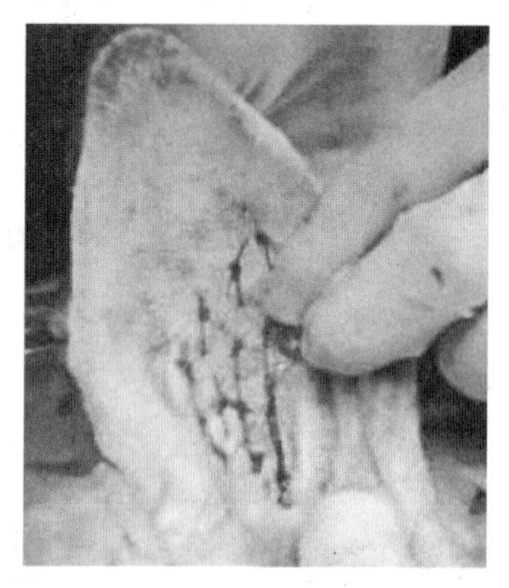

图 4－51　缝合中伤口和耳朵要拉平

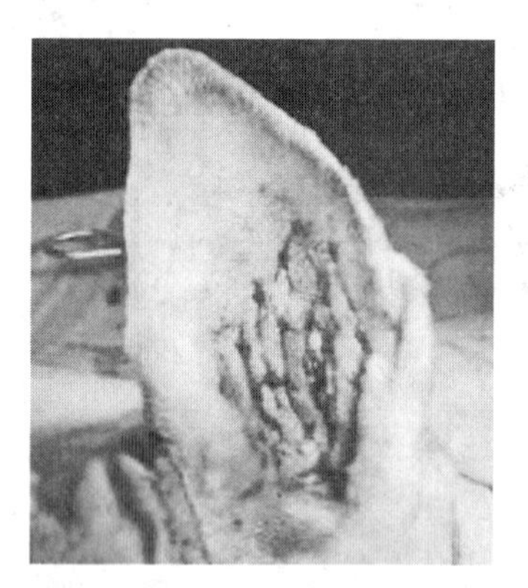

图 4－52　缝合后耳朵内面

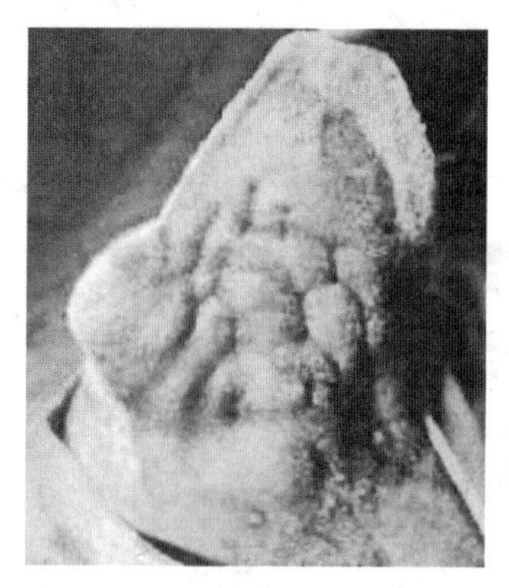

图 4－53　缝合后耳朵外面

八、耳的整容成形术

为使犬耳直立，使犬的外貌更加好看（图 4－54），以提高犬的经济价值，可行犬耳的整容成形术（图 4－55）。为了提高手术成功率，应尽早施术，表 4－1 列举了不同品种犬耳的整容成形术的年龄和耳的长度标准。犬耳测量的部位是耳翼的中央与头的连接处。耳的长度与施术犬年龄的关系，一般来说，年龄小的，截得可稍长些。公犬的耳朵应比母犬长些。整容后的耳应当近似喇叭形。

图 4－54　经过整容的大丹犬显得高大威猛

图 4－55　立耳后的斗牛犬增加几分威严

表 4-1 犬耳整容术中耳的长度与年龄的关系

品种	年龄	犬耳长度（cm）
小型史纳沙犬	10～12 周龄	5～7
拳击师犬	9～10 周龄	6.3
大型史纳沙犬	9～10 周龄	6.3
杜伯文犬	7～8 周龄	6.9
大丹犬	7 周龄	8.3
波士顿犬	任何年龄	尽可能长

（一）适应症

犬常因耳廓软骨发育异常，引起“断耳”，使耳下垂，影响美观。竖耳手术目的是切除部分软骨，恢复耳廓正常竖耳姿势。手术适宜时间至少在 6 月龄以上，否则软骨过软而难以缝合。

（二）局部解剖

耳廓内凹外凸，卷曲呈锥形，以软骨作为支架。它由耳廓软骨和盾软骨组成。耳廓软骨在其凹面有耳轮、对耳轮、耳屏、对耳屏、舟状窝和耳甲腔等组成。

耳轮为耳廓软骨周缘；舟状窝占据耳廓凹面大部分；对耳轮位于耳廓凹面直外耳道入口的内缘；耳屏构成直外耳道的外缘，与对耳轮相对应，两者被耳屏耳轮切迹隔开；对耳屏位于耳屏的后方；耳甲腔呈漏斗状，构成直外耳道，并与耳屏、对耳屏和对耳轮缘一起组成外耳道口。盾软骨呈靴筒状，位于耳廓软骨和耳肌的内侧，协助耳廓软骨附着于头部。耳廓内外被覆皮肤，其背面皮肤较松弛，被毛致密，凹面皮肤紧贴软骨，被毛纤细、疏薄。

外耳血液由耳大动脉供给。它是颈外动脉的分支，在耳基部分为内、外 3 支行走于耳背面，并绕过耳轮缘或直接穿过舟状窝供应耳廓内面的皮肤。耳基皮肤则由耳前动脉供给，后者是颞浅动脉的分支。静脉与动脉伴行。

耳大神经是第二颈神经的分支，支配耳甲基部、耳廓背面皮肤。耳后神经和耳颞神经为面神经的分支，支配耳廓内外面皮肤。外耳的感觉则由迷走神经的耳支所支配。

（三）保定与麻醉

麻醉前用阿托品 0.05mg/kg 体重，皮下注射。8～10min 后，肌肉注射速眠新 0.1～0.15mg/kg 体重。

麻醉后的动物进行手术台伏卧保定，犬的下颌和颈下部垫上小枕头以抬高动物头部。

（四）手术方法

两耳剃毛、清洗、常规消毒。除头部外，犬体用灭菌单隔离。头部不覆盖隔离单，以利最大限度地明视手术区域，与对侧的耳朵进行对照比较。将下垂的耳尖向头顶方向拉紧伸展，用尺子测量所需耳的长度。测量是从耳廓与头部皮肤折转点到耳前缘边缘处，留下耳的长度用细针在耳缘处标记下来，将对侧的耳朵向头顶方向拉紧伸展，将二耳尖对合，用一细针穿过两耳，以确实保证在两耳的同样位置上作标记，然后用剪子在针标记的稍上方剪一缺口，作为手术切除的标记（图 4-56）。

一对稍弯曲的断耳夹子分别装置在每个耳上。装置位置是在标记点到耳屏间肌切迹之间，并尽可能闭合耳屏（图 4-57）。每个耳夹子的凸面朝向耳前缘，两耳夹装好后两耳形态应该一致。牵拉耳尖处可使耳变薄些，牵拉耳后缘则可使每个耳保留的更少些。耳夹子固定的耳外侧部分，可以全部切除，并缝合耳周围边缘（图 4－58），而仅保留完整的喇叭形耳（图 4－59、4－60、4－61）。

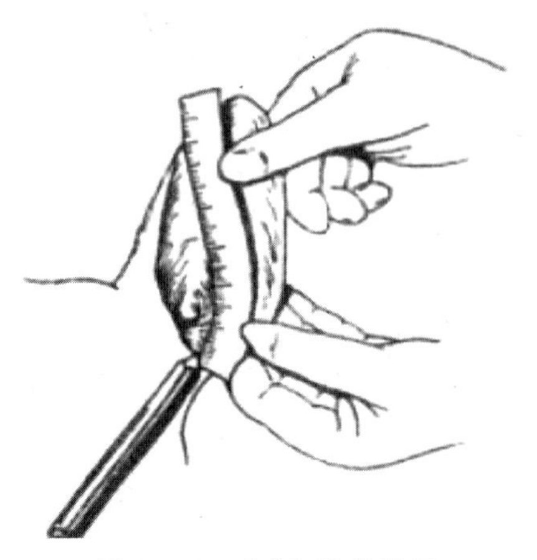
图 4－56　手术切除的标记

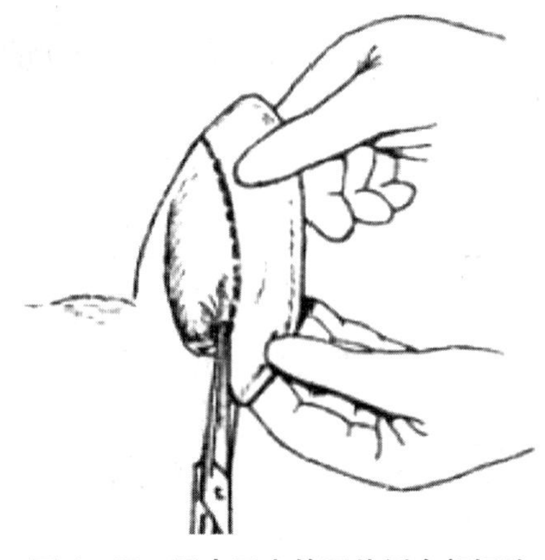
图 4－57　耳夹固定的耳外侧全部切除

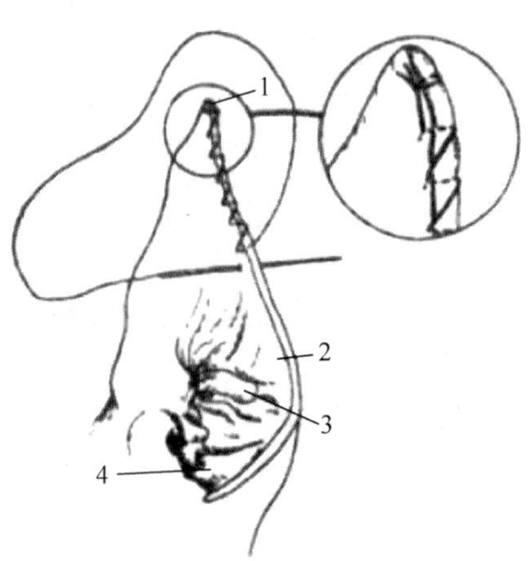

图 4－58　缝合耳周围边缘

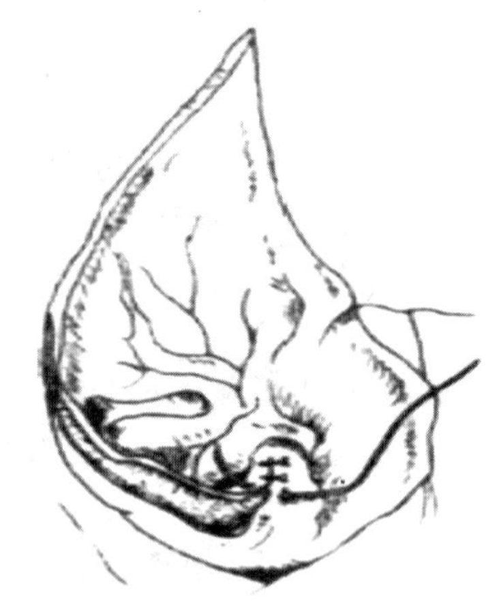
图 4－59　保留完整的喇叭形耳

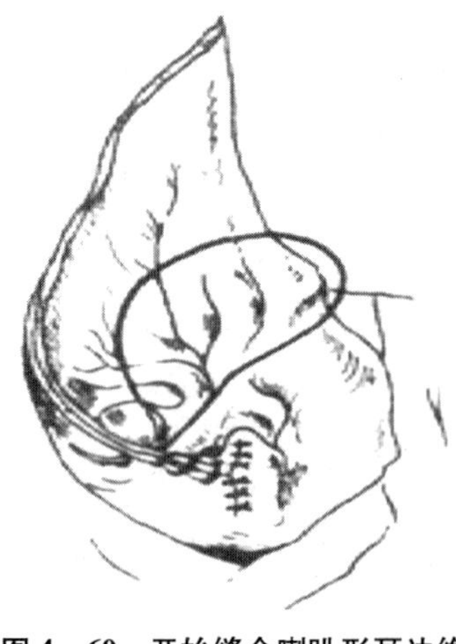
图 4－60　开始缝合喇叭形耳边缘

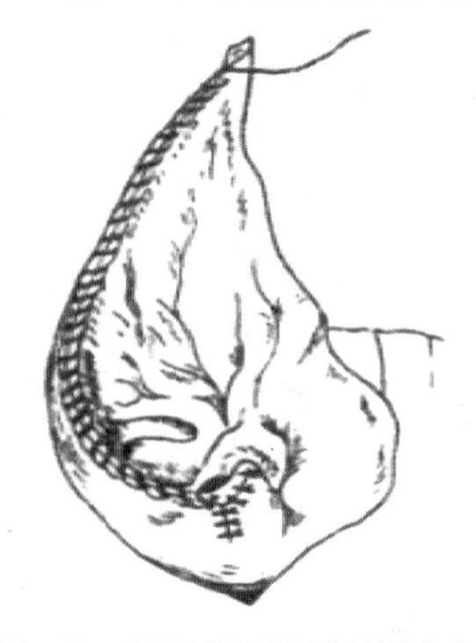
图 4－61　喇叭形耳周围边缘缝合完毕

当犬的两耳已经对称并符合施术犬的头形、品种和性别时，在耳夹子腹面耳的标记处，用锐利外科刀以拉锯样动行切除耳夹的腹侧耳部分，使切口平滑整齐。除去耳夹子，对出血点进行止血，特别要制止耳后缘耳动脉分枝区域的出血。该血管位于切口末端的1/3区域内。

止血后，用剪子剪开耳屏间切迹的封闭着的软骨，这样可使切口的腹面平整匀称。

用直针进行单纯连续缝合，从距耳尖0.75cm处软骨前面皮肤上进针，通过软骨于对面皮肤上出针，缝线在软骨两边形成一直线。耳尖处缝线不要拉得太紧，否则会导致耳尖腹侧面歪斜或缝合处软骨坏死。缝合线要均匀，力量要适中，防止耳后缘皮肤折叠和缝线过紧导致耳腹面屈折。

（五）术后护理

大多数犬耳术后不用绷带包扎，待动物清醒后解除保定。丹麦大猎犬和杜伯文犬，耳朵整容成形后可能发生突然下垂，对此，可用绷带在耳的基部包扎，以促使耳直立（图4－62）。术后第7天可以拆除缝线。拆线后如果犬耳突然下垂，可用脱脂棉球塞于犬耳道内，并用绷带在耳基部包扎，包扎5d后解除绷带，若仍不能直立，再包扎绷带。直至使耳直立为止（图4－63）。

图4－62 可用绷带在耳的基部包扎

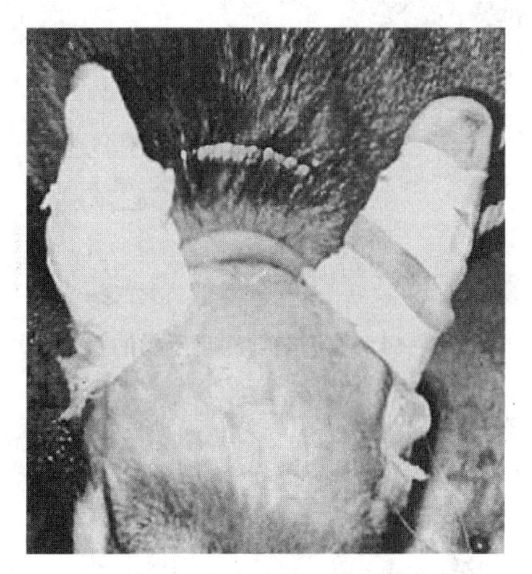

图4－63 脱脂棉球塞于犬耳道并包扎

第二节 咽、气管、食管手术

一、咽切开插管术

咽部切开插管术是指从口咽部侧壁进入食管或胃的一种插管手术。

（一）适应症

由于宠物虚弱、口腔损伤或头部外伤而不能或不愿进食，但胃肠道功能正常的病例需要隔几天或几周经口将营养或药物给予患病宠物。

（二）保定和麻醉

手术台侧卧保定和846合剂全身麻醉。

（三）手术方法

咽侧壁处剪毛和进行常规消毒，铺设创巾。将扩口器放入宠物口内，手握咽部造口插管靠近宠物测定所需的管长，一般以第13肋骨作为伸入管端所需的位置，管的长度比口腔到此位置长出 10cm 即可（图 4 -64）。左手食指在宠物口内（宠物口腔要由助手保定确实），右手在颈外部小心触摸舌骨体（图 4 -65）。左手的食指或两指留在宠物的口腔内，术者可在咽部内将止血钳引入合适的位置。将止血钳插进口腔，立即将腭对着舌骨颅侧的颈侧面皮肤做一小切口，即用止血钳钳夹伸出的位置（图 4 -66）。使止血钳轻柔地穿过侧壁和皮肤切口（图 4 -67）。用止血钳夹住咽部切口术插管闭合端，并通过切口处将插管拉入咽部（图 4 -68），插管向下推进食管内直到预先用手确定好的位置。检查插管是否位于喉的背面和侧面，因为插管在咽内放的位置是否合适，可防止其成为喉阻塞物或刺激物。胶带蝶形缠绕在插管周围，用简单间断缝合法将“蝶形”缝合在皮肤上（图 4 -69）。在切口处涂上抗生素软膏并用纱布垫覆盖，用纱布和胶带环绕整个颈部，将插管包扎在适当的位置上，使 2.5～5cm 长的带塞插管伸出绷带外（图 4 -70）。宠物照射 X 线确保插管位置正确、合适。当宠物完全清醒时，通过插管每小时给予少量饮水以测试宠物的饲喂耐受性。

图 4 -64　靠近宠物测定所需的管长

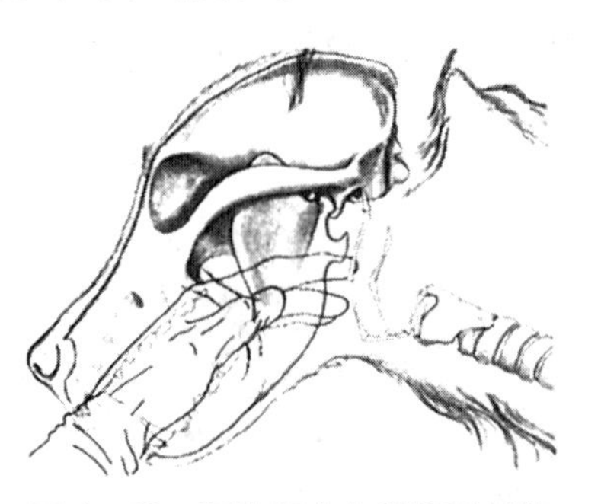

图 4 -65　颈外部小心触摸舌骨体

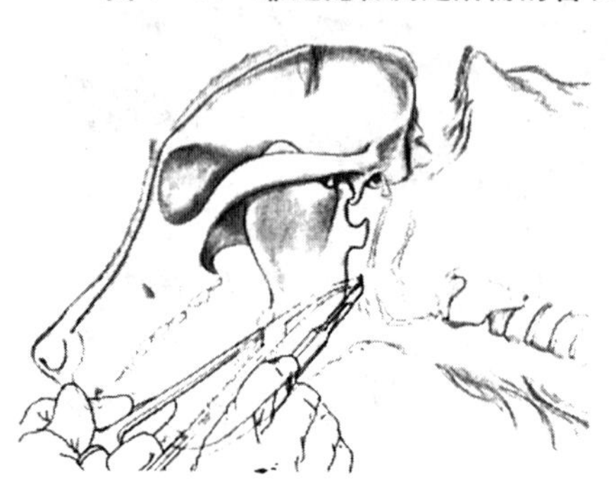

图 4 -66　止血钳钳夹伸出的位置

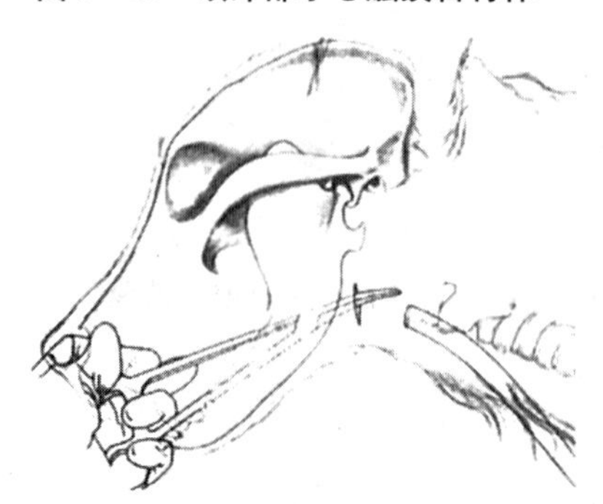

图 4 -67　止血钳穿过侧壁和皮肤切口

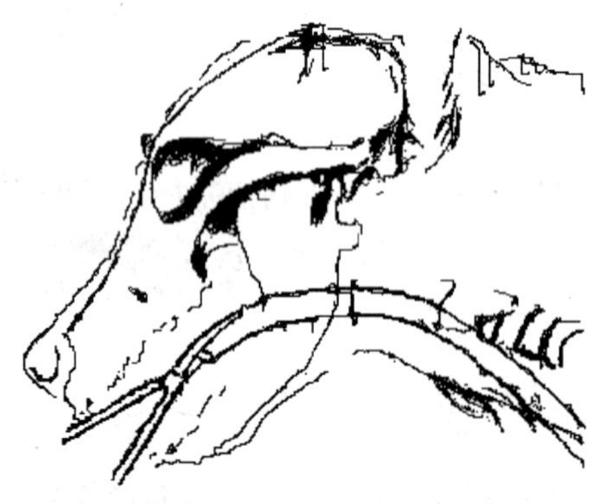

图 4 -68　通过切口处将插管拉入咽部

图 4 -69　将“蝶形”缝合在皮肤上

（四）术后治疗及注意事项

1. 该方法可能会造成如呕吐、吸入性肺炎、咽炎、喉炎、食管炎或食管穿孔、胃胀气及胃炎等并发症。

2. 如宠物不停地搔抓绷带，应给其戴上伊丽莎白项圈。

3. 有些宠物在开始时会出现呕吐，这时应将插管取出，使用饮食替代疗法。

4. 每次使用后插管都应用清水冲洗，并在不投食时塞住。

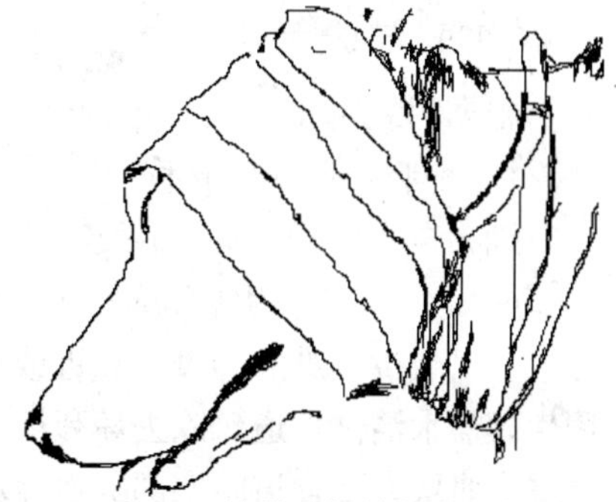

图 4－70　使带塞插管伸出绷带

二、气管切开术

（一）适应症

鼻或喉的暂时或永久性阻塞、呼吸困难或产生窒息、气管狭窄、鼻和副鼻窦手术前。

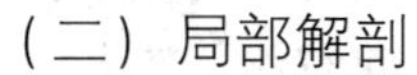

（二）局部解剖

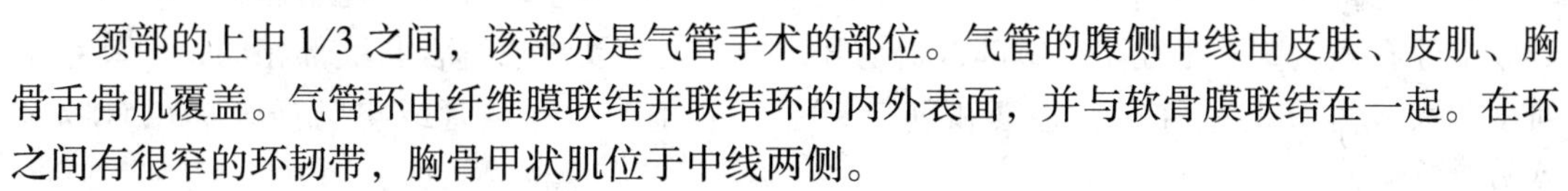

颈部的上中 1/3 之间，该部分是气管手术的部位。气管的腹侧中线由皮肤、皮肌、胸骨舌骨肌覆盖。气管环由纤维膜联结并联结环的内外表面，并与软骨膜联结在一起。在环之间有很窄的环韧带，胸骨甲状肌位于中线两侧。

（三）保定和麻醉

手术台仰卧保定，局部浸润麻醉。

（四）手术方法

术部剃毛、消毒，颈中线切口，因为气管小，位于深部，需要用两个钳子充分剥离气管腹侧面皮肌和肌肉组织，以及结缔组织，向外拉出气管，在第 3～4 气管环切开，应用小气管插管插入或将气管边缘缝合到创口的边缘。

（五）术后治疗及注意事项

防止宠物摩擦术部。防止插管脱落；每日清洗术部，除去分泌物。待原发性疾病好转时，缝合切开的气管。

三、食道切开术

（一）适应症

犬猫常因采食过急、嬉耍、捕捉等而引起食道完全或不完全食道阻塞。常因吃骨头阻塞颈部或胸部食道，不能通过口腔和胃取出异物。食道其实也需要食管切开。如果误食鱼刺、缝针、鱼钩等异物一般不会引起食道阻塞，但易发生食道穿孔。经保守疗法不成功或食道已穿孔者，即需施手术疗法。

（二）局部解剖

食道位于气管的背侧，相当于第三颈椎的部位，然后逐渐转向气管的左侧，在第六颈椎部位（该部位为颈部中和后 1/3 结合处），食道位于气管的左侧。从颈静脉沟观察由外向内为：皮肤、皮肌、颈静脉、位于背外侧颈总动脉、食道、气管。最后三部分由颈的深筋膜包裹。

（三）保定和麻醉

手术台侧卧保定，846合剂全身麻醉配合局部浸润麻醉。

（四）手术方法

根据阻塞部位，可采用颈部、胸部食道切开手术。

1. 颈部食道切开手术

动物全身麻醉，仰卧保定。从下额后方至胸骨前部剃毛、消毒。颈腹侧纵形切开皮肤4～5cm，分离皮下组织和胸骨舌骨肌，暴露气管。气管向左牵引，显露阻塞部，吸除聚积的唾液，以减少术野的污染。靠近或位于异物处纵形切开食道。用器械小心地将异物去除后，用生理盐水清洗食道，除去坏死组织。食道壁作两层缝合。先结节缝合黏膜和黏膜下，再结节缝合肌层。如食道阻塞部缺血性坏死或穿孔，应将其切除，做食道补丁修补术，即用邻近组织覆盖在缺陷的食道上。在颈部常用胸骨舌骨肌或胸骨甲状肌作为补丁移植物。

2. 胸部食道切开术

根据胸部X线检查食道阻塞部位，选择适宜的肋间开胸术径路。食道异物位于胸腔前段或后段时，左侧或右侧胸壁切开均可，但中段食道因被主动脉弓移向右侧，故该段食道异物需经右侧胸壁手术径路。胸部食道切开、异物去除及食道缝合与颈部相同，但其手术难度较大。为防止术后食道感染和创口裂开，可经胃切开插管或空肠插管提供食物和水分。

（五）术后护理

根据食道损伤程度，采用不同的护理方法。损伤轻微，可近食道炎治疗。停止饮食24～48h。2～3d后，无临床症状表现，可饲喂流质食物。应静脉补充电解质溶液，直到动物能饮食、维持其水化作用为止。如食道广泛性损伤或施食道手术，更应加强术后护理。上述治疗方法可持续3～7d，如禁食超过72 h，可采用另一种饮食法，即经胃切开插管或空肠插管供饮食。皮肤创口15d后拆线。

四、声带切除术

（一）适应症

犬常因吠叫，影响周围住户的休息。可施消声术（又称声带切除术）以消除犬的吠叫。

犬消声术有口腔内喉室声带切除术和腹侧喉室声带切除术两种。前者适应于短期犬的消声，后者可长期消声。

（二）局部解剖

声带位于喉腔内，由声带韧带和声带肌组成。两侧声带之间称声门裂。声带（声褶）上端始于杓状软骨的最下部（声带突），下端终于甲状软骨腹内侧面中部，并在此与对侧声带相遇。这是由于杓状软骨向腹内侧扭转，使声带内收，改变声门裂形状，由宽变狭，似菱形或“V”形（图4－71）。

图4－71 犬声带解剖图

犬杓状软骨背侧有一小角突，在其前方有一楔状突，声带（室褶）附着于楔状突的腹侧部，并构成喉室的前界。室带类似于声带，但比声带小。两室带间称前庭裂，比声门裂宽。

喉室黏膜有黏液腺体，分泌黏液以润滑声带。喉室又分室凹陷和室小囊两个部分，前者位于声带内侧，后者位于声带外侧。室凹陷深，为吠叫提供声带振动的空间。由于解剖上的原因，有些犬声带切除后会出现吠声变低或沙哑现象。

（三）保定及麻醉

麻醉前给药硫酸阿托品，0.1mg/kg，肌肉注射。10min 后肌肉注射速眠新，0.1～0.15ml/kg，使犬进入全身麻醉。如经口腔做声带切除，动物应作胸卧位保定，用开口器打开口腔；经腹侧喉室声带切除时，动物应仰卧位保定，头颈伸直。

（四）手术方法

1. 口腔内喉室声带切除术

口腔打开后，舌拉出口腔外，并用喉镜镜片压住舌根和会厌软骨尖端，暴露喉室内两条声带，呈“V”形（图 4－72）。用一长柄鳄鱼式组织钳（其钳头具有切割功能）作为声带切除的器械。将组织钳伸入喉腔，抵于一侧声带的背侧顶端。活动钳头伸向声带喉室侧，非活动钳头位于声带喉腔侧（图 4－73）。握紧钳柄、钳压、切割。依次从声带背侧向下切除至其腹侧 1/4 处（图 4－74）。尽可能多地切除声带组织，包括声韧带和声带肌。切除过少，其缺损很快被瘢痕组织填充。但腹侧 1/4 声带不宜切除，因为两声带在此处联合，切除后瘢痕组织增生，越过声门形成纤维性物，引起喉口结构机能性变化。如果没有鳄鱼式组织钳，也可先用一般长柄组织钳依次从声带背侧钳压，再用长的弯手术剪剪除钳压过的声带。另一侧声带用同样方法切除（图 4－75）。

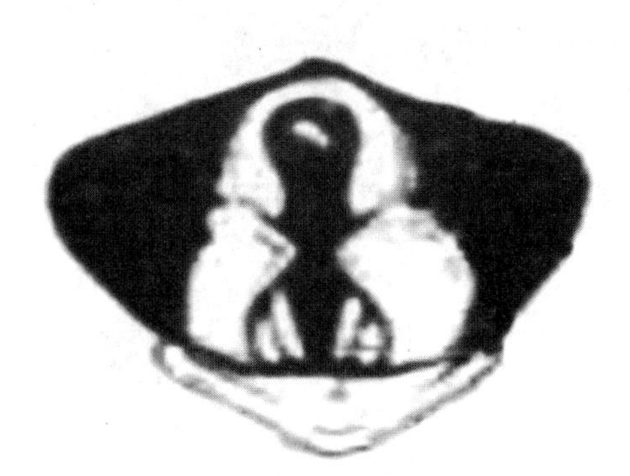

图 4－72 暴露喉室内两条声带，呈“V”形

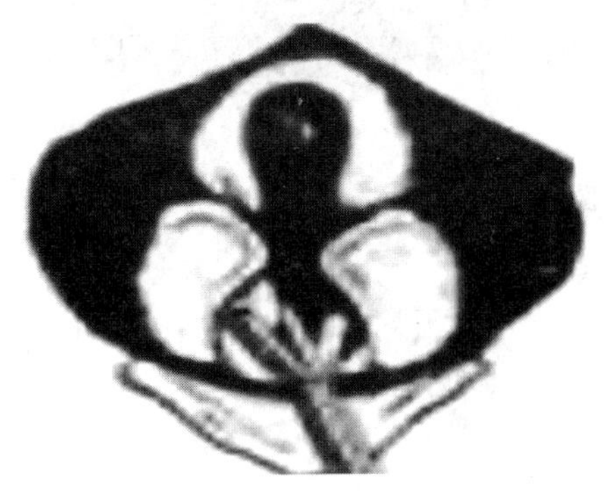

图 4－73 钳头位于声带喉腔侧

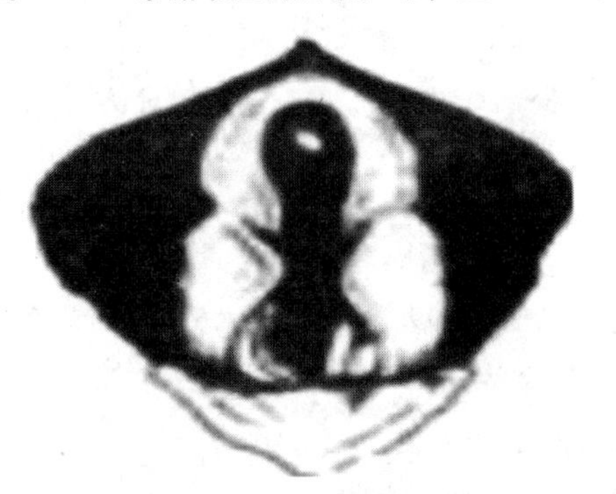

图 4－74 切除至其腹侧 1/4 处

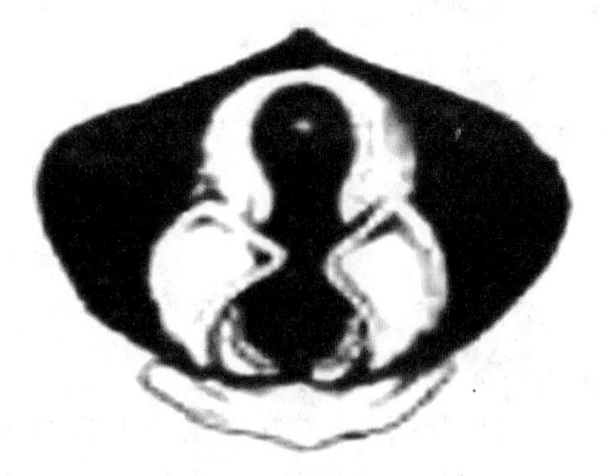

图 4－75 双侧声带切除后

止血可用电灼止血或用小的纱布块压迫止血。为防止血液吸入气管，在手术期间或手术结束后，将头放低，吸出气管内的血液，并在手术结束后，安插气管插管。密切监护，待动物苏醒后，拔除气管插管。

2. 腹侧喉室声带切除术

在舌骨、喉及气管处正中切开皮肤及皮下组织（图 4－76），分离两胸骨舌骨肌，暴露气管、环甲软骨韧带和喉甲状软骨（图 4－77）。在环甲软骨韧带中线纵向切开，并向前延伸至 1/2 甲状软骨。用小拉钩或在甲状软骨创缘放置预置线将创缘拉开，暴露喉室和声带（图 4－78）。左手持有齿镊子夹住声带基部，向外牵拉，右手持手术剪将其剪除（图 4－79）。再以同样方法剪除另一侧声带。经电灼、钳压或结扎止血后，清除气管内的血液。用金属丝或丝线结节缝合甲状软骨。也可用吸收缝线结节闭合环甲软骨韧带。所有缝线不要穿过喉黏膜。最后，常规缝合胸骨舌骨肌和皮下组织及皮肤。动物清醒后，拔除气管插管。

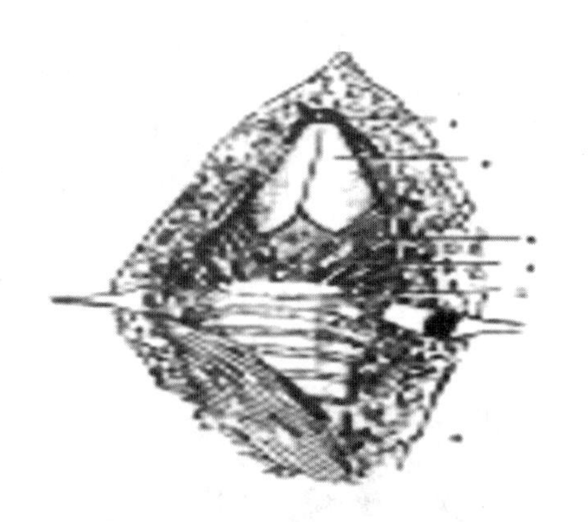

图 4－76　舌骨、喉及气管处切开组织

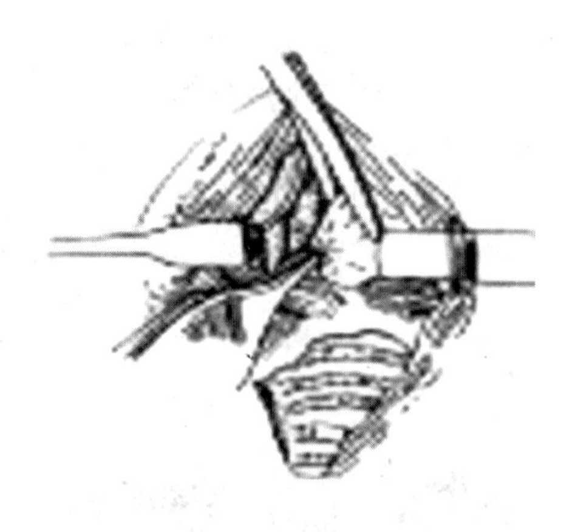

图 4－77　暴露气管、环甲韧带和喉甲软骨

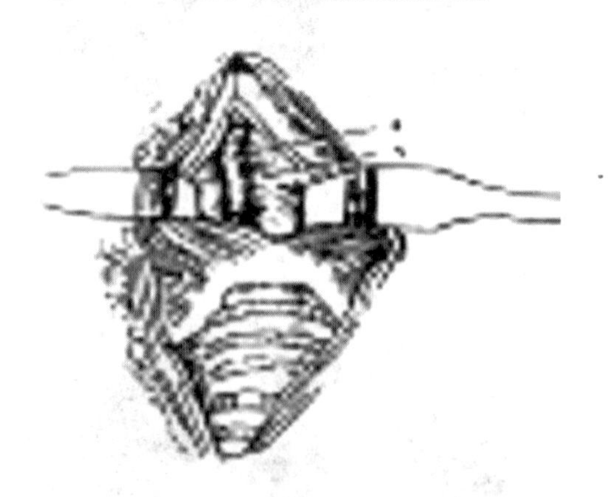

图 4－78　暴露喉室和声带

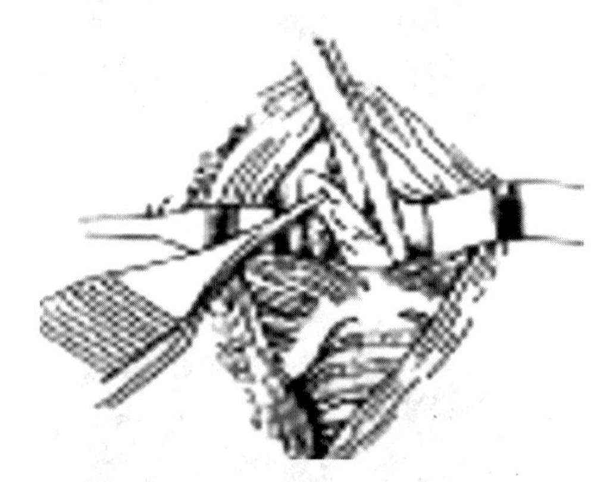

图 4－79　右手持手术剪将声带剪除

（五）术后护理

颈部包扎绷带。动物单独放置安静的环境中，以免诱发吠叫，影响创口愈合。为减少声带切除后瘢痕组织的增生，术后可用强的松龙 2mg/kg・d，连用 2 周。然后剂量减少至 1mg/kg・d，连用 2～3 周。术后用抗生素 3～5d，以防感染。

第三节　胃肠、胆囊手术

一、胃、肠切开术

（一）适应症

犬的胃、肠切开术常用于胃内异物的取出，胃内肿瘤的切除，急性胃扩张—扭转的整复、胃切开、减压或坏死胃壁的切除，慢性胃炎或食物过敏时胃壁活组织检查，取出小肠内异物，肠梗阻、肠套叠或肠扭转造成的坏死等。

（二）犬的腹腔器官局部解剖特点

1. 胃

胃包括以下几部分，各部之间无明显分界。贲门部在贲门周围，胃底部位于贲门的左侧和背侧，呈圆隆顶状；胃体部最大，位于胃的中部，自左侧的胃底部至右侧的幽门部；幽门部，沿胃小弯估算，约占远侧的1/3部分。幽门部的起始部叫做幽门窦，然后变狭窄，形成幽门管，与十二指肠交界处叫幽门。幽门处的环形肌增厚构成括约肌。

胃弯曲呈C字形。大弯主要面对左侧，小弯主要面对右侧。大血管沿小弯和大弯进入胃壁。胃的腹侧面叫做壁面，与肝接触；背侧面叫脏面与肠管接触。向后牵引大弯可显露脏面，脏面中部为胃切开手术的理想部位。

胃的位置随充盈程度而改变。空虚时，前下部被肝和膈肌掩盖，后部被肠管掩盖，在脾窄而长，沿胃大弯左侧附着于大网膜，其位置随胃的充盈度而改变（图4－80）。

2. 犬的肠管

十二指肠是小肠中最为固定的一段。它自幽门起，走向正中矢状面右侧，向背前方行很短一段距离便向后折转，称为前曲，然后沿结肠和盲肠的外侧与右侧腹壁之间向后行，称为降十二指肠，至接近骨盆入口处向左转，称为十二指肠后曲，再沿降结肠和左肾的内侧向前行便是十二指肠，于肠系膜根的左侧和横结肠的后方向下转为十二指肠空肠曲，连接空肠。

空肠自肠系膜根的左侧开始，形成许多弯曲的小肠袢，占据腹腔的后下部；回肠是小肠的末端部分，很短，自左向右，它在正中矢状面的右侧，经回结口延接结肠；盲肠短而弯曲，长约10～15cm，盲肠位于第二、三腰椎下方的右侧腹腔中部，盲肠尖向后，前端经盲结口与结肠相连接；结肠无纵带，被肠系膜悬吊在腰下部。结肠依次分为以下几段：结肠自盲结口向前行很短（约10cm），位于肠系膜根的右侧。结肠行至幽门部向左转称为结肠右曲，经肠系膜根的前方至左侧腹腔，于左肾的腹侧面转为结肠左曲，向后延接为降结肠。降结肠是结肠中最长的一段，约30～40cm，起始于肠系膜根的左侧，然后斜向正中矢状面，至骨盆入口处与直肠衔接。在降结肠与十二指肠之间有十二指肠结肠韧带相连（图4－81）。

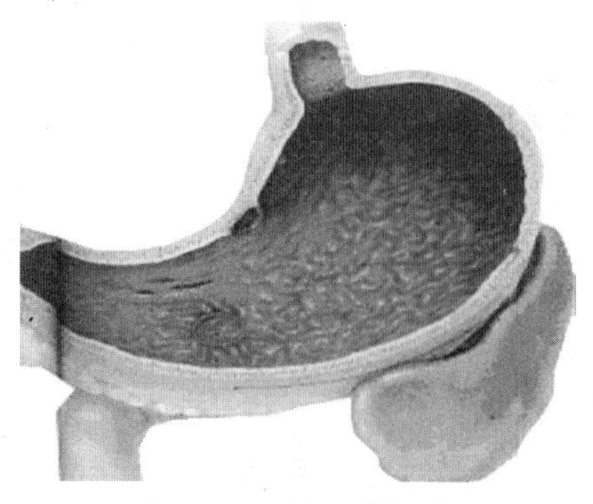

图 4-80　犬胃的构造

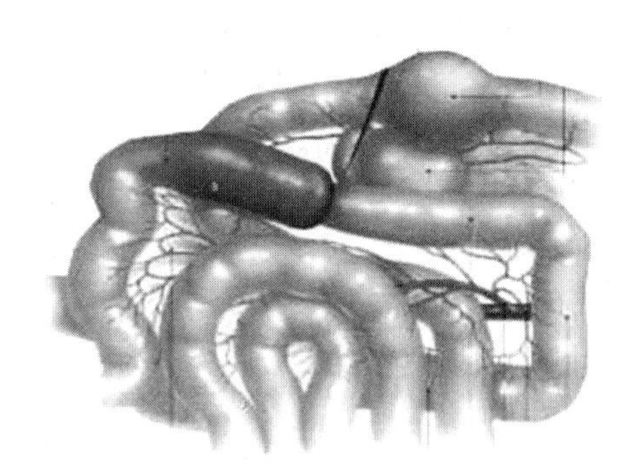

图 4-81　犬的肠道构造

（三）麻醉与保定

仰卧保定。全身麻醉，气管内插入气管导管，以保证呼吸道通畅，减少呼吸道死腔和防止胃内容物逆流误咽。

（四）手术方法

非紧急手术，术前应禁食 24h 以上。在急性胃扩张—扭转病犬，术前应积极补充血容量和调整酸碱平衡。对已出现休克症状的犬应纠正休克，快速静脉内输液时，应在中心静脉压的监护下进行，静脉内注射林格尔氏液与 5% 葡萄糖或含糖盐水，剂量为 80～100ml/kg 体重，同时静脉注射氢化考地松和氟美松各 4～10mg/kg 体重。在静脉快速补液的同时，经口插入胃管以导出胃内蓄积的气体、液体或食物，以减轻胃内压力。

1. 犬的胃切开术

脐前腹中线切口。从剑突末端到脐之间做切口，但不可自剑突旁侧切开（图 4-82、图 4-83）。犬的膈肌在剑突旁切开时，极易同时开放腹腔和胸腔，造成气胸而引起致命危险。切口长度因动物体型、年龄大小及动物品种、疾病性质而不同。幼犬、小型犬和猫的切口，可从剑突到耻骨前缘之间；胃扭转的腹壁切口及胸廓深的犬腹壁切口均可延长到脐后 4～5cm 处。

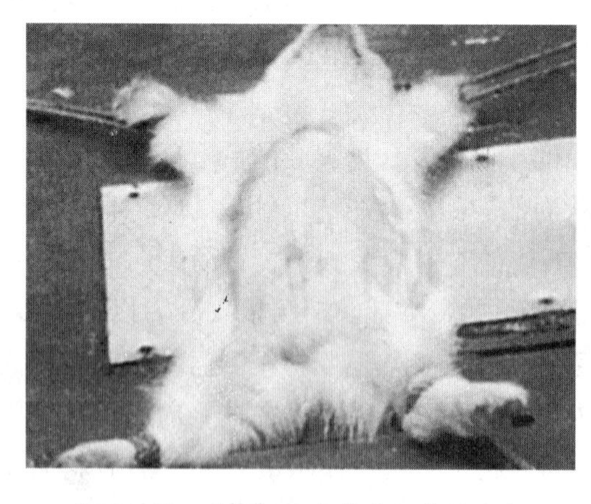

图 4-82　犬胃切开术的术部剪毛消毒

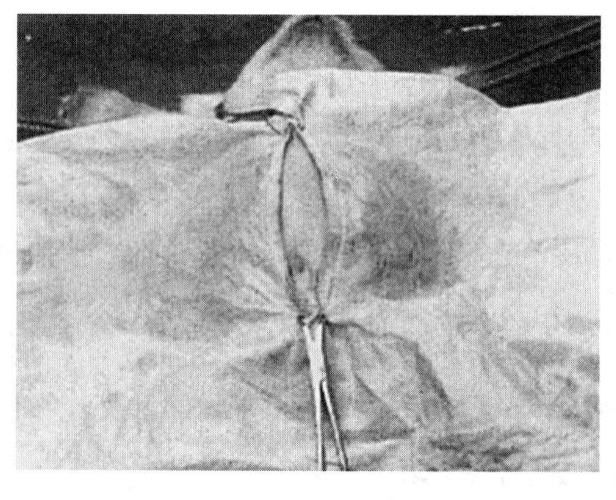

图 4-83　犬胃切开术的术部切口定位

沿腹中线切开腹壁，显露腹腔（图4-84、图4-85）。对镰状韧带应予以切除，若不切除，不仅影响和妨碍手术操作，而且再次手术时因大片粘连而给手术造成困难（图4-86、图4-87）。

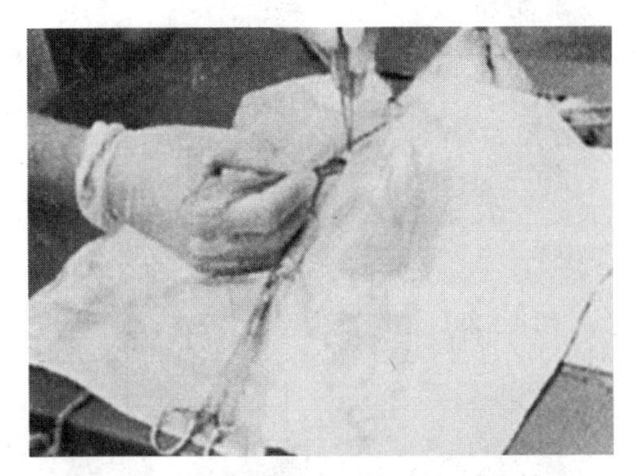

图4-84　在犬腹壁预定切开线上切一小口

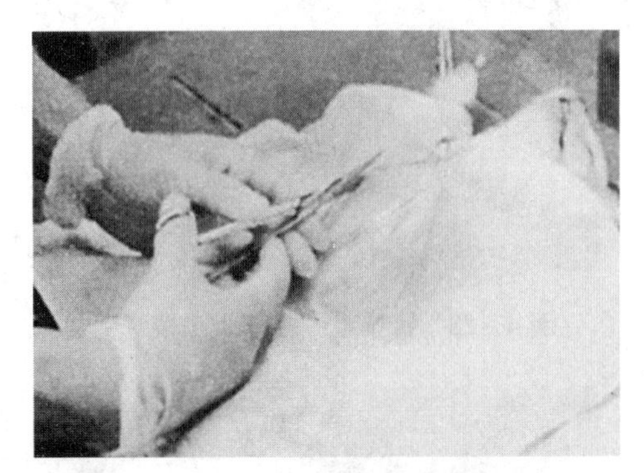

图4-85　用手术剪将切口扩大

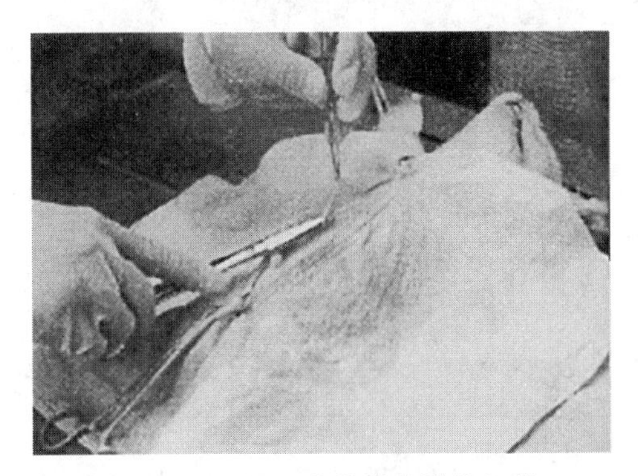

图4-86　用手术剪剪去镰状韧带

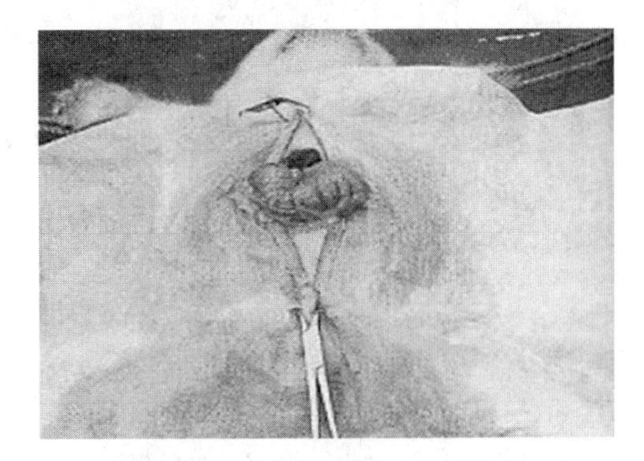

图4-87　暴露腹腔，将胃拉出

在胃的腹面胃大弯与胃小弯之间的预定切开线两端，用肠钳夹持胃壁的浆膜肌层，或用7号丝线在预定切开线的两端，通过浆膜肌层缝合二根牵引线（图4-88）。用肠钳或两牵引线向后牵引胃壁，使胃壁显露在腹壁切口之外。用数块温生理盐水纱布垫填塞在胃和腹壁切口之间，以抬高胃壁并将胃壁与腹腔内其他器官隔离开，以减少胃切开时对腹腔和腹壁切口的污染。

胃的切口位于胃腹面的胃体部，在胃大弯和胃小弯之间的无血管区内，纵向地切开胃壁。先用外科刀在胃壁上向胃腔内戳一小口，退出手术刀，改用手术剪通过胃壁小切口扩大胃的切口。胃壁切口长度视需要而定。对胃腔各部检查时的切口长度要足够大。胃壁切开后，胃内容物流出，清除胃内容物后进行胃腔检查，应包括胃体部、胃底部、幽门、幽门窦及贲门部（图4-89）。检查有无异物、肿瘤、溃疡、炎症及胃壁是否坏死。若胃壁发生了坏死，应将坏死的胃壁切除。

胃壁切口的缝合，第一层用1号丝线进行康乃尔氏缝合（图4-90），清除胃壁切口缘的血凝块及污物后，用3号丝线进行第二层的连续伦巴特氏缝合（图4-91）。拆除胃壁上的牵引线或除去肠钳，清理除去隔离的纱布垫后，用温生理盐水对胃壁进行冲洗。若术中胃内容物污染了腹腔，用温生理盐水对腹腔进行灌洗，然后转入无菌手术操作，最后缝合腹壁切口（图4-92、图4-93）。

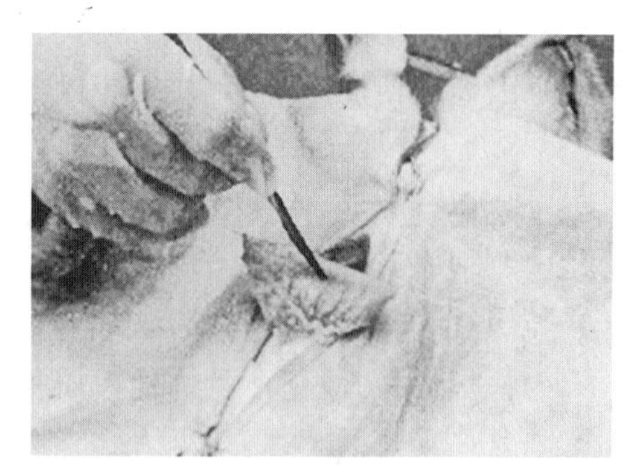

图 4-88　胃浆膜肌层缝合二根牵引线

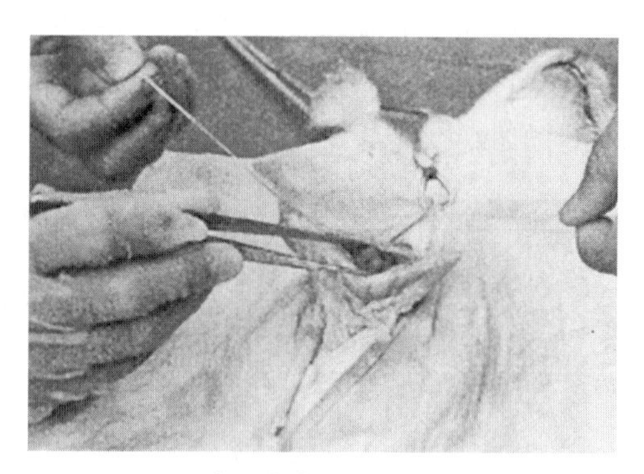

图 4-89　清除胃内容物并进行胃腔检查

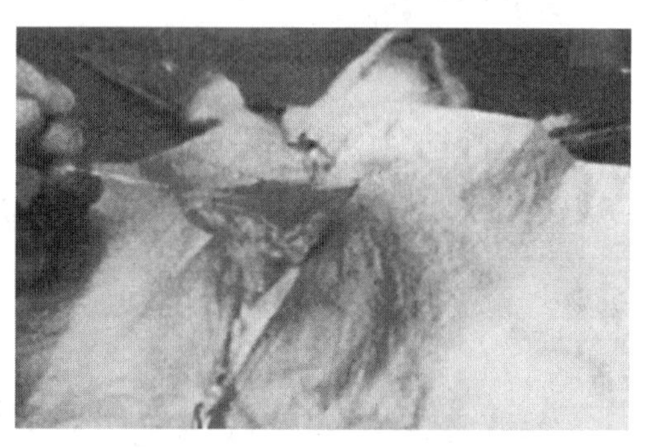

图 4-90　胃壁康乃尔氏缝合

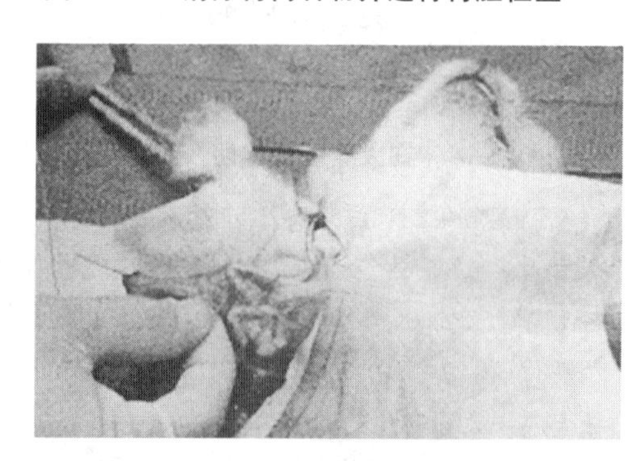

图 4-91　胃壁连续伦巴特氏缝合

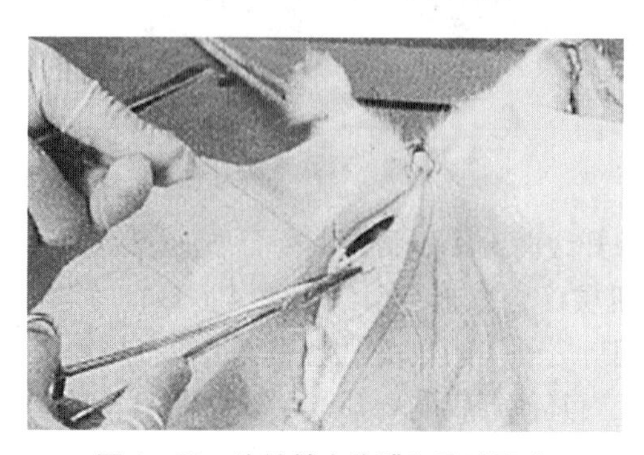

图 4-92　连续缝合腹膜和腹壁肌肉

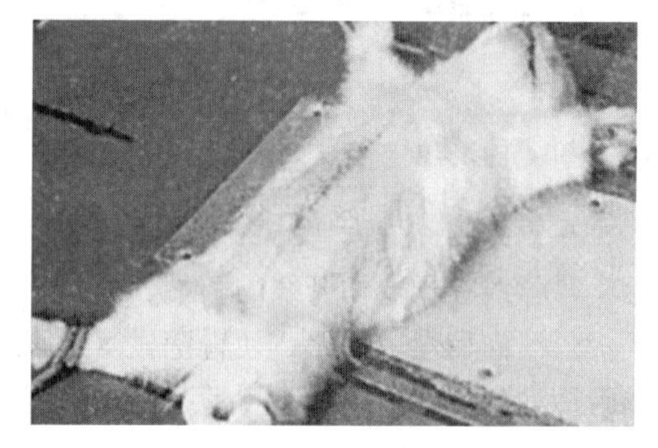

图 4-93　结节缝合皮肤

2. 犬的肠切开术

脐后腹中线切口，必要时可向后延长到耻骨前缘。用生理盐水纱布垫保护和隔离皮肤切口创缘，将大网膜和小肠向腹腔前部推移并用生理盐水纱布隔离。在结肠切开前，应仔细检查胃和小肠有无病变存在。将闭结的结肠从腹腔中牵引出腹壁切口外（图 4-94），用生理盐水创布隔离（图 4-95）。两把无损伤肠钳在拟切开的结肠肠段的两侧夹闭肠管，在肠壁切开线两端系二根牵引线，并由助手扶持肠钳和固定二根牵引线，使肠壁切口与地面呈 45°角，切开肠壁全层，取出肠内闭结粪球或异物（图 4-96），用 2 号铬制肠线或 2 号丝线进行全层连续缝合（图 4-97），必要时可用 3 号铬制肠线进行补针缝合。缝毕，用每 500ml 生理盐水含 100mg 卡那霉素溶液冲洗肠管，然后将肠管还纳回腹腔内。撤除隔离的纱布，在确信腹腔内没有异物遗留时，关闭腹壁切口。

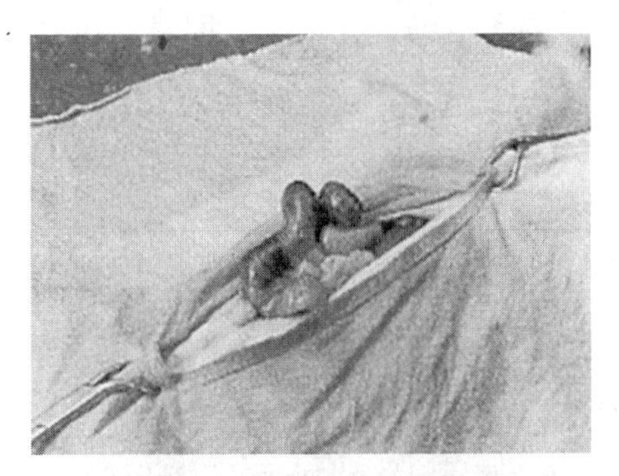

图 4-94　闭结的结肠牵引出切口外

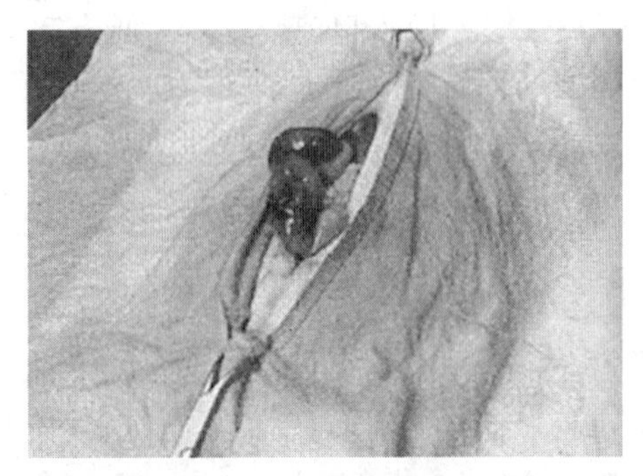

图 4-95　用生理盐水创布隔离

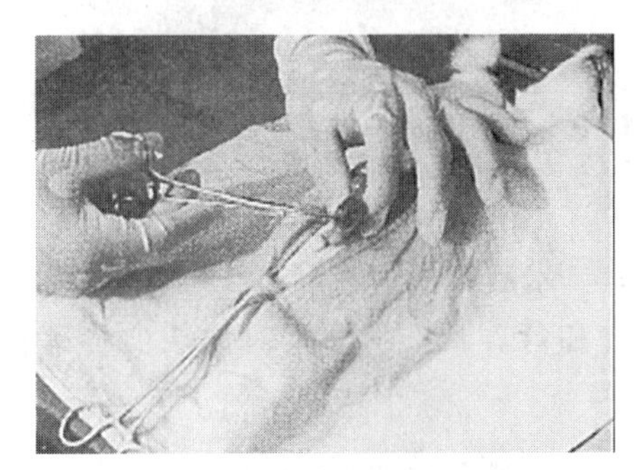

图 4-96　取出肠内闭结粪球或异物

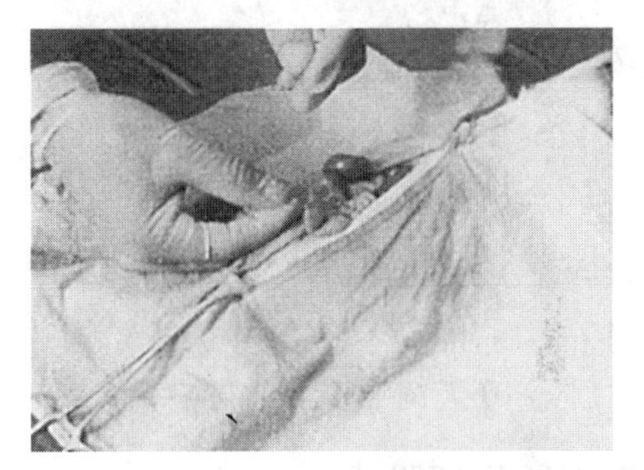

图 4-97　进行全层连续缝合肠管

（五）术后治疗与护理

术后 24h 内禁饲，不限饮水。24h 后给予少量肉汤或牛奶，术后 3 天可以给予软的易消化的食物，应少量多次喂给。在病的恢复期间，应注意动物水、电解质代谢是否发生了紊乱及酸碱平衡是否发生了失调，必要时应予以纠正。术后 5 天内每日定时给予抗生素。手术后还应密切观察胃的解剖复位情况，特别在胃扩张—扭转的病犬，经胃切开减压整复后，注意犬的症状变化，一旦发现胃扩张—扭转复发，应立即进行救治。

二、结肠部分切除术

（一）适应症

猫巨结肠症是指由于先天或后天的原因导致粪便蓄积和结肠扩张，持续性便秘。猫特发性巨结肠症主要是由于结肠平滑肌功能障碍引起的结肠扩张和粪便蓄积（图 4-98）。

（二）保定及麻醉

采用手术台仰卧保定，采用异氟醚吸入麻醉诱导及全紧闭式吸入麻醉维持。

（三）手术方法

常规腹正中线开腹，切口起于脐孔止于耻骨联合。将巨结肠牵拉至腹腔外，使用隔离巾将结肠与腹腔切口隔离。将粪便向结肠中段推移，在预定切除肠管处使用肠钳钳夹。按图 4-99 位置双重结扎结肠动静脉 C 点及 D 点（A 为盲肠；B 为回盲口肠系膜韧带；C 为结肠动、静脉结扎点；D 为直肠前动脉；E 为结肠前切除位置；F 为骨盆腔前结肠切除位置；G 为巨结肠）。选择结肠切除位置时，在回盲口后如以 45°角剪断结肠前端，结扎出血点；随后在骨盆腔入口前以垂直结肠方向切断结肠。游离结肠，并切除。回盲口段结肠与骨盆腔处结肠做端吻合术。

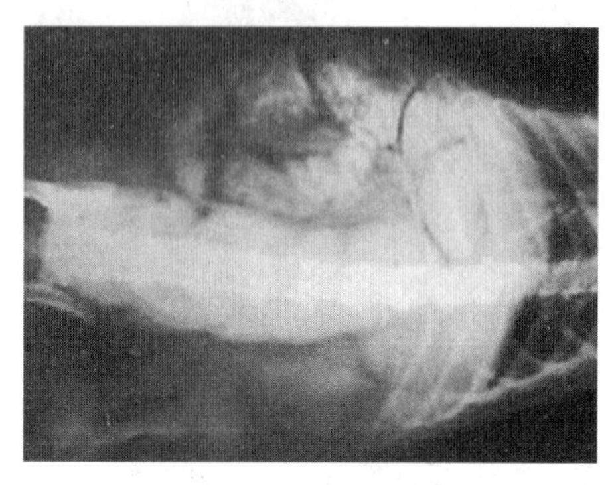

图 4－98　猫巨结肠病例

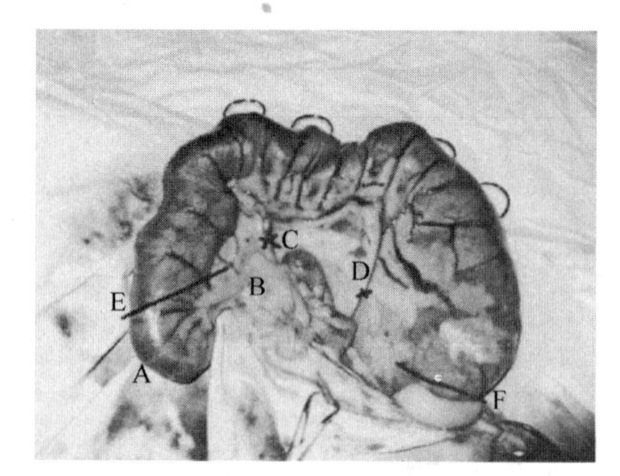

图 4－99　解剖结构、结扎点和切除位置

（四）术后护理

术后前 3 天，每日直肠内灌注 2 万 IU 庆大霉素。术后 1 周拜有利 0.1ml/kg 体重，皮下注射，术后补液 3 天，第 4 天开始饲喂少量流食和营养膏，第 5 天时饲喂少量罐头食品，术后第 10 天饲喂正常干猫粮。

三、胆囊切除术

（一）适应症

胆囊切除术是胆道外科常用的手术。急性化脓性、坏疽性、出血性或穿孔性胆囊炎；慢性胆囊炎反复发作，经非手术治疗无效者；胆囊结石，尤其是小结石容易造成阻塞者；胆囊无功能，如胆囊积水和慢性萎缩性胆囊炎；胆囊颈部梗阻症；胆囊肿瘤；胆囊瘘管、胆囊外伤破裂而全身情况良好者。

（二）局部解剖

胆囊位于腹部的右侧，肝脏的下面。胆囊贮存和浓缩肝脏产生的胆汁，并把胆汁输送到十二指肠，帮助脂肪消化。胆汁从胆囊经胆囊管及胆总管排入十二指肠内（图 4－100）。

（三）保定及麻醉

仰卧保定和 846 合剂全身麻醉。

（四）手术方法

腹部对准手术台的腰部桥架。术中因胆道位置较深，显露不佳时，可将桥架摇起，尽量使腹肌松弛。切口一般取右侧腹直肌切口或右上正中旁切口。首先探查肝脏色、质，有无肿大或萎缩、异常结节、硬变和脓肿，分别探查右叶膈面和脏面、左叶。其次探查胆囊的形态、大小、有无水肿充血、坏死、穿孔等，轻挤胆囊能否排空，囊内有无结石，胆囊颈及胆囊管有无结石嵌顿，胆囊周围粘连情况。探查时若发现胆囊病变只是胆道病变的一部分，则不宜贸然施行胆囊切除术，而应依据发现的其他病变情况，决定处理方法。显露胆囊和胆囊管应用 3 个深拉钩垫大纱布垫将肝、胃、十二指肠和横结肠拉开，使十二指肠韧带伸直，胆囊和胆总管即可显露在。用盐水纱布堵塞于网膜孔内，以防胆汁和血液流入小网膜腔。

1. 显露和处理胆囊管

用卵圆钳或弯止血钳夹住胆囊颈部，略向右上方牵引。用刀沿肝十二指肠韧带外缘切开胆囊颈部左侧的腹膜，仔细钝性分离出胆囊管。在分离过程中，可不断牵动夹在胆囊颈部的钳子，使胆囊管稍呈紧张状态，以便辨认。明确认清胆囊和胆总管的相互关系后，放松胆囊颈部的牵引，避免胆总管被牵拉成角。用两把止血钳夹于距胆总管0.5cm的胆囊管上，注意勿夹胆总管、右肝管和右肝动脉，以免误伤。在两钳间剪断胆囊管，近端用4号丝线结扎，再在其远端用1号丝线缝合结扎，以免脱落。

2. 处理胆囊动脉

胆囊动脉多位于胆囊管后上方的深层组织中，向上牵拉胆囊管的远端，在其后上方的三角区内，找到胆囊动脉，注意其与肝右动脉的关系，证实其分布至胆囊后，在靠近胆囊一侧，钳夹、切断并结扎，再将近端加做一道细丝线结扎。

如能清楚辨认局部解剖关系，可先于胆囊三角区将胆囊动脉结扎切断后，再处理胆囊管。这样手术野干净、出血少，可以放心牵拉胆囊管，使扭曲盘旋状的胆囊管伸直，容易认清和胆总管的关系。如胆囊动脉没有被切断、结扎，在牵拉胆囊时，很可能撕破或拉断胆囊动脉，引起大出血。

究竟先处理胆囊动脉，还是先处理胆囊颈，应根据局部解剖而定。如胆囊动脉有时位置深，不先结扎、切断胆囊管就难以显露动脉，就应先处理胆囊管。

3. 剥除胆囊

在胆囊两侧与肝面交界的浆膜下，距离肝脏边缘1～1.5cm处，切开胆囊浆膜，如近期有过急性炎症，即可用手指或纱布球沿切开的浆膜下疏松间隙进行分离。如胆囊壁增厚，和周围组织粘连不易剥离时，可在胆囊浆膜下注入少量无菌生理盐水或0.25%普鲁卡因，再进行分离。分离胆囊时，可从胆囊底部和胆囊颈部两端向中间会合。切除胆囊。如果胆囊和肝脏间有交通血管和迷走小胆管时，应予结扎、切断，以免术后出血或形成胆瘘（图4-101）。

4. 处理肝脏

剥除胆囊后，胆囊窝的少量渗血可用热盐水纱布垫压迫3～5min。止血活动性出血点应结扎或缝扎止血。止血后，将胆囊窝两侧浆膜用丝线做间断缝合，以防渗血或粘连。胆囊窝较宽，浆膜较少时，也不一定做缝合。

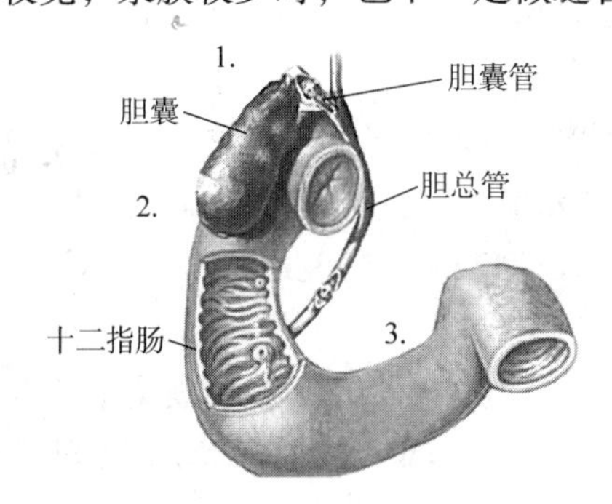

图4-100　犬的胆囊位置

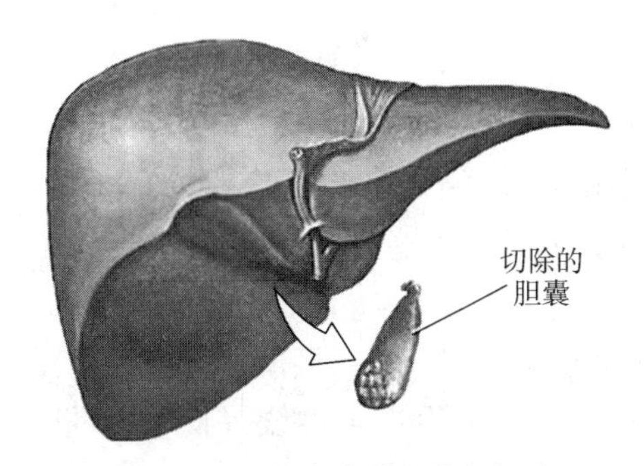

图4-101　将胆囊从肝腹部切除

（五）术后护理

术后第一天不给食，以静滴10%葡萄糖为主，并协助患犬翻身，术后第二天开始饲喂少许流质，然后逐步过渡到半流质，患犬精神状态允许的情况下牵引慢速散步20min/d，以预防肠梗阻和静脉血栓的发生。

第四节　生殖系统手术

一、去势术

（一）适应症

用于睾丸癌或经一般治疗无效的睾丸炎症；两侧睾丸都摘除用于良性前列腺肥大和绝育。去势术又用于改变公犬的不良习惯，如发情时的野外游走，和别的公犬咬斗、尿的标记等。

（二）保定与麻醉

用速眠新（846）麻醉注射液进行全身麻醉，手术台仰卧保定，两后肢向后外方伸展固定，充分显露阴囊部（图4－102）。

（三）手术方法

术者将两个睾丸推挤到阴囊底部的最低部位，固定睾丸防止缩回或移位，术者用刀在阴囊缝际向前的腹中线上（图4－103），切开皮肤，依次切开皮下组织。食指、中指推顶阴囊后方，使睾丸连同鞘膜向切口内突出绷紧。术者固定睾丸（图4－104），切开鞘膜，使睾丸从鞘膜切口内露出（图4－105）。术者左手抓住睾丸，右手用止血钳夹住附睾尾韧带，并将其从附睾尾部撕下，附睾尾韧带的断端随即用止血钳夹闭（图4－106）。左手继续牵引睾丸，右手向上撕开睾丸系膜，充分显露精索。

用三钳法去掉睾丸。在精索近心端钳夹第一把止血钳，在该钳的近睾丸侧的精索上，钳夹第二、第三把止血钳（图4－107）。结扎精索用7号丝线（图4－108），紧靠第一把止血钳钳夹精索近心端处进行结扎，当第一个结扣接近打紧时，松去第一把止血钳，并使线结恰位于第一把止血钳的精索压痕处，然后打紧第二个结扣，完成精索的结扎，剪去线。

在第二与第三把钳夹精索止血钳之间，切断精索（图4－109）。用镊子夹持少许精索断端组织，松开第二把止血钳，观察精索断端有无出血，在确认精索无出血时，方可松开镊子，精索断端回缩入鞘膜管内。在同一皮肤切口内，按上述方法，切除另一侧睾丸。

缝合阴囊切口，第一层间断缝合或连续缝合皮下组织，第二层为采用表皮下缝合皮肤（图4－110）。术后不再拆线（图4－111）。清理阴囊切口的血凝块，用碘酊对创口进行消毒。

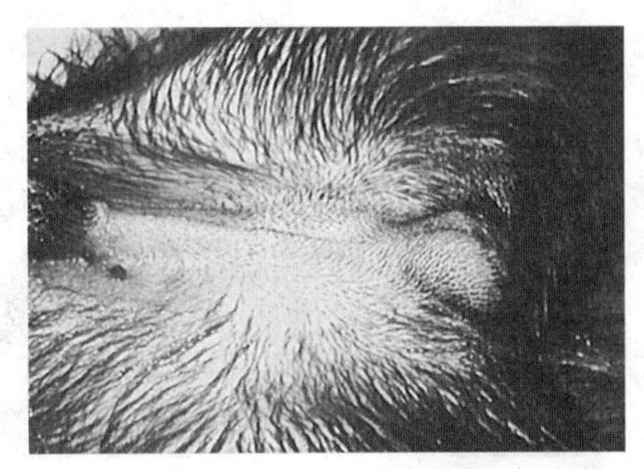

图 4－102　充分显露阴囊部

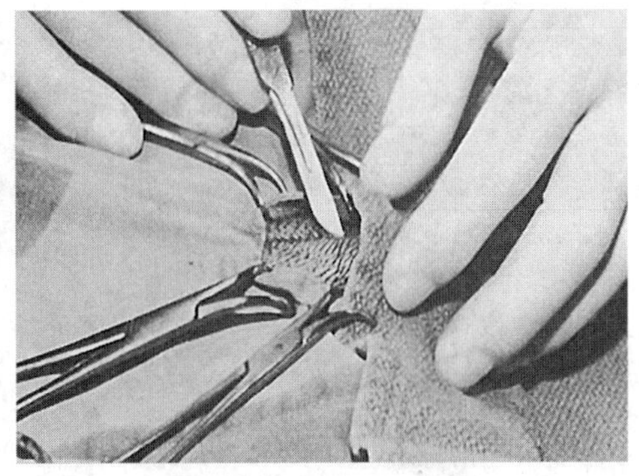

图 4－103　阴囊缝际向前的腹中线上切开

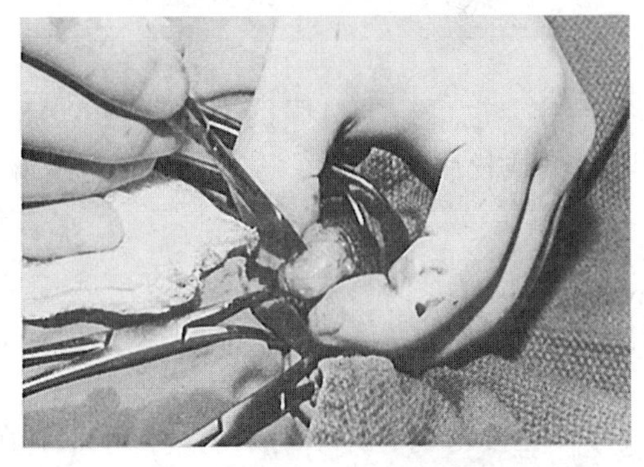

图 4－104　术者固定睾丸

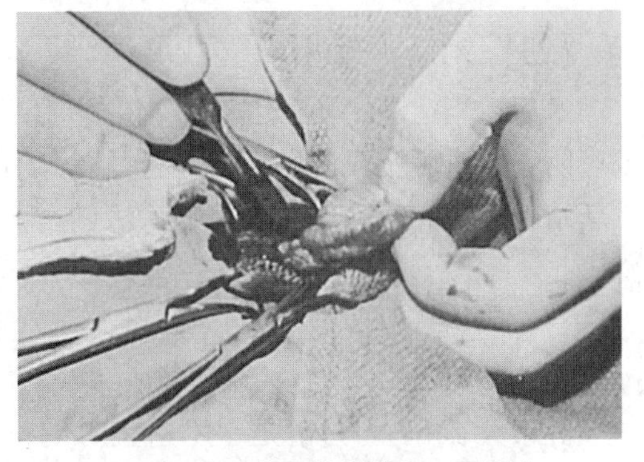

图 4－105　睾丸从鞘膜切口内露出

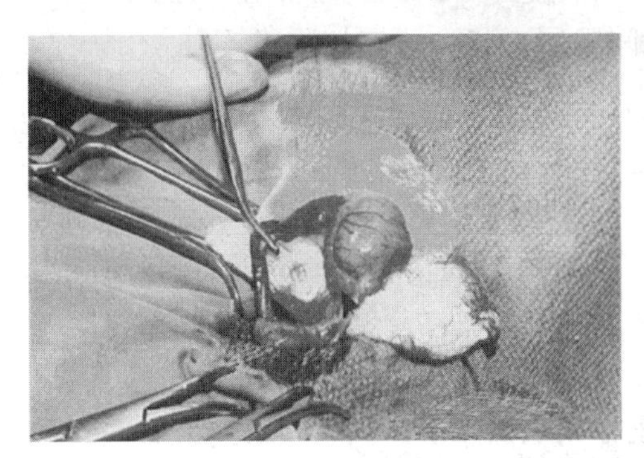

图 4－106　附睾尾韧带的断端用止血钳夹闭

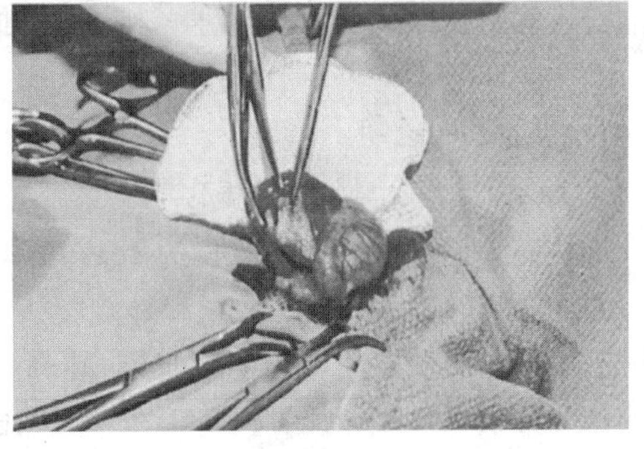

图 4－107　钳夹第二、第三把止血钳

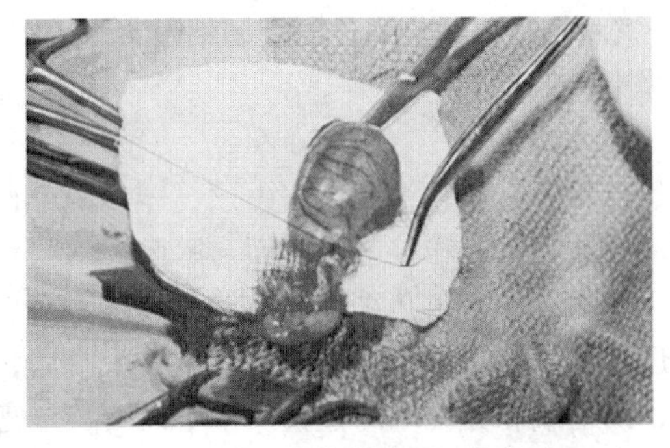

图 4－108　结扎精索用 7 号丝线

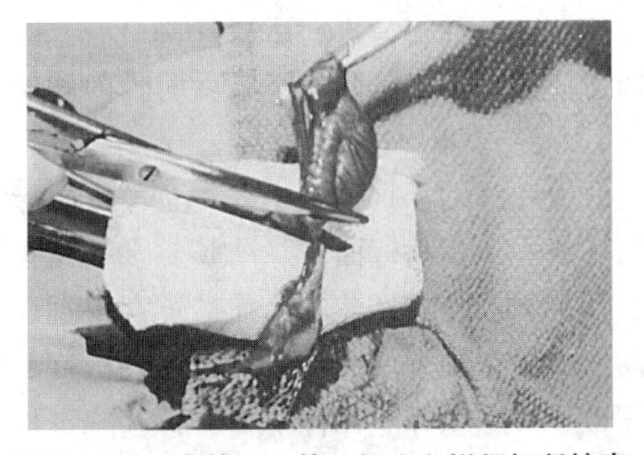

图 4－109　在第二、第三把止血钳间切断精索

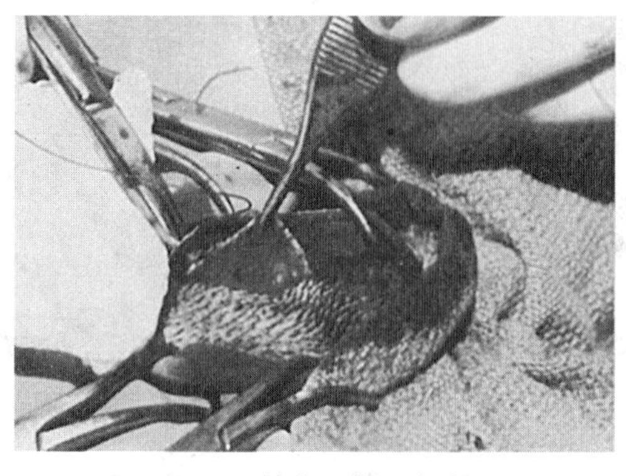

图 4－110　缝合阴囊及腹壁切口

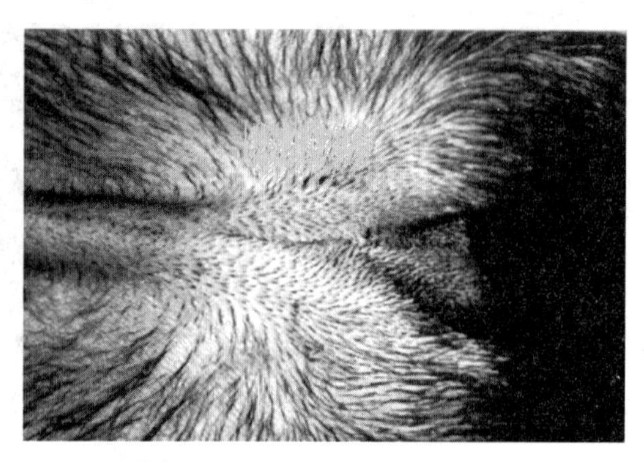

图 4－111　犬去势愈合的部位

（四）术后护理

术后适当运动，便于创液排出。术后无须治疗，也可给予口服抗生素药物 3～5 天。术后阴囊严重肿胀或出血不止，可能是结扎不确实或松脱，排液不畅，应及时全身麻醉，重新结扎止血和排除创内阻塞物，清创。

二、卵巢、子宫切除术

（一）适应症

健康犬在 5～6 月龄是手术适宜时期，成年犬在发情期、怀孕期不能进行手术。在发情后 3～4 个月进行手术。幼犬应在断奶后 6～8 周施术。对因治疗子宫坏死、化脓、子宫肿瘤等疾病进行卵巢子宫切除术，则不受时间限制；卵巢子宫切除术不能与剖腹产同时进行。

（二）局部解剖

1. 卵巢

细长而表面光滑，犬卵巢长约 2cm，猫卵巢大约 1cm 长。卵巢位于同侧肾脏后方 1～2cm 处。右侧卵巢在降十二指肠和外侧腹壁之间，左卵巢在降结肠和外侧腹壁之间，或位于脾脏中部与腹壁之间。怀孕后卵巢可向后、向腹下移动。犬的卵巢完全由卵巢囊覆盖，而猫的卵巢仅部分被卵巢囊覆盖，在性成熟前卵巢表面光滑，性成熟后卵巢表面变粗糙和有不规则的突起。卵巢囊为壁很薄的一个腹膜褶囊，它包围着卵巢。输卵管在囊内延伸，输卵管先向前行，再向后行（降），终端与子宫角相连。卵巢通过固有韧带附着于子宫角，通过卵巢悬吊韧带附着于最后肋骨内侧的筋膜上。

2. 子宫

犬和猫的子宫很细小，甚至经产的母犬、母猫子宫也较细。子宫由颈、体和两个长的角构成。子宫角背面与降结肠、腰肌和腹横筋膜、输尿管相接触，腹面与膀胱、网膜和小肠相接触。在非怀孕的犬猫，子宫角直径是不变的，子宫角几乎是向前伸直的。子宫角的横断面观在猫近似于圆形，而在犬呈背、腹压扁状，怀孕后子宫变粗，怀孕一个月后，子宫位于腹腔底部。在怀孕子宫膨大的过程中，阴道端和卵巢端的位置几乎不改变，子宫角中部变弯曲向前下方沉，抵达肋弓的内侧。

子宫阔韧带是把卵巢、输卵管和子宫附着于腰下外侧壁上的脏层腹膜褶。子宫阔韧带悬吊除阴道后部之外的所有内生殖器官，可区分为相连续的三部分，子宫系膜，来自骨盆腔外侧壁和腰下部腹腔外侧壁，至阴道前半部、子宫颈、子宫体和子宫角等器官的外侧部；卵巢系膜为阔韧带的前部，自腰下部腹腔外侧壁，至卵巢和固定卵巢的韧带；输卵管系膜附着于卵巢系膜，并于卵巢系膜一起组成卵巢囊。

卵巢动脉起自肾动脉至髂外动脉之间的中点，它的大小、位置和弯曲的程度随子宫的发育情况而定。在接近卵巢系膜内，分作两支或多支，分布于卵巢、卵巢囊、输卵管和子宫角。至子宫角的一支，在子宫系膜内与子宫动脉相吻合。

子宫动脉起自阴部内动脉。子宫动脉分布于子宫阔韧带内，沿子宫体、子宫颈向前延伸，并且与卵巢动脉的子宫支相吻合。

（三）麻醉与保定

速眠新注射液肌肉注射，小型犬 0.8～1.0ml，大型犬 1.5～3.0ml 进行全身麻醉，仰卧保定。

（四）手术操作

脐后腹中线切口，切口长 4～10cm（图 4－112）。

沿切开线切开皮肤及皮下组织，用组织镊夹持腹中线并上提，右手持手术刀以外向运刀切透腹壁（图 4－113），改用手术剪，严格沿腹中线剪开腹壁，显露腹腔。术者持卵巢子宫切除钩或止血钳或小挑刀柄伸入犬的腹腔内，先探查右侧子宫角，钩端沿腹壁伸入腹腔背壁，当钩端到达腹腔脊背部时，将钩旋转 180°角，钩端再朝着腹壁面，向外钩出子宫角（图 4－114）。术者手抓住子宫角，缓慢地向外牵引子宫角，显露卵巢，持续均匀用力向切口外牵引子宫角和卵巢，显露卵巢悬吊韧带（图 4－115）。右手牵引子宫角，左手食指钝性分离卵巢悬吊韧带，充分显露，分离时应仔细，用手术剪在靠近悬吊韧带的卵巢系膜上剪一个小口，经此切口在卵巢悬吊韧带上装置三把止血钳，用三钳法截断卵巢悬吊韧带。第一把止血钳在紧靠卵巢的悬吊韧带上钳夹（图 4－116），依次在第一钳的外侧（即肾脏侧）的悬吊韧带上装置第二把（图 4－117）、第三把止血钳（图 4－118），这样就完全夹闭了卵巢悬吊韧带内的动静脉血管。在第一与第二把止血钳之间切断卵巢悬吊韧带，将右侧子宫角和卵巢全部拉出切口外，在紧靠第三把止血钳的近肾脏侧的卵巢悬吊韧带上，用 4 号丝线集束结扎卵巢悬吊韧带的断端（图 4－119），然后松去第三把止血钳，剪去线尾。用镊子夹持卵巢悬吊韧带断端的少许组织，再松开第二把止血钳，在确信无出血的情况下松去镊子，卵巢悬吊韧带的断端迅速缩入腹腔内。将右侧子宫角完全拉出腹壁切口外，继续导引出子宫体，从子宫体找到对侧子宫角及卵巢，再按“三钳法”结扎卵巢悬吊韧带和切断悬吊韧带，值得注意的是在分离悬吊韧带时，应细心，防止扯断，否则可导致不良后果。切断子宫体和完整摘除子宫与卵巢（图 4－120、图 4－121），两侧子宫体和卵巢都完全拉出切口外，显露子宫体。成年犬子宫体两侧的子宫动脉应进行双重结扎后切断，然后再结扎子宫体并再切断子宫体。对幼犬可将子宫体及其两侧的子宫动脉一起进行集束结扎后切断。子宫体切断的部位：健康犬可在子宫体稍前方处切断；当子宫内感染时，子宫体切断的部位应尽量靠后，以便尽量除去感染的子宫内膜组织。

腹壁闭合，腹壁切口按常规缝合（图 4－122、图 4－123）。

猫保定麻醉、手术方法和犬的基本相同，做腹中线切口，脐部与骨盆耻骨连线中点为切口中点，向前、向后切开4～8cm。因猫的体型小，手术应更加细心，特别在分离结扎卵巢悬吊韧带时防止撕断，一旦断了，很难找到断端进行结扎，因内出血而导致预后不良。

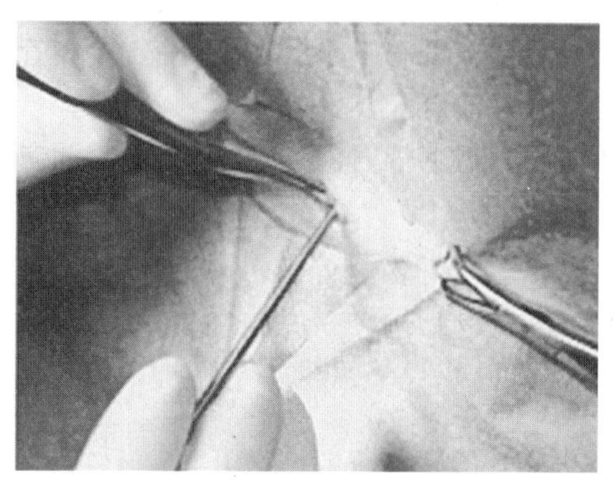

图4－112　脐后腹中线切口

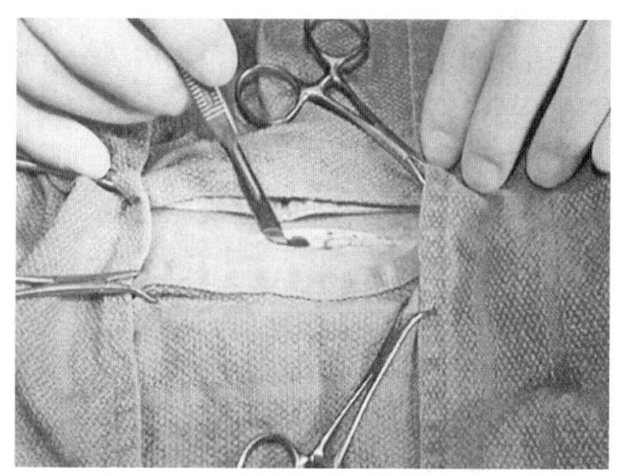

图4－113　切口长4～10cm

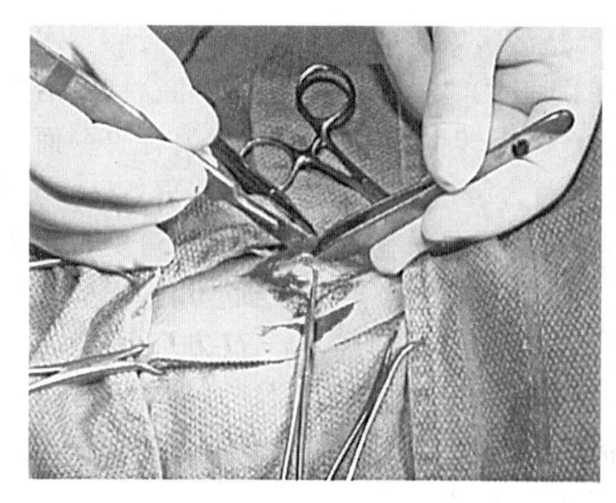

图4－114　向外钩出子宫角

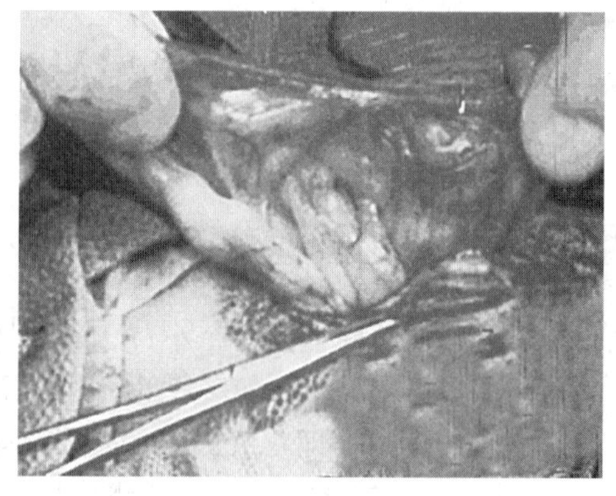

图4－115　显露卵巢悬吊韧带

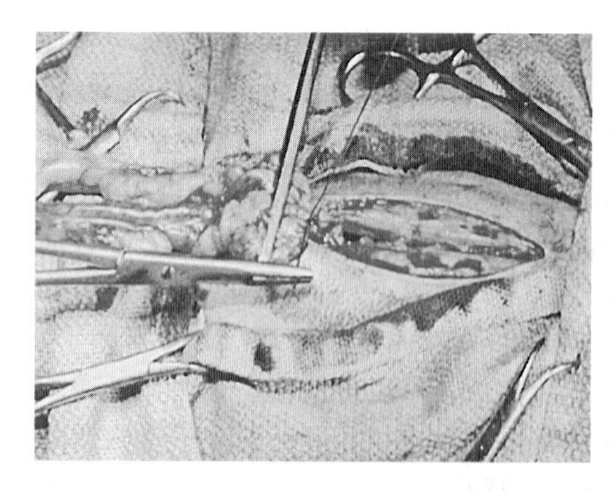

图4－116　第一把止血钳在紧靠悬吊韧带

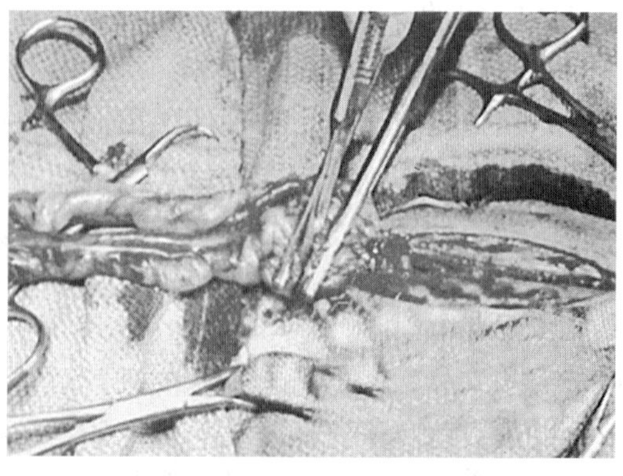

图4－117　钳外侧悬吊韧带上装置第二把

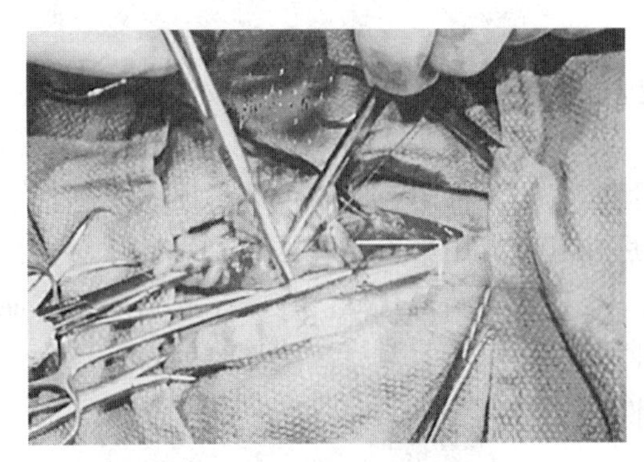

图 4－118　第三把止血钳

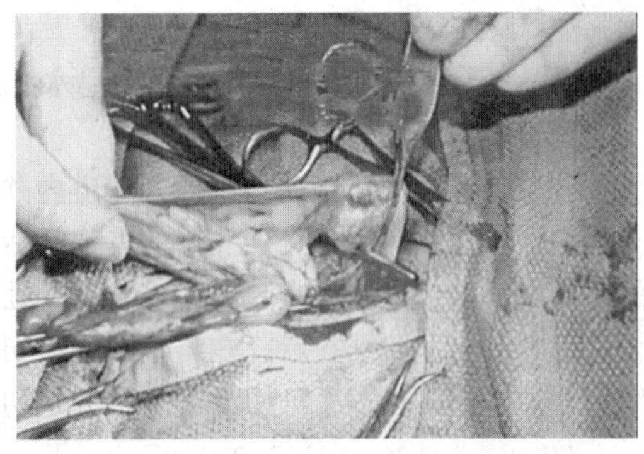

图 4－119　用丝线结扎卵巢悬吊韧带

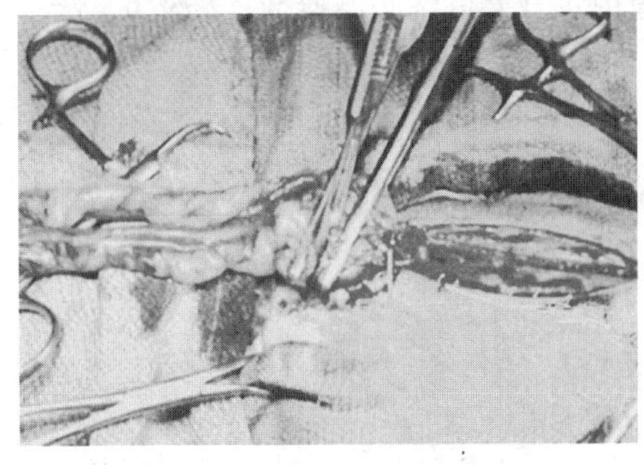

图 4－120　切断子宫体

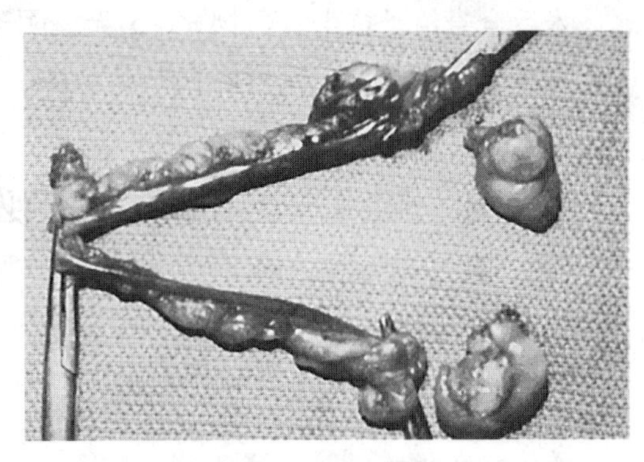

图 4－121　摘除子宫与卵巢

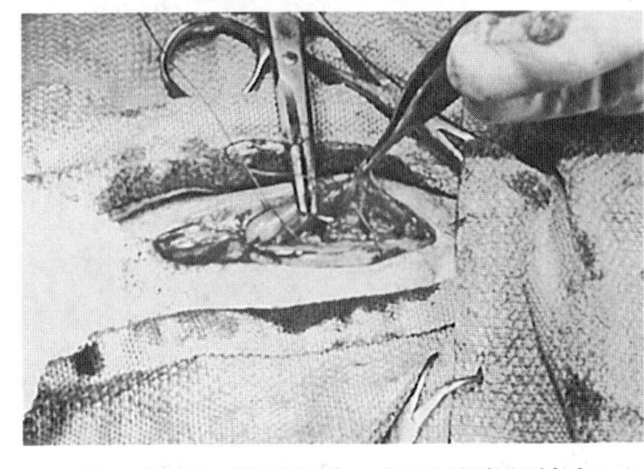

图 4－122　腹壁闭合，切口按常规缝合

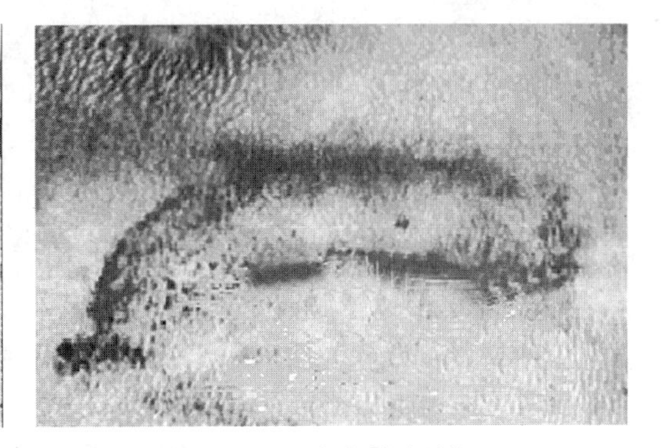

图 4－123　愈合的腹壁切口

（五）术后护理与治疗

术后 10～12 天内限制动物剧烈活动，手术切口用绷带包扎，防止动物自身舔切口，术后 8～10 天拆线。

三、阴道肿瘤切除术

（一）适应症

阴道肿瘤的手术治疗。

（二）保定和麻醉

手术台横卧保定，846 合剂全身麻醉。

（三）手术方法

术前禁食12h，手术时先用温肥皂水灌肠，排除直肠内宿粪，用1%新洁尔灭溶液清洗和消毒阴门及阴道内。

首先将导尿管从尿道外口插入尿道内并固定，作为标志，以防手术时损伤尿道。

切除肿瘤。用钳子将肿瘤基部夹住，然后在其下方用集束结扎法分别结扎，结扎部位的多少根据瘤体大小而定，大者多结扎几处，小者则少结扎几处。注意结扎口之间不能过大，否则易出血。结扎后，在结扎的上方切除肿瘤。以结节缝合法或连续缝合法缝合阴道壁。若肿瘤瘤体较多，可用上述方法分别切除。

（四）术后治疗及注意事项

术后全身给予抗生素药物3～5天。阴道内每日塞以洗必泰栓剂，2次/d，1～2粒/次。如术后出血不止，按阴道脱手术处置。

第五节　泌尿系统手术

一、公犬尿道切开术

（一）适应症

尿道结石或异物。

（二）麻醉与保定

侧卧手术台保定全身麻醉或高位硬膜外麻醉及局部浸润麻醉。

（三）术式

使用导尿插管或探针插入尿道，确定尿道阻塞部位。根据阻塞部位，选择手术道路，可分为前方尿道切开术和后方尿道切开术。

1. 前方尿道切开术

应用导尿管或探针插入尿道，确定阻塞部位是阴茎骨后方。

术部确定为阴茎骨后方到阴囊之间。包皮腹侧面皮肤剃毛、消毒。左手握住阴茎骨提起包皮和阴茎，使皮肤紧张伸展。在阴茎骨后方和阴囊之间正中线做3～4cm切口，切开皮肤，分离皮下组织，显露阴茎缩肌并移向侧方，切开尿道海绵体，使用插管或探针指示尿道。在结石处做纵行切开尿道1～2cm。用钝刮匙插入尿道小心取出结石。然后导尿管进一步向前推进到膀胱，证明尿道通畅，冲洗创口，如果尿道无严重损伤，应用吸收性缝合材料缝合尿道。如果尿道损伤严重，不要缝合尿道，进行外科处理，大约3周即可愈合。

2. 后方尿道切开术

术部选择在坐骨弓与阴囊之间，正中线切开。术前应用柔软的导尿管插入尿道。切开皮肤，钝性分离皮下组织，大的血管必须结扎止血，在结石部位切开尿道，取出结石，生理盐水冲洗尿道，清洗松散结石碎块。其他操作同前方尿道切开术。

（四）术后护理及注意事项

术后全身给予抗生素或磺胺类药物治疗7天左右。滞留导尿管36～48h后拔出。术后注意排尿情况，若再出现排尿困难或尿闭时，马上拆除缝线。仔细探诊尿道是否有结石嵌留。

二、膀胱切开术

（一）适应症

膀胱或尿道结石、膀胱肿瘤。

（二）保定和麻醉

手术台仰卧保定，全身麻醉或高位硬膜外麻醉。

（三）手术方法

雌性犬在耻骨前缘3～5cm的白线侧方；雄性犬在耻骨前缘3～5cm的阴茎侧方处。术部常规剪毛、消毒（图4－124）。

母犬的腹壁切开，选择耻骨前后腹下切口。公犬的腹壁切开，选择耻骨前，皮肤切口在包皮侧一指宽，切开皮肤后，将创口的包皮边缘拉向侧方，露出腹壁白线，在白线切开腹壁避免损伤腹壁血管（图4－125）。腹壁切开时应该特别注意，防止损伤充满的膀胱。

图4－124 术部常规剪毛、消毒

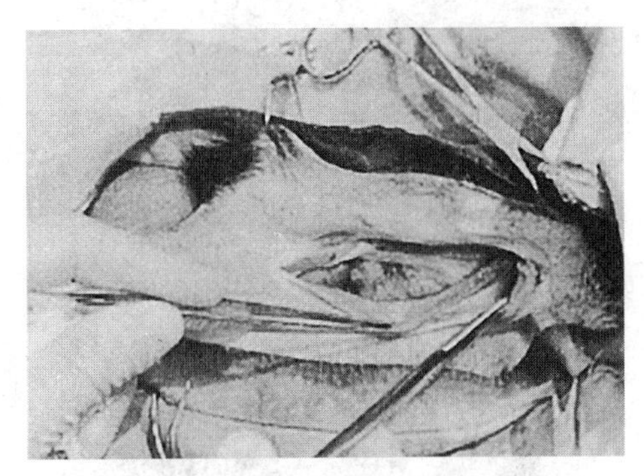

图4－125 切开腹壁避免损伤腹壁血管

腹壁切开后，如果膀胱膨满，需要排空蓄集尿液，使膀胱空虚。用一指或两指握住膀胱的基部，小心地把膀胱翻转出创口外（图4－126），使膀胱背侧向上。然后用纱布隔离，防止尿液流入腹腔。膀胱壁切开；传统的膀胱切开位置是在膀胱的背侧，无血管处（图4－127）。因为在膀胱的腹侧面切开，在缝线处易形成结石。有人主张，膀胱切开在其前端为好，因为该处血管比其他位置少。在切口两端放置牵引线（图4－128）。

使用茶匙或胆囊勺除去结石残渣。特别注意取出狭窄的膀胱颈及近端尿道的结石（图4－129）。防止小的结石阻塞尿道，在尿道中插入导尿管，用反流灌注冲洗，保证尿道和膀胱颈畅通。

膀胱缝合在牵引线之间，应用双层连续内翻缝合，保持缝线不露出膀胱腔内，因为缝线暴露在膀胱腔内，能增加结石复发的可能性。第一层应用库兴氏缝合，膀胱壁浆肌层连续内水平褥式缝合；第二层应用伦勃特氏缝合，膀胱壁浆肌层连续内翻垂直褥式缝合（图4－130）。缝合材料的选择应该用吸收性缝合材料，例如聚乙醇酸缝线。缝合膀胱还纳腹腔内。

常规缝合腹壁（图4－131），术部碘酊消毒。

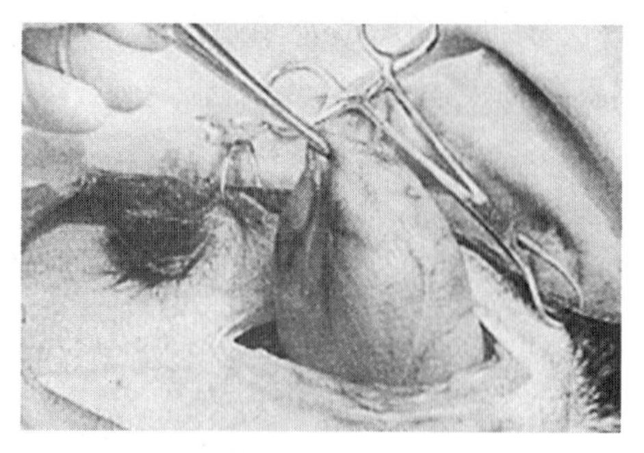

图 4－126 小心地把膀胱翻转出创口外

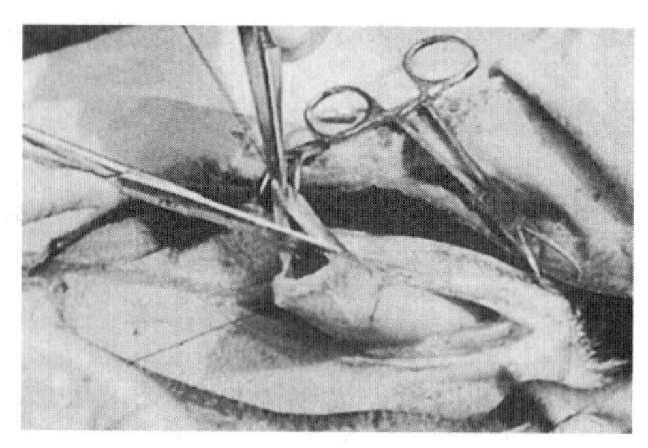

图 4－127 膀胱的背侧的无血管处切开

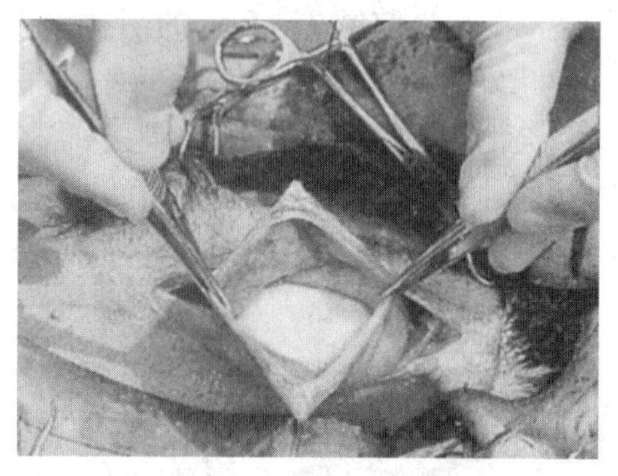

图 4－128 在切口两端放置牵引线

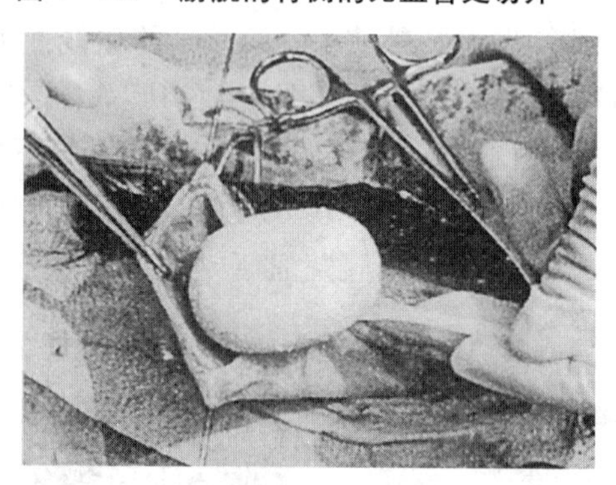

图 4－129 取出膀胱颈及近端尿道的结石

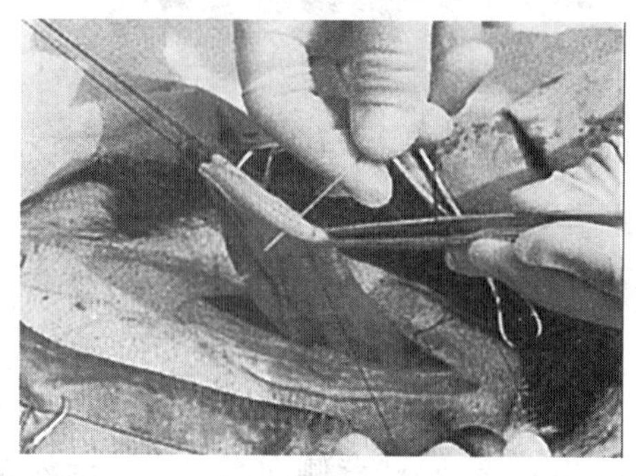

图 4－130 库兴氏及伦伯特氏缝合膀胱

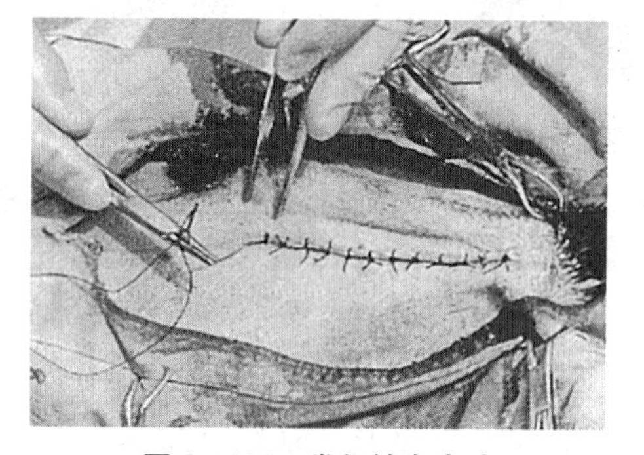

图 4－131 常规缝合腹壁

（四）术后护理

术后观察患畜排尿情况，特别在手术后 48～72h，有轻度血尿，或尿中有血凝块。给予患病宠物抗生素治疗，防止术后感染。充分休息，不做剧烈运动。

三、肾摘除术

（一）适应症

化脓性肾炎、肿瘤、结石及肾外伤等。

（二）局部解剖

犬的肾脏位于腰椎下腹膜后，每个肾的前端背侧面和腹侧面均由腹膜覆盖，而肾的后端只有腹膜覆盖。肾脏由腹膜外纤维蜂窝组织和肾筋膜固定在脂肪组织中。肾的固定不牢固，左肾有较大的活动性，右肾活动性较小，前部与肝的右叶相邻。胃充满时，可以使左肾后移。有13%的犬左肾的肾动脉为成对动脉，而右肾动脉都是单一的。

（三）保定和麻醉

手术台仰卧或侧卧保定，全身麻醉。

（四）手术方法

仰卧保定术部切口在腹下正中线脐前方。侧卧保定术部切口在最后肋骨后方2cm，自腰椎横突向下与肋骨弓平行切口。其中腹下正中线切口，手术径路较好，可以使两肾全面显露、检查。将结肠移向右侧，在降结肠系膜后方显露左肾；右肾前端紧贴于肝脏右叶的后方，将十二指肠近端移向左侧，在十二指肠系膜后方显露右肾。犬的左肾活动性较大，腹膜和后肾筋膜用镊子提起，用剪刀剪断，使用手指和纱布从肾脏剥下筋膜。当肾松动时，肾从腰下部提起，显露出肾动脉和输尿管，右肾的分离比左肾较困难。在直视条件下，以食指、中指夹持肾脏，显露肾动脉、肾静脉、输尿管。首先充分分离和关闭肾动脉，放置血管钳，贯穿结扎肾动脉，近心端三道结扎，远心端一道结扎。如果是肾癌瘤，应首先结扎肾静脉。肾静脉分离和关闭，放置止血钳，近心端与远心端各一道结扎。肾动脉与肾静脉不能集束结扎，因为易发生动、静脉瘘。在肾盂找到输尿管，充分分离输尿管到达膀胱，注意结扎伸延到膀胱的输尿管断端，远心端二道结扎，近心端一道结扎，防止形成尿盲管。因为尿盲管能造成感染。输尿管断端结扎切断后，用石炭酸或电烙铁烧灼。摘除肾脏。缝合前，清除肾脏的脂肪组织中的凝血块，确实止血。逐层缝合腹壁切口。

（五）术后护理

术后纠正水、电解质和酸碱平衡紊乱；全身给予抗生素治疗，防止术部感染。

第六节 乳腺、尾部手术

一、乳腺切除术

（一）适应症

乳腺肿瘤是乳房切除术的主要适应症。另外，乳房外伤或感染有时也需做此手术。

（二）局部解剖

手术前，术者必须熟悉犬、猫乳房的解剖，包括乳腺及其血液、淋巴液分布。犬、猫乳房位于胸、腹部腹侧皮下，其两条链状乳腺从胸前方向后延伸至外阴部。犬正常每侧有5个乳腺，也有4～6个不等；猫每侧有4个乳腺。根据部位不同，犬乳腺从前向后1～5个分别称胸前（第1）、胸后（第2）、腹前（第3）、腹后（第4）及腹股沟（第5）乳腺。胸部乳腺与胸肌连接紧密，腹部与腹股沟部乳腺则连接疏松而悬垂，尤其发情期或泌乳期更显著。腺体组织位于皮肤与皮肌、乳腺悬韧带之间。

第一和第二乳腺动脉血供给来自胸内动脉的胸骨分支和肋间及胸外动脉的分支，第三乳腺主要由腹壁前浅动脉（来自腹壁前动脉）和胸内动脉分支，后者与腹壁后浅动脉分支（由阴部外动脉分出）相吻合而终止，并供给第四、第五乳腺动脉血。不过，前腹壁深动脉分支、部分腹外侧壁动脉、阴唇动脉及腹髂深动脉等也参与腹部和腹股沟乳腺的血液循环。静脉一般伴随同名动脉而行。第一、第二乳腺静脉血回流主要进入腹壁前浅静脉和胸内静脉，第三、第四及第五乳腺静脉主要汇入腹壁后浅静脉。小的静脉有时越过腹中线至对侧乳腺。腋淋巴结位于胸肌下，接受第一、第二乳腺淋巴的回流。腹股沟浅淋巴结位于腹股沟外环附近，接受第四、第五乳腺淋巴的回流。第三乳腺淋巴最常引流入腋淋巴结，但在犬也可向后引流。不过，如仅有 4 对乳腺时，第二与第三乳腺间无淋巴联系（图 4－132）。

（三）麻醉与保定

全身麻醉。仰卧位保定，四肢向两侧牵拉固定，以充分暴露胸部和腹股沟部（图4－133）。

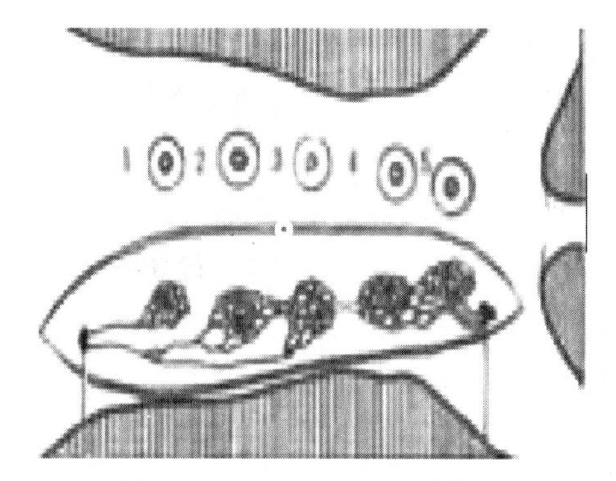

图 4－132　犬乳腺解剖结构

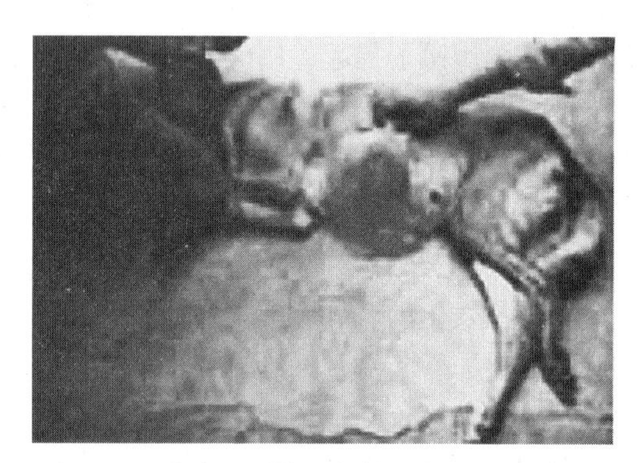

图 4－133　暴露胸部和腹股沟部

（四）手术方法

乳腺切除的选择取决于动物体况和乳房患病的部位及淋巴流向。有以下 4 种乳腺切除方法，可选其中一种：单个乳腺切除：仅切除一个乳腺；区域乳腺切除：切除几个患病乳腺或切除同一淋巴流向的乳腺；一侧乳腺切除：切除整个一侧乳腺链（图 4－134）；两侧乳腺切除：切除所有乳腺（图 4－135）。

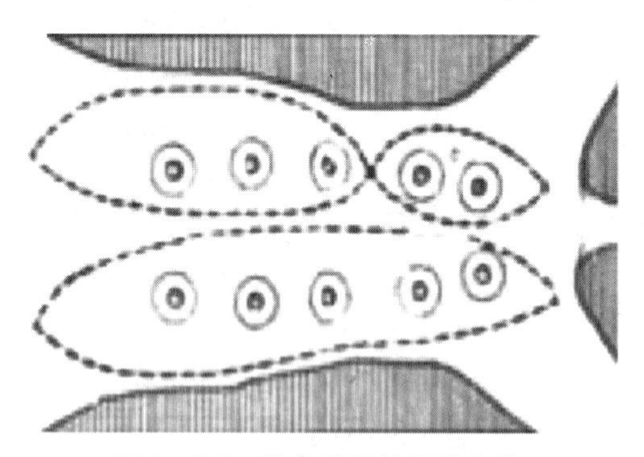

图 4－134　数个乳腺的切除方案

图 4－135　切除所有乳腺

皮肤切口视使用方法不同而异。对于单个、区域或同侧乳腺的切除，在所涉及乳腺周围做椭圆形皮肤切口。切口外侧缘应是在乳腺组织的外侧，切口内侧缘应在腹中线。第一乳腺切除时，其皮肤切口可向前延伸至腋部；第五乳腺的切除，皮肤切口可向后延至阴唇水平处。对于两侧乳腺全切除者，仍是以椭圆形切开两侧乳腺的皮肤，但胸前部应做 Y 形皮肤切口，以免在缝合胸后部时产生过多的张力。

皮肤切开后，先分离、结扎大的血管，再做深层分离。分离时，尤其注意腹壁后浅动、静脉。第一、第二乳腺与胸肌筋膜紧密相连，故需仔细分离使其游离。其他乳腺与腹壁肌筋膜连接疏松，易钝性分离开。若肿瘤已侵蚀体壁肌肉和筋膜，须将其切除。如胸部乳腺肿块未增大或未侵蚀周围组织，腋淋巴结一般不予切除，因该淋巴结位置深，接近臂神经丛。腹股沟浅淋巴结紧靠腹股沟乳腺，通常连同腹股沟脂肪一起切除。

缝合皮肤前，应认真检查皮肤内侧缘，确保皮肤上无残留乳腺组织。皮肤缝合是本手术最困难的部分，尤其切除双侧乳腺。大的皮肤缺损缝合需先做水平褥式缝合，使皮肤创缘靠拢并保持一致的张力和压力分布。然后做第二道结节缝合以闭合创缘。如皮肤结节缝合恰当，可减少因褥状缝合引起的皮肤张力。如有过多的死腔，特别在腹股沟部易出现血清肿，应在手术部位安置引流管。

（五）术后护理

使用腹绷带2～3天，压迫术部，消除死腔，防止血清肿或血肿、污染和自我损伤，并保护引流管。术后应用抗生素3～5天，控制感染。术后2～3天拔除引流管，并于术后4～5天拆除褥式缝线，以减轻局部刺激和瘢痕形成。术后10～12天拆除结节缝线。

二、断尾术

（一）适应症

尾肿瘤、损伤。有时犬的断尾是为了“美容”。各种犬的断尾标准和部位不同（表4－2）。

表4－2 各种犬的断尾标准和部位不同

犬名	保留尾椎长度
拳师犬	2～3尾椎
笃宾犬	2～3尾椎
洛特魏勒	1～2尾椎
玩具型㹴	2～3尾椎
爱台儿㹴	留1/3长
猎狐㹴	留1/3长
可卡犬	留2/5长（母犬）、1/2（公犬）长
匈牙利猎犬	留1/2长
贵妇犬	留1/2～1/3长
得兰特犬	留1/2～3/5长

（二）保定及麻醉

手术台横卧保定，尾根部局部麻醉或全身麻醉（图4－136）。

（三）手术方法

犬的断尾术根据断尾的年龄分为幼小犬断尾和成年犬断尾术。

1. 幼小犬断尾术

断尾的适宜日龄选择是生后7～10d即可断尾，这时断尾出血和应激反应很小。断尾长度根据不同品种及宠物主人的选择来决定。

生后7～10d的幼小犬断尾，不需要麻醉。尾部消毒，尾根部放置止血带。在预计截断的部位，用剪刀在尾的两侧做两个侧方皮肤皮瓣。横断尾椎，这时尾椎是柔软的。在截断的断端，对合两侧皮肤皮瓣，应用吸收性缝线间断缝合皮肤，这样缝合能控制出血和防止治愈后出现无毛瘢痕，特别是对于短毛犬，更要注意使用吸收性缝线的缝合。除去止血带。缝线一般可以术后被吸收，有时可被犬舔掉。

2. 老龄犬和猫的断尾术

尾部消毒，术部剪毛消毒（图4－137）。

预计截断的部位，用手指触及椎间隙（图4－138）。尾根部放置止血带（图4－139）。在截断处做背腹侧皮肤皮瓣切开（图4－140），皮瓣的基部在预计截断的椎间隙处（图4－141）。结扎截断处的尾椎侧方和腹侧的血管。应用外科刀或剪横切断尾椎肌肉，从椎间隙截断尾椎（图4－142）。缝合截断断端上皮肤皮瓣，覆盖尾的断端（图4－143）。为了防止断端形成血肿，在缝合时，首先应用吸收性缝线做2～3个皮下缝合，防止死腔形成，出现血肿。然后应用单股非吸收缝线做间断皮肤缝合（图4－144），术部碘酊消毒处理（图4－145）。10d后拆线。

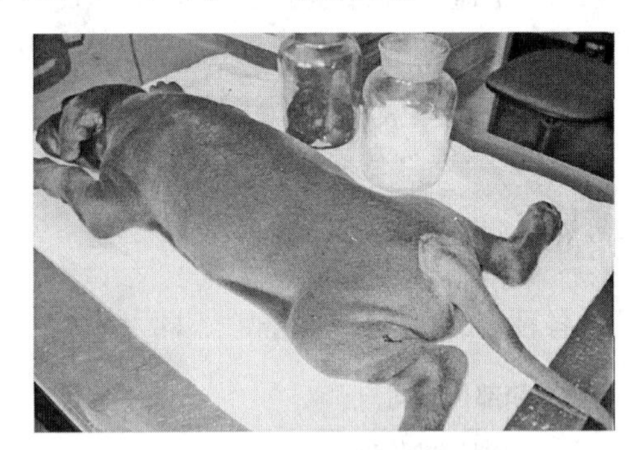

图4－136　手术台横卧保定，全身麻醉

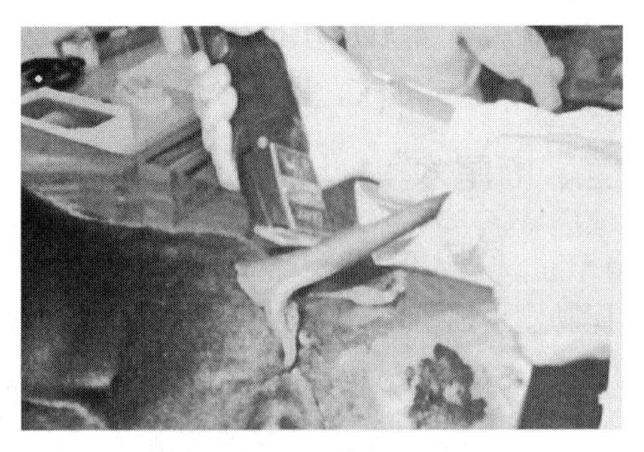

图4－137　术部剪毛消毒

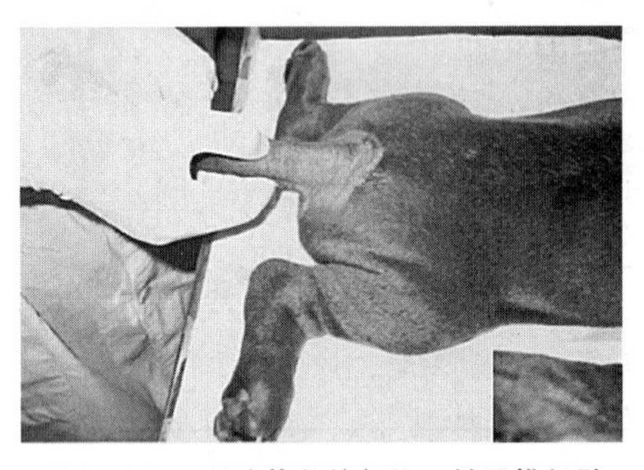

图4－138　预计截断的部位，触及椎间隙

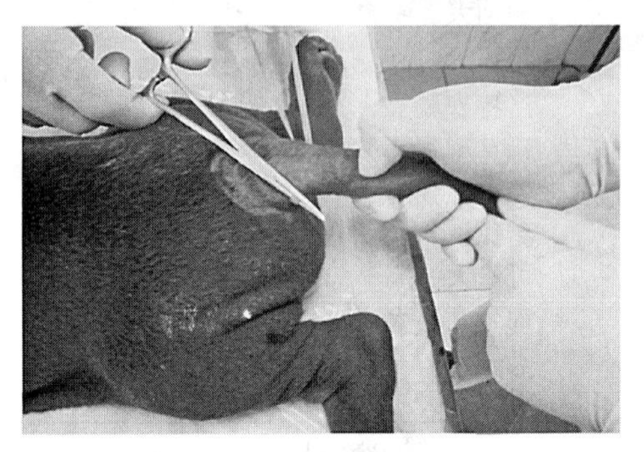

图4－139　尾根部放置止血带

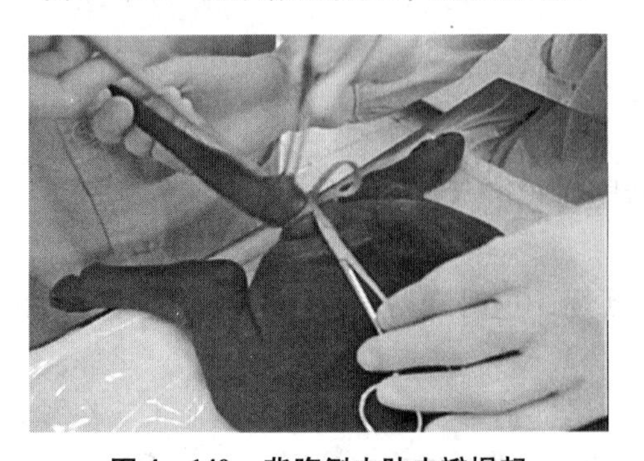

图4－140　背腹侧皮肤皮瓣提起

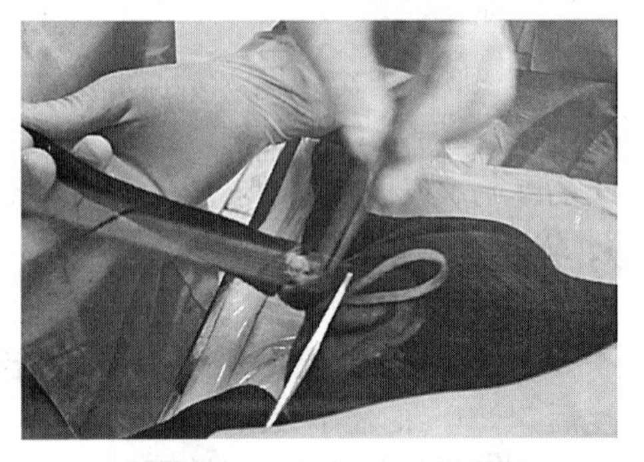

图4－141　截断的椎间隙处切开

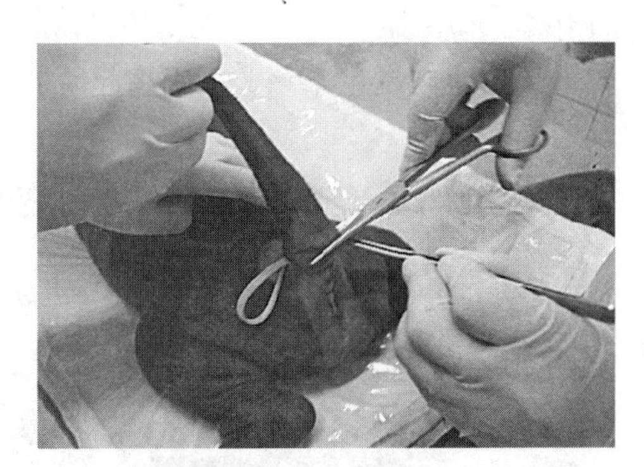

图 4 - 142　椎间隙截断尾椎

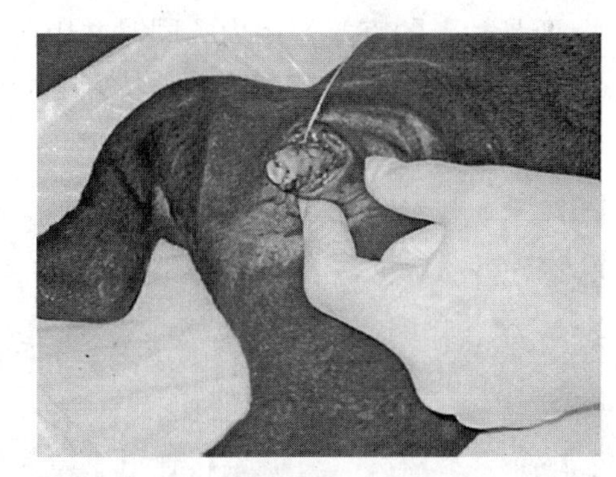

图 4 - 143　缝合截断断端上皮肤皮瓣

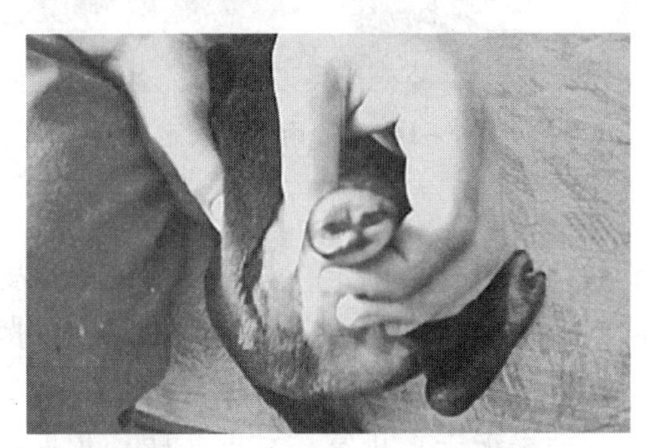

图 4 - 144　缝合后覆盖尾的断端

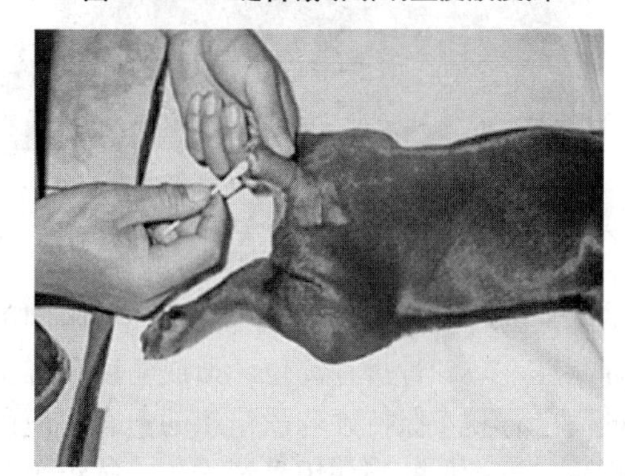

图 4 - 145　术部碘酊消毒处理

第七节　四肢手术

一、骨折内固定治疗的一般知识

骨折的治疗常分为内固定和外固定，在临床治疗中用保守方法不能使骨片长期保持安定时；用非开放手术对骨折复位有困难时；解剖部位需要人为整复并要求强化固定时，都有必要采取内固定的方式。内固定的操作常包括三个连续阶段：整复、内固定技术、关节制动。

（一）整复的一般方法

内固定治疗之前，必须先使骨折片复位。开放整复在不同的解剖部位和不同的骨折类型的整复技术不能相同，但都必定要在眼的直视下进行。整复操作的基本原则是，要求术者熟知病部的局部解剖，操作时要求尽量减少软组织的损伤（如骨膜的剥离、软组织的分离、血管和神经损伤等）。按照规程稳步操作，更要严防组织的感染。具体的操作技术可归纳如下几种（图 4 - 146、图 4 - 147）：

1. 利用某些器械发挥杠杆作用，如骨刀、拉钩柄或刀柄等，借以增加整复的力量。

2. 利用抓骨钳直接作用于骨片上，使其复位。

3. 将力直接加在骨片上，向相反方向牵拉和矫正、转动，使骨片复位和用抓骨钳或创巾钳施行暂时固定。

4. 两骨片上的直接作用力，同时并用杠杆的力。

5. 重叠骨折的整复较为困难，特别是受伤若干天，肌肉发生挛缩，采用翘起两断端，对准并压迫到正常位置。

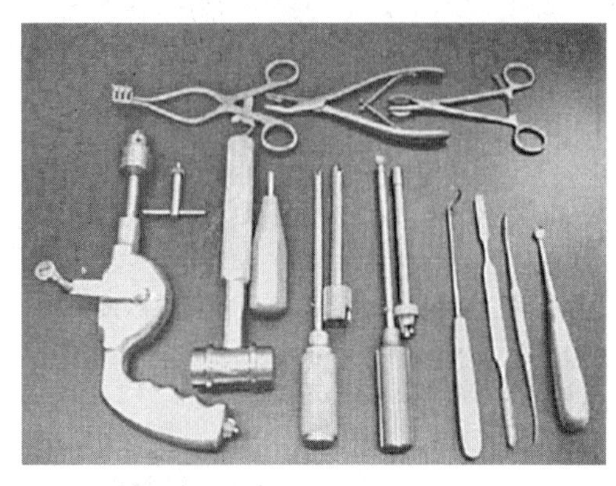

图 4－146　常用骨科器械

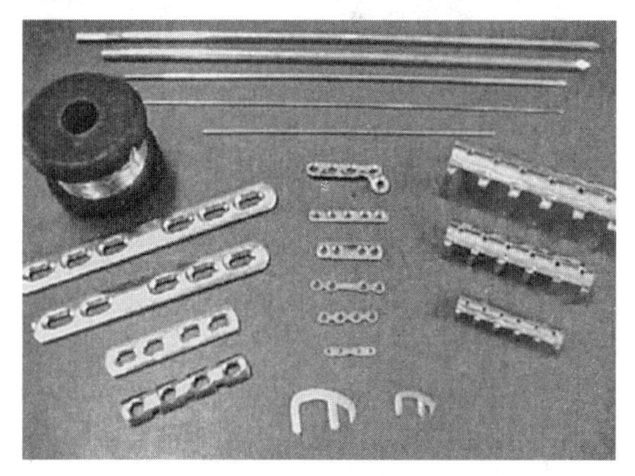

图 4－147　常用骨折固定材料

（二）关节制动（外固定）

整复的骨折片在骨性愈合期间，要限制关节活动，进行外固定，其目的是使患病宠物疼痛减轻，减少骨折片离位、形成角度和维持解剖的正常状态。大的关节特别是肘、膝关节的固定有利于保持硬和软组织的愈合，但由于长时间限制关节活动，也能产生不必要的副作用。最常见的副作用是纤维化、软组织萎缩，结果失去了正常运动的步幅；长期限制活动关节软骨，由于营养不足产生不同程度的衰退；在生长期的动物的长期制动，呈现韧带松弛。所以限制关节活动的患病宠物，应根据具体情况，尽早开始活动，以防止肌肉萎缩和关节僵硬。外固定的方法有多种，如硬化绷带、夹板绷带、改良式托马斯夹板绷带等。

二、股骨骨干骨折内固定技术

凡实行骨折开放复位的，原则上应用内固定。内固定技术需要有各种特殊器材，它们是髓内针、骨螺钉、金属丝和接骨板。上述的器材要长时间滞留在体内，故要求特制的金属，对组织不出现有害作用和腐蚀作用。当不同的金属器材相互接触，由于电解和化学反应，对组织产生腐蚀作用，也会影响骨愈合。

（一）内固定治疗技术的基本原则

内固定的治疗技术，是治疗骨折的重要方法，能在动物的不同部位进行，要想使内固定技术取得良好的效果，操作者要遵循下列最基本的原则。

1. 操作者要具有解剖的知识，如骨的结构、神经和血管的分布或供应、肌肉的分离、腱和韧带的附着等。

2. 骨的整复和固定，要符合力学原理，如对骨片间的压紧、张力、扭转力和弯曲力等，对骨的整复和愈合均有一定的影响。

3. 手术通路的选择、内固定的方法确定，要依据骨折的类型、骨折的部位等，做出合理的设计和安排。

4. 对 X 光照片要有正确的认识和解释。X 光摄影是骨损伤的重要依据，不仅用于诊断，也可指导治疗。

（二）内固定的技术

1. 髓内针固定

适用于长骨干骨折，髓内针的成角应力控制较强，而对扭转应力控制较差。髓内针有多种类型，从针的横断面可分为圆形、菱形、三叶形和“V”字形。使用最多的是圆形钢针，有不同的直径和大小。髓内针用于骨折治疗，既可单独应用，又可与其他方法结合应用（图4－148、图4－149）。

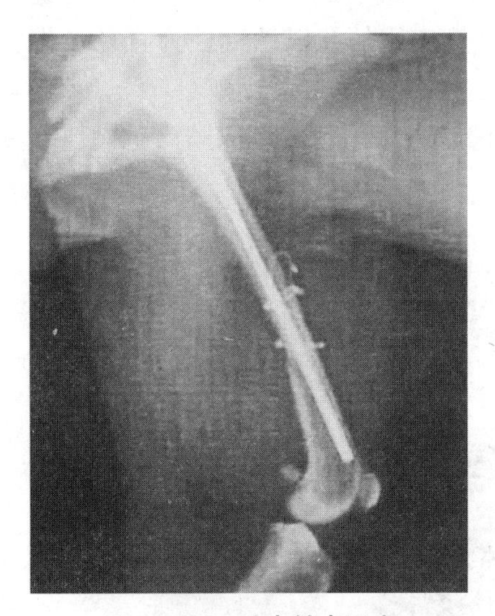

图4－148 髓内针内固定

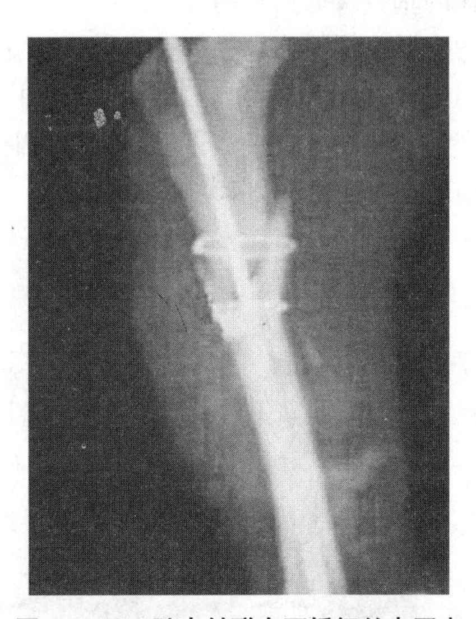

图4－149 髓内针联合不锈钢丝内固定

对稳定性良好的骨折，髓内针能单独使用。坚硬的钢针能稳定骨折的角度和维持长度。将针插入骨折两端的骨质层内。针太短固定效果差，但也不能长到影响关节活动。针的直径与骨折腔内径最狭部相当，把针挤住才能产生良好效果。

髓内针固定技术有开放和闭锁两种，闭锁技术用于单纯骨折，骨折片容易复位。多用于股骨、胫骨、肱骨、尺骨和某些小骨的单纯骨骨折。

当单独应用髓内针固定技术达不到稳定骨片的要求时，加用辅助固定，可防止骨片的转动和短缩。常用的辅助技术有：

（1）环形结扎和半环形结扎；

（2）插入骨螺钉时的延缓效应；

（3）Kirschner 夹板辅助髓内针固定；

（4）同时插入两个或多个髓内针；

（5）骨间矫形金属丝对骨针的固定。

髓内针固定的插入技术，有开放与非开放之分。对容易整复和整复后仍稳定的骨折，一般采取非开放式；针从骨的一端插入。而对开放性骨折，插针的方式有两种。其中之一是在开放整复后仍从骨的一端把针插入，另一种则是从骨折断端先逆行插入后，再将针改为顺行插入。

2. 骨螺钉

有皮质骨螺钉和松骨质骨螺钉两种。松骨质螺钉的螺纹较深，螺纹距离较宽，能牢固的固定松骨质，多用于骺端和干骺端骨折。松骨质螺钉在靠近螺帽的1/3～2/3长度缺螺纹，该部直径为螺柱直径。当固定骨折时螺钉的螺纹越过骨折线后，再继续拧紧，则可产生良好的压力作用。

皮质螺钉的螺纹密而浅，多用于骨干骨折。为了加强螺钉的固定作用，先用骨钻打孔，旋出螺纹，再装螺钉固定。当骨干斜骨折固定时，螺钉的插入方向应在皮质垂直线和骨折面的垂直线的夹角的二等分处。为了使皮质骨螺钉发挥应有的加压固定作用，可在近侧骨的皮质以螺纹为直径的钻头钻孔（滑动孔），而远侧皮质的孔以螺钉柱为直径（螺纹孔），这样在骨间能产生较好的压力作用。

在骨干的复杂骨折，骨螺钉能帮助骨片整复和辅助固定作用，对形成圆筒状骨体的骨折片整复有积极作用（图4－150、图4－151）。

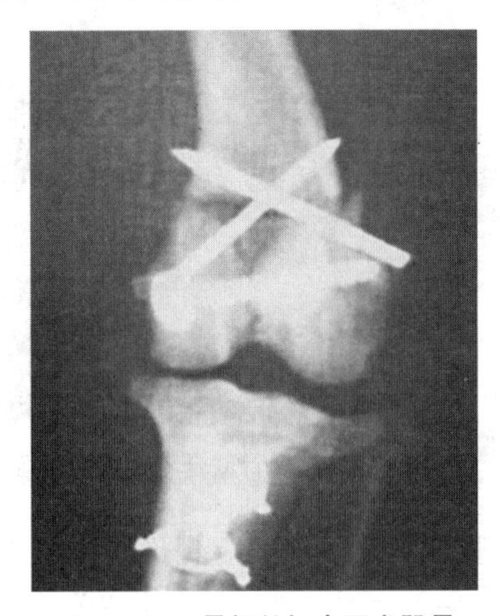

图4－150　骨螺丝钉内固定股骨

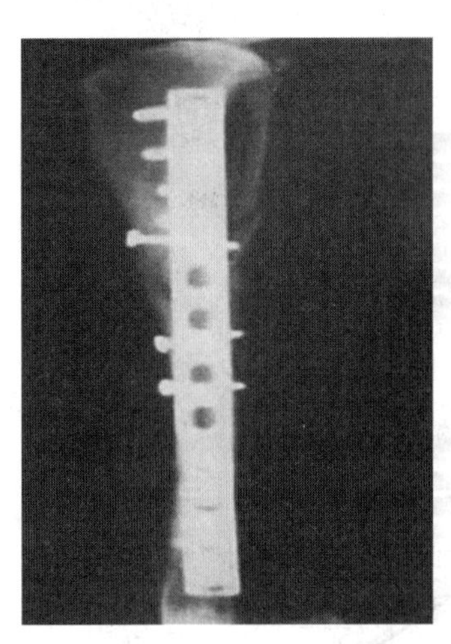

图4－151　骨螺丝联合钢板固定

3. 环形结扎和半环形结扎金属丝

该技术很少单独使用，主要应用于长斜骨骨折或螺旋骨折以及某些复杂骨折，为辅助固定或帮助使骨片稳定在整复的解剖位置上。该技术使用时，应有足够的强度，又不得过力而将骨片压碎，注意血液循环，保持和软组织的连接。用弯止血钳或专门器械将金属丝传递过去。如果长的骨折片需要多个环形结扎，环与环之间应保持在1～1.5cm的距离，过密将影响骨的活力。另外，用金属丝建立骨的圆筒状解剖结构时，不得有骨片的丢失。张力带金属丝多用于肘突、大转子和跟结等的骨折，与髓内针共同完成固定。张力带的原理是将原有的拉力主动分散，抵消和转变为压缩力。其操作方法是，先切开软组织，将骨折片复位，选肘突的后内或后外角将针插入，针朝向前下皮质，以稳定骨折片。若针尖达不到远侧皮质，只到骨髓腔内，则其作用将降低。插进针之后在远端骨折片的近端，用骨钻作一横孔，穿金属丝，与骨髓针剩余端之间作“8”字形缠绕和扭紧。用力不宜过大，否则将破坏力的平衡（图4－152、图4－153）。

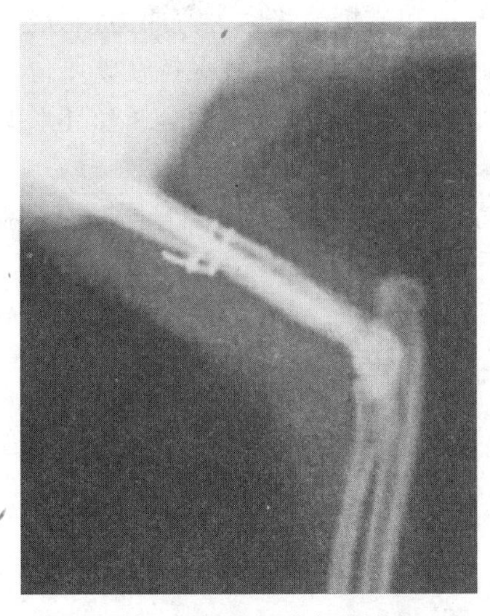

图 4－152　不锈钢丝联合骨针内固定

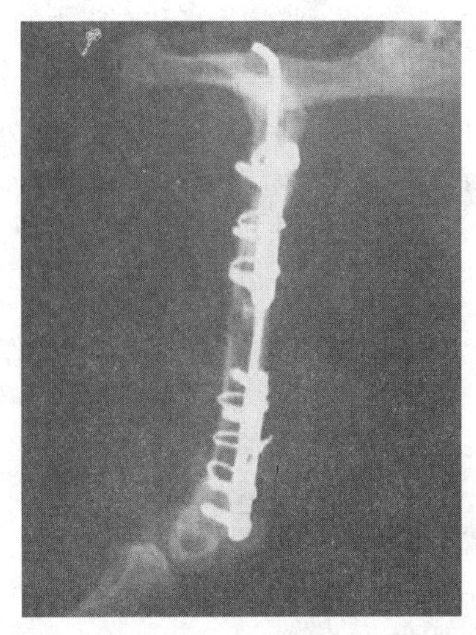

图 4－153　不锈钢丝联合钢板内固定

4. 接骨板

接骨板和骨螺钉是最早应用的接骨技术，接骨板的种类很多。经验指出，接骨时两侧骨断端接触过紧或留有间隙，都得不到正常骨的愈合过程，出现断端坏死或增殖大量假骨，延迟骨的愈合。在临床上为了使骨断端对接设计各样压力器，或改进接骨板的孔形等，目的是使断端密接，增加骨片间的压力，防止骨片活动。假骨的形成不能达到骨的第一期愈合时，则拖延治疗时间，副作用增大，严重影响骨折的治愈率。接骨板依其功能分为张力板、中和板及支持板三者：

（1）张力板　多用于长骨骨干骨折，接骨板的安装位置要从力学去考虑。应将接骨板装在张力一侧，能改变轴侧来的压力，使骨断端密接，固定力也显著增强。以股骨为例，长骨的体重的压力是偏心负担，其力的作用形式像一弯圆柱，若将张力板装在圆柱的凸侧面，能抵抗来自上方的压力，从而提供有效的固定作用。相反装在凹侧面，将起不到固定作用，由于张力板承受过多压力，再度造成骨折的条件。股骨骨干骨折，选择外侧作为手术通路，是力学的需要（图 4－154、图 4－155）。

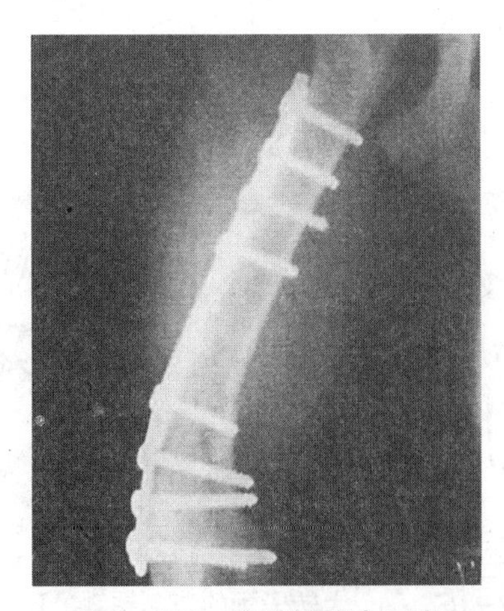

图 4－154　普通钢板内固定

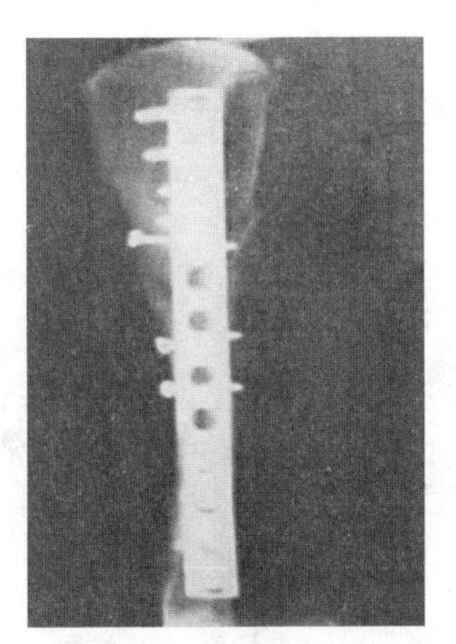

4－155　骨螺丝联合钢板内固定

（2）中和板　将接骨板装在张力的一侧，能起中和或抵消张力、弯曲力、分散力等，上述的各种力在骨折愈合过程中均可遇到。在复杂骨折中为使单骨片保持在整复位置，常把中和板与骨螺钉同时并用，以达到固定的目的。在复杂骨折中也可用金属丝环形结扎代替螺钉，完成中和板的作用。

（3）支持板　用于松骨质的骨骺和干骺端的骨折。支持板是斜向支撑骨折片，能保持骨的长度和适当的功能高度，其支撑点靠骨的皮质层。

三、髋关节开放整复和关节囊缝合固定

（一）适应症

当髋关节脱位用闭锁方式不能完成整复和维持的目的时采用本手术。

（二）保定与麻醉

侧卧保定，全身麻醉。

（三）手术操作

采用髋关节背侧通路，弧形切开皮肤，开始在髂骨后1/3的背侧缘，越过大转子向下伸延到大腿近端1/3水平，切口正好落在股二头肌的前缘。皮下组织、臀肌膜和股肌膜张肌在同一线切开。其后将股肌膜张肌和股二头肌分别向前后拉开，识别浅臀肌，在该肌的抵止点前将腱切断，把臀肌翻向背侧。再找中臀肌和深臀肌，在股骨的外侧，用骨凿或骨锯切断大转子的顶端，包括中、深臀肌的抵止点，大转子的骨切线与股骨长轴成45°角（图4－156）。将中臀肌、深臀肌和被切断的大转子顶端一并翻向背侧，暴露关节囊，再在髋臼唇的外侧3～4mm距离将关节囊切开和向两侧伸延，即可显露全部关节。

手术通路打开后，对髋臼和股骨进行全面检查，有否骨折和关节软骨的损伤。从股骨头和关节窝切除被拉断的圆韧带，髋臼用灭菌生理盐水冲洗，清除组织碎片。脱臼整复，用吸收缝线闭合关节囊，宜用间断水平褥式缝合，使撕裂的关节囊闭合。

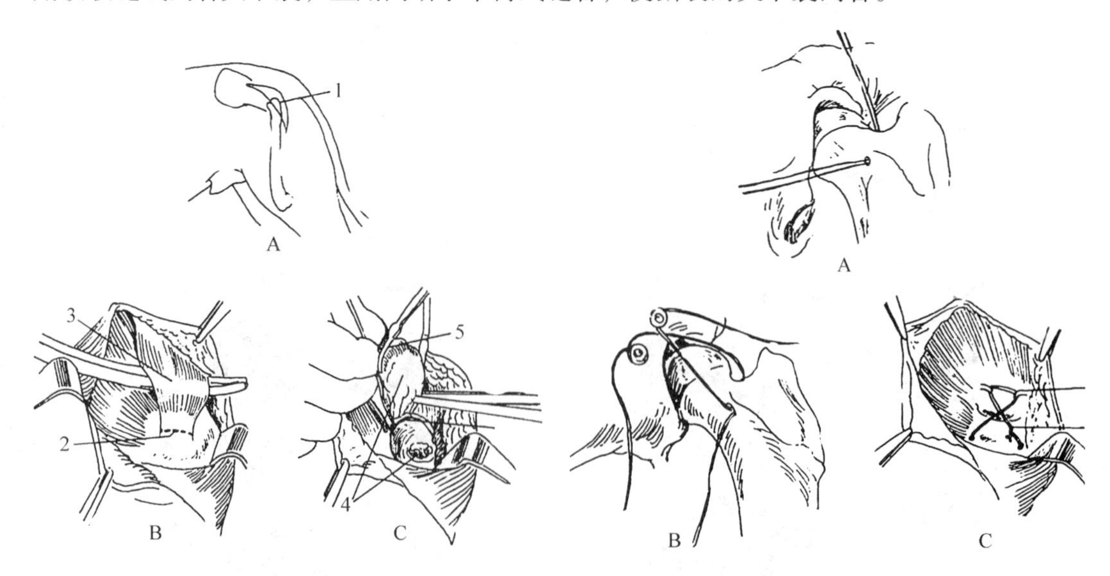

图4－156　A. 皮肤切口　B. 浅臀肌切断　C. 大转子切断

图4－157　A. 大转子颈的背侧钻孔　B. 髋臼缘装螺钉　C. 大转子顶端复位和固定

在许多情况下，由于关节囊的破损，造成缝合困难。在这样情况下，在股骨的颈部背侧钻一孔，取2号合成不吸收缝线，在金属丝的辅助下通过该孔，和用小的骨螺钉拧在骨盆髋臼缘，将前述大转子颈部的缝合线与螺钉缠绕和打结（图4－157）。

关节囊闭合后，把切断的大转子恢复解剖位置，由髓内针和张力金属丝固定。浅臀肌腱用非吸收缝线缝合，股二头肌和股肌膜张肌缝合，肌膜和皮肤常规闭合。

本手术通路得到宽敞的术野，给手术带来极大方便。但大转子的切断对猫或未成年的犬能出现生长畸形，故一般不得采用这种方法。建议切断中和深臀肌止点腱的方法。又坐骨神经是从髋关节的后侧通过，不得误伤。

（四）术后护理

在术后一段时间内限制活动。

第八节　肛门囊挤压和插管术

（一）适应症

犬的肛门瘙痒的病例，表现为快跑、舔舐该部位并吠叫。

（二）保定和姿势

犬站立保定，戴上口套或伊丽莎白项圈。

（三）手术方法

术者戴上检查手套，将棉花放在犬肛门上并对着会阴部压迫肛门囊腺，同时轻轻用拇指或一两个手指挤压肛门腺（图4－158）。戴上手套的手指在背中线处将肛门腺内容物挤到肛门开口处，以彻底压挤肛门腺（图4－159）。检查从肛门腺挤出物，手套外翻并打结。若肛门腺压出无看上去似脓性，鉴于管道开口和插管肛门腺管道。用稀释的聚乙烯吡咯酮碘液冲洗肛门腺数次（图4－160），并向肛门囊内注入药剂。最后用消毒剂清洗肛门和周围皮肤。

（四）注意事项

该操作应注意可能引起脓肿肛门腺破裂及直肠穿孔，故操作应小心轻柔。

图4－158　用手指挤压肛门腺

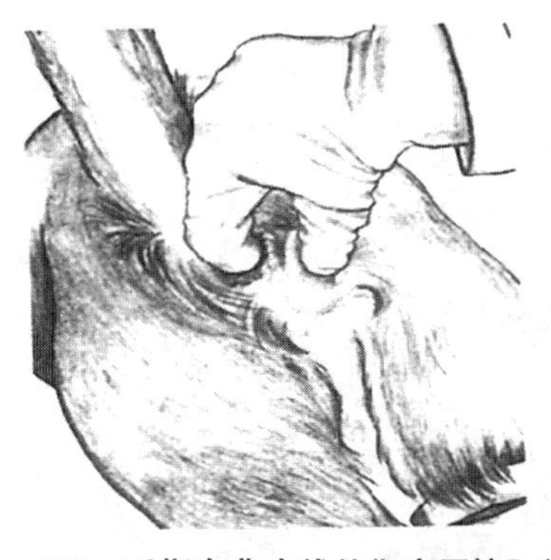

图4－159　手指在背中线处彻底压挤肛门腺

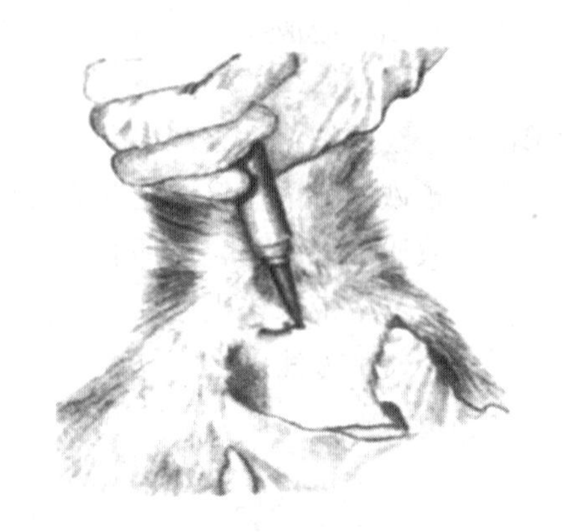

图 4－160　用特殊洗液冲洗肛门腺数次

复习思考题

1. 简答犬第三眼睑腺切除的手术操作方法。
2. 简述犬声带切除术操作方法。
3. 宠物胃、肠切开术的适应症是什么?
4. 简述公犬去势术操作方法。
5. 简述膀胱切开术操作方法。
6. 如何对犬进行断尾?
7. 内固定治疗技术的基本原则是什么?

第五章　穿刺法

穿刺术是使用特制的穿刺器具（如套管针、肝脏穿刺器、骨髓穿刺器等），刺入病犬体腔、脏器或髓腔内，排除内容物或气体，或注入药液以达治疗目的。也可通过穿刺采取病犬体内某一特定器官或组织的病理材料，提供实验室可检病料，有助于确诊。穿刺术在实施中有损伤组织，并有引起局部感染的可能，故应用时必须慎重。

应用穿刺器具均应严格消毒，干燥备用。在操作中要严格遵守无菌操作和安全措施，才能取得良好的结果。

被穿刺动物，一般行站立保定，必要时可施行侧卧。穿刺部位剪毛、消毒。

第一节　喉囊穿刺

一、应用

当喉囊内蓄积炎性渗出物，而发生咽下及呼吸困难时，应用本穿刺技术排出炎性渗出物和洗涤喉囊进行治疗。

二、准备

喉囊穿刺器或注射针，外用消毒药等。

犬实行站立保定，扎嘴或嘴套保定犬头部并固定头部，必要时可行局部麻醉。

三、部位

在第一颈椎横突中央向前一指宽处。

四、方法

左手压住术部，右手持穿刺针或注射针头，垂直刺入皮肤后，针尖转向对侧外眼角的方向缓慢进针，当针通过肌肉时稍有抵抗感，达喉囊后抵抗立即消减，然后连接洗涤剂器送入空气，如空气自鼻孔逆出而发生特有的音响时，则除去洗涤器，再连接注射器，吸出喉囊内的炎性渗出物或脓液。以治疗为目的，可在排脓冲洗后，注入治疗药液，如0.1%雷夫奴尔溶液等。喉囊洗涤后，再注入汞溴红溶液，经喉囊自鼻孔流出后，拔去注射针，术部涂碘酊消毒。

五、注意事项

（1）病犬头部须确实保定，并使其充分垂向前下方，以防误咽药物，脓液入胃内或气管内。

（2）在穿刺过程中，须防止损伤腮腺，如有出血时可提高头部；若大量出血，可静脉注射止血剂。

第二节　心包穿刺

一、适应症

应用于排除心包腔内的渗出液或脓液，并进行冲洗和治疗或采取心包液供鉴别诊断。

二、准备

一般带胶管的注射针头，犬施行右侧卧保定，使左前肢向前伸半步，充分暴露心区。

三、部位

犬于左侧第六肋骨前缘，胸廓下1/3中央水平线上为穿刺部位。

四、穿刺方法

术部剪毛消毒，左手将术部皮肤稍向前移动，右手持针头沿肋骨前缘垂直刺入1～2cm，然后连接注射器，边进针边抽吸，直至抽出心包液为止。如有脓液需冲洗时，可注入防腐药剂，反复洗净为止。术后拔出针头，严密消毒。

五、注意事项

（1）操作要认真细致，防止粗暴，否则易造成死亡。

（2）必要时可进行全身中麻醉，确保安全。

（3）进针时，要防止针头晃动或过深而刺伤心脏。

（4）为防止发生气胸，应将附在针头上的胶管折取压紧，闭合管腔。

第三节　胸腔穿刺

一、适应症

主要用于排出胸腔的积液、血液，或洗涤胸腔及注入药液，进行治疗。也可用于检查胸腔有无积液，并采取胸腔积液，鉴别其性质，有助于诊断。

二、准备

16～18 号带胶管的静脉注射针头、胸腔洗涤剂，如 0.1% 雷佛奴尔溶液、0.1% 高锰酸钾溶液、生理盐水等。还需用输液瓶。

三、部位

犬，在右侧第七肋间。具体部位在与肓关节水平线与右侧第七肋相交点的下方约 1～2cm，胸外静脉上方约 2cm 处。

四、穿刺方法

左手将术部皮肤稍向上方移动 1～2cm 右手持带有胶管的针头用指尖控制 2～3cm 处，在靠近肋骨前缘垂直刺入。穿刺肋间肌时有阻力，当阻力消失而有空虚感时，表明已刺入胸腔内，左手把持针头、右手打开胶管的夹子，即可流出积液或血液，放液时不宜过急，应用拇指不断堵住套管口，间断地放出积液，预防胸腔减压过急，影响心肺功能。

放完积液之后，需要洗涤胸腔时，可将装有消毒药的输液瓶的橡胶管或注射器连接在注射针头上，高举输液瓶，药液即可流入胸腔，然后将其放出。如此反复冲洗 2～3 次，最后注入治疗性药物。操作完毕，拔出针头，使局部皮肤复位，术部涂碘酊，以碘仿棉胶封闭穿刺孔。

五、注意事项

（1）穿刺或排液过程中，应注意防止空气进入胸腔。

（2）排出积液和注入洗涤剂时，应缓慢进行，同时注意观察病犬有无异常表现。

（3）穿刺时须注意防止损伤肋间血管与神经。

（4）刺入时，应以手指控制进针深度，以防过深，刺伤心肺。

（5）穿刺遇有出血时，应充分止血，改变位置再行穿刺。

第四节　脊髓穿刺术

一、应用

脑炎、脊髓炎、脑脊髓腹腔衬液以及其他有关疾病。通过采取脊髓液进行化验来诊断某些疾病，向蛛网膜下腔内注射药物治疗某些疾病，检测脊髓液压。

二、保定

病犬行俯卧保定或侧卧保定，全身麻醉。

三、穿刺部位

在枕正中线与两个寰椎翼前外角隆连线的交点上。

四、穿刺方法

术部剪毛消毒，将病犬头部保定于手术台的边缘上，头向胶面屈曲与颈部长轴垂直，以增大枕骨与寰椎之间的间隙。针头垂直刺入皮下，经颈韧带慢慢向深部推进。定期拔出针芯以观察脑脊髓液是否流出。当进针中偶尔感到穿过硬脑膜的阻力感消失时，针端即进入小脑延髓液内。

拔出针芯，脑脊液即可流出，此时，或接上脊髓液压力计测定其压力。如果脑脊液中出现新鲜血液，应停止穿刺，24h 之后再重新穿刺。

第五节　腹腔穿刺

一、适应症

用于排出腹腔积液和洗涤腹腔及注入药液进行治疗。或采取腹腔积液，以助于胃肠破裂、肠变位、内脏出血、腹膜炎等疾病的鉴别诊断。

二、准备

同胸腔穿刺。

三、部位

犬在脐至耻骨前缘的连线上中央，白线旁两侧。

四、操作方法

1. 保定

犬实行站立保定。

2. 操作方法

术部剪毛消毒，术者蹲下，左手移动皮肤，右手持针头并用指尖控制进针深度，由下向上垂直刺入 2～3cm。其余操作方法同胸腔穿刺。

当洗涤腹腔时，在肷窝或两侧后腹部右手持针头垂直刺入腹腔，连接输液瓶胶管或注射器，注入药物，再由穿刺部位排出，如此反复冲洗 2～3 次。

五、注意事项

（1）刺入深度不宜过深，以防刺伤肠管。

（2）穿刺位置应准确，保定要安全。

（3）其他参照胸腔穿刺的注意事项。

第六节 膀胱穿刺

一、适应症

尿道完全阻塞。为防止膀胱破裂或尿中毒，进行膀胱穿刺，排出膀胱内的尿液，进行急救治疗。

二、准备

连有长胶管的针头，犬进行侧卧保定，并进行灌肠。

三、部位

犬在后腹部耻骨前缘，触摸有膨满弹性感即为术部。

四、操作方法

侧卧保定，将左或右后肢向后牵引转位，充分暴露术部，于耻骨前缘触摸膨满波动最明显处，左手压迫，右手持针头向后下方刺入，并固定好针头，待排完尿液拔出针头，术部消毒，涂火棉胶。

五、注意事项

（1）针穿刺入膀胱后，应很好握住针头，防止滑脱。
（2）若进行多次穿刺时，易引起腹膜炎和膀胱炎，宜慎重。

第七节 静脉泻血法

一、适应症

泻血是从动物体内暂时放出多量的血液，用于降低脑压或血压以及排出体内的有毒成分，而达到治疗的目的。主要用于日射病、热射病、脑疾病（脑充血及脑炎的初期）、肺充血、肺水肿、中毒及尿毒症的治疗。

二、准备

注射针或小套管针。其他同静脉注射用的器械。

三、部位及泻血量

犬在颈静脉或隐静脉。泻血量为100ml。

四、操作方法

犬可使用注射针或套管针按颈静脉注射方法进行泻血。

五、注意事项

（1）病犬泻血后，需按泻血量的 1/2 量进行输液，一般用生理盐水、林格尔氏液、等渗糖溶液等。

（2）泻血是辅助疗法，因此对病性必须有确诊充分把握之后，方能进行。否则是有害的。

（3）大量泻血过程中，如发现病犬不安、战栗、出汗、痉挛、呼吸急促等，应立即停止泻血。

（4）泻血完了，可能有局部出血，皮下血肿，或静脉炎等并发症。所以操作要熟练，消毒要严格。

（5）泻血量，根据宠物种类及大小、年龄、营养及疾病而定。

第八节　关节穿刺

一、适应症

（1）关节疼痛。

（2）关节肿胀。

（3）并发症，软骨损伤，医源性感染性关节炎，医源性关节出血。

二、位置

四肢关节腔，避开表面血管。

三、准备

一般注射针头，犬施行站立侧卧保定。

四、操作方法

局部剪毛消毒，触摸关节腔，避开血管，用注射针头刺入皮肤皮下组织和关节腔，接注射器，回吸注射器抽取关节液少许，根据治疗需要进行冲洗或注入相应治疗药物。完毕后术部消毒。

第九节　插管

插管是指往器官内插一管子。

一、气管内插管

气管内插管是指从口腔将一个管子插入气管。

(一) 目的

(1) 给予吸入麻醉药。

(2) 确保意识不清的动物气道通畅。

(3) 供氧。

(4) 提供通气帮助。

(二) 并发症

(1) 损伤牙齿、口腔黏膜、软腭、咽或喉。

(2) 炎症或坏死。

(3) 继发气管损伤的皮下气肿。

(4) 喉痉挛。

(5) 气道分泌物阻塞。

(6) 气管内插管进入支气管引起通气不足。

(7) 气管内插管抽吸。

(三) 所需用具

(1) 合适大小型号的气管内插管。

(2) 纱布条 30～50cm 长。

(3) 无菌润滑胶。

(4) 10ml 注射器、止血器。

(5) 喉镜或其他光源。

(6) 局麻药液(猫用)、注射用的麻醉剂。

犬猫存在个体差异,需将肥胖因素考虑进去,有些品种(如巴哥犬)相对体格较小,其气管较小,而有些品种(如腊肠犬)的气管大(表 5-1)。

表 5-1 猫犬体重与气管大小的关系

动物	体重(kg)	管内径(mm)
猫	1	3
	2	3.5～4
	4	4～4.5
	2.2	5
犬	4.5	6
	6.7	6～7
	9	6～7
	11	6～8
	14.5	7～8
	16.5	7～8
	18	8～10
	20	8～10
	27	11～12
	36	12～14

（7）吸入麻醉装置。

（8）救护袋、应急药物。

（四）保定和姿势

气管内插管在用过镇静剂或麻醉剂，或由于创伤或疾病造成的无意识的动物上完成，当助手保定动物呈胸侧卧姿势时，气管插管很容易完成。动物侧卧或仰卧姿势时，也可以插管。大型犬侧卧时更容易插管。

（五）操作方法

（1）选择合适的气管内插管。

（2）预先在动物头、颈部量好插管长度。

（3）检查插管是否干净，且状态要良好。

（4）用泻血润滑胶或水润滑气管插管末端。

（5）助手将动物胸卧保定，扩展动物颈部，并用一手抓住其上颌使嘴张开，另一手将动物舌头拉出。

（6）术者使用喉镜定位喉部，如需要，在猫喉部使用局麻药。

（7）用喉镜刀片或气管插管端压住含咽部，以检查勺状软骨和声带。

（8）末端润滑过的气管插管通过声门插入气管至导管顶端位于喉和胸口之间的中央处。

（9）检查导管的位置是否正确，听诊两侧胸腔的呼吸音，触摸颈部，看是否出现两根管；如果动物麻醉得好，可直接触摸喉和气管内的插管。

（10）用纱布条围绕插管打一单半钩结，并系一活结，将插管系到上颌、下颌或耳后部上。

（11）当需要时，将气管内插管连到吸入麻醉机、救护袋或呼吸机上。

（12）用充足的空气膨胀气管内插管的袖口，使其封住插管和气管之间的空隙。

（13）动物气管插管完成后，要不时观察下述内容：

①是否存在颈部姿势不对而造成气管内插管扭结。

②气管内插管是否被分泌物所堵塞。

③是否存在动物咬气管插管的现象。

（14）当完成需要麻醉的操作以后，关闭吸入麻醉机，但应继续通氧气，直到除去插管为止。

（15）当反射开始恢复时，解开插管上的结。

（16）给袖口放气，当动物吞咽反射恢复时，取出插管。

（17）将动物的头、颈及拉出的舌头放回正常位置，并继续直到动物完全苏醒。

二、胸导管放置

胸导管放置是将一弹性导管插入胸膜腔。

（一）目的

（1）不断或重复从胸膜腔清除液体或气体。

（2）往胸膜内灌注某些药物。

（二）适应症

（1）气胸。

（2）胸膜渗出。

（三）并发症

（1）房间内空气内渗漏进胸导管而导致气胸。

（2）胸膜炎症或感染。

（3）肋间动脉刺穿。

（4）肺撕裂并引起血胸或气胸。

（5）心脏或大血管划破。

（四）所需用具

无菌胸导管，橡胶或软乙烯基导管或市售胸导管，36cm或更大些；棉球，带40号刀片的剪刀；皮肤处理材料，全身麻醉的药物和用具或2%利多卡因用于局麻（动物病得严重时用），帽和罩，无菌外科用具，手术单，手术衣，外科手套，纱布垫，手术刀片和刀柄，剪刀，两把弯止血钳，缝合材料，单丝不吸收缝线，三通活塞和导管结合体，直止血钳，包扎材料，无菌水面垫，抗生素软膏，纱布绷带，胶带（5cm）或弹性胶带。

（五）保定姿势

动物侧卧保定，最好采用全麻，如动物状况不好，可用局麻。放置胸导管的部位和胸膜区用2%利多卡因做浸润麻醉。

（六）操作方法

（1）在第5～9肋间侧胸区皮肤进行剪毛和外科手术处理。

（2）如不能使用全麻，用2%利多卡因浸润皮肤、皮下组织、肋间肌和胸膜。

（3）戴上手术帽、口罩，穿上消毒手术衣，戴上手套，将消毒手术单围绕插管处覆盖。

（4）如需要胸导管则留多个孔，用导管结合体和三通活塞封住导管端。

（5）在第8或第9肋间上面，在中胸水平处的皮肤上做一小的切口。

（6）用变止血钳顺颅方向穿过皮下组织插到第6或第7肋间区。

（7）迫使闭合的止血钳进入胸腔，同时保持钳夹靠近第7或第8肋侧边缘。

（8）展开止血钳钳夹并让其保持原位。

（9）把胸导管一端夹在第二把弯止血钳钳夹间，将第二把弯止血钳插进皮下通道，这样胸导管端可刚好进入胸腔。

（10）放开第二止血钳钳夹并用手将胸导管适当地往里送入胸腔。

（11）取出两把止血钳。

（12）当用60ml注射器抽吸胸导管时，将纱布垫置于皮下通道上面，如抽不出液体或气体，则胸导管应再往里推送或稍微往回一点，直到确保导管开放。

（13）将缝合线穿过围绕胸导管出口处的皮肤比。

（14）胶带蝶形环绕在胸导管周围，并将蝶形胶带用简单缝合法缝合到皮肤上。

（15）皮肤切口处涂上抗生素软膏并包上无菌纱布垫。

（16）用纱布和胶带（或弹性黏绷带）环绕整个胸廓，将胸导管包扎在适当的位置。

（17）将直止血钳放在靠近三通活塞的胸导管上，并将钳夹插入胸导管上，并将钳夹插入绷带内。

（18）在指定的时间抽吸胸导管，如必要，同时移动动物变换各种姿势。

三、经口胃插管

经口胃插管是指将一导管从口腔插进胃内。

（一）目的

（1）投药和某些 X 射线对照物。

（2）清除胃内容物。

（3）进行洗胃。

（4）给营养物质。

（二）并发症

（1）因胃管放置不正确而引起物质投到呼吸道。

（2）食管创伤。

（3）胃炎。

（4）胃穿孔。

（三）所需用具

胃管，用于小猫小犬的 30cm 长橡胶导尿管，用于 18kg 的成年犬、猫的 45cm 长的胶导尿管 +，用于体重大于 18kg 的马驹胃管。

（四）开口器

市售犬开口器或一卷 5cm 宽的胶带，中心带孔的 2. 5cm 宽木制开口器，用于猫。胶带或圆珠笔，给胃管做标记用。润滑胶、含 5ml 生理盐水的注射器，用来投药的注射器或漏斗。

（五）保定和姿势

动物胸卧保定。

（六）操作方法

操作技术。

（1）预先将胃管在动物鼻端至最后倒数 1～2 肋骨测量所需长度，当胃管至最后 1～2 肋骨时，用圆珠笔或胶带在近口端胃管处做标记。

（2）将润滑胶涂在胃管末端。

（3）将开口器插进动物嘴内，并抓住动物合在开口器上的颌。

（4）将润滑过的胃管穿过开口器进入预先标记好的地方，趁动物呼吸时，将胃管端插入喉头。

（5）按以下方法判定胃管是否插入胃内。

①摸一摸，触摸颈内食道的胃管，若在食道内较硬固，说明胃管进入胃内。

②听一听，胃管进入食道和胃有胃蠕动的铿锵声，若进入气管有气流呼出。

③看一看，在胃管进入食道向胃内推进时，左侧颈部食道沟处有被毛起伏现象。

④吹一吹，往胃管内吹气，助手听诊胃部有咕噜声，说明胃管进入胃内。

⑤试一试，往胃管内注入5ml生理盐水，看是否有咳嗽反应。有咳嗽反应说明胃管在气管内，禁止洗胃和灌药。

（6）判定准确后，再向胃管内投入药物或温水进行治疗和洗胃。

（7）取出胃管前，先用拇指封住胃管端，（以防胃内容物漏入气管）再拔出胃管。

四、猫的鼻胃插管

鼻胃插管是指将一根管经外鼻孔、鼻腔、喉和食道，最后进入胃中。此操作时，成年猫有实用价值，小猫及鼻腔阻塞者禁用。

（一）目的

（1）给药或造影剂。

（2）供给营养物质或水。

（二）并发症

（1）投予的物质进入呼吸道易造成异物性肺炎。

（2）插入胃管时，易造成食道创伤或食道炎。

（3）送入胃内，特别是导胃时粗暴，易造成胃炎。

（三）所需用具

鼻胃管，婴儿食管或21号无针头的蝶形导管，眼局麻药，润滑剂，含1ml无菌生理盐水的注射器，如导管留置原位时，所需的包孔材料，5cm宽的纱布条，胶带或有弹性黏性的绷带5cm宽，注射器。

（四）保定

由助手将动物站立或胸卧保定。

（五）操作方法

（1）一侧鼻孔滴入4～5滴眼局麻药。

（2）待2～3min后再往同侧鼻孔滴2～3滴眼局麻药。

（3）鼻胃管末端涂一点润滑油。以减少在插管时对鼻腔、食管和胃的刺激。

（4）一手抓住猫头，另一手将鼻胃管插入已麻醉的鼻孔腹侧正中间。

（5）将鼻胃管向里推送20～25cm。如鼻胃管插进艰难，可轻轻旋转一下胃管再往里送。

（6）向鼻胃管内注入1ml无菌生理盐水，检查鼻胃管是否插入胃内。如此时动物咳嗽，说明鼻胃管在气管内，应取出胃管重插。

（7）经鼻胃管给予规定的物质，并用1～2ml水冲洗鼻胃管。

（8）如需重复鼻内插管，则应将鼻胃管搁置在合适的地方，用绷带包扎并固定导管于颈侧，并应盖住胃导管端口，以防空气吸入胃内。

（9）在取出鼻胃管前，用拇指或食指封住管端以防胃管内物质流出。

五、咽部造口术插管的放置

咽部造口术插管是指从口咽部侧壁进入食管或胃的一种插管。

这种操作是对不能进食或绝食的犬猫的一种有效饮食方式，在20世纪70年代和90

年代普遍应用。鉴于目前小动物门诊内窥镜使用的广泛性和有效性，以及最近又引进一种用于犬猫胃造口术插管放置的 Elbe 管，咽部造口术很少使用。它的优点是持续时间短及药费相对少。缺点是喉部不舒适、皮肤感染，妨碍颈静脉插管及麻烦畜主或护理人员。只要可能，建议最好放置胃管造口术插管而不要放置咽部造口术插管。

（一）目的

隔几天或几周经口将营养物质或药物给予动物，这些动物由于虚弱、口腔损伤或头部外伤而不能或不愿意进食，而其胃肠道功能正常。

（二）并发症

（1）呕吐或翻胃。

（2）吸入性肺炎。

（3）咽炎、喉炎。

（4）胃胀气。

（5）胃炎。

（三）所需用具

无菌咽喉管，软橡胶或乙烯食管，45cm 长用于猫或小型犬，用于体重大于 16kg 犬的胃管。犬、猫医用开口器，棉球，带 40 号刀片的剪刀，麻醉药和全麻用器械，皮肤处理材料，无菌外科器械，（外科手套、手术刀柄和刀片、两把弯止血钳、缝合材料：单丝、不吸收缝合线、剪刀、纱布垫）、包扎材料：无菌纱布垫、抗生素软膏、纱布绷带、2.5cm 宽的胶带、5cm 宽的胶带，弹力黏性绷带。咽部造口术插管塞子。

（四）保定

全麻，动物呈侧卧姿势。

（五）操作方法

（1）咽侧壁剪毛和进行外科手术处理。

（2）扩口器置入动物口内。

（3）手握咽部造口术插管靠近动物，预先测定所需管长。第 8 肋或第 13 肋处作为管端到达位置。

（4）用手指在嘴内，另一手在颈外部小心触摸舌背。

（5）将止血钳插进口腔，立即将腭对着舌骨颅侧咽壁推向一侧。

（6）立即在舌骨体颅侧的颈侧面皮肤做一小切口，即在止血钳钳夹伸出的地方。

（7）迫使止血钳轻柔地穿过侧壁和皮肤切口。

（8）用止血钳钳夹夹住咽部切口术插管闭和端，并通过切口处将插管拉入咽部。

（9）插管往下推进食管内直到预先用手确定的位置。

（10）检查插管是否仅位于喉的背侧和侧面。

（11）胶带蝶形缠绕在插管周围，用简单的间断缝合法将“蝶形”缝合在皮肤上。

（12）切口涂上抗生素软膏并用纱布垫覆盖。

（13）用纱布和胶带（或弹性黏绷带）环绕整个颈部，将插管包扎在适当的位置上，让 2.5～5cm 长的带塞插管伸出在绷带外。

（14）给动物照 X 射线以确保插管位置合适。

（15）当动物完全清醒时，通过插管每小时给予少量饮水，以测试动物的饲喂耐受性。

（16）如动物不翻胃或呕吐，在指定的间隙开始实施营养计划。每次使用前后，插管都应用 2～6ml 水冲洗，并在不投食时塞住。

复习思考题

1. 简述胸腔穿刺部位及穿刺方法。
2. 简述腹腔穿刺部位及穿刺方法。
3. 简述膀胱穿刺的部位和方法。
4. 简述气管内插管的目的及操作方法。

第六章　冲洗法与涂擦、涂布法

第一节　冲洗法

冲洗法是用药液洗去黏膜上的渗出物、分泌物和污物，以促进组织的修复。

一、洗眼法与点眼法

（一）适应症

主要用于各种眼病，特别是结膜炎与角膜炎的治疗。

（二）准备

1. 洗眼用器械

冲洗器、洗眼瓶、带胶帽的吸管等。也可用 10～20ml 注射器代用。洗眼药通常为：2%～4% 硼酸溶液，0.01%～0.03% 高锰酸钾溶液，0.1% 雷夫奴尔溶液及生理盐水等。

2. 常用点眼药

0.5% 硫酸锌溶液，3.5% 可卡因溶液，1%～3% 蛋白银溶液等。抗生素眼膏（青霉素眼膏、红霉素眼膏等），及其他药物配制的眼膏（2%～3% 黄降汞眼膏、2%～3% 白降汞眼膏、10% 敌百虫眼膏等）等。

（三）操作方法

犬猫实行站立或横卧保定，固定头部，用一手拇指与食指翻开上下眼睑，另一手持冲洗器（洗眼瓶或注射器）使其前端斜向内眼角，徐徐向结膜上灌注药液冲洗眼内分泌物。如冲洗不彻底时，可用硼酸棉球轻拭结膜囊。洗净之后，左手食指向上推上眼睑，以拇指与中指捏住下眼睑缘向外下方牵引，使其眼睑呈一囊状，右手拿点眼药瓶，靠在外眼角眶上，斜向内眼角，将药液滴入眼内，闭合眼睑后，用手轻轻按摩 1～2 下，以防药液流出，并促进药液在眼内扩散。若用眼膏时，可用玻璃棒一端蘸眼膏，横放在上下眼睑之间，闭合眼睑，抽去玻璃棒，眼膏即可留在眼内，用手轻轻按摩 1～2 下，以防流出。或直接将眼膏挤入结膜囊内。

（四）注意事项

1. 操作中防止宠物骚动，点眼瓶或洗眼器与病眼不能直接接触。与眼球不能成垂直方向，以防感染和损伤眼角。

2. 点眼药或眼膏应准确点入眼内，防止流出。

二、呼吸器官的冲洗

1. 适应症

主要用于鼻炎，特别是慢性鼻炎的治疗。

2. 准备

宠物猫、犬实施站立保定，头部固定并下垂。器械用吸管或水节。冲洗剂选择具有杀菌、消毒、收敛等作用的药物。一般需用生理盐水、2%硼酸溶液、0.1%高锰酸钾溶液及0.1%雷夫奴尔溶液等。

3. 操作方法

一手固定鼻液，另手持水节吸取药液，插入鼻腔3～5cm，缓慢注入药液，冲洗数次。

4. 注意事项

（1）冲洗时须使动物头部低下，确实固定。不要加压冲洗，以防误咽。

（2）禁用刺激性或腐蚀性的药液冲洗。

三、消化器官的冲洗

（一）口腔的冲洗

1. 适应症

口炎、舌及牙疾病的治疗，有时也用于冲洗口腔不洁物。

2. 准备

保定同鼻腔冲洗，冲洗用具可用50～100ml注射器、洗耳球。冲洗剂可用低浓度防腐消毒药或收敛剂等。

3. 操作方法

一手固定口角并打开口腔，另一手持注射器或洗耳球并抽取冲洗液，从口角伸入口腔并冲洗口腔，连续冲洗至洗净为止。

4. 注意事项

（1）冲洗药液根据需要可稍加温，防止过凉。

（2）插入口腔的冲洗器具不宜过深，以防宠物咬碎。

（二）导胃与洗胃

1. 适应症

导胃与洗胃主要用于胃扩张、胃积食、毒物中毒或误食超剂量药物时排出胃内容物及毒物，或用于胃炎的治疗和吸取胃液，供实验室诊断。

2. 准备

导胃洗胃用具：经鼻胃导管、塑料瓶塞、小漏斗。洗液常见的有等渗温水，2%～3%碳酸氢钠、0.1%高锰酸钾溶液。

保定和姿势：动物保定的程度依赖于其病情，暴躁的病畜（如士的宁中毒的病畜）可能需要全麻，而昏迷的动物不需要保定。理想的保定强度应是动物镇静不动，但有意识，插管时动物处于侧卧或站立姿势，当胃内充满稀释液时，动物头伸直，躯干翻滚使动物呈左侧卧姿势。洗胃宜在毒物摄取后1h内完成。

3. 操作方法

先用胃管测量的长度并做好标记。犬从鼻端至倒数第2～3肋骨，术者将已消毒洗干净的胃管插入端涂少许润滑剂，从鼻孔徐徐插入，当胃管前端抵达咽部后，随病畜咽下动作将胃管插入食道。

为了检查胃管是否正确进入食道内，可做充分检查。再将胃管前端推送至胃内，胃管前端经贲门到达胃内后，阻力突然消失，此时可有酸臭气体或食糜排出，如不能顺利排出胃内容物时，可装上漏斗灌入温水或药液，将头部低下，利用虹吸原理或用吸引器抽出胃内容物，如此反复多次，逐渐排出胃内大部分内容物，根据治疗需要直至排尽为止。

治疗胃炎时导出胃内容物，要灌入防腐消毒药。冲洗完了，缓慢抽出胃管，解除保定。

4. 注意事项

（1）操作中动物易骚动，要注意安全。

（2）犬胃扩张时，开始灌入温水，不宜过多，以防胃破裂。

四、泌尿器官及生殖器官的冲洗

（一）尿道及膀胱的冲洗

1. 适应症

主要用于尿道炎及膀胱炎的治疗。目的是为了排除炎性渗出物，促进炎症的愈合。也可用于导尿或采取尿液供化验诊断。

2. 器械准备

公犬导尿术：（1）棉球；（2）聚乙烯吡咯酮碘外科刷；（3）中性肥皂；（4）消毒外科手套；（5）灭菌导尿管；（6）无菌润滑胶；（7）盛尿容器；（8）抗生素软膏。

母犬导尿术：（1）棉球；（2）聚乙烯吡咯酮碘外科刷；（3）无菌外科手套；（4）无菌导尿管；（5）无菌润滑胶或抗生素软膏；（6）0.3ml眼局麻药或0.5%利多卡因；（7）盛尿容器；（8）光源和用于视学技术的无菌阴道反射镜。

猫的导尿术：（1）棉球；（2）聚乙烯吡咯酮碘外科刷；（3）消毒外科手套；（4）无菌导尿管；（5）无菌润滑胶；（6）盛尿容器；（7）胶带；（8）单丝不吸收缝合材料；（9）抗生素软膏和伊丽莎白项圈、导尿管（如需连续导尿）；（10）镇静或局麻药：0.2ml眼局麻药（装在不带针头的结核菌素注射器中的0.5%利多卡因，用于母猫）。

3. 保定和姿势

需要一个助手来保定动物，以保证整个操作过程为无菌操作。侧卧保定适合于公犬、公猫和母猫。站立保定适合于母犬。

4. 操作方法

（1）用聚乙烯吡咯酮碘外科刷清洁包皮或外阴周围，彻底淋洗后晾干。如要进行连续导尿，最好将邻近包皮或外阴周围区域的长毛剪去。

（2）选择合适大小和型号的导管（表6-1）。为减少尿道创伤，使用弹性好且管径最小容易插进的导管，连续导尿可用20cm号或更大号的。

表6-1　犬、猫常用导尿管的大小

动物	导尿管型号	大小（弗伦奇）
猫	柔韧的乙烯醚红橡胶或雄猫导管	3.5
公犬（<11kg）	柔韧的乙烯醚红橡胶或聚乙烯	3.5或5
公犬（≥11kg且<34kg）	柔韧的乙烯醚红橡胶或聚乙烯	8
公犬（≥34kg）	柔韧的乙烯醚红橡胶或聚乙烯	10或12
母犬（4.5～22kg）	柔韧的乙烯醚红橡胶或聚乙烯	5
母犬（>22kg）	柔韧的乙烯醚红橡胶或聚乙烯	10、12或14

导尿管的直径用法用（弗伦奇）单位测量。

1弗伦奇=1/3mm。

（3）彻底洗干净手，戴上无菌外科手套，以减少医源性感染。

（4）检查导尿管有无瑕疵。丢弃表面粗糙、管腔阻塞或管壁变薄的导管。

（5）公犬的导尿术。

操作技术：

①做好术前准备工作。

②手持导尿管在近插管处估计导尿管插入膀胱所需长度。（如弹性导尿管插进膀胱内，导管会打结或在膀胱内自行折回）。

③助手使犬侧卧保定，外展犬的后腿上部，使犬包皮缩回以暴露2.5～5cm长远端龟头。为缩回包皮，助手应在包皮与腹部交界处用拇指施压，其他手指可轻轻环握阴茎，但不要握得太紧，以免压住尿道。

④助手用中性清洗龟头远端。消除所有包皮腺的分泌物。

⑤术者充分用润滑胶润滑导管末端，在龟头远端处将导管末梢插入尿道口。

⑥导管向前插进膀胱。

⑦当确定导管充分进入膀胱，却无尿液出现时，试着用注射器从导管抽取尿液。

⑧收集尿液标本供化验诊断。若治疗膀胱炎，可在排出尿液后向内注入防腐消毒剂冲洗，反复冲洗后，向膀胱内注入抗生素药液。

（6）母犬导尿术（视觉技术）。

①术前准备同公犬导尿术。

②助手将动物站立保定，并将尾部拉向一侧。

③术者将含0.3ml眼局麻药或0.5%利多卡因的结核菌素注射器（去针头）插入阴道内4～5cm深，并注入麻醉剂。

④用无菌润滑胶充分润滑阴道扩张器和导管末端。

⑤扩阴器尖端先朝向背侧，再朝向颅侧，避开阴蒂窝插入阴道。

⑥助手根据需要手持或调节光源。

⑦术者将导尿管穿过扩阴器导入尿道口，并插进膀胱。

⑧如导尿管已充分到达膀胱却无尿时，试着用注射器从导管抽取尿液。

⑨收集尿液标本供实验室诊断。若治疗膀胱炎，可通过导尿管向膀胱内注入防腐消毒药液，并排出洗液。如此反复冲洗数次，再向膀胱内注入抗生素药液。

⑩冲洗完毕，取出导尿管。

（7）母犬导尿术（触觉技术）。

操作方法：

①导尿术准备工作同前。

②助手保定动物处于站立姿势，将动物尾巴拉向一侧。

③术者将含0.3ml眼局麻药或0.5%利多卡因的结核菌素注射器（去针头）插入阴道内4～5cm深，并注入麻醉剂。

④用无菌润滑胶或抗生素软膏润滑戴手套手的食指和导尿管尖端。

⑤用戴手套的食指触摸尿道乳头状突起（环绕尿道口的组织）。

⑥从插入阴道内的手指腹侧穿过导尿管，并用手指引导尿管进入尿道口，同时用手掌护着导尿管剩余部分，以防污染。

⑦如可以感觉到导尿管末端越过食指尖，轻轻回拉导尿管并再次向腹侧方向插入尿道口。

⑧导尿管向前插入膀胱内。

⑨如导尿管已充分到达膀胱却无尿出现，试着用注射器从导尿管抽取尿液。

⑩收集尿液标本。

a. 若治疗膀胱炎，需进行冲洗，可通过导尿管向膀胱内注入防腐药液，并排出。如此反复冲洗数次后，根据治疗需要向膀胱内注入抗生素药液。

b. 冲洗治疗完毕，轻轻引出导尿管。

（8）公猫导尿术。

操作技术：

①导尿术准备工作同公犬导尿术。

②根据需要，镇静或麻醉猫。

③助手将动物侧卧保定，抓住尾巴使之转向背侧或两边。

④用无菌润滑胶润滑导尿管末端。常用聚乙烯雄猫导尿管，带边孔的末端关闭的导尿管对尿道和膀胱的损伤比末端开放型导尿管更小。

⑤一手食指和拇指放在包皮两侧。手掌放在猫下脊柱上，拇指和食指顺着颅侧方向施压，以从包皮内撤出龟头。

⑥导尿管插入尿道内需2cm，这样就不再看得见导尿管末端侧孔。

⑦固定导尿管，让龟头缩回包皮内。

⑧用拇指、食指轻轻捏住包皮皮肤，当导尿管向前插入膀胱时，将包皮拉向腹侧或尾侧。

⑨如由于尿道阻塞使导尿管不能前进，用22号、2.5cm长静脉内导管（不带针头）代替导尿管重复操作，用无菌生理盐水冲洗导尿管，直至尿道内碎屑被清除。

⑩收集尿液标本。

a. 给猫戴上伊丽莎白项圈。

b. 根据治疗需要可进行膀胱冲洗，冲洗后排净冲洗液，并向内注入抗生素药液。

c. 取出导尿管。

（9）母猫导尿术。

操作技术：

①导尿术准备工作同前。

②保定：助手将猫侧卧保定，抓住尾巴拉向背侧或两边。

③根据需要，将猫镇静或将含 0.2ml 眼局麻药或 0.5% 利多卡因的结核菌素注射器（去针头）插入阴道并注入麻醉剂。

④用无菌润滑剂充分润滑导尿管末端（9～13cm 的导尿管适用于母猫）。

⑤当通过阴道腹壁滑进导尿管时，将外阴唇拉向尾侧，直到导尿管进入尿道口，直到膀胱。

⑥收集尿液标本。

⑦给猫戴上伊丽莎白项圈。

⑧根据需要进行冲洗，冲洗后注入抗生素药物。

⑨取出导尿管。

（二）子宫的冲洗

1. 适应症

用于治疗子宫内膜炎，排出子宫内的分泌物及脓液，促进黏膜修复，尽快恢复生殖功能。

2. 准备

小型开膣器、颈管扩张棒、子宫冲洗管（可用导尿管代替）、50ml 注射器等。

冲洗药液有：微温生理盐水、0.1% 雷夫奴尔及 0.1% 高锰酸钾等溶液。亦可用抗生素或磺胺类药物制剂。

3. 保定

动物实行站立保定。

4. 操作方法

先充分洗净外阴部，然后插入开膣器开张阴道，用颈管钳子钳住子宫颈外口左侧下壁，拉向阴唇附近，用细导尿管插入子宫内，将盛有洗涤药液的注射器接到导尿管上，向子宫内注入洗液，并放低洗涤用导尿管，除去注射器，利用虹吸原理排出洗液，反复冲洗直至洗液排除时透明为止，再根据需要向子宫内注入抗生素药液。

5. 注意事项

（1）操作过程要认真，防止粗暴，特别是在冲洗管插入子宫内时，须谨慎预防子宫壁穿孔。

（2）不得用强刺激性或腐蚀性的药液冲洗。量不宜过大，一般 50～100ml 即可。

第二节　涂擦及涂布法

涂擦是用水溶性药剂、酊剂、擦剂、流膏及软膏等涂于皮肤或黏膜上，以治疗皮肤病和黏膜疾病。

涂布就是用棉棒浸上鲁格尔氏液、碘甘油等药液，涂在黏膜面。

一、适应症

皮肤和黏膜病治疗。

二、准备

软膏篦、刷子、棉棒及敷料等。剪毛剪子碘酒及75%酒精球。

三、操作方法

患部剪毛清洗拭干，碘酊棉球，酒精棉球患部消毒。

水溶剂、酊剂、擦剂用毛刷；流膏与膏剂用手指或软膏篦、竹片、木板等充分涂擦在皮肤表面上。要求涂附均匀。

黏膜涂布是用棉棒浸上药液，涂在黏膜表面。

四、注意事项

（1）水溶性擦剂，要求反复用毛刷涂擦，对有毒性药物，如水银软膏，不宜连续应用。

（2）涂擦膏剂时，除毛后均匀涂在皮肤上，不得涂在被毛上。强刺激剂、毒剂勿用手指涂擦。

（3）为防止动物舔食擦剂，引起中毒，在患部用绷带包扎添加敷料绷带，必要时可给动物带上笼嘴。

复习思考题

1. 简述导胃及洗胃的操作方法及注意事项。
2. 简述子宫的冲洗方法及注意事项。

第七章　常用治疗方法

第一节　物理疗法

应用各种人工或自然的物理因子（如光、电、声、热、机械及放热能等）防治疾病的方法，称为物理疗法。

物理疗法在宠物临床应用须注意正确诊断、分析病因、病理及发病阶段，熟悉对本病的临床治疗原则；了解患病宠物的并发症，患病宠物体质及治疗史、既往史、遗传史等；运用各种物理因子综合应用的知识，掌握各种物理因子作用的共性和特性；在总的临床治疗原则指导下制订理疗方法和程序；根据病情和病理变化及时调整疗法和剂量并及时与手术、药物、运动疗法等密切配合；物理康复治疗一般越早应用疗效越好；对慢性病应坚持治疗，不宜轻易放弃；治疗过程中必须密切观察局部及全身反应，根据不同发病阶段和机体反应，找出主要环节，治疗紧紧围绕重点，结合调整物理因子的种类和剂量，以加速疾病康复。

物理疗法也应注意合理选择物理因子，这直接关系到理疗的效果，对临床实际工作十分重要。要较好的处理这个问题，一方面需要提高临床知识水平，力求对所治疗的疾病有较深刻的认识，确切地了解发病的机理及不同发病阶段的特点；另一方面要对各种物理因子的生理和治疗作用的“共性”和“特性”有全面深入的了解，使两者正确地结合，是提高物理治疗临床疗效的关键。近年关于物理因子的特异性作用问题的研究有很多显著进展，因此需重视并及时了解和掌握这方面的科学研究成果，以便指导物理因子的临床应用并在实践中加以验证。

确定理疗剂量时还必须仔细了解患病宠物的个体差异，而非单纯地根据疾病本身所需治疗剂量的大小而定，这也是十分重要的。例如，风湿性肌炎、风湿性神经根炎一般用较大剂量的物理因子治疗，收效较好，但如果患病宠物的体质较弱，神经系统的功能很不稳定，用大剂量的物理疗法可引起全身性的不良反应，如强红斑量紫外线局部照射后可出现食欲下降等不良反应，故使用的剂量应较一般选用的剂量为低。患病宠物体质、年龄、性别的不同，营养状况、神经、心血管系统的功能状态方面的差异，对我们确定剂量的大小也有重要的关系。

最后，在确定剂量时，还应考虑所使用的物理疗法的具体作用机理。试验研究和临床观察发现：对冠心病患病宠物为改善植物神经对心脏的调节功能、冠状血液循环和心肌功能，使用近于生物电的弱直流电疗法是有益的，如果使用的剂量偏大则病变心脏的神经和血管有可能发生异常反应（倒错反应）。总之，各种物理疗法的作用机理不同，因此选择使用的剂量也不同，这是确定剂量的基本依据。

综上所述，并非任何理疗后的“病灶反应”都是有害的。在实际工作中应当认真分析和区别是由于理疗不当引起的，还是在正常情况下也可能发生的“病灶反应”，这个问题具有十分重要的实际意义，应进一步引起重视。

一、水疗法

水疗法是利用各种不同成分、温度、压力的水，以不同的形式作用于宠物机体以达到机械及化学刺激作用来治疗疾病的方法。水对机体的作用极其复杂，机体的反应变化体现在温度、机械和压力等许多方面。当水温高于皮温时，即成为热刺激；低于皮温时，为寒冷刺激。因此，在治疗时由于使用温度的不同，对皮肤起到温热或寒冷的刺激。水流的压力是水疗时温度刺激对机体的一种辅助机械性刺激。而水疗的化学作用，则取决于溶解于水中化学物质的性质和作用。例如，氯化钠溶液能使皮肤柔软而富于弹性，碱性溶液对皮肤有脱脂作用。所以，目前为止，只能认为水疗法是一种非特异性全身刺激疗法，是通过神经体液途径在体内产生的极复杂的生物及物理变化结果，其发挥作用主要通过植物神经作用、肾上腺皮质激素作用、巯基作用、组胺作用、蛋白质代谢作用、离子代谢作用和正常化作用等途径。

（一）水的物理性质

水具有较大的热容量（比热容为 1）并有较大的热传导性，约为空气的 33 倍。易于散热和吸取热量，故水对于机体易产生温度刺激—温热或寒冷刺激。其具有较大的可塑性，可任意改变其形态，所以可利用水进行各种方法的治疗。水是最常用的良好溶媒，可溶解多种药物，故可用于进行各种自然的和人工矿泉、汽水及药水浴疗。水广泛存在于自然界，取用方便，为治疗提供了方便的条件。

（二）水疗法的生理作用和治疗作用

1. 水疗对血管系统和排汗系统的影响

短时间局部或全身的冷水作用有消炎、止血作用，而温热作用则使毛细血管扩张、皮温升高、并由机体内部向外周围放出大量血液。在较长时间温水作用下，可反射性增强汗液分泌增加，可导致血液一定程度的浓缩，因而组织间的液体成分可大量地进入血管，使渗出液和漏出液迅速吸收的作用。

2. 水疗对神经系统的影响

神经对温度反应敏感，短时间用冷水和温水治疗均能提高感觉和运动神经的兴奋性，但应用时间较长时起抑制作用。

3. 水疗对血液的影响

一定温度的冷水和温水作用可使血液中的红、白细胞数增加，血红蛋白的含量、比重、黏稠度及血液碱贮均增高。温水也能增强血液中溶菌素的作用，使机体的生物学免疫功能加强，从而有效提高抗病能力。

4. 水疗对平滑肌和横纹肌的影响

水对皮肤表面的刺激，通过神经系统反射性地使平滑肌和横纹肌的运动受到影响。如胃肠道的平滑肌在冷水的作用下可引起收缩从而增强蠕动。但在温水的作用下则能使蠕动减弱，因此温水有镇静及降低痉挛的作用。

冷水和热水短时间的作用，可提高肌肉的应激能力，增强肌肉的力量，减少疲劳。但冷的作用强而过久，则出现局部肌肉能的降低及疲劳加剧。

5. 水疗对肾脏的影响

在宠物背部局部应用冷水温水治疗时，有轻微的增强利尿及肾小球的滤过功能。

水疗法根据所采用的温度、水中所含物质成分及治疗方式不同，可产生镇静、催眠、兴奋、发汗、退热、利尿、抗炎、止痛、促进吸收和新陈代谢、锻炼机体等作用。

各种水疗法主要作用于皮肤，亦可作用于体腔黏膜，通过神经和体液反射而致局部、阶段性或全身性反射作用。水疗按其作用方式不同可对体内各系统产生强弱不等的反应，其中神经系统和心血管系统对水疗的反应最敏感，就温热作用而言，水疗可迅速引起机体产生对温热刺激一系列反应，但由于水的物理性质及宠物机体生理调节机能，水疗不易直接达到使机体深部组织加热的目的。但可通过反射途径对深部组织器官甚至全身引起一定的反应。

（三）水疗的种类、治疗技术、适应症及禁忌症

水疗应用的水温分为寒水浴：0～4℃；冷水浴：5～25℃，2～5min；低温水浴：26～32℃，5～10min；不感温水浴：33～35℃，15～40min（不感温水浴，对机体不产生明显的温度刺激）；温水浴：36～38℃，10～20min；热水浴：39～42℃，10～15min。热水浴时应注意温度不宜过高，治疗时间不宜过长，否则将对宠物心血管功能有不利影响，对幼龄，老龄及心血管功能不佳的宠物应注意。高热水浴：大于43℃。

1. 泼浇法

根据治疗目的使用冷水或温水。将水盛入容器内，连接一软橡胶管、使水流向体表的治疗部位，进行泼浇治疗。

适应症：犬猫的消化不良时，可用冷水冲浇腹部；犬猫胃肠道痉挛，可用热水冲浇腹部；宠物发生日射病、鼻出血及昏迷状态时，可用冷水冲浇头部；四肢炎症过程中，可用冷水冲浇四肢等。

一般冷水泼浇时使用的水温是15～18℃，温热水泼浇时则使用35～40℃。

2. 淋浴法

用不同的压力与温度的水喷淋患部的一种水疗方法。该法除温度刺激外，尚有较大的机械作用。治疗时间5～10min。

适应症：温水及热水淋浴应用于肌肉过度疲劳，肌肉风湿及肌红蛋白尿等；冷水浴常用于宠物体的锻炼。

3. 沐浴法

在温暖季节经常适当的沐浴，可提高有机体的新陈代谢能力，改善神经和肌肉的紧张度。

宠物沐浴最好是在有温度控制的室内浴室进行。水温在20～25℃，沐浴时间在20min左右，出水后应将其被毛擦干并牵遛半小时以上再饲喂（图7－1、图7－2）。

图7－1　1110T型涡流浴槽

图7－2　1117T型涡流浴槽

沐浴的禁忌症：皮肤湿疹、心内膜炎、肠炎、衰弱、恶性肿瘤、妊娠的宠物。

4. 局部冷水疗法

常用于止血消炎和镇痛。

（1）局部冷水疗法

①冷敷法：用叠成两层的毛巾或脱脂纱布浸以冷水（也可配成0.1%的黄色素溶液），敷于患部，再包扎绷带固定，并需要经常保持敷料低温。为了防止感染提高疗效，可应用消炎剂、2%硼酸溶液，0.1%雷佛奴尔溶液，2%～5%氯化钠溶液，5%～10%硫酸镁溶液等。亦可使用冰囊、雪囊及冷水袋局部冷敷。

②冷蹄浴法：常用于治疗蹄、指趾关节疾病。将10～20℃冷水（也可配成0.1%高锰酸钾溶液或其他低浓度防腐剂）注入盆内，将患部浸入水中，时间10s～10min，长时间冷脚浴。

（2）局部冷水疗法的适应症及禁忌症

适应症：手术后出血、软部组织挫伤、血肿、骨膜挫伤、关节扭伤、腱及腱鞘疾患。

禁忌症：一切化脓性炎症，患部有外伤时不能湿性冷疗，须用冰囊、雪囊或冷水袋等干性冷疗。

5. 局部温热疗法

（1）水温敷法　局部温敷用于消炎、镇痛。温敷用4层敷料：第一层为湿润层，可直接敷于患部。可用叠成4层纱布、2层的毛巾、木棉等；第二层为不透水层，可用玻璃纸、塑料布、油布等；第三层为不良导热层（保温层），可用棉花、毛垫或法兰绒垫等；第四层为固定层可用绷带、棉布袋等。

温敷时，先将患部用肥皂水洗净，擦干。然后用湿润层浸以温水（12～15℃）或3%醋酸铅溶液，并轻压挤出过多的水后缠于患部，外面包以不透水层、保温层，最后用绷带固定。为了增加疗效可用药液（10%鱼石脂溶液、5%～10%硫酸镁溶液、0.1%雷佛奴尔溶液等）温敷。当患部皮肤浸以温水的湿润层接触后，先是末梢血管暂时收缩，继而扩张。由于该部充血和不良导热层的存在，因此在皮肤湿润层之间形成了温热的水蒸气层，因不透水层阻止温暖的水蒸气迅速蒸发，可使患部长时间受到温暖的作用。湿润层每4～6h更换一次。

（2）酒精温敷法　用95%或70%的酒精进行温敷。酒精浓度越高，炎症产物消散吸收也越快。一般应用95%酒精温敷1.5h的疗效，大于70%酒精温敷10h的疗效。酒精温敷的作用比水温敷的作用大。

（3）热敷法　常用棉花热敷法。先将脱脂棉浸以热水轻轻压挤挤出多余的水后敷于患部。浸水的脱脂棉外包上不透水层及保温层，再用绷带固定。每3～4h更换一次。

（4）热蹄浴法　与冷蹄浴法操作相同，只是将冷水换成热水或加以防腐剂或药液。

二、石蜡疗法

利用融化的石蜡，将热能导至机体用以治疗疾病的方法称为石蜡疗法。本法为临床上疗效较好而常用的一种温热疗法。

1. 石蜡的理化特性

（1）石蜡是由高分子碳氢化合物所构成。为白色或黄色半透明无水的固体，无臭无味，呈中性反应。对酸和碱不易起反应，不溶于水，微溶于酒精、易溶于乙醚、汽油、苯、煤油、氯仿等，在一般情况下不与氯化剂发生反应。

（2）石蜡是石油的蒸馏产物，其熔点为30～70℃，沸点为350～360℃。当石蜡加热到100℃或更高时，在与氧气充分接触的条件下，容易被空气中的氧气所氧化。医用的高纯度石蜡，其熔点为50～54℃，其含油量0.8%～0.9%。我国早已大量的生产高纯度医用石蜡，供医疗工作的需要。

（3）石蜡的热容量大，导热性小（导热系数为0.000 59），比热为2.2～3.3J/g·℃，为良好的带热体。由于其不含水分及其他液体物质，而且气体与水分不能透过，几乎不呈对流现象，因而有很大的蓄热性能。

（4）石蜡加热后冷却时，能放出大量的热能（熔解热或凝固热），每公斤熔解的石蜡变为固体时，放出的熔解热平均为164J热量，即是熔解时的热量。熔解石蜡的温度愈高，由液体变为固体时的过程就愈慢，因而也就能较长地保持温热。

（5）石蜡具有很大的可塑性，黏稠性和延伸性。随着热能的放散和冷却石蜡逐渐变硬，其体积可缩小10%～20%，凝固后的石蜡70～90min内能保持40～48℃，这是其他热疗所没有的。同时这种热向动物体的传递是缓慢进行的。蜡疗时石蜡下面的皮肤温度一般升高到40～45℃，而且在整个治疗期间都保持较高的温度。

另外，放在皮肤上的石蜡迅速冷却形成坚固的蜡膜，这层膜能保护皮肤不受随后较热的石蜡作用。

2. 石蜡疗法的作用因素

（1）温热作用　蜡的热容量大，导热性小和没有热的对流特性，又不含水分，冷却时放出大量热能（熔解热或凝固热），因此能使宠物的机体组织耐受到较高温度（55～70℃）而持久的热作用，这就比其他热疗优越。一般认为石蜡敷于宠物体后，局部温度很快升高8～12℃。经过一段时间后逐渐下降，但温度下降的很慢，在60min内还保持一定的温度。

（2）压缩作用　石蜡的固有特性是有良好的可塑性和黏滞性。在冷却过程中，石蜡的体积逐渐缩小，治疗时与皮肤又紧密接触，产生对组织压缩和轻微的挤压。因而促进温度向深部组织传递，呈现一种机械压迫作用。

（3）化学作用　石蜡对机体的化学作用是很小的。其化学作用取决于石蜡中矿物油的含量，如向石蜡中加入化学物质或油类物质用于治疗时能呈现化学作用。如果加入放射性物质，能使石蜡具有放射性作用。

3. 蜡疗的设备和治疗方法

（1）蜡疗室的设备

①治疗室：有条件的宠物医院应设定一个单独的石蜡治疗室。

②熔蜡室：应单设熔蜡室，以免石蜡气味刺激人及宠物，室内要有通风设备，地板应是水泥，墙应油漆，熔蜡炉旁应设隔热垫。

③熔蜡热源：有煤气，电热或蒸汽等。

④熔蜡套锅一对（大、小锅各一个）。

⑤搪瓷盘或木制蜡盘数个，以及浸蜡用的浴盆或瓷盆。

⑥石蜡若干。

⑦油布数块，棉垫数个（保温包裹用），纱布数块，6～8 层纱布垫数块，毛巾 3～5 条。

⑧白色板刷或刷墙排笔 2～3 支。

⑨长柄外科钳两把（拧蜡纱布用），铝舀水杓一只。

⑩其他用具：水温计，铲污刀两把、剃毛刀一把，凡士林油若干。

（2）*石蜡的选择* 蜡疗用的石蜡要求是：外观洁白、无杂质，熔点在 50～60℃（蜡浴时用的石蜡熔点可低些），pH 值为中性，不含有水溶性酸碱，含油量不大于 0.9%，黏稠性良好。

（3）*石蜡的加热法* 石蜡加热时温度不宜过高，如石蜡的熔点为 52～55℃的医用石蜡，可加温至 60～65℃。如果加温过高或超过 100℃均能使石蜡氧化变质，并影响石蜡的可塑性与黏滞性，还能刺激皮肤产生皮炎。

加热石蜡不能用炉火直接加热，这样做除氧化变质外可使锅底层石蜡烧焦，发出气味，故需要用间接加热—即用双层锅，较大的外层锅内放适量的水，内层锅放蜡，借水温间接加热使蜡熔化。

附：石蜡的清洁和重复使用

石蜡在反复使用后，会有皮屑、污秽、尘埃等杂物混入蜡中，降低蜡的热容量、导热性和可塑性等物理性能，影响治疗作用。因此必须清洁石蜡，一般每周或每个月一次。小的熔蜡锅可每天或隔天一次清除锅底污物。清洁石蜡的方法很多，大致有以下几种：

①沉淀法：将石蜡加热熔化后，放置沉淀，然后将污物除去。

②水煎清洁法：加等量水于石蜡内，煮沸 30min 以上，使蜡中杂物溶于水中沉淀于蜡底层，待冷却后将沉淀于蜡底层的污蜡除去。

③清洗过滤法：每次治疗的石蜡取下后应立即用急流水冲洗汗液和皮屑杂物。每隔 2～5 天可用几层纱布或细孔筛滤过熔化石蜡。

使用过的石蜡，由于较久变质，脆性增加，影响蜡疗的压缩作用，应加入 15%～25%新石蜡，一般 1～3 个月加入一次，可重复使用不超过 5～7 次。创面溃疡和体腔用的石蜡不重复用。

（4）*石蜡的操作技术* 治疗前患部要仔细剪毛并洗净、擦干。无论使用任何方法治疗，必须在皮肤上做“防烫层”。其做法是用排笔蘸 65℃的熔化石蜡，涂于皮肤上，连续涂刷至形成 0.5cm 厚的石蜡层为止。如局部皮肤有破裂或溃疡及创口，应事先用高锰酸钾溶液洗涤待干燥后涂一层石蜡膜，然后再涂“防烫层”。为了防止交换绷带时局部拔毛，可在涂“防烫层”之前包扎一层螺旋绷带。

（5）*常用石蜡治疗的方法* ①蜡盘法：将已熔化的石蜡倒入准备好的盘中，其厚度应为 2～4cm，待冷却成饼状以后，用刀轻轻地把石蜡与盘边分开，将柔软的石蜡（45～55℃），从盘中迅速取出放在油布上，包好蜡的周边放于治疗部位，再用棉垫毛毯包好。这种方法操作简单、迅速，蜡温恒定，适用于大面积治疗。

②蜡袋法：是用塑料袋装蜡代替蜡饼的一种方法。用厚 0.3～0.5mm 的透明聚乙烯薄膜压制成大小不同的口袋，装入占塑料容积的 1/3 的熔解石蜡，排除空气封口备用。

治疗时将蜡袋放入热水中加热，使蜡吸热至60℃熔解（一般水温不超过80～99℃）取后放于治疗部位，可代替蜡饼（图7－3）。

③刷蜡法：当石蜡熔至60～65℃时，用平毛刷迅速将蜡涂于治疗部位，反复涂蜡使蜡层厚达1～2cm。或刷蜡0.5cm厚的蜡壳以后，再用蜡垫（拧干器拧干）敷于保护层上，再盖以油布及棉垫保温。

④蜡浴法：将熔化至60～65℃的石蜡，按刷蜡法在需治疗的部位局部涂敷一层薄蜡，然后迅速浸入盛有55～60℃石蜡特制的浴槽，并立即取出，反复数次，形成蜡套，厚度达1.0cm，再浸入特制蜡槽中治疗（图7－4）。

⑤蜡垫法：是石蜡的综合治疗法。将浸有熔解蜡的纱布垫冷却到皮肤能耐受的温度，放在治疗部位上，然后再用较小的纱布垫浸有60～65℃高温石蜡放在第一层纱布上，再放上油布棉垫保温。

⑥蜡绷带法：先用毛刷在皮肤上涂一层石蜡，再将8～10层浸透蜡液之纱布垫敷于其上。此外还有蜡喷洒法，特制石蜡治疗法等。

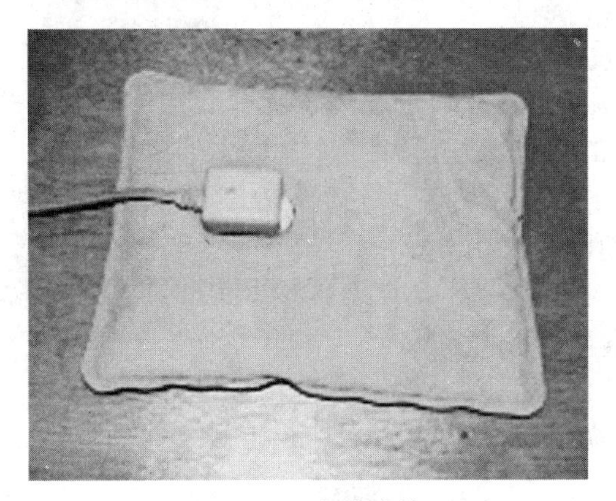

图7－3　电蜡疗袋

图7－4　恒温蜡疗机

4. 蜡疗注意事项

切不可直接加热熔蜡，以免引起石蜡变质或燃烧。注意防止水进入蜡液，以免因水导热性强而引起烫伤。蜡饼使用后要擦去蜡饼表面的汗水、宠物毛发等杂质，以免混入石蜡内。

蜡疗时要保持治疗部位静止不动，防止蜡块、蜡膜破裂而导致热蜡液接触宠物皮肤引起烫伤。

用过的石蜡可重复再用，但使用一段时间后必须加入15%～25%的新蜡，并定期消毒和清洁。

另外治疗过程中经常观察皮肤的反应，如出现皮疹应停止治疗，蜡疗室应注意通风干燥。

5. 适应症与禁忌症

（1）适应症：亚急性和慢性炎症（如关节扭伤、关节炎、腱及腱鞘炎等）、愈合迟缓的创伤、骨痂形成迟缓的骨折、营养性溃疡、慢性软组织扭伤及挫伤、瘢痕粘连、神经炎、神经痛、消散蔓延的炎性浸润、循环障碍、术后浸润粘连以及黏液囊炎等。

（2）禁忌症：高热患宠、有坏死灶的发炎创、急性脓性炎症、结核、妊娠、肿瘤、出血倾向、感觉障碍的禁用。

总之，蜡疗具有无创伤、无痛苦、成本低、好掌握、易推广、疗效显著、绝对安全等特点，具有其他传统疗法无可比拟的优势，可推广应用。

三、黏土疗法

黏土治疗的作用主要是温度、机械及化学等方面的作用。治疗用的黏土应柔软，不混有砂石及有机物残渣。宠物治疗临床上常用的是黄色或灰色黏土。

（一）冷黏土疗法

用冷水将黏土调成粥状可向每 0.5kg 水中加食醋 20～30ml 以增强黏土的冷却作用，调制好的黏土敷于患部（醋泥膏）（图 7－5）。

冷黏土从患部夺取的温热多于冷敷且变热缓慢并对局部组织产生压迫作用。因此可减轻组织的充血和渗出。

冷黏土疗法广泛应用于宠物的扭伤和关节扭伤等。

（二）热黏土疗法

用开水将黏土调成糊状，待其冷却到 60℃后，迅速将其涂布于厚布或棉纱上，然后覆于患部。外边覆以胶布或塑料布，然后包上棉垫或毯垫并加以固定。热黏土疗法常用以治疗关节僵硬，慢性滑膜囊炎、骨膜炎及挫伤。

在取材方便的地方，将矿泉泥、海泥、湖泥、火山泥、池塘泥等加温后敷于患部，是很有效的物理疗法。热污泥疗法除温热作用外，还有机械的及复杂的生物化学作用。常用其治疗关节、肌肉、腱、腱鞘及韧带的疾患、久不愈合的创伤、风湿病、肠臌气、宠物肠痉挛等。

图 7－5　黏土搅拌机

（三）病例介绍

病例 1：哈尔滨市南岗区张某家的一只苏牧，2 岁，右前肢肩外侧有一乒乓球大的软肿、压迫柔软有波动、无痛感，已有半个月，运步时明显跛行，诊断为慢性浆液性滑液囊炎。治疗：贴敷冷醋黏土泥膏 4 次，肿胀消失，7 天后完全恢复。

病例 2：哈尔滨市香坊区许某家的一只寻血公犬 3 岁，因皮下注射感染左背部炎性肿胀、热痛，压迫有指痕。治疗：贴敷醋泥膏 3 次，肿胀消失，经过 6 天，完全治愈。

病例 3：哈尔滨市道里区赵某家的一只巴哥犬，右后肢跖部肿胀两月有余，后经宠物医生多次穿刺感染，有明显的炎性反应。治疗：局部用 0.1% 高锰酸钾溶液洗涤，而后涂抹醋泥膏 5 次，10 天后肿胀消失。

四、电疗法

电疗法是应用电能治疗疾病的一种方法。医疗用的电能有 3 种，即直流电流、交流电流和静电。由于电能不同其物理性质也有不同，因而作用于机体也会引起不同的生理反应。所以在电疗时应根据不同的疾病选用不同的电能。

常用的电疗法很多，现就直流电疗法、直流电离子透入疗法、感应电疗法、中波透热疗法，中波透热离子透入疗法加以详述。

（一）直流电疗法

电流方向不随时间改变的电流称为直流电。应用直流电作用于宠物体以达到治疗为目的的方法称为直流电疗法。直流电疗法是使用低电压的平稳直流通过动物体一定部位以治疗疾病的方法，是最早应用的电疗之一。目前，单纯应用直流电疗法较少。但它是离子导入疗法和低频电疗法的基础。

根据直流电流的形态可分为平稳直流电、脉动直流电和断续直流电。

1. 直流电疗法的生理作用

直流电流作用于宠物体后，体内各种离子均发生移动，阴离子由阴极向阳极移动，阳离子由阳极向阴极移动。离子的移动和转换可刺激神经—肌肉器官，从而使有机体产生深刻的物理化学变化。

在直流电作用下，机体内同时进行着电解、电泳和电渗，具有镇静、止痛和消炎作用。

2. 直流电疗法的机械

（1）电源　直流电流的电源一般有 3 种。除了用干电池和直流发电机外，目前广泛应用直流电疗机发出的直流电流。做直流电疗时，这 3 种电源均可应用。

（2）直流电疗机　直流电疗机上直流电流的产生是经过电子管或晶体管的直流电疗机的变压、整流部分、变成脉动直流电，再经过滤波装置，即能输出平稳的直流电流。

直流电疗法及直流电离子透入疗法均可应用直流电疗机或直流感应电疗机。在直流电感应电流机中即有直流电疗部分，也有感应电疗部分。

①电极板：常用导电性能好、化学性质稳定、可塑性大、质地柔软的铅板。厚度约为 0.25～0.5mm，其形状及大小因治疗部位而异。

②手动断续器：为一特别的木柄，柄上装有断续器，用其可迅速通电或断电。

③电极板衬垫：可用吸水性强的棉纱或其他白色棉织品（最好是绒布）制成。厚度应不少于 1cm。

④导线：是把电流从直流电疗机引向电极板的细导线。

⑤用以固定电极板用的绷带、橡皮带等。

3. 直流电疗法的操作技术及配量

因直流电的两极作用不同，最好在进行治疗前先测定极性。常用的方法是水电解法。将直流电疗机导线的治疗端连接两个大头针作为针形电极，插入盛有自来水的烧杯中，两电极相距 2～5cm。通电至一定强度，水即被降解，此时两针形电极均有气泡溢出，气泡多者为阴极（氢气泡），少者为阳极（氧气泡）。

$2H_2O \rightarrow 2H_2\uparrow + O_2\uparrow$

（阴极）（阳极）

（1）持续直流电疗法的操作技术　治疗时应选择电极安放的合适位置，放置电极时必须使电流能够通过病灶。治疗时可应用大小相同或不同的电极。此时，当线路上电流的强度相同时，小电极上的电流密度就大，而大电极上的电流的密度就小。此时称小电极为活性电极（有效电极或作用极）。电极的放置方法有并置法和对置法之分。皮肤表皮脱落的部位可以通过最大的电流，因而会引起患病宠物的骚动甚至引起灼伤，故应在治疗前涂以薄层的火棉胶。

配量：电流量应以活性电极表面的密度确定之，一般应按电极下的衬垫面积计算。常用的配量为每 $1cm^2$ 配以 0.1～0.5mA。每次治疗时间为 20～30min，每日治疗 1 次，10～

20 次为 1 疗程，最长不超过 30 次。

（2）断续直流电疗法的技术　除利用阴阳极的作用外，并将电流有节奏的断续，利用其较大的刺激作用以达到治疗疾病的目的。该法多用于治疗神经麻痹和相应的肌肉萎缩。

4. 直流电疗法的适应症及禁忌症

适应症：持续直流电疗法的适应症是周围神经麻痹，亚急性及慢性神经炎，关节炎、肌炎、风湿性关节炎、挫伤、腮腺炎、咽喉炎及肌肉风湿症等。断续直流电疗法的适应症是外周运动神经麻痹。此时常伴发某种程度的肌肉萎缩，通过直流电刺激肌肉或相应的神经可引起肌肉收缩，从而减轻肌肉萎缩。

禁忌症：红斑、皮炎、溃疡、化脓性炎症过程，湿疹及对直流电不能耐受的患病宠物。

（二）直流电离子透入疗法

通过直流电向动物体内引入药物离子的方法称为直流电离子透入疗法或离子透入疗法。凡能电解的药物均可在直流电作用下经过皮肤和黏膜透入动物体内。直流电离子透入疗法因透入体内的药物离子并不失去它们所固有的药理作用，故而兼有直流电和药物的作用，治疗比单纯用直流电疗法显著。

皮肤对各种离子的通透性是不同的，一般比较轻的离子透入，而重金属透入量则很少。按透入皮肤能力递减的顺序，阳离子为 $K^+ > Na^+ > Li^+ > Ca^{2+} > Mg^{2+} > Pb^{2+}$。阴离子为 $I^- > Cl^- > NO_3^- > SO_4^{2-}$ > 枸橼酸根 > 水杨酸根。

离子透入体内的主要门户为皮肤腺管的开口。其透入体内的数量和深度是药物的浓度，电流量大小、通电时间长短有关。一般来说，药物浓度高、电流密度大、通电时间长，则药物透入既多又深，反之则少而浅。

一部分药物离子借直流电经汗腺管进入机体后，较长时间停留在皮肤表层，形成所谓的皮肤离子堆，这些离子仍保持固有的药理特性，以后逐渐从此处进入血液或淋巴液。

1. 直流电离子透入疗法的优缺点

其优点是能直接作用于表在病灶而发挥治疗作用；可透入所需要的离子；具有药物离子与直流电的双重作用；药物离子从体内排出慢，作用时间长。其原理是由于透入体内部分药物离子，在皮肤表层形成皮肤离子堆所致。

离子透入疗法的缺点是：透入的药量少，不易作用于深层组织，不能准确的计算透入量，只能估算。实际透入体内的药物离子约为衬垫上所用药量的 1%～10%，而有机化合物透入量则更少。

2. 直流电离子透入疗法的操作技术及配量

直流电离子透入疗法的操作技术与持续支流电疗法基本相同（图 7－6）。其不同之处有两点：

一是作用极下面的湿布衬垫是用药物溶液浸湿，或用药液将滤纸或数层纱布浸湿，置于衬垫与皮肤之间。

二是作用极性的选择和放置应根据需要导入的离子极性而定。一般对药物极性的判定常根据药物化学结构式分析，如金属、生物碱、氢离子都是带正电荷，从阳极透入；非金属、酸根和

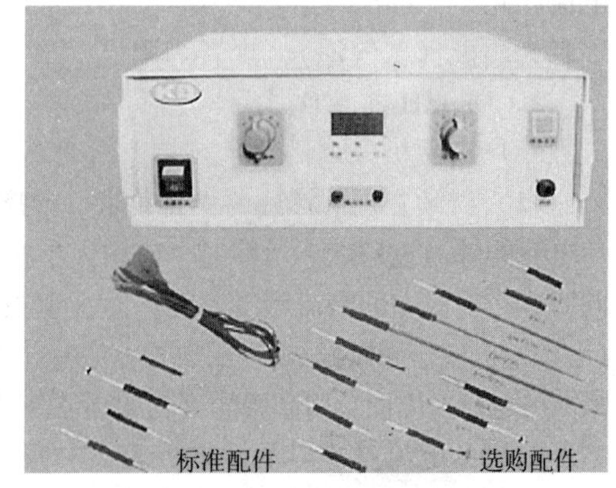

图 7－6　高频电离子治疗仪

氢氧根离子都是带负电荷，从阴极透入。非作用极的衬垫用1%的氯化钠溶液浸湿。常用药物浓离子的药液与浓度见表7－1。

治疗时，每个衬垫只供一种药液的使用，用后以清水洗去药液，再分开煮沸消毒，避免寄生离子相互沾染。

表7－1　常用药物离子、极性、溶液浓度表

透入离子	极性	药物	浓度	透入离子	极性	药物	浓度
钙	+	氯化钙	10%	维生素C	－	抗坏血酸	0.5%～5%
镁	+	硫酸镁	10%	促肾上腺皮质激素	+	促肾上腺皮质激素	5～20mg
锌	+	硫酸锌	0.25%～2%	氢化可的松	+	醋酸氢化可的松	5～20mg
银	+	硝酸银	1%～3%	对氨基水杨酸	－	对氨基水杨酸钠	2%～10%
铜	+	硫酸铜	5%	肝素	－	肝素	5 000～25 000IU/次
锂	+	氯化锂	2%～10%	苯海拉明	+	盐酸苯海拉明	2%
钾	+	氯化钾	10%	水杨酸	－	水杨酸钠	10%
碘	－	碘化钾或碘化钠	10%	阿托品	+	硫酸阿托品	0.01%
氯	－	氯化钠或氯化钾	10%	麻黄碱	+	盐酸麻黄碱	1%～2%
溴	－	溴化钾或溴化钠	10%	肾上腺素	+	盐酸肾上腺素	0.01%
磷	－	磷酸钠	2%～5%	士的宁	+	硝酸士的宁	0.01%
硫	－	亚硫酸钠	2%～10%	乌头碱	+	硝酸乌头碱	0.1%
氟	－	氟化钠	1%～10%	透明质酸酶	+	透明脂酸酶	1500单位溶于1%普鲁卡因100ml
磺胺嘧啶（SD）	－	磺胺嘧啶钠	5%～20%	胰蛋白酶	－	胰蛋白酶	0.05%～0.1%
青霉素	+	青霉素盐	5万～10万IU/ml	芦荟液	－	芦荟碱	1%～2%
链霉素	+	硫酸链霉素	0.5%～1%	鱼石脂	－	鱼石脂	1%～3%
金霉素	+	盐酸金霉素	0.5%	雷福诺尔	+	雷福诺尔	0.5%～1%
四环素	+	盐酸四环素	0.5%	咖啡因	－	安息香酸钠咖啡因	0.1%
卡那霉素	+	硫酸卡那霉素	0.5%～1%	新斯的明	+	溴化新斯的明	2.5%（1～2ml）
庆大霉素	+	硫酸庆大霉素	4万～8万IU	氯丙嗪	+	盐酸氯丙嗪	2%
红霉素	+	乳糖酸红霉素	2%	氯化喹啉	+	盐酸氯化喹啉	15IU
				蜂毒	+	蜂毒	0.02%
合霉素	+	合霉素	0.25%～0.5%	组织胺	+	磷酸组织胺	2%～5%
维生素B_1	+	盐酸硫铵	2%	普鲁卡因	+	盐酸普鲁卡因	1%
维生素B_{12}	+	维生素B_{12}	50μg/次	可待因	－	盐酸可待因	0.1%

配量：作用极平均每1cm^2配0.2～0.5mA，每次治疗20～30min。

3. 直流电离子透入疗法的适应症与禁忌症

适应症：与直流电疗法的适应症基本相同，但要考虑透入离子的药理作用。如透入碘离子可刺激副交感神经，降低交感神经兴奋性，具有促进炎症产物迅速吸收和消散的作用。透入钙离子能降低细胞的渗透性和兴奋性，能刺激交感神经，反射性地引起钙分布的变化，有脱敏，消炎的作用。锌离子透入有收敛、抗菌、消炎作用又能促进肉芽组织增生。促肾上腺皮质激素及氢化可的松透入疗法有消炎、抗过敏的作用。水杨酸离子有解热、镇痛和抗风湿的作用。芦荟液透入能软化瘢痕。鱼石脂则有消炎、抑制分泌等作用。我们在临床实践中用士的宁离子透入疗法治疗犬的面神经麻痹，曾获得良好的疗效，因为士的宁有增强横纹肌的紧张度，兴奋脊髓神经的作用。

禁忌症：与直流电疗法相同。

(三) 感应电疗法

利用两个线圈的互感作用，在初级线圈通电和断电的瞬间，由于其磁场的变化使次级线圈发生感应而产生电流，其方向与初级线圈的方向相反，称此为感应电流。感应电流由电压较低的负波与电压较高的尖峰形正波组成。在感应电疗中起治疗作用的是尖峰形正波。感应电流是低频脉冲电流，本法始创于法拉第，又称法拉第电疗法。

感应电流是用电磁原理产生的一种双相、不对称的低频脉冲电流。所谓双相，是指它在一个周期内有两个方向（一个负波、一个正波）。所谓不对称，是指其负波是低平的，正波是高尖的。它的频率在60～80Hz之间，故属低频范围。其周期在12.5～15.7ms之间，其尖峰部分类似一狭窄的三角形电流，t有效（正向脉冲持续时间）为1～2ms。峰值电压约40～60V。感应电流的两相中，主要有作用的是高尖部分，其低平部分由于电压过低而常无生理的治疗作用。

随着电子技术的发展，目前已用电子管或晶体管仪器产生出类似感应电流中的高尖部分而无低平部分的尖波电流，称为新感应电流。也有人将频率50～100Hz，脉冲持续时间0.1～1ms的三角波或锯齿波统称为感应电流。

1. 感应电疗法的生理作用

感应电流可使肌肉收缩，但持续作用时可使肌肉强直，因而迅速疲劳。如使电流有节律的断续，则可不出现强直，而出现肌肉周期性交替的收缩与松弛。如是肌肉一时收缩，一时弛缓，因而可使血液循环良好，营养改善，肌肉的体积增大和工作能力提高。被动的肌肉收缩对支配肌肉的神经也是一种刺激，因而可改善神经对肌肉功能的调节，促进神经再生，防止肌肉萎缩，恢复肌肉的张力和功能。

(1) 电解作用不明显　因感应电流是双相的，通电时，电场中组织内的离子呈两个方向来回移动，因此感应电引起的电解远不如直流电明显。

(2) 有兴奋正常神经和肌肉的能力　为了兴奋正常运动神经和肌肉，除需要一定的电流强度外，尚需要一定的通电时间。如对运动神经和肌肉，脉冲持续时间（t有效）应分别达到0.03ms和1ms。感应电的高尖部分，除有足够的电压外，其t有效在1ms以上，因此，当电压（或电流），达到上述组织的兴奋阈时，就可以兴奋正常的运动神经或肌肉。

在宠物体当脉冲电流频率大于20Hz时，即可能使肌肉发生不完全强直性收缩，当频率上升到50～60Hz以上，肌肉即发生完全的强直性收缩，感应电流的频率在60～80Hz之间，所以当感应电连续作用于正常肌肉时，可引起完全强直性收缩。由于强直收缩的力量可以达到单收缩的四倍，所以，这种收缩对肌肉锻炼是有益的。

对完全失神经支配的肌肉，由于其时值较长，甚至高达正常值（1ms）的50～200倍，而感应电脉冲持续时间仅1ms左右，故感应电对完全失神经支配的肌肉无作用，对部分失神经支配的肌肉作用减弱。

2. 感应电的治疗作用

（1）防治肌肉萎缩　当神经损伤或受压迫时，神经冲动的传导受阻，这时脑的冲动就不能通过损害局部而达到该神经支配的肌肉，结果随意运动减弱或消失，或因较长时间制动术（如石膏绷带、夹板等）后出现的废用性肌萎缩等，此时，神经和肌肉本身均无明显病变，故可应用感应电流刺激这种暂时丧失运动的肌肉，使之发生被动收缩，从而防治肌萎缩。

（2）防治粘连和促进肢体血液和淋巴循环　感应电刺激可加强肌肉活动，增加组织间的相对运动，可使轻度的粘连松解。同时当肌肉强烈收缩时，其中的静脉和淋巴管即被挤压排空，肌肉松弛时，静脉和淋巴管随之扩张和充盈，因此用电刺激肌肉产生有节律的收缩，可改善血液和淋巴循环，促进静脉和淋巴的回流。

（3）止痛　感应电刺激穴位或病变部位，可降低神经兴奋性，产生镇痛效果。临床上用来治疗神经炎，神经痛和用作针刺麻醉。

3. 感应电疗法的机械

感应电疗法的仪器（感应电流电疗机）、导线、金属电极板、衬垫以及电极固定用品均与直流电疗法相同。但在感应电疗法中，所用的电极还有手柄电极，滚动电极等（图7－7）。

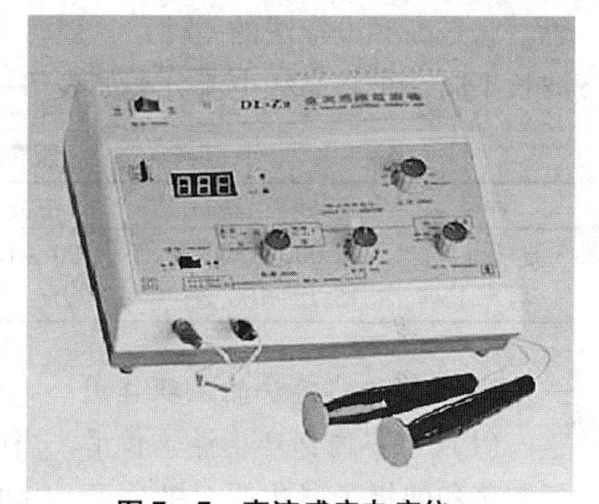

图7－7　直流感应电疗仪

4. 感应电疗法的操作技术与配量

与断续直流电疗法基本相同，但无极性之分。根据治疗需要调节频率选择开关于强、中、弱或Ⅰ、Ⅱ、Ⅲ、Ⅳ、Ⅴ档，按顺时针方向调节输出调节器使患病宠物既能出现肌肉收缩又能耐受为适宜。治疗时间为20～30min。

5. 治疗方法

（1）感应电治疗的操作方法和注意事项　与直流电疗法基本相似，只有衬垫可稍薄些。感应电流的治疗剂量不易精确计算，一般分强、中、弱三种，强量可见肌肉出现强直收缩；中等量可见肌肉微弱收缩；弱量则无肌肉收缩，但患病宠物有感觉。

（2）常用治疗方法

①固定法：两个等大的电极（点状、小片状或大片状电极）并置于病变的两侧或两端（并置法）或在治疗部位对置（对置法）或主电极置神经肌肉运动点，副电极置有关肌肉节段区。

②移动法：手柄电极或滚动电极在运动点，穴位或病变区移动刺激（也可固定做断续刺激）；另一片状电极（约100cm^2）置相应部位固定。

③电兴奋法：两个圆形电极（直径3cm）在穴位、运动点或病变区来回移动或暂时固

定某点作断续刺激。

6. 感应电疗法的适应症与禁忌症

适应症：外周神经麻痹，肌肉萎缩，肌肉无力等。

禁忌症：痉挛性麻痹，急性炎症、出血性疾患、化脓性炎症及对感应电不能耐受的家畜禁用。

7. 处方举例

（1）感应电流手柄电极作用胫前肌运动点，100cm² 的电极置于腰骶部。电流强度以引起明显的足背屈运动为准，每通电 1～2s，休息 1.5～2s，刺激 10～20 次/min。每次 5min，1～2 次/d，共 20 次。

适应症：胫前肌废用性萎缩。

（2）感应电流作用于下腹部。以两个 100～150cm² 的电极分别置于下腹膀胱区及腰骶部。电流强度以引起腹肌收缩为准。每次 10～15min，1 次/d。

适应证：尿潴留。

（四）中波透热疗法

中波透热疗法系应用频率 100 万～300 万 Hz，波长为 300～400m，电压为数百伏特，电流为 3～4A 的交流电进行治疗疾病的一种电疗法。透热即借助高频电流使深部加热的意思。它是高频电疗法的一种，一般将频率在 10 万 Hz 以上的电流称高频电流。根据频率及波长不同，可将高频电流分类如表 7－2。

表 7－2　高频电流分类表

种类	共鸣火花	中波	短波	超短波	微波
波长（m）	2 000～300	300～100	100～10	10～1	1.0～0.01
频率 Hz	15 万～100 万	100 万～300 万	300 万～3 000 万	3 000 万～3 亿	3 万～300 亿

1. 中波透热疗法的生理作用

（1）组织内部产生温热作用　当中波透热电流作用到有机体的组织时，可使体内的离子震荡和偶极子（也叫双极分子，其两端带有相等的异性电荷）回转。在它们本身运动时与周围质点相互摩擦，致使电能变为热能引起组织内产生热量，故有“内生热”之称。

因中波透热电流系高频率电流，故不产生刺激作用，因此可应用较强的电流以产生较多的热量。

（2）增强机体功能　中波电流可使血管扩张，血液及淋巴循环增强，组织营养改善，新陈代谢旺盛，并能增强血管壁的渗透性及吞噬细胞的吞噬能力，故在亚急性及慢性炎症过程对应用中波透热疗法可获得良好的治疗效果。但对引流不畅的化脓性炎症过程非但无益，反而有害。

（3）镇痛及抗痉挛作用　在中波电流的作用下横纹肌及平滑肌的紧张度均反射性的降低。于肌肉痉挛时此作用更为明显。特别对平滑肌，如痉挛性麻痹、食道痉挛、胃肠道痉挛、血管痉挛等用中波透热疗法治疗，均能获得良好的治疗效果。此外，该疗法还可降低神经的兴奋性，因而有镇痛作用。

（4）其他方面的作用　除上述作用外，中波透热疗法还能改善胃肠道分泌和提高胃液的酸度，加强卵巢的功能和胆汁的分泌。肾区透热具有利尿作用，能提高血脑屏障的渗透性。中波透热虽不能直接杀灭细菌，但由于组织内产热而使细菌失去其生长发育的良好环境。

2. 中波透热疗法的机械

我国生产的中波电疗机是用三极电子管作振荡器，产生等幅高频电流，频率是1 630kHz，波长184m。输出最大高频电流为3.5A，功率为600W，耗电量为1350W（图7－8）。

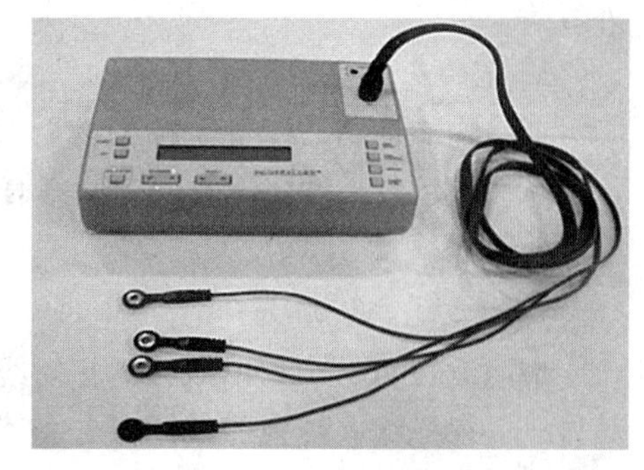

图7－8　中波电疗仪

3. 中波透热疗法的适应症与禁忌症

适应症：支气管炎、早期肺气肿、胸膜炎、肺炎、痉挛性腹痛、膀胱炎，肌红蛋白尿，神经麻痹、各种损伤，肌炎、关节炎、腱及韧带疾患，乳房炎，肌肉及关节风湿病等。

禁忌症：化脓腐败过程、恶性肿瘤、结核及出血性素质。

（五）中波透热离子透入疗法

该法是中波电流与直流电流的综合疗法。组织在中波透热电流的作用下发生温热和充血时，对直流电流有较小的阻力，同时其胶体状态能和透入组织内的药物离子发生强烈的化学作用，且药物离子的进入要比单纯直流电离子透入疗法时深而迅速。因此中波电流和直流电流的综合应用能取得更显著的疗效。

我们曾用水杨酸离子透入疗法治疗犬的关节风湿病及用中波透热青霉素离子透入疗法治疗犬的化脓性肘关节周围炎取得较好的疗效。

中波速热离子透入疗法的操作技术、适应症与禁忌症基本上与中波透热疗法及直流电离子透入疗法相同。

（六）电疗的防护

电疗时应特别注患病宠物和工作人员的安全。理疗室应铺垫地板，地板与地面做好绝缘。水泥地面须铺有绝缘橡胶垫。地面要保持干燥。理疗室必须通风良好、空气干燥，以防机械受潮湿。对长期不用的电疗机要定期通电，用前须作细致的检查。治疗时要严格遵守操作流程，要求保证人宠安全。将电疗器械放在铺有地毯的台上以防移动器械时振动，治疗时亦可不必移动治疗机。患病宠物在进行电疗时待汗液消退后再进行治疗。治疗时工作人员须在理疗室内监护以保证安全。

五、光疗法

光疗法是利用日光或人工光线（红外线、紫外线、可见光线、激光）防治疾病和促进机体康复的方法。日光疗法已划入疗养学范畴，理疗学中的光疗法是利用人工光辐射能防治疾病的方法。

（一）光疗基础

1. 光的性质

光是物质运动的一种形式。光具有波—粒二象性，即光是一种以电磁波的形式运动着的光子流。

2. 光谱

光谱是电磁谱的一部分，它包括可见光和不可见光两部分，不可见光包括红外线和紫外线。

3. 光的基本理化学效应

能是物质运动的度量。各种物质对光能的吸收和蓄积必然伴随其运动形式的某种变化，从而产生各种理化学效应。其具有热效应、光电效应、光化学效应及荧光和磷光等基本理化效应。

（二）红外线疗法

应用波长 760nm～400μm 的辐射线照射宠物体以防治疾病的方法称为红外线疗法。因其位于可视光谱中红色光线之外，故名红外线，又因其具有较强的热作用，因此也称热线。治疗用主要是 760～3 000nm 的波长部分。

日光中约含有 60% 的红外线。任何物体加热至高温时都能辐射红外线。如铁棒加热时起初不变色而发生长波的红外线；再加热则变成红色，此时除发生红外线外尚可发射红、绿、蓝等可视光线；继续加热则变为白色，除辐射红外线外还有红、橙、黄、绿、青、蓝、紫色可见光，且有少量紫外线。

1. 红外线的物理性质

在光谱中波长自 760nm～400μm 的一段称为红外线，红外线是不可见光线。所有高于绝对零度（－273℃）的物质都可以产生红外线。现代物理学称之为热射线。医用红外线可分为两类：近红外线与远红外线。

近红外线或称短波红外线，波长 0.76～1.5μm，穿入动物体组织较深，约 5～10mm；远红外线或称长波红外线，波长 1.5～400μm，多被表层皮肤吸收，穿透组织深度小于 2mm。

2. 红外线的生理作用和治疗作用

（1）宠物对红外线的反射和吸收　红外线照射体表后，一部分被反射，另一部分被皮肤吸收。皮肤对红外线的反射程度与色素沉着的状况有关，用波长 0.9μm 的红外线照射时，无色素沉着的皮肤反射其能量约 60%；而有色素沉着的皮肤反射其能量约 40%。长波红外线（波长 1.5μm 以上）照射时，绝大部分被反射和为浅层皮肤组织吸收，穿透皮肤的深度仅达 0.05～2mm，因而只能作用到皮肤的表层组织；短波红外线（波长 1.5μm 以内）以及红色光的近红外线部分透入组织最深，穿透深度可达 10mm，能直接作用到皮肤的血管、淋巴管、神经末梢及其他皮下组织（表 7－3）。

（2）红外线红斑　足够强度的红外线照射皮肤时，可出现红外线红斑，停止照射不久红斑即消失。大剂量红外线多次照射皮肤时，可产生褐色大理石样的色素沉着，这与热作用加强了血管壁基底细胞层中黑色素细胞的色素形成有关。

（3）红外线的治疗作用　红外线治疗作用的基础是温热效应。在红外线照射下，组织温度升高，毛细血管扩张，血流加快，物质代谢增强，组织细胞活力及再生能力提高。红外线治疗慢性炎症时，改善血液循环、增加细胞的吞噬功能、消除肿胀、促进炎症消散。红外线可降低神经系统的兴奋性，有镇痛、解除横纹肌和平滑肌痉挛以及促进神经功能恢复等作用。在治疗慢性感染性伤口和慢性溃疡时，改善组织营养，消除肉芽水肿，促进肉芽生长，加快伤口愈合。红外线照射有减少烧伤创面渗出的作用。红外线还经常用于治疗扭挫伤，促进组织肿胀和血肿消散以及减轻术后粘连，促进瘢痕软化，减轻瘢痕挛缩等。

表7-3　皮肤对红外线的透过率

波长（μm）	透过率（%）
2.0	16
1.5	39
1.2	40
1.0	40
0.8	40
0.7	37
0.6	37
0.57	32
0.54	16

（4）红外线对眼的作用　由于眼球含有较多的液体，对红外线吸收较强，因而一定强度的红外线直接照射眼睛时可引起白内障。白内障的产生与短波红外线的作用有关；波长大于1.5μm的红外线不引起白内障。

（5）光浴对机体的作用　光浴的作用因素是红外线、可见光线和热空气。光浴时，可使较大面积，甚至全身出汗，从而减轻肾脏的负担，并可改善肾脏的血液循环，有利于肾功能的恢复。光浴作用可使血红蛋白、红细胞、中性粒细胞、淋巴细胞、嗜酸粒细胞增加，轻度核左移；加强免疫力。局部浴可改善神经和肌肉的血液供应和营养，因而可促进其功能恢复正常。全身光浴可明显地影响体内的代谢过程，增加全身热调节的负担；对植物神经系统和心血管系统也有一定影响。

3. 设备与治疗方法

（1）红外线光源

①红外线辐射器：将电阻丝缠在瓷棒上，通电后电阻丝产热，使绕在电阻丝内的碳棒温度升高（一般不超过500℃），发射长波红外线为主。

红外线辐射器有立地式和手提式两种。立地式红外线辐射器的功率可达100～600W或更大。

近年我国一些地区制成远红外辐射器供医用，例如用高硅氧为元件，制成远红外辐射器。

②白炽灯：在医疗中广泛应用各种不同功率的白炽灯泡作为红外线光源。灯泡内的钨丝通电后温度可达2 000～2 500℃。

白炽灯用于光疗时有以下几种形式：

立地式白炽灯：用功率为250～1 000W的白炽灯泡，在反射罩间装一金属网，以为防护。立地式白炽灯，通常称为太阳灯（图7-9）。

手提式白炽灯：用较小功率（多为200W以下）的白炽灯泡，安在一个小的反射罩内，反射罩固定在小的支架上。

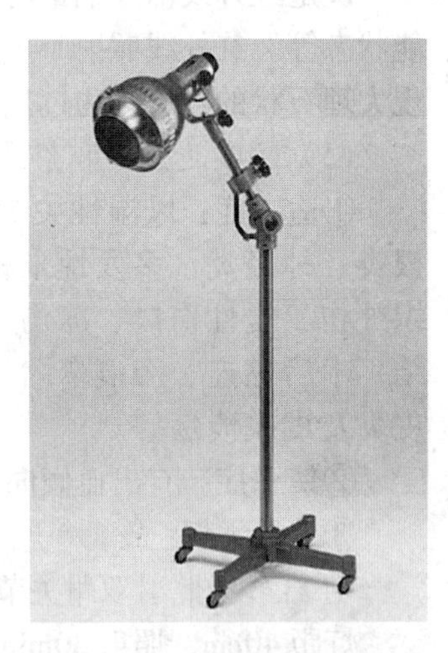

图7-9　红外线照射灯

③光浴装置：可分局部或全身照射两种。根据光浴箱的大小不同，在箱内安装40～60W的灯泡6～30个不等。光浴

箱呈半圆形，箱内固定灯泡的部位可加小的金属反射罩。全身光浴箱应附温度计，以便观察箱内温度，随时调节。

（2）红外线治疗的操作方法

①患病宠物取适当体位，裸露照射部位。

②检查照射部位对温热感是否正常。

③将灯移至照射部位的上方或侧方，距离一般如下：

功率500W以上，灯距应在50～60cm以上；功率250～300W，灯距在30～40cm；功率200W以下，灯距在20cm左右。

④应用局部或全身光浴时，光浴箱的两端需用布单遮盖。通电后3～5min，检查患病宠物的温热感是否适宜；光浴箱内的温度应保持在40～50℃。

⑤每次照射15～30min，1～2次/d，15～20次为一疗程。

⑥治疗结束时，将照射部位的处理，患病宠物应在室内休息10～15min后方可外出。

（3）注意事项

①治疗时患病宠物不得移动体位，以防止烫伤。

②照射过程中宠物如有感觉过热、不安等反应时，需立即告知工作人员。

③照射部位接近眼或光线可射及眼时，应用纱布遮盖双眼。

④患部有温热感觉障碍或照射新鲜的瘢痕部位、植皮部位时，应用小剂量，并密切观察局部反应，以免发生灼伤。

⑤血循障碍部位，较明显的毛细血管或血管扩张部位一般不用红外线照射。

（4）照射方式的选择和照射剂量

①不同照射方式的选择

红外线照射主要用于局部治疗，在个别情况下，如幼龄宠物全身紫外线照射时也可配合应用红外线做全身照射。局部照射如需热作用较深，则优先选用白炽灯（即太阳灯）。治疗慢性风湿性关节炎可用局部光浴；治疗多发性末梢神经炎可用全身光浴。

②照射剂量

决定红外线治疗剂量的大小，主要根据病变的特点、部位、患病宠物年龄及机体的功能状态等。红外线照射时患病宠物有舒适的温热感，皮肤可出现淡红色均匀的红斑，如出现大理石状的红斑则为过热表现。皮温以不超过45℃为准，否则可致烫伤。

（5）主要适应症和禁忌症

①适应症：风湿性关节炎、慢性支气管炎、胸膜炎、慢性胃炎、慢性肠炎、神经根炎、神经炎、多发性末梢神经炎、痉挛性麻痹、弛缓性麻痹、周围神经外伤、软组织外伤、慢性伤口、冻伤、烧伤创面、褥疮、慢性淋巴结炎、慢性静脉炎、注射后硬结、术后黏连、瘢痕挛缩、产后缺乳、乳头裂、外阴炎、慢性盆腔炎、湿疹、神经性皮炎及皮肤溃疡等。

②禁忌症：有出血倾向、高热、活动性肺结核、重度动脉硬化及闭塞性脉管炎等。

③处方举例：

Ⅰ 红外线照射双跗关节

灯距40cm，照射30min，1次/d，共7次。

适应症：慢性风湿性关节炎。

Ⅱ 红外线照射右侧胸廓（后半部）

灯距50cm，20min，1次/d，8次。

适应症：右侧干性胸膜炎。

Ⅲ 太阳灯照射腰骶部

灯距40cm，20～30min，1次/d，6次。

适应症：腰骶神经根炎。

Ⅳ 全身光浴

箱内温度40～45℃，20～30min，1次/d，8次。

适应症：多发性末梢神经炎。

Ⅴ 左后肢局部光浴

20～30min，1次/d，8次。

适应症：左侧腓总神经外伤。

（三）可见光疗法

1. 可见光的物理性质

可见光线为能引起视网膜光感的辐射线，波长范围为760～800nm，在此波段范围内，不同波段产生不同的颜色。不同波长可见光线的光子能量不等。

2. 可见光的生理作用和治疗作用

宠物活动的昼夜节律以及一系列的生理功能节律，与自然界的照明节律（日夜交替）有密切的联系，因此可见光线对有生命的机体是极其重要的。

（1）可见光线通过视觉器官对机体的作用　视觉器官接受可见光线的作用后，产生的神经冲动经间脑可达脑下垂体及其他内分泌腺，这些内分泌腺产生的激素进入血流，从而影响其他组织器官和整个机体的功能。长期排除光线对眼睛的作用可严重破坏性腺的正常功能活动。可见光线视觉器官可影响代谢过程，加强氧的吸收和二氧化碳的排泄。红色、橙色、黄色可引起呼吸加快、加深及脉率增加，绿色、蓝色、紫色可引起相反的改变，紫光和蓝光照射可降低神经的兴奋性，红光可明显提高神经的兴奋性，黄光和绿光则没有明显的影响。

可见光线可提高皮肤的感受性，影响宠物的精神活动性；蓝光、绿光，特别是紫光可明显减缓精神的反应过程，而红光可使精神振奋。

（2）蓝紫光对核黄疸的治疗作用　对患核黄疸的新生宠物用盖光或白光照射其皮肤时，血清中胆红素含量下降，皮肤退黄。胆红素对光线吸收最佳的部分波长为420～460nm，即蓝紫光。其吸收蓝紫光后，通过一系列的光化学变化，最后形成一种水溶性低分子量的产物，由尿排出体外。

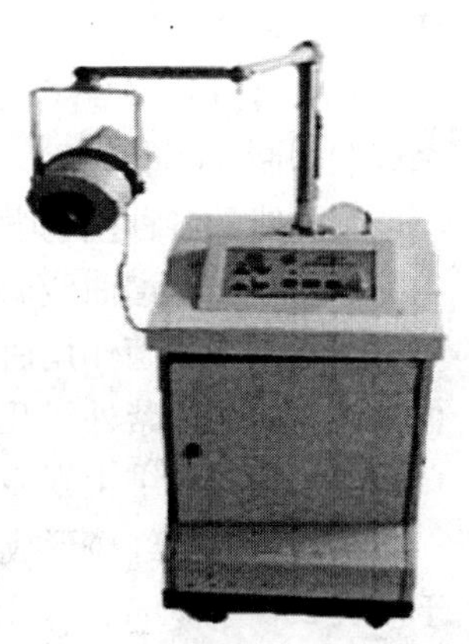

图7－10　可见光治疗仪

3. 设备与治疗方法

（1）光源　最常用的人工可见光线的光源是白炽灯，如果加不同颜色的滤板后即获得各色的可见光线，如红光、蓝光、紫光；利用不同的荧光物质制成的荧光灯也可发出各色的可见光线（图7－10）。

（2）治疗方法

①蓝紫光治疗新生宠物核黄疸：以10支20W的蓝光荧光

灯或日光荧光灯（需滤去所含的紫外线）按半月形悬挂在距治疗床70cm的高度，以幼龄胸骨为中心进行照射。照射6～12h，停照2～4h，或连续照射。两种照射方法总照射时间蓝紫光为24～48h，白光为24～72h。灯管的总功率不得超过200W。

如无上述光源，可用白炽灯覆盖以蓝复写纸照射（注意复写纸易燃），距离为30～40cm，每照射3～4h停照1h，共照射72h。照射时应保护眼睛，并常翻身，患宠体温应保持在37.7℃以下。

如照射总时间达24h后仍不褪色，且症状不缓解，则需改用其他疗法。

②有色光的一般治疗方法：在临床治疗中多用红光或蓝光治疗一些疾病；光源采用白炽灯加红色或蓝色滤板即可。照射距离视灯的功率大小而定，若在200W以下，红光照射距离在20cm以内，蓝光在10cm以内。

4. 主要适应症和禁忌症

（1）适应症　红光照射适用于面神经炎（急性期）、急性扭挫伤、急性上颌窦炎、产后会阴撕裂等。蓝光照射可用于治疗急性湿疹、急性皮炎、灼性神经痛、三叉神经痛、皮肤感觉过敏等。蓝紫光照射可治疗新生宠物核黄疸。

（2）禁忌症　与红外线同。

（四）紫外线疗法

1. 紫外线光谱及生物学作用特点

紫外线的光谱范围为100～400nm。紫外线在日光中虽只占1%，但它是一种非常重要的自然界物理因子，是各种生物维持正常新陈代谢所不可缺少的。在医学上已广泛应用人工紫外线。根据1932年第二届理疗和光生物学大会的建议，将紫外线光谱分为三个波段：

长波紫外线（UVA）：波长400～320nm，其生物学作用较弱，有明显的色素沉着作用，引起红斑反应的作用很弱，可引起一些物质（荧光素钠、四环素、硫酸奎宁、血卟啉、绿脓杆菌的绿脓素和某些霉菌产生的物质等）产生荧光反应，还可引起光毒反应和光变态反应等。

中波紫外线（UVB）：波长180～275nm，是紫外线生物学效应最活跃部分。红斑反应的作用很强，能使维生素D原转化为维生素D，促进上皮细胞生长和黑色素产生以及抑制变态反应等作用。

短波紫外线（UVC）：波长180～275nm，红斑反应的作用明显，对细菌和病毒有明显杀灭和抑制作用。

紫外线的各种生物学作用都有一定的光谱特点，从而可描绘出一定的曲线，即紫外线生物学作用的光谱曲线。

①紫外线杀菌作用曲线：在短波部分，杀菌作用最强的部分为250～260nm，而接近可见光线的长波紫外线几乎无杀菌作用。

②紫外线的维生素D形成作用曲线：有峰值，波长位于280nm。

③紫外线的红斑形成曲线：有两个高峰，第一个高峰位于波长297nm，第二个高峰位于波长250～260nm。作用最强的部分在长波紫外线的范围内。

2. 紫外线的生物学效应

紫外线的生物学作用很复杂，包括对酶系统、活性递质、原生质膜、细胞代谢、机体免疫功能和遗传物质等的直接和间接的作用。这是因为这部分光线的光子的能量最大，能对原子的电子层产生作用，使原子从低能级跃迁到高能级而处于激发态，或使某些化学键断开，或使某些共价分子发生均裂而形成自由基等。由于紫外线照射能引起一系列的光学反应，因此能产生复杂的生物学效应。

（1）产生红斑反应

①紫外线红斑性质和组织学变化：紫外线照射皮肤或黏膜后，经2～6h的潜伏期，局部出现界限清楚的红斑。由于照射剂量不同，红斑反应强度也不同。弱红斑持续十余小时，强红斑可持续数日，红斑消退后，皮肤可有脱屑现象和遗留色素沉着。

紫外线红斑是一种非特异性急性炎症反应，主要表现为皮肤乳头层毛细血管扩张、细血管数量增多、血管内充满红细胞和白细胞、内皮间隙增宽、通透性增强、白细胞游出、皮肤水肿。表皮棘细胞层中有发生变性的细胞，胞浆呈均质性、着色较深、核皱缩、着色亦较深。在变性细胞的周围有小泡形成，在小泡周围积聚大量白细胞。表皮中出现角化不良细胞，即晒斑细胞。皮肤红斑消失后，渗出过程停止，水肿消退，整个表皮增厚，角质层增厚脱离。紫外线照射引起皮肤组织的明显变化。中、短波紫外线引起表皮的变化比真皮的变化明显，而长波紫外线则能引起真皮的明显变化。

紫外线照射的特点是能引起表皮各层细胞的显著变化。在部分上皮细胞变性、脱落的同时，伴随表皮细胞增殖和更新过程加速，基底细胞中分裂细胞明显增多，黑色素复合体也增多。紫外线对结缔组织的作用只有用大剂量才可发生。

②紫外线红斑反应的机理：紫外线照射皮肤，大部分被表皮所吸收而发生一系列光化学反应，引起蛋白分子变性分解，促进皮肤前列腺素合成，从而产生多种活性递质。试验证明，红斑量紫外线照射后，局部皮肤中的组胺，花生四烯酸，PGE_1、E_2、D_2、F_{2a}和6－OXO－F_{1d}的浓度明显升高。组胺和前列腺素为细胞的内源性炎性递质，因此，紫外线红斑反应部分是由组胺和前列腺素作递质。

紫外线照射后，皮肤内的自由基增加。已知自由基损伤类脂膜，使溶酶体膜不稳定，随之溶酶体内多种酶释放。已证明，在紫外线照射后18h，皮肤抽吸水疱液中的乳酸脱氢酶和磷酸二酯等的浓度明显升高，这将影响皮肤组织的代谢。

紫外线红斑发生的机理除与体液因素有关外，神经系统的功能状态也有重要意义。当神经损伤、神经炎以及中枢神经系统病变时，红斑反应明显减弱。

③影响紫外线敏感性的因素：宠物不同部位皮肤对紫外线的敏感性不同，其基本规律是：躯干 > 前肢 > 后肢；屈侧 > 伸侧；四肢近端 > 远端。所以胸腹部最敏感，而爪背部皮肤很不敏感，需用大剂量才能引起红斑反应。

Ⅰ生理因素

年龄与紫外线敏感性的关系：幼龄和老龄对紫外线的敏感性低，半岁以内的幼龄宠物和处于青壮年对紫外线的敏感性较高。

关于性别与紫外线敏感性的关系：认为雄性较雌性敏感。

体质衰弱状态时敏感性降低。

在不同季节、由于机体受日光中紫外线照射的自然条件的变化，以及机体功能（基础代谢的强度、内分泌功能等）的某些变化，皮肤对紫外线的敏感性也有波动。一般认为：在春季机体对紫外线的敏感性最高，在夏季最低，在秋冬逐渐升高。

Ⅱ病理因素

临床观察发现：患病的机体对紫外线的敏感性发生改变，如甲状腺功能亢进、痛风、高血压、肝胆疾患（血中胆红质升高者）、风湿性关节炎（急性期）、感染性多发关节炎、活动性肺结核、白血病、恶性贫血、食物中毒、光性皮炎、湿疹、夏季水泡病、雷诺病、闭塞性动脉内膜炎、多发性硬化（椎体损伤侧）等病症多数患病宠物皮肤对紫外线的敏感性可在不同程度的升高。

糙皮病、皮硬化症、重症冻疮、急性重度传染病（如伤寒、痢疾等）慢性传染病后全身衰竭、气性坏疽、广泛的软组织损伤、慢性小腿溃疡、慢性化脓性伤口，由于营养不良而致皮肤干燥等病症的患病宠物全身或病变部位及其周围皮肤对紫外线的敏感性有不同程度的降低。对创伤的观察常发现，在断离神经分布区内红斑反应减弱、当神经尚未完全断离时，红斑反应增强。正中神经及坐骨神经损伤时红斑减弱的程度比其他神经损伤时更为明显。上臂神经-血管从损伤时红斑反应减竭。

在临床工作中，已将测定紫外线红斑反应作为判断机体生理和病理状况的客观指标，以协助诊断。

Ⅲ药物的影响

碘制剂、磺胺制剂、四环素、强力霉素、灰黄霉素、保太松，吡制剂、水杨酸、奎宁，荧光素、铋制剂、非那根、冬眠灵、痛痉宁、氯磺丙脲、吖啶、甲基多巴、双氢克尿塞、芳基磺酰脲（D_{860}）、喹诺酮类等药物长期的、大剂量的采用可使皮肤的紫外线敏感性升高。

麻醉剂、钙制剂、溴制剂、胰岛素、硫代硫酸钠等药物可降低皮肤的紫外线敏感性。

④紫外线生物剂量

由于紫外线敏感性有明显个体差异，所以用生物剂量作为紫外线治疗照射的剂量单位。所谓一个生物剂量也就是最小红斑量（MED），即紫外线灯管在一定距离内（常用50cm），垂直照射下引起最弱红斑反应（阈红斑反应）所需的照射时间。

⑤紫外线红斑的分级

由于紫外线剂量不同，可引起不同程度的红斑反应。紫外线红斑的分级及其指征列表（表7-4）如下：

表7-4　紫外线红斑分级

红斑等级	生物量	红斑颜色及持续时间	自觉症状	皮肤脱屑	色素沉着
亚红斑	1以下	无红斑反应	无	无	无
阈红斑	1	微红，12小时内消退	较大面积照射时可有轻微的灼热感	无	无
弱红斑量（一级红斑量）	2～4	淡红，界限明显，12小时左右消退	灼热感、痒感、偶有微痛	轻微	无（数次照射后可有轻微色素沉着）
中红斑（二级红斑量）	5～6	鲜红，界限很明显，可出现皮肤微肿，2～3日内消退	刺疼明显的灼热感	轻度	轻度
强红斑（三级红斑量）	7～10	暗红，皮肤水肿，4～5日后逐渐消退	较重度的刺疼和灼热感，可有全身性反应	明显脱屑	明显
超强红斑（四级红斑量）	10以上	暗红，水肿并发水泡，持续5～7天后逐渐消退	重度刺疼及灼热感，可有全身性反应	表皮大片脱落	明显

（2）色素沉着　紫外线大剂量照射或小剂量多次照射，可使局部皮肤产生色素沉着，变成黑色。长波紫外线的色素沉着作用强，短波紫外线的色素沉着作用弱。色素沉着作用最强的长波紫外线的波长范围分别为：360～380nm，320～400nm，315～400nm。

皮肤色素形成的原理因紫外线的波长不同而分以下两种：

长波紫外线照射后数分钟内，在表皮基底细胞的原生质中酪氨酸的中间代谢产物二羟苯丙氨酸在多帕氧化酶作用下形成黑色素，照后约1h达高峰；其次是紫外线照后黑色素颗粒分散移动，分散后的黑色素颜色较分散前色深，这是一种后作用，在照后至少数天才达最高峰。

波长较短的紫外线（波长短于315nm，310～380nm）可刺激表皮的黑色素细胞产生新的黑色素，这种反应在照后48h开始，十数天后渐达高峰。

（3）促进维生素D生成　维生素D的化学本质是类固醇衍生物，有维生素D_2和D_3两种。维生素D_2又称钙化醇，它是由麦角固醇经紫外线照射而转变生成的；维生素D_3又称胆钙化醇，它是由7-脱氢胆固醇经紫外线照射而转变生成。

两种维生素D具有同样的生理作用。动物体主要从动物性食品中获取一定量的维生素D_3而植物中的麦角固醇除非经过紫外线照射转变为维生素D_2，否则很难被动物体吸收利用。然而，正常所需要的维生素D主要来源于7-脱氢胆固醇的转变。7-脱氢胆固醇存在于皮肤内，它可由胆固醇脱氢产生，也可直接由乙酰CoA合成。每日可合成维生素$D_3$200～400IU（1IU=0.052μg维生素D_3），因此只要适当接受阳光照射，即可满足生理需要。维生素D_3或D_2的生理活性低，它们必须在体内经过肝细胞和肾脏近曲小管上皮细胞的羟化酶系的一系列羟化，生成25-羟维生素D_3（25-OHD_3）和1.25-二羟维生素D_3［1.25-$(OH)_2 \cdot D_3$］才能成为活性高的维生素D。

（4）抑制变态反应　红斑量紫外线照射，有抑制第Ⅰ型和第Ⅳ型变态反应的作用。第Ⅰ型变态反应同肥大细胞和嗜碱粒细胞脱粒释放大量组胺等活性递质有关。红斑量紫外线照射在皮肤内产生的组胺同细胞膜上H_2和H_1受体发生特异性结合，使细胞膜上的腺苷酸环化酶被激活和鸟苷酸环化酶活性受抑制，因而胞浆cAMP含量增加和cGMP含量降低，肥大细胞和嗜碱粒细胞的胞膜和胞质趋于稳定，嗜碱颗粒脱失减少，组胺等递质的释放也减少。

前列腺素和肾上腺素、氨茶碱一样都是属于刺激腺苷酸环化酶活性的物质，也有使cAMP浓度升高的作用。前列腺素和免疫应答反应有密切关系，其中特别是PGE_2则具有明显的免疫调节作用。因此，紫外线的脱敏作用，可能还同紫外线照射皮肤内多种前列腺素含量明显升高有关。

（5）光敏反应　光敏反应包括光毒反应和光变态反应两大类。

①光毒反应：呋喃香豆素类、煤焦油、四环素族和汞制等药物与紫外线照射同时应用，可增强机体对紫外线的敏感性，产生较强的皮肤反应，临床上用于提高紫外线治疗某些皮肤病的疗效。例如银屑病患病宠物口服8-甲氧补骨脂素后1～2h，用长波紫外线照射，使DNA形成链荧光加成，表皮细胞DNA复制受抑制，延长细胞增殖周期。这类反应与免疫反应无关，需要较大剂量的紫外线照射后才能发生。

②光变态反应：少数宠物单受日光（或人工紫外线）照射，或同时有已知外源光敏剂存在时，可能发生日光荨麻疹或接触性光过敏性皮炎。此类光敏反应与免疫反应有密切关

系，已知外源光敏剂主要有卤化水杨酰苯胺、氯丙嗪和六氯酚、血卟啉类及叶绿素类。引起光变态反应的抗原或是由于光的照射而发生变化的皮肤蛋白或核酸，或是由于外源光敏剂吸收光能发生变化并同蛋白载体一起形成。引起光变态反应的光波域主要有长波紫外线的称谓。

（6）杀菌作用　波长在300nm以下的紫外线有明显杀菌作用，而杀菌作用最强的为253～260nm。细菌或病毒的蛋白质和核酸能强烈吸收相应波长的紫外线，而使蛋白质发生变性离解，核酸中形成胸腺嘧啶二聚体，DNA结构和功能受损害，从而导致细菌和病毒的死亡。

（7）荧光反应　许多荧光物在紫外线的照射下，产生一定颜色的可见光。根据所主的荧光，临床上有一定诊断意义。例如，血卟啉在UVA照射下产生橘红色荧光，花斑癣呈金黄色荧光，发癣呈鲜明的蓝绿色荧光，四环素呈黄色荧光等。临床上可利用它检测瘤组织和某些皮肤病。

（8）对神经系统的作用　红斑量紫外线照射可使感觉神经兴奋性降低；相反，小剂量照射则有兴奋作用；对交感神经有抑制作用，可使血管扩张血压下降。

（9）对消化系统的作用　应用小剂量照射对胃液分泌有兴奋作用，大剂量则引起抑制。

（10）对造血功能的影响　紫外线照射后可使红细胞、白细胞、血红细胞增加，以小剂量或中等剂量照射急性出血后贫血的动物，可使血管迅速的再生。

（11）对新陈代谢的影响　紫外线照射血液内钙的含量降低于正常动物后，可使血钙含量增加，对钾则相反。小剂量照射氮有潴留，大剂量照射，尿内氮、磷、硫含量增加。对碳水化合物的作用主要是使血糖下降，肝和肌糖含量增加，乳糖含量减少。

3. 两种紫外线照射法的治疗作用和临床应用

根据不同的治疗目的可用不同的紫外线照射剂量，达到不同的红斑反应。一次照射的面积和总照射次数亦不相同。一般常用的照射方法有以下两种：

（1）红斑量紫外线照射法及其治疗作用和临床应用　按不同治疗目的采用不同强度的红斑量开始照射，以后根据皮肤反应和病情适当增加剂量（约为前量的30%～50%），以达到经常保持红斑反应为目的。但在某些情况下如肉芽组织新鲜，并将长满伤口，需要促进上皮生长时，重复照射时反而要进行减量。此法用于局部照射治疗，每次照射面积一般在400～600cm^2以内，每日或隔日1次，4～6次为一疗程。

（2）治疗作用

①增强防卫功能：当机体受到超过生理水平的刺激时，就要动员防卫功能。红斑剂量的紫外线照射是一种较强的刺激，故可以起到动员机体防卫功能的作用。紫外线照射后产生组胺、类组胺等生物高活性物质，经血液循环可作用到交感神经系统和垂体－肾上腺系统，因此，在一定程度上可加强全身性的适应和防卫功能。在红斑部位可加强皮肤的障壁功能，因而可提高对各种不良刺激的抵抗力。

②抗炎作用：红斑剂量紫外线照射首先可加强红斑部位的血液和淋巴循环，加强新陈代谢，使组织温度升高，进一步动员皮肤内巨噬细胞系统的功能，增加抗体的生成，提高组织细胞活性，加强巨噬细胞的吞噬机能，使白细胞数量增加，且吞噬机能加强。近年关于紫外线治疗肺炎作用机理的研究发现：紫外线照射可稳定巨噬细胞和淋巴细胞内溶酶体

的膜，提高其抵抗力，可加强中性粒细胞、淋巴细胞和巨噬细胞中核酸的合成，从而提高吞噬成分和淋巴成分的抗炎性能。临床实践证明：红斑量紫外线照射对肌肉和神经的风湿性炎症，或较浅在的、急、慢性化脓性炎症有良好的疗效。心脏或中枢神经系统急性炎症时，活动性肺结核时，加剧病灶的反应对该器官和整个机体不利，故不宜进行大面积红斑量紫外线照射。

③加速组织再生：强红斑紫外线照射引起的细胞分解产物（如：氨基酸、嘌呤、核糖核酸、组胺等）可刺激成血管细胞和结缔组织细胞的成长，同时还可作为受损细胞的营养物质；弱红斑量紫外线照射可加强核酸的合成和加速细胞的分裂；中等红斑量紫外线照射后约3h内DNA的合成和细胞分裂明显受到抑制，在数小时或1d内恢复正常，随后出现DNA合成和细胞分裂的加速阶段，于2～3d内达高峰，以后逐渐恢复；由于紫外线红斑加强血液供给，提高血管壁的渗透性。故有利于血中营养物质进入损伤的组织内。改善细胞的再生条件。因此红斑量紫外线照射可加速组织再生，增强组织的反应性，加速伤口愈合。

④调节神经功能：紫外线红斑有明显的镇痛作用。有人以优势法则解释这一作用的原理，即在一定部位造成强红斑反应，通过反射机制在中枢神经系统形成新的优势灶，由于负诱导可减弱另一部位的疼痛性质的病理优势灶。

在一定的脊髓节段部位，以红斑量紫外线照射该部位，可调节与该节段相关的植物神经的功能，进而影响其所支配器官的营养和功能，并可反射性地调节中枢神经系统的功能。

紫外线红斑对交感神经节有“封闭”作用，即当其兴奋性升高时，以局部红斑量紫外线照射，可降低其兴奋性。

⑤影响胃肠等器官的功能：红斑量紫外线照射后，可使局部组织的组胺类物质含量增加2～10倍，通过神经-体液机制可使胃的分泌功能增强2倍左右，胃的酸度提高10%～60%。另报告：亚红斑量紫外线照射可加强胃的分泌，而红斑量紫外线照射可减弱胃的分泌，故原理能不仅从体液方面解释，必须考虑有关的神经生理法则。此外，紫外线红斑可加强肠蠕动和子宫收缩。

⑥加强药物作用：对风湿性关节炎患病宠物用红斑量紫外线局部照射，可提高水杨酸钠的疗效。作用原理如下：水杨酸钠治疗风湿性关节炎是靠其组织内分解出的水杨酸，为此，组织内必须有足够的CO_2和钠结合才能使水杨酸分解出来。在正常情况下，组织内CO_2的含为6%左右，不足以产生这种反应，只有当炎症组织内CO_2的含量达到17.5%以上时方能产生此反应，因此在急性风湿性关节炎时，水杨酸钠才有明显的抗风湿作用。对慢性风湿性关节炎患病宠物，用红斑量紫外线照射使患部产生非特异性炎症，增加组织内CO_2的含量，有利于水杨酸钠的分解，可提高药物疗效。

由于红斑量紫外线照射的部位血管的渗透性增加，血液循环改善，故静脉注入染料后，在红斑反应部位沉积较多，因此以红斑量紫外线照射患部，可以使药物较多地集中在病灶部位。

紫外线红斑的治疗作用和药物的治疗作用在统一的机体内还有互相加强的“协同作用”，为达到这一目的，必须注意一个基本前提：即紫外线照射的方法和剂量以及药物的选择和剂量必须适当。

⑦调节内分泌功能：近年在动物试验和临床工作中证明：以中等红斑量紫外线交替照

射腰背部两侧肾上腺区可促进交感—肾上腺系统和肾上腺皮质的功能正常化，从而提高机体的反应性，有利于一些病理进程的解除。这种照射方法已用于治慢性支气管炎，慢性肺炎、风湿性及类风湿性关节炎等疾病。

（3）红斑量紫外线局部照射法的适应症　①急性化脓性炎症：较浅表的软组织炎症，如疖、痈、急性蜂窝织炎、急性乳腺炎、急性淋巴结炎、淋巴管炎、急性静脉炎，以及某些非化脓性急性炎症，如肌炎、腱鞘炎、关节炎以及耳鼻喉、口腔的化脓性炎症等。

②伤口及慢性溃疡。

③急性风湿关节炎、肌炎、类风湿性关节炎。

④各种神经痛、神经炎、神经根炎及胃肠分泌功能紊乱。

⑤支气管炎、慢性支气管炎、迁延性肺炎等。

⑥皮肤病。如玫瑰糠疹，脓疱性皮炎，白癜风，脱毛等。

⑦皮下淤血斑。

4. 无红斑量紫外照射法及其治疗作用和临床应用

（1）方法　用亚红斑量（少于一个生物量）开始照射。如1/8～1/2生物量开始，隔次或每隔2次增1/4～1/2生物量，达3～5个生物量为止，1次/d，20～24次为一个疗程。多用于全身照射。照射距离采用100cm。紫外线全身照射的剂量进度可分三种。即基本进度、缓慢进度和加速进度。一般多采用基本进度，对体弱和敏感性升高者，可用缓慢进度，对体质好者可用加速进度。

（2）治疗作用　①生成维生素D，预防和治疗佝偻病和骨软化症：当动物体长期缺乏阳光照射时，由于紫外线的作用不足，体内维生素D含量减少，因而肠对钙、磷的吸收降低，食物中大量的钙和磷被排出体外。另一方面，为维持体内各器官的功能血中必须保持一定量的钙和磷，因此必须从体内含有这些物质的组织中摄取，从而造成一些组织器官，特别是骨组织含钙量的减少，以致发生病变，幼龄宠物患佝偻病，在成年宠物，尤其是妊娠宠物，则患软骨病。成年宠物骨质缺钙时易骨折或易患骨髓炎。牙齿缺乏钙质时易生龋齿。由于缺钙，血管壁的通透性升高，易产生渗出性反应，故易患伤风、感冒或其他并发症。机体缺乏钙时，对结核杆菌的抵抗力下降，结核病已愈者易复发，未愈者钙化速度减慢。

维生素D又是神经的营养物质，是对大脑皮质的功能和氧化还原过程有重大影响的因子。当维生素D显著缺乏时，神经细胞的呼吸功能降低，氧化还原过程减弱，因此可抑制中枢神经系统的活动；另一方面，机体缺钙时中枢神经呈病理性的兴奋性升高，从而造成注意力不集中，脑力劳动效率下降。

为防治宠物体接受紫外线的不足，维生素D缺乏，体内钙、磷代谢失调，以及在此基础上产生一些病变，紫外线照射是非常重要的防治措施。

②加强免疫功能作用：维生素D_3是宠物体重要免疫调节剂。免疫系统是机体的一个复杂的适应系统，免疫反应是机体抵御抗原物质的侵袭，以维持体内免疫功能相对稳定，是机体和环境统一的一种表现，阳光中的紫外线经常作用于宠物体，对免疫系统的功能有重要的调节作用。若机体长期缺乏紫外线照射，可致免疫功能低下，对各种病原微生物的抵抗力减弱，故易患各种传染病，如皮肤化脓性症、感冒、流感、肺结核、气

管炎、肺炎等，因此为了保证机体正常的免疫机能，经常的紫外线照射是必不可少的外界条件。

紫外线照射可使皮肤的杀菌力增强，血中各种体液免疫成分的含量增多、活性加强、白细胞吞噬机能加强。紫外线照射可加强抗体的生成，加速抗体的蓄积；可使血清中凝集素含量升高，而且降低较慢，若在接种前照射则这种效果更加明显。试验证明：紫外线照射可加强补体的活性，如用1/5生物量紫外线照射家兔，可使其血清补体滴度明显升高，在两周内升高到最高值并保持两周之久。

紫外线照射可加强巨噬细胞系统的功能，提高巨噬细胞的吞噬活性。巨噬细胞能吞噬、消化、清除异物外，参与免疫反应，它能把抗原或抗原的信息传递给淋巴细胞，从而促进抗体的生成。

不同波长的紫外线照射机体都可加强免疫功能，但长波紫外线照射比全光谱紫外线照射的效果更好；中波和长波紫外线照射较短波紫外线照射对免疫球蛋白的生成作用更强。阳光中的紫外线以含长波紫外线为主，故阳光照射对维持机体健康具有重要意义。

③无红斑量紫外线照射法的适应症：紫外线照射不足者，维生素D缺乏症引起体内钙磷代谢失调的患病宠物，如佝偻病、老龄宠物、体弱，长期卧床骨质疏松患病宠物；流感、伤风感冒、妊娠期缺乏维生素D、渗出性素质、营养不良。

(3) 发生紫外线的器械

①发生紫外线部分：各种构造的水银-石英灯能发出大量的紫外线（图7-11）。按其发生紫外线的方法分为以下几种：

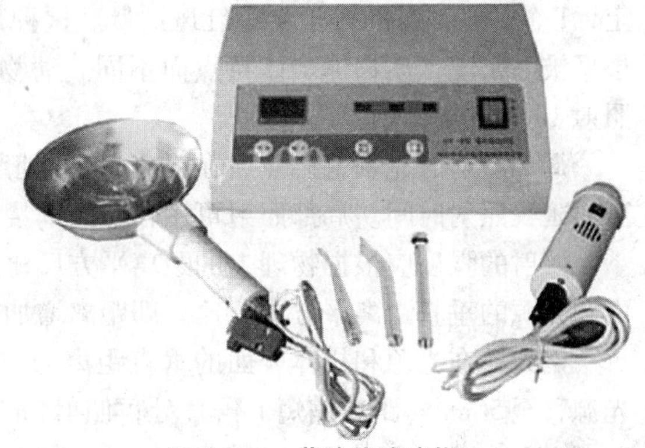

图7-11 紫外线治疗仪

水银-石英灯（水银弧光灯）：外壳是由石英玻璃制成，其可使紫外线通过良好。管内真空，管的两端有一膨大部分，其中盛有液体水银，水银与引入管内的金属电极相连接，电流可以经过电极导入管内。在石英玻璃管的外面有金属的加热丝，通电加热后可使管内的液体水银蒸发而点火，并放出大量的紫外线。

氩气-水银-石英灯：外壳同样是由石英玻璃制成。管内含有极少量的水银和氩气，故名氩气水银石英灯。有U字管形及直管形的两种。该灯操作简便，点火容易，灯头轻便是其优点。灯头末端焊接有耐热而又能发生热电子的钨制电极。管内有呈放电状态的氩气和极量的水银。通电时阴极在阳离子冲击下，放出电子。电子碰撞到水银蒸气的分子时，水银蒸气一部分离解，一部分受激发而发光，放出大量的紫外线。灯管外面涂有一条狭窄的胶状金属物，与电源一极相连金属物。与电源一极相连，目的是使灯管易于点燃，金属片起着容电器外极的作用，石英管作为容电器的介质，容电器内极是离解的气体。接通电流时，外极充电，使内极上也发生电荷，结果离解的气体微粒即向前运动，以便使电流易于通过灯管。

②反射器：是由铝制成，或上面镀以镁铝合金。一般多做成半圆形或方形，这种反射镜表面是比较毛糙的，而紫外线自毛糙表面的反射系数较高。因而有助于紫外线的反射。

③滑轮设备及三脚架：滑轮设备是用以悬挂灯光及反射器，便于上下移动。而电源设备则装在个特制的罩壳内。使用时应特别注意绳索的状态，可口绳索中断损坏灯头。在灯的接地部分有一移动的或固定的三脚架；三脚架由金属制成，并装有胶皮轮。

（4）紫外线疗法的照射技术及配量　紫外线照射的强度是根据照射的时间、灯头的特性、灯与照射患部的距离、反射镜的结构、动物被毛的密度与长度及动物个体反应能力的不同而异。因此在照射之前应测定生物剂量。

①生物剂量测定法：在宠物临床上，由于有些宠物皮肤有色素，观察红斑反应较困难，故用肿胀反应代替红斑反应。生物用量测定一般在宠物颈部平坦的部位进行。测定器由双层胶布制成，上面带有5～6个长方形洞孔，双层胶布内插入一个不透紫外线的金属薄片，或能活动的遮盖小孔的“窗帘”。金属薄片或小帘可全部盖住洞孔，或将孔逐个地打开。将紫外线灯头点燃以后，灯头对准洞孔，灯头至皮肤之间的距离保持50cm，先打开第1个洞孔照射3min，以后再打开第2个洞孔在前1个洞孔上打开的情况下再照射3min，依此类推。在最后1个洞孔照射结束后移开紫外线，经过24h后鉴定被照射部分皮肤的反应。着色皮肤的反应以轻微浮肿和疼痛出现的照射时间为1个肿胀剂量。有人测定，1个肿胀剂量约等于4个红斑剂量。这种剂量在动物照射时，特别是全身照射时，要根据被毛密度，动物体个体特点而不同。动物做全身照射的距离一般是1m，每日或隔日照射10～15min。

局部照射时先剃毛，然后在距离50cm处照射，在最初5～6d内照射5min，而后可适当的延长照射时间。局部照射可用较大的剂量。

照射的强度应根据物理上的距离平方反比定律计算：即物体表面上的照度是与物体表面和光源的垂直距离平方成反比。即距离增加或缩短一倍，照度则增4倍或减4倍。

例如：在光源和机体表面的垂直距离为100cm处照射2min为1个生物剂量时：如将光源移至50cm（距离缩短1倍）处再照射2min时，则为4个生物剂量（照度增加4），如移至200cm处（距离增加1倍）再照射2min则为1/4个生物剂量（照度减少4倍）。

在临床上局部紫外线照射剂量常分为下面3种。

Ⅰ 无红斑量：1个生物剂量以下。

Ⅱ 红斑量：1～5个生物剂量。

Ⅲ 超红斑量：5个生物剂量以上。

②宠物的紫外线预防照射：宠物紫外线预防照射的目的是补充天然紫外线，特别是秋冬季节天然紫外线照射不足。东北绝大部分地区宠物是室内饲养，因而很难受到日光中紫外线的照射，即或非舍饲冬季太阳辐射的紫外线也很不足。因此为了提高动物的生产能力和抗病力进行人工紫外线辐射是非常必要的。

（5）紫外线疗法的适应症及禁忌症

适应症：当慢性和急性支气管炎、渗出性胸膜炎、格鲁布性肺火的末期，为了促进内部器官机能正常化，恢复物质代谢和提高机体抵抗力，可应用紫外线疗法。对骨软症、佝偻病等有良好的疗效。紫外线疗法对如长期不愈合的创伤、软部组织和关节的扭伤、溃疡、骨折、关节炎、烫伤、冻伤、褥疮、皮肤疾患、风湿病、神经炎、神经痛及腱鞘尖等均有良好的治疗效果。

禁忌症：进行性结核、恶性肿瘤、出血性素质、心脏代偿机能减退等是紫外线疗法的禁忌症。

(6) 紫外线治疗时的注意事项

①在治疗中工作人员须戴有色护目镜。在照射宠物头部时，须用眼绷带或面罩遮盖眼睛。

②紫外线易被介在物质所遮断，故照射部位上的油污秽、痂皮、脓汁等须彻底清除。

③紫外线具有电离空气分子和形成某些有害气体的特性，因此理疗室须有良好的换气设备。

④理疗室内要求肃静，无噪音，以提高治疗效果。

⑤为防止病畜骚动和器械的损坏，治疗中要监护在宠物的身旁。

六、激光疗法

(一) 概述

激光即由受激辐射的光放大而产生的光，又称莱塞（Laser）。

激光技术的成功被认为是20世纪最重大的四项科学成果之一（即原子能、半导体、计算机、激光）。

早在1949年美国物理学家朗斯（Lyons）首先发现氨分子在振动过程中释放出频率为24 000MHz的电磁波，其波长为1.25cm，位于微波波段。因此，人们断定氨分子的能级之间的能量相差相当于一个波长为1.25cm的光子，或低能级的氨分子吸收了一个1.25cm的波长的光子后被激发到高能级上去。1953年美国物理学家汤斯（Towns）设法将处于高能级的氨分子分离出来，然后用相应能量的微波光子激励它们，射入的是很少的几个微波光子，射出的却是大批的同样的光子，射出的微波束被放大了许多倍。这就是激光受激辐射的原理。1960年美国物理学家梅曼（Maiman）用这个原理制成了第一台红宝石激光器。同年伊朗籍物理学家贾范（Javan）相继制成了氦－氖激光器。

激光刚一出现，它的发展前景就引起人们的强烈兴趣，不久就相继出现了数百种能发射不同波长的相干光的激光器。1964年美国卡斯珀（Kasper）制成了第一台化学激光器。1966年兰卡德（Lankard）等人首先制成了有机染料激光器，到目前为止，全世界已生产了几千种类型的激光器，并研制成了高压气体激光器、气动激光器、高功率化学激光器、准分子激光器，自由电子激光器和X线激光器等新品种。目前激光器输出功率最大可达1 013W，最小仅为mW。

激光问世后，很快受到医学和生物学界的极大重视。1961年扎雷特（Zaret），以后坎贝尔（Campbell）等人相继用激光研究视网膜剥离焊接术，并很快被用于临床。目前激光在临床上除气化、凝固、烧灼、光刀、焊接、照射等治疗应用外，在诊断和基础理论研究方面出现了许多新技术，如激光荧光显微检查，激光微束照射单细胞显微检查技术，激光显微光谱分析，生物全息摄影及细胞或分子水平的激光检测和微光手术等充分显示激光一系列独特性能。激光配合导光纤维的应用对各种体腔内肿瘤及其他疾患的诊治，以及结合各种内窥镜进行激光光敏疗法诊治腔内肿瘤新技术提供有利手段。目前已研究利用激光治疗心脏疾病和血管内斑块栓塞，包括冠状动脉粥样硬化阻塞后的激光血管再通已获初步成功。

近2～3年来，其临床应用和研究进展也非常迅速，并取得显著成效和积累了较丰富的经验。如激光治疗犬猫宠物的腹泻疾病等。目前激光技术已广泛地应用于兽医外科、内科、产科、传染病、及中兽医等各科临床，疗效快，见效好。我国从 1983 年以来共召开过两次全国兽医激光应用经验交流会，有力地推动了激光兽医学在我国的发展。

（二）激光产生的原理

白炽灯、日光灯、高压脉冲氙灯、激光灯的发光现象，都是光源系统中原子（或分子、离子）内部能量变化的结果。原子的能级结构是发光现象的物质基础，激光的产生，不外乎通过激发、辐射、粒子数反转和激光光学共振腔的形成过程和步骤。

（三）激光的物理特性

应着重指出，激光本质上和普遍光线没有什么区别，它也受光的反射、折射、吸收、透射等物理规律的制约。但是由于激光的产生形式不同于一般光线，故它具有一些特点。

1. 激光的高亮度性

一般规律认为，光源在单位面积上向某一方向的单位立体角内发射的功率，就称为光源在该方向上的亮度。激光在亮度上的提高主要是靠光线在发射方向上的高度集中。激光的发射角极小（一般用毫弧度表示），它几乎是高度平等准直的光束，能实现定向集中发射。因此，激光有高亮度性。另外，激光的亮度也取决于它的相干性。相干性是一切波动现象的属性。光有波动性，因此也有相干性。

一般光源发射出来的光是非相干光，它是波长不等、杂乱无序的混合光束。由于非相干光的波长、相位、振幅极不一致。因此它们的合成波也是一条杂乱无章、毫无规律的曲线，从中不易找出它的周期性来。普通光源如日光、灯光等所辐射的就是这非相干光线。

发光系统中，处于激发状态的原子（或分子、离子）受相应的外界能量（例如入射光子）激励时，它就从高能级跃迁到低能级，同时释放出一个光子，这个被释放的光子和入射的光子是完全一样的。它们两者的波长、传播方向、振幅及相位都完全一样。这样的辐射波具有相干性，它们的谱线很窄。

根据波的迭加原理，如果两列波同时作用于某一点上，则该点的振动等于每列波单独作用时所起的振动代数和。因此，相干光的合成波就是叠加效应的结果。合成波的相位、波长、传播方向皆不改变，只是振幅急剧地增加。因此，通过叠加后的光色不变，只光的强度极大地增加了。激光之所以有高亮度的特点也是由于相干光叠加效应的结果。激光的亮度可以比太阳表面亮度高 1 010 倍。

一束激光经过聚焦后，由于其高亮度性的特点，能产生强烈的热效应，其焦点范围内的温度可达数千度或数万度，能熔化甚至于气化对激光有吸收能力的生物组织或非生物材料。如工业上精密器件的焊接、灯孔、切割；医学上切割组织（光刀）、气化表浅肿瘤以及显微光谱分析等这些新技术都是利用激光的高亮度性所产生的高温效应。激光功率密度的单位为 mW/cm^2 或 W/cm^2，能量密度为 J/cm^2。

2. 激光的高单色性

一般理疗上常用光源，有热光源（如白炽灯、红外线灯）和气体放电发光光源（如紫外线灯）。这类光源的发光物质比较复杂，以自发辐射形式产生光子，发出的光线很不纯，它们的谱线范围是连线的或是带状的光谱。

一般“单色光”被分光镜分解后，它也不是连续的色带，而是一条条独立的、并且具有特定位置的亮光，通常称这为谱线。临床上所谓的单色光也并非是单一波长的光，而是有一定波长的谱线。波长范围越小，谱线宽度越窄，其单色性也越好。因此，谱线的宽度是衡量光线单色性好坏的标志。

激光是物质中原子（或分子、离子）受激辐射产生的光子流，它依靠发光物质内部的规律性，使光能在光谱上高度地集中起来。在激光的发光形式中，可以得到单一能级间所产生的辐射能，因此，这种光是同波长（或同频率）的单色光。光谱高度集中时，其纯度甚至接近单一波长的光线，例如氦－氖激光就是6 328nm的单色红光。

3. 激光的高度定向性

激光的散射角非常小，通常以毫弧计算。例如红宝石激光的散射角是0. 18°，氦－氖激光只有1毫弧度。因此，激光几乎是平等准直的光束，在其传播的进程中有高度的定向性。手电筒照明时，由于光的散射角大，远达数十米后，光散开并形成大而暗淡的光盘。激光由于散射角小，可以准直地射向远距离目的物。1962年，将激光发射向月球，经过40多万公里的进程后，其散开的光斑的直径也不过只有2km多。利用激光的准直性进行测距，从地球到月球之间的误差不超过1. 5m。

由于激光的单色性和方向性好，通过透镜可以把光束集中（聚焦）到非常小的面积上，焦点的直径甚至可以接近激光本身的波长，这是普通光源所不及的。因为从普通光源中发射出来的光束向各个方向传播，它们是互不平行的光，所以通过透镜只能看到某种尺寸的物相。另外，从普通光源中发射出来的光含有很多波长不等的光成分，当通过透镜时，由于不同波长光的折射率不同，所以不同波长光的焦点不在一个平面上。只有激光才能辐射出几乎是平行的光束，并且波长一致（单色性好），因此可以聚焦成为很小的光点。聚焦激光光束的能量密度可以达到很高的程度，这种特点是临床外科和细胞外科使用光刀的决定条件。

（1）互为不平行的光束，不能集中到一点上

（2）互为不同波长光束，不能集中到一点上

（3）严格平行的等波长光束，能集中到一点上

光点的直径是由透镜的焦距和光束的发散角所决定，如果我们知道焦距的发散角的数值，就可以用下列公式计算光点的直径大小。

$$d = f \cdot \theta$$

上式中，f为透镜的焦距（m），d为光点的直径（m），θ为光束的发射角（弧度）。例如，选择焦距为5cm的透镜，光束发散角为10^{-4}弧度，求光点直径。

根据上述公式从理论上推算：$d = 0.05 \times 10^{-4} = 5\mu$。

实际，常常由于激光器的质量不好（单色性程度差），影响到光点的高度集中，达不到理论上的效果。

（四）激光的生物学作用基础

目前认为激光生物学作用的生物物理学基础主要是光效应、电磁场效应、热效应、压力与冲击波效应。

1. 光效应

激光照射生物组织所引起的光效应中主要决定于组织对于不同波长激光的透过系数

(T) 和吸收系数 (A)。不同的组织及组织中的不同物质对于不同波长的激光的透过系数和吸收系数是不同的，对组织的光效应大小由T与A的乘积决定。T·A的积愈大，则此种激光对该组织的光效应也愈大，例如：用于视网膜凝固，波长为6 943Å的红宝石激光作用于视网膜时，T·A = 71%，这个数值比较大，故光凝固效果好，但对视网膜乃是波长为5 750Å的激光的T与A的乘积最大，即光效应最佳。

组织吸收了激光的量子之后可产生光化学反应、光电效应、电子跃迁、激发其他波长的辐射（如荧光)、热能、自由基、细胞超微发光（生物化学发光、系自由基重新结合时释放出来的)，可造成组织分解和电离，最终影响受照射组织的结构和功能，甚至导致损伤。光化学反应在光效应中有重要的作用，普通光所引起的各种类型的光化学反应，激光也都可引起。

激光作用于活组织的光效应大小，除激光本身的各种性能外，组织的着色程度或称感光体（色素）的类型起着重要的作用，互补色或近互补色的作用效果最明显。不同颜色的皮肤，不同颜色的脏器或组织结构对激光的吸收可有显著差异。

在医疗和基础研究中，为增强激光对组织的光效应，可采用局部染色法，并充分利用互补色作用最佳这一特点。另一方面，也可利用此法限制和减少组织对激光的吸收。

2. 热效应

激光的本质是电磁波，若其传播的频率与组织分子等的振动频率相等或相近，就将增强其振动，这种分子振动即产生热的机理，故也称热振动。在一定的条件下作用于组织的激光能量多转变为热能，故热效应是激光对组织作用的重要因素。分子热运动波长主要表现在红外线波段附近，因此二氧化碳激光器输出的红外激光对组织的热作用甚强烈，一定类型和功率的激光照射生物组织时，在几毫秒内可产生200～1 000℃以上的高温，这是因为激光，特别是聚焦激光能够在微细的光束内集中极大的能量，例如：数十焦耳的红宝石激光或钕玻璃激光聚焦于组织微区，能在数毫秒内使该区产生数百摄氏度的高温，以致破坏该部位的蛋白质，造成烧伤或气化，而数十焦耳的普通光是根本无此作用的。此外，还发现激光引起的升温，当停止照射后，其下降的速度比任何方式引起的升温下降速度慢，例如：数十焦耳红宝石或钕玻璃脉冲激光引起的升温要下降到原正常温度，约需数十分钟。

3. 压强效应

当一束光辐射到某一物体时，在物体上产生辐射压力，激光比普通光的辐射压力强很多。若焦点处的能量密度为108W/cm^2，其压力为40g/cm^2；当激光束聚焦到0.2mm以下的光点时，压力可达200g/cm^2；用107W巨脉冲红宝石激光照射人体或动物的皮肤标本时，产生的压力实际测定为175.8kg/cm^2。

当激光束照射活组织时，由于单位面积上的压力很大，故活体组织表面的压力传入到组织内部，即组织上辐射的部分激光的能量变为机械压缩波，出现压力梯度。如果激光束压力大到能使照射的组织表面粒子蒸发的程度，则喷出活组织粒子，并导致同喷出的粒子运动方向相反的机械脉冲波（反冲击）—冲击波出现，这种冲击波可使活组织逐层喷出不同数量的粒子，最后形成圆锥形“火山口”状的空陷。

除上述由于强大的辐射压引起的反冲击压而形成的冲击波外，组织的热膨胀也可能产生冲击波。由于在短时间内（毫秒或更短）温度急剧上升，瞬间释放出来的热来不及扩散，因而产生加速的体热膨胀，例如：用60J的红宝石激光照射小鼠腹壁，在几毫秒内腹壁形成半圆形突起，此即被照射的皮下组织处产生了爆炸性的体热膨胀。

因体热膨胀而在组织内形成的压力以及反冲压，都可产生弹性波向其他部位传播，最初是形成超声波，逐渐因减速而变为声波，进而变为亚声波形式的机械波，最后停止传播。

在组织的微腔液体层内，因超声波在传播同时可出现空穴现象，因空穴的积聚可造成明显的组织塌陷现象，有时又可产生数值较大的压缩冲击波，这一系列的反应均可造成损伤。

弹性波对组织的影响可远离受照射的部位，例如：用极微弱的红宝石激光照射人和动物的眼部时，在头皮层均可记录到声波和超声波。

在强激光束造成的极强的电场中，组织的电致伸缩现象也可产生冲击波和其他弹性波。

4. *电磁场效应*

在一般强度的激光作用下，电磁场效应不明显；只有当激光强度级大时，电磁场效应才较明显。将激光聚焦后，焦点上的光能量密度达106W/cm^{2}时，相当于105V/cm^{2}的电场强度。电磁场效应可引起或改变生物组织分子及原子的量子化运动，可使体内的原子、分子、分子集团等产生激励、振荡、热效应、电离，对生化反应有催化作用，生成自由基，破坏细胞，改变组织的电化学特性等；激光照射后究竟引起哪一种或哪几种反应，与其频率和剂量有重要的关系，例如：电场强度只有高到1 010V/cm^{2}以上时，才能形成自由基。激光照射肿瘤时，只是直接照射一部分组织，但对全部肿瘤可有良好的作用，其中可能的作用机理之一，有人认为就是电磁场作用的结果。

（五）激光的治疗作用

1. *激光的生物刺激和调节作用*

激光与其他各种物理因子对组织器官直至机体的基本作用规律是相同的，即小剂量作用时具有刺激（加强）作用和调节作用。原则上不论使用哪一种激光均符合这一概念。以氦氖激光为例介绍如下（图7－12）：

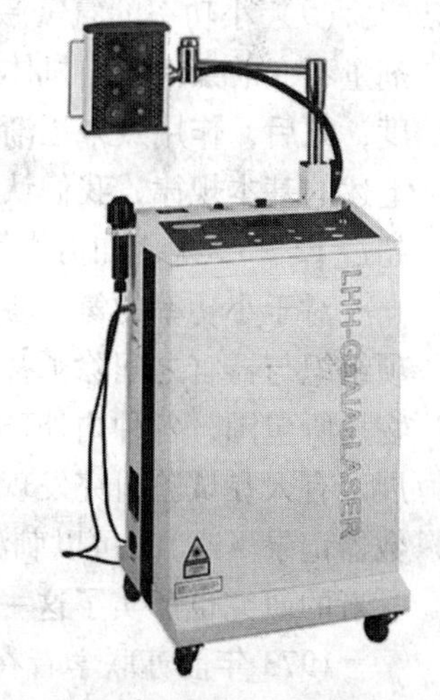

图7－12 氦氖激光治疗仪

（1）小功率的氦氖激光照射具有明显的生物刺激作用和调节作用。目前认为：小功率的氦氖激光照射的治疗作用基础不是温热效应，而是光的生物化学反应。

（2）小功率的氦氖激光照射皮肤时，在光生物化学反应的基础上，可影响细胞膜的通透性，影响组织中一些酶的活性，如激化过氧化氢酶，进而可调节或增强代谢，可加强组织细胞中核糖核酸的合成和活性，加强蛋白质的合成；可使被照射的部位中糖原含量增加；可使肝细胞线粒体合成三磷酸腺苷（ATP）的功能增强。

（3）小功率的氦氖激光照射具有消炎、镇痛、脱敏、止痒、收敛、消肿、促进肉芽生长、加速伤口、溃疡、烧伤的愈合等作用。

（4）小功率的氦氖激光照射可使成纤维细胞的数目增加，因而增加胶原的形成，可加快血管的新生和新生细胞的繁殖过程，基于其对代谢和组织修复过程的良好影响，可促进伤口愈合，加快再植皮瓣生长，促进断离神经再生，加速管状骨骨折愈合，促进毛发生长等。

（5）小功率的氦氖激光照射不能直接杀灭细菌，但可加强机体的细胞和体液免疫机能，如可加强白细胞的吞噬功能，可使吞噬细胞增加或增强巨噬细胞的活性，可使γ－球蛋白及补体滴度增加；此外，微生物检查发现：激光照射可改变伤口部葡萄球菌对抗生素的敏感性。

（6）小功率的氦氖激光照射可影响内分泌腺的功能，如加强甲状腺、肾上腺等的功能，因而可调节整个体内的代谢过程；此外，并可引起周围血液和凝血系列的改变，其基本规律是具有调节作用。

（7）小功率氦氖激光照射可改善全身状况，调节一些系统和器官的功能。用小功率的氦氖激光照射咽峡黏膜或皮肤溃疡面，神经节段部位，交感神经节、穴位等不同部位，与某些局部症状改善的同时，可出现全身症状的改善，如精神好转、全身乏力减轻、食欲增加、原来血沉加快的患病宠物照射后血沉减慢等。据报道：高血压患病宠物经氦氖激光照射治疗后，不仅可使血压降低，一疗程照射后还可使血液的凝固性降低，使血清中总蛋白的含量升高，血浆及红细胞内钾的含量升高。此外，据动物试验：用1.5mW的氦氖激光照射兔或狗的皮肤，对全身代谢有刺激作用；用1～1.5mW的氦氖激光照射兔眼，可引起全身性的血液动力学变化。

（8）小剂量氦氖激光多次照射过程中可有累积效应，在临床工作中我们体会到：在激光照射的前两次往往不出现效果，而在三、四次照射后即可出现疗效，因此要呈现激光照射的疗效，需经过一定作用的累积过程。当然，也有一次照射后即出现疗效的情况，但这往往是局部症状的改善。

（9）小功率的氦氖激光多次照射的生物学作用和治疗作用具有抛物线特性，即在照射剂量不变的条件下，机体的反应从第3～4天起逐渐增强，至第10～17天达到最大的限度，此后，作用效果逐渐减弱，若继续照射下去，到一定的次数后可出现抑制作用。根据上述的基本规律，我们认为，小功率的氦氖激光照射同一部位的次数，在一般情况下不宜超过12～15次，如需作第二疗程照射，则两疗程应有两周左右的间距。

对于小功率的氦氖激光的生物学作用机理，有人用生物场的理论来解释，即机体的各项组织与器官之间除了神经控制和体液调节，还包含有复杂的能量关系，细胞和组织被生物场所包围，各种内外环境的不利因素可以破坏这种能量关系，导致病理过程的产生和发展。有人在试验研究发现：细胞丝状分裂期所辐射的极微弱的紫外线（现今可以用光子计数器记录下来），可以刺激其他细胞的分裂，并认为这就是生物场存在的一个证明。西方学者的研究也证实了这一点。

1973年前苏联学者在试验中发现“镜映细胞病理效应”，其要点是一个组织培养物的细胞在损伤和死亡时，与它同隔着一片石英的另一组织培养物里也发生了相应的损伤症状，从而生物场的理论又得到了一个新的论据。

在20世纪70年代，有的学者以生物场概念为基础，又进一步提出：由于生物结构带有半导体的特性（特别是细胞内的膜），把机体可看成是一个巨大的晶体，有错综地组成的传导带。由于在膜的传导带里的代谢过程，保持着确定的自由电荷密度（生物等离子体)；在各种不利的内、外环境因素的影响下，生物等离子体的内稳态被扰乱，因而引起病理过程的发展。若激光的能量参数比较接近于代谢过程的能量的频率，当激光照射，通过共振作用可使生物等离子体恢复稳定，保持正常的能量级；氦氖激光的能量参数——波长6 328Å，量子能量1.9ev，接近物体的能量参数，当照射机体时，在传导带里发生量子移动，随着机体的能量平衡的改变，能促使恢复正常生理状态。

小功率的氦氖激光照射穴位时，通过对经络的影响，改善脏腑功能，从而起到治疗作用。在临床应用中我们体会到：激光穴位照射的效果如何，关键是在祖国医学理论观点指导下，辩证论治，选经取穴的水平和经验，处理得当者，全身状况、脏腑征象、舌象脉象等均可较明显的好转。

2. 激光手术

激光手术是用一束细而准直的大能量激光束，经聚焦后，利用焦点的高能、高温、高压的电磁场作用和烧灼作用，对病变组织进行切割、黏合、气化。试验确定，切割人体组织所需的功率密度为103～105W/cm^2。二氧化碳激光器、掺钕钇铝石榴石激光器和氩激光器所输出的光束的焦点功率密度可达到上述要求，特别是二氧化碳激光器（图7－13），其光能几乎完全被大部分生物组织吸收到表层200μm内，因此易于控制切割深度。二氧化碳激光器不仅用于体表病变的手术切割，而且20世纪70年代在前苏联和德国先后用以给患宠做了心脏手术，在捷克用以成功地做了心血管外科的动物试验和手术，1976年在澳大利亚用以成功地切除了大脑肿瘤。新近利用激光导管对冠状动脉或肢体血管斑块、血栓阻塞患病宠物进行血管再通术获得成功。

激光手术的优点和经验如下：

（1）只要功率掌握适当，软硬组织均可切割，在一般情况下使用时，激光的功率宜在80W以上。动物试验结果表明：80～100W切割后可一期愈合，病理切片检查结果损伤较轻；

（2）出血量少，可在切面形成一层均匀的、黏合性良好的干性凝固区，因此对于直径1mm以内的动脉，和直径2mm以内的静脉有封闭作用；适用于切割血管丰富的实质性器官，易于出血的或年老体弱的患病宠物；清除烧伤创面的焦痂，可使其气化而无出血；

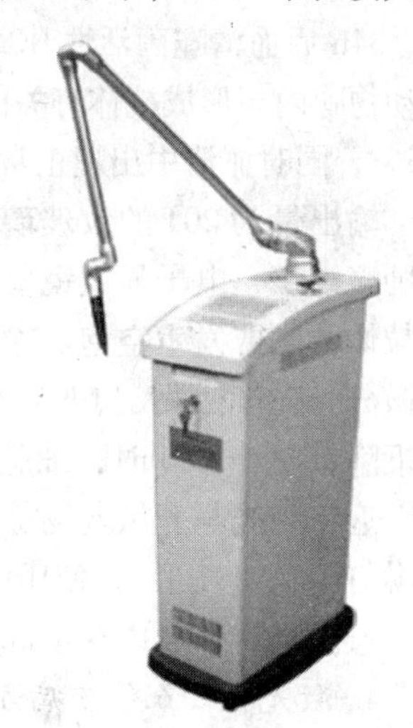

图7－13　二氧化碳激光手术刀

（3）高能的激光束有直接杀死细菌的作用，故术后感染率显著降低；可用于切除坏死组织、疤痕组织，甚至死骨等；感染的创面术前无需准备即可手术；

（4）皮下注射生理盐水造成人为的水肿，可减少组织损伤，因为水分对波长为10.6μm的远红外线吸收性好，可防止热量迅速向周围传播，可减轻切面两侧组织的损伤；

（5）激光切割时术者的熟练程度甚为重要，因为切面的深浅、组织损伤的轻重均与激光光斑停留的时间有关，时间长则组织损伤大，时间短则切割深度不够；

（6）应用激光切割的同时必须喷吹惰性气体，否则在切割脂肪组织时，脂肪熔化成油状，并立即燃烧，其火焰可高达10cm，由于脂肪熔化成液态状，吹氮后即可灭火，又可使周围组织冷却，因而可减少切口周围的热损伤；

（7）激光切割术疼痛较轻，甚至不痛，因为手术区的神经被热凝固；术后形成的疤痕也较柔软。

激光切割存在的问题和缺点如下：

（1）对于直径5mm以上的血管仍需压迫结扎止血；

（2）皮肤切口愈合比一般手术后的切口慢；

（3）切割效果与组织色泽有关，需积累一定的实践经验，方能操作准确；

（4）切割时产生的臭气很浓，需加用排气系统；

（5）激光切割肝组织，术后粘连较重。

3. 激光治疗肿瘤

激光治癌主要是基于其生物物理学方面的特殊作用，即激光的高热作用可使被照射部位的温度升至500℃，当温度升至300℃时，肿瘤即被破坏，激光照射后的1min内可保持45～50℃的温度，继续对肿瘤起作用；激光的强光压作用（机械能作用）可使肿瘤表面组织挥发，使肿瘤组织肿胀、撕裂、萎缩，并可产生二次压力作用。激光治癌可能与其对免疫功能的影响有关；激光可使癌细胞膜变形，故可能将整个肿瘤作为一个导体来标志，从而引起免疫反应，这种理论的证据是：激光治疗恶性眼黑色素瘤时，三周后才观察到明显的好转，三周就是抗原抗体反应所需要的时间。钕玻璃激光（1 000～2 000J/cm^2）照射小白鼠的黑色素瘤，34h后血清噬菌活性升高，14d后血清中白蛋白减少，α－和γ－球蛋白增加；同时受照射动物脾内与形成抗体有关的细胞的数量显著增加达7%黑色素瘤动物是3%，正常动物是0.5%，同时血清中出现正常动物或未经照射的患癌动物血清中所没有的抗肿瘤抗体。

输出量为20J的钕玻璃激光照射小白鼠的黑色素瘤后，取受照射部位附近1～1.5mm的肿瘤组织，电子显微镜检查发现：细胞的核和核仁似无改变；内质网、高尔基复合体和线粒体肿胀或发生空泡。输出能量为200J的二氧化碳激光照射小白鼠的黑色素瘤后，用显微分光光度法测定DNA含量的结果表明：在照后1h细胞核内DNA含量增加，以后逐渐下降，至5～6d时，细胞核完全溶解。

近年激光与光敏药物综合应用诊治肿瘤有了显著发展，当前使用的光敏药物主要为血卟啉衍生物（HPD），使用的激光主要是以氩激光为泵浦的有机染料激光（红光）、氩激光、氪激光，结合内窥镜和光导纤维等技术，用以诊治腔内及体表的癌症。

4. 激光在心血管疾病方面的应用

由于某些激光可以通过光导纤维传输，激光的能量可以通过各种内窥镜，包括血管镜或导管进入血管内治疗各种疾病。低能量的He－Ne激光血管内照射血液其有抗缺氧、抗脂质过氧化、改善血液流变学性质和微循环障碍，增强免疫等功能。

在心脏及血管方面，激光治疗周围血管、冠状动脉，以至颈动脉等的血栓，动脉粥样斑块等。此外治疗糖尿病、心肌炎、肺炎及急性胰腺炎等均有报道。激光尚可做心脏节律点的消除而治疗难治、危重的心律失常；心瓣膜粘连的治疗；房间隔造孔矫治先天性心脏病等。激光心肌打孔，则是用CO_2激光从心包面向心内膜面击穿许多微孔，使心腔与心壁肌肉间有微血窦相能，因而能直接改善心肌供血，此法很有实际意义。激光血管吻合则使得血管吻合比以前快速、可靠，在许多外科手术中有着很大的潜在意义。

5. 激光在外科以及耳鼻喉科方面的应用

激光在皮肤、外科方面的应用最早、最广，自不用赘述。近几年的发展，一是接触激光的应用，使激光外科更快捷方便。根据接触激光的创始人 Joffe 报告，最近又有新一代的接触激光研制成功，有了很多的改进。另一方面，利用腹腔镜，激光可以做胆囊切开术，迷走神经切除术、幽门肌切开术等，激光胆道吻合术、激光大肠吻合术以及输精管吻合术是利用较低功率的激光热效应作的。开腹手术中利用激光热止血效应，对肝癌等容易出血的肝组织做激光切除与消融等等的研究报告亦很多。对于骨的手术，有人报告用自由电子激光（2.9μm 与3.1μm）做骨的切除。利用激光的止血功能，有人报告在完全抗凝情况下的患宠做激光手术取得成功，为抗凝不能手术而又必须手术的抢救提供了一条生路。

根据黄色激光对皮肤与血管组织的不同热作用，采取578nm 染料激光治疗血管瘤认为效果更佳。

因为耳鼻咽喉近于体表，激光在耳鼻喉科的应用亦已很成熟。近报告激光治疗耳硬化症，镫骨切除后的激光固定修复术，以及接触激光及 CO_2 激光显微镜手术切除光治疗耳扁桃体、喉头癌、副鼻窦手术等等亦均有进步。

6. 激光在口腔科的应用

激光在牙科方面的研究始于 1963 年，第一例激光治疗人牙的报告是 Goldman 于 1965 年做的，当时用的是脉冲红宝石激光。现在用激光做口腔肿瘤的手术，治疗牙周病，发现并及时控制龋齿、牙髓病、生物刺激作用均很有效，例如用准分子激光做硬组织（如牙釉质）的消融、牙髓、根管的治疗以及紫外激光，荧光光谱诊断牙根管疾病亦均较前有进步。用激光去除结石的刮牙术；激光使龋齿釉质发光而早期诊断；CO_2 激光或准分子激光利用其杀菌的作用治疗感染的牙根与根管壁；牙尖的融合封闭。激光能融合固定假牙上的金属及正常牙的矫正器，使这些操作更为便捷。激光的刺激作用可以止血，促进创口愈合。光针麻醉则是我国首创。此外，激光多普勒流量计，可测量牙周病时齿龈的血流量，在修复黏合术中作侵蚀质以代替酸侵蚀技术。利用激光扫描整个牙冠，显出其波纹形态而储存在计算机中，然后启动碾磨机器，则整个牙冠的内外面都能在 1h 内，在一块陶瓷块上雕刻出来。

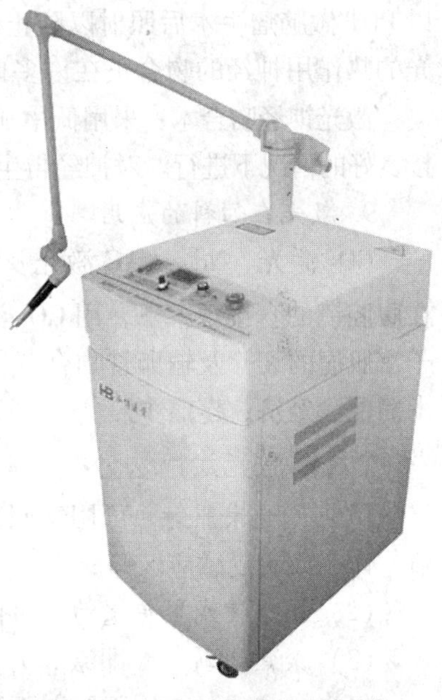

图 7－14 红宝石眼科激光治疗仪

7. 激光在眼科的应用

世界上第一台激光医疗器械即用于眼科的红宝石视网膜凝结机。十几年激光治疗一些眼病已积累了较成熟的经验，有的国家甚至认为可以形成激光眼科学（图 7－14）。

激光在眼科之所以具有较宝贵的治疗价值，有以下原因：

（1）一些可见光波长范围的激光可经眼球透明组织直达眼底，而很少被吸收，因此透明的眼球组织不被损伤；

（2）眼球内富于色素的组织容易吸收激光，而眼球内的许多病变部位和色素组织相近，这就有利于接受激光治疗；

（3）激光单色性好，故进入眼内的光线没有色差；激光发散角很小，定位准确；激光能量密度高，可在小范围内产生最大的生物效应；以上特点很适用于治疗病变范围小的眼球组织的疾病，且不损伤周围正常的组织；

（4）激光脉冲持续时间为毫秒级，甚至更短，在治疗的瞬间不受眼球转收的影响，患宠的痛苦极轻微。

当前激光对眼病的治疗应用主要有：在视网膜剥离时做激光凝结（红宝石激光、氩离子激光）；虹膜切除（红宝石激光）；眼底血管瘤激光凝固（氩激光）；脉络膜成黑色素细胞瘤激光凝固（红宝石激光）；对角开放型原发性青光眼做激光眼前房穿刺术（Q 开关红宝石激光）；治疗中心性视网膜脉络膜炎（氦氖激光）；眼睑结膜上的色素痣、小赘生物的烧灼（二氧化碳激光）等。

8. 激光在神经外科方面的应用

用 CO_2 激光、氩离子激光、Nd：YAG 激光治疗脑及脊髓肿瘤的报告很多。以 CO_2 激光照射脑组织对损伤区超微结构亦作出了较好的研究结果。这项治疗主要是利用激光热作用气化肿瘤，比手术刀切除脑组织方便、出血少。近又有人报告在核磁共振控制下以 Nd：YAG 激光按立体排列方式作组织间热治疗脑肿瘤，这是一种新的尝试。PDT 治疗脑瘤或以 PDT 做脑瘤手术后照射以防止癌灶的遗留复发都已有了一定的经验。目前以较低功率激光的热作用神经的吻合正在许多单位中进行研究。

激光神经吻合术：采用低中功率聚焦后微束 CO_2 激光，Nd－YAG 激光等在神经断面对接良好的情况下进行。对神经再生具有对位好，恢复快不产生吻合处神经纤维瘤等特点。

9. 激光在妇科的应用

CO_2 激光、Nd：YAG 激光及 PDT 治疗外阴及宫颈病变诊断早期癌变已是众所周知。在腹腔镜的直接观察下，用 CO_2 激光或 Nd：YAG 激光作卵巢囊肿、肿瘤、子宫内膜异位、子宫肌瘤的切除及输卵管吻合，输卵管粘连的解除等手术以取代常规的剖腹手术，这类手术简便、经济、疼痛少。

（六）激光治疗法分类

（1）原光束照射　可用于照射病变局部、体穴、耳穴、植物神经节段部位、交感神经节、体表或头皮感应区等。

（2）原光束或聚焦烧灼　可使被照射的病变组织凝固、碳化、气化。

（3）聚焦切割　（即激光刀）用于手术切割。

（4）散焦照射　用于照射面积较大的病变部位。

为使激光聚焦或散焦常用锗透镜，激光束通过锗透镜后即聚焦，离开焦点后扩散呈离焦效应，距焦点愈远，激光的功率密度愈减弱，在焦点部可用于手术切割。

（七）氦氖激光器操作方法

1. 接通电源，激光管点燃后调整电流至激光管最佳工作电流量，使激光管发光稳定。

2. 照射创面前，需用生理盐水或 3% 硼酸水清洗干净。

3. 照射穴位前，应先准确地找好穴位，可用龙胆紫做标记。

4. 照射距离一般为 30～100cm（视病情及激光器功率而定）；激光束与被照射部位呈

垂直照射，使光点准确照射在病变部位或经穴上。

5. 照射剂量尚无统一标准，小功率氦氖激光输出功率在 10mW 以下，每次可照射 3～10min，每日照射 1 次，同一部位照射一般不超过 12～15 次。

6. 不便直接照射的部位，可通过导光纤维照射到治疗部位。

7. 激光器一般可连续工作 4h 以上，连续治疗时，不必关机。

（八）二氧化碳激光器操作法

1. 首先打开水循环系统，并检查水流是否通畅。水循环系统如有故障时，不得开机工作。

2. 患病宠物取合适体位，暴露治疗部位。

3. 检查各机钮是否在零位后，接通电源，依次开启低压及高压开关，并调至激光器最佳工作电流。

4. 缓慢调整激光器，以散焦光束照射治疗部位。

5. 照射距离，一般为 150～200cm 以局部有舒适之热感为宜，勿使过热，以免烫伤，每次治疗 10～15min，每日一次，7～12 次为 1 疗程。

6. 治疗结束，按与开机相反顺序关闭各组机钮，关闭机钮 15min 之内勿关闭水循环。

（九）激光治癌方法

1. 合理选择波长

肿瘤细胞对不同波长激光的选择性极明显，因此在激光治疗时应选择适宜的波长。如果激光照射须透过组织的透过率为 T，须治疗的肿瘤组织的吸收率为 A，则选用激光的波长应使 T · A 的积尽可能大。

2. 确定适宜的剂量

根据肿瘤的性质、部位、大小、色素沉着程度、血管分布和激光的性质而定。激光治癌一般不宜也不需要一次破坏，多采用反复多次治疗，随时间的延长肿瘤可缩小或消失，因此治疗剂量总比破坏剂量小。

3. 避免使用大功率短脉冲的激光束

激光治癌时，有人认为由于强光压产生的机械能，有可能造成癌细胞游离并转移到周围或更深的组织及血管和淋巴管中去，因此应尽可能避免使用大功率短脉冲的激光束，以采用连续辐射或长脉冲辐射的激光为宜。

4. 先照射其周围

为防止激光治癌时的癌细胞游离转移，在照射病变组织之前可先照射其周围（约 5mm 左右）的健康组织。

5. 垂直照射

激光束应聚焦于肿瘤中心，垂直照射肿瘤表面。

6. 尽可能使光斑覆盖全部瘤体

开腹照射肿瘤组织时，应尽可能使光斑覆盖全部瘤体。

附 1：使用激光器的注意事项

1. 激光器须合理放置，避免激光束射向人员走行频繁的区域，在激光辐射的方向上应安置必要的遮光板或屏风。

2. 操作人员须穿白色工作服，戴白色工作帽；操作人员与接受面部治疗的患病宠物均须戴防护眼镜。

3. 无关人员不准进入激光室，更不得直视激光束。

4. 操作人员应做定期健康检查，特别是眼底视网膜检查。

附2：防护措施

1. 室内四壁勿涂光滑白色油漆，因其反射率可达80%以上。根据激光受其补色物体的吸收最大，因此宜选其补色，如波长为6 943nm的红色激光（红宝石激光）的补色是蓝色，使用红宝石激光时，用蓝色颜料粉刷四壁为宜。从理论上讲，以黑色为最好，因为它可以最大限度的吸收射向它的各色激光。

2. 门窗玻璃反光性能强，应采用黑色幕布遮蔽，或涂色，或换有色玻璃。

3. 装备通风、抽气设备，以防止污染的空气对人员及患宠的伤害。

4. 室内灯光应充分明亮，因光线较暗时瞳孔散大，受激光照射进入眼内的光能增多；尚由于眼球的高倍聚光作用，对眼的损伤加重。

（十）常用激光治疗的适应症

1. 氦氖激光

系波长6 328nm的单色红光，连续输出，输出功率从1mW到数十毫瓦。下列的一些病症可应用小或中功率的氦氖激光照射治疗。

（1）内科疾病　原发性高血压、低血压、哮喘、肺炎、支气管炎、胃肠功能失调、肝炎、类风湿性关节炎、肿瘤患病宠物放疗或化疗反应、白细胞减少症。

（2）神经系统疾病　神经衰弱、脑震荡后遗症、神经性头痛、神经根炎、脊髓空洞症、面神经炎。

（3）外科疾病　慢性伤口、慢性溃疡、褥疮、烧伤疮面、疖、淋巴腺炎、静脉炎、闭塞性脉管炎、腱鞘炎、滑囊炎、肱骨外上髁炎、软组织挫伤、扭伤、瘘管、前列腺炎。

（4）五官科疾病　耳软骨膜炎、慢性鼻炎、过敏性鼻炎、萎缩性鼻炎、咽炎、扁桃腺炎、喉炎、麦粒肿、病毒性角膜炎、中心性视网膜炎、耳聋。

（5）皮肤科疾病　湿疹、皮炎、带状疱疹、皮肤瘙痒症、神经皮炎、单纯疱疹。

（6）口腔科疾病　慢性唇炎、舌炎、舌乳头剥脱、创伤性口腔溃疡、复发性口疮、药物过敏性口炎、疱疹性口炎、肩周炎、颞颌关节功能紊乱；照射牙齿表面釉质，可增强抗脱钙能力，具有防龋齿的作用。

（7）产科疾病　附件炎、卵巢功能紊乱。

2. 二氧化碳激光

系波长10 600nm的单色红外线激光，连续或脉冲输出，功率为10W至300W。因二氧化碳激光属于不可见的红外线，当用脉冲照射时，可借助于氦氖激光瞄准。

二氧化碳激光散焦照射，输出功率10W左右至30W以内，如为急性疾患多用10W以内，慢性疾患可用20W左右，治疗的适应症如下：感染伤口、慢性溃疡、褥疮、肌纤维组织炎、肩周炎、腱鞘炎、滑囊炎、肱骨外上髁炎、扭伤、慢性腹泻、慢性风湿性关节炎、神经性皮炎、硬皮症、结节性痒疹、湿疹、面神经炎、颞颌关节功能紊乱、单纯性鼻炎、盆腔炎、宫颈炎等。

二氧化碳激光烧灼，输出功率30～80W，治疗的适应症如下：黑色素瘤、血管瘤、鲜红斑痣、疣状痣、乳头状瘤、寻常疣、皮肤原位癌、基底细胞癌、鳞状细胞癌、舌癌、唇黏液囊肿、肥厚性鼻炎、鼻衄、子宫颈糜烂、宫颈癌等。

二氧化碳激光切割，输出功率100W至300W，聚焦后作为“光刀”施行手术，自1973年开始我国已用二氧化碳“光刀”做了颈部、胸腔、四肢、体表等部位的手术，其中较多用于切除肿瘤；在耳鼻喉科用于做扁桃腺切除术，全上颌骨切除术等；在烧伤方面用于痂皮或疤痕的切除。

3. 红宝石激光

系波长 6 943nm 的单色红光，脉冲式输出（焦耳级）或连续式输出（毫瓦级），主要用于治疗眼科疾病。

应用脉冲式输出的红宝石激光，功率在 0. 1～0. 5J，封闭视网膜裂孔，用以治疗黄斑部和后极部无积液的视网膜脱离、封闭孔洞，疗效达 90% 以上，具有显著的效果；应用 1. 0～2. 0J 的红宝石激光做虹膜切除术，治疗瞳孔膜闭和继发性青光眼、去除晶体前囊色素组织、先天性核性和绕核性白内障、先天性瞳孔残膜、外伤或手术后瞳孔移位、虹膜囊肿、结膜色素症、原发性闭角青光眼等均有良效。

应用输出功率在 100J 以上的红宝石激光可治疗色素痣、疣状痣、浅表毛细血管扩张等。

4. 氮分子激光

系波长 3 371nm 的单色长波紫外光，脉冲输出，功率0. 1～2. 0mJ，可用于治疗较表浅的局限的化脓性炎症，感染创面、头癣、湿疹、神经性皮炎、皮肤皲裂、结节性痒疹、白癜风、外耳道疖肿、扁桃腺炎等；也可用做穴位照射，治疗气管炎、支气管哮喘等内科和神经科的病症；此外，氮分子激光还可作为荧光检查的光源，诊断早期肿瘤（图 7－15）。

5. 氩离子激光

系波长 4 880nm、5 140nm 与 5 145nm 的蓝青－绿光，连续输出，应用功率 1～2W 的氩激光穴位照射可治疗外伤性截瘫、脑炎后遗症、蛛网膜炎、支气管哮喘、慢性肝炎、糖尿症、遗尿症等。

应用输出功率 15～25mJ 的氩激光，可封闭视网膜裂孔以及裂孔前期的视网膜变性；小功率的氩激光都可治疗中心性浆液性视网膜脉络膜病变。

应用输出功率数瓦的氩激光可做血管瘤的光凝固，或治疗滑液囊肿、皮肤腺囊肿、脂肪瘤、纤维瘤、淋巴管瘤、肌纤维瘤等。氩激光都可用于皮肤或内脏病变的手术切除。

氩激光可作为激光内窥镜技术，通过导光纤维对胃、肠等的出血做止血；此外，氩离子激光和氩离子泵辅染料激光（波长 6 300nm）可用于光敏诊治癌瘤新技术（图 7－16）。

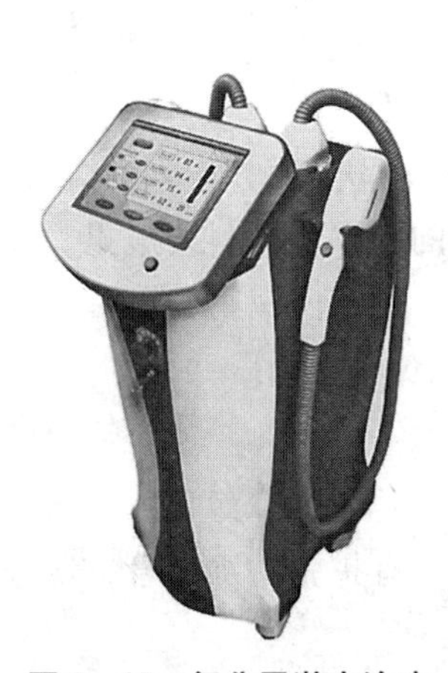

图 7－15　氮分子激光治疗

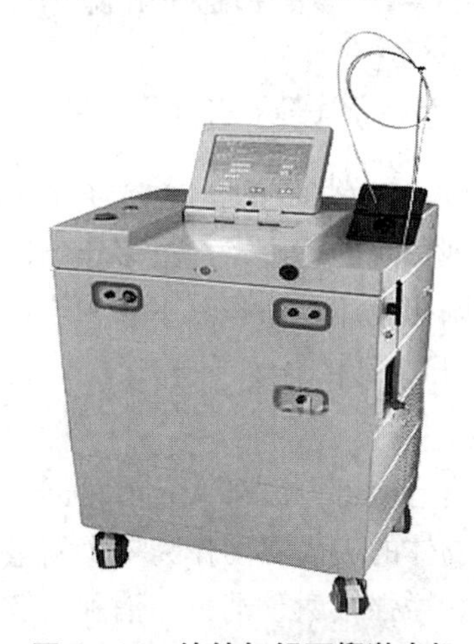

图 7－16　掺钕钇铝石榴激光机

6. 掺钕钇铝石榴石激光

系波长 10 600nm 的近红外光、脉冲输出或连续输出，应用功率数百焦耳的掺钕钇铝石榴石激光，可治疗血管瘤、皮脂腺瘤、淋巴管瘤、黏液囊肿等，增加输出功率还可做皮肤及肌肉的手术切割以及喉癌、胃肠癌的手术切除（图 7－17）。

7. 钕玻璃激光

系波长 10 600nm 的近红外光，脉冲输出或连续输出，治疗时需用氦氖激光做标定瞄准，应用输出功率15～20J的钕玻璃激光可治疗慢性伤口，慢性溃疡以及软组织外伤等。

应用功率为大于 100J 的钕玻璃激光，可治疗血管瘤、乳头状瘤、寻常疣、外阴白斑、基底细胞癌等。

8. 氦镉激光

系波长 4 416nm 和 3 250nm 的紫光和长波紫外光，连续式输出用功率为 3～16mW 的氦镉激光穴位照射可治疗高血压、急性喉炎、急性声带炎等；局部照射可治疗神经性皮炎、皮肤瘙痒症、结节性痒疹等。

将输出功率 15～20mW 的氦镉激光经导光纤维导入体腔内，借助荧光显示的特点可做胃癌、食道癌、鼻咽癌、直肠癌、宫颈癌等的早期诊断、活检定位、指示切除癌组织的范围等（图 7－18）。

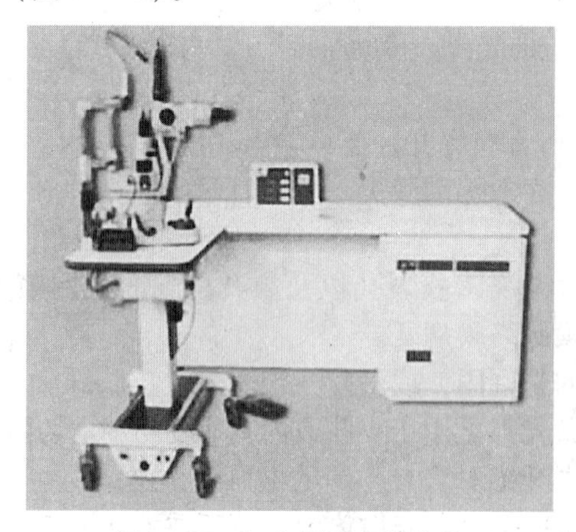

图 7－17　氩离子激光治疗仪

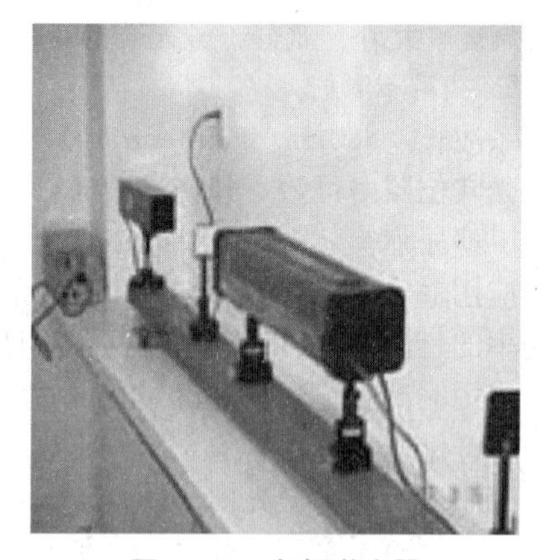

图 7－18　氦镉激光器

七、特定电磁波谱疗法（T、D、P 疗法）

特定电磁波（简称 T、D、P）治疗机是我国科技人员根据电磁波对生物体内微量元素存在状态有强烈影响的理论，经过多年的试验研究所取得的一项重大科技成果。几年来在医学及兽医学临床应用方面积累了较为丰富的临床经验和广泛推广应用。

（一）T、D、P 的治疗作用

1. 热效应

T、D、P 含有大部分红外和远红外线，因而具有明显的热效应，而且在临床应用时也往往用被照射物体的表面温度作为一个衡量参数。热效应具有扩张毛细血管，促进血液循环及淋巴循环、增强代谢、消炎、消肿、解痉及镇痛作用。

2. 非热效应

临床实践证明 T、D、P 除热效应外还有非热效应。

（1）生物体受外界不良自然信息的影响细胞膜的识别系统发生障碍因而发生某些疾

病，T、D、P 是一种良性信息作用于细胞膜后可恢复其识别系统而使疾病得以恢复。

（2）机体内微量元素有两种存在状态，一种是微量元素进入结构而构成细胞更小物质组成成分的叫“有序”、而另一种则是呈游离状态的叫“无序”，这两者是可以转化的。在正常情况下，它们两者之间是有一定的比例关系的。不良的信息会导致生物体微量元素存在状态比值出现异常，因而打破了固有节律变化才引发某些疾病。T、D、P 照射可使恢复到正常比值从而达到促进生物体生长和治疗疾病的目的。

（3）不良信息会导致生物体内微量元素比值出现异常，并使生物体电磁波辐射特征发生改变而形成无续的状态，因而在临床上发生了某些疾病。当 T、D、P 照射后生物体内紊乱了电磁波与 T、D、P 产生共感效应，因而使得其得到恢复而达到治疗的目的。

（二）特定电磁波谱治疗机

该机是将硅、钴、铝、镁、锰、硼、钾、钠、矾、氧、硫、锌、钙、溴、铜、钼、铬、铅、氟、钇、锆、镓、秘、锗、砷、镉、铈、铟、镧、钍、钷等 33 重元素经特定工艺制成发射板，然后在 300～600℃ 的温度作用于以下分子震荡；晶体的晶格震荡；原子转动的 3 种形式发出综合电波，波长为 0.55～50μm，功率消耗 300～600W（图 7－19）。

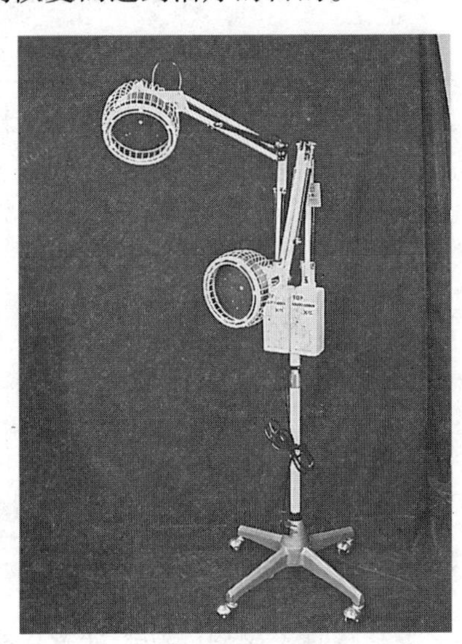

图 7－19　特定电磁波谱治疗机

（三）T、D、P 疗法的适应症

外科疾病：炎性肿胀、扭伤、挫伤、关节透创、关节滑膜炎、滑液囊炎、屈腱炎、腱鞘炎、神经麻痹、创伤、风湿病、骨折特别是难愈合的陈旧性骨折，久不愈合的创伤、溃疡等都有显著的治疗效果。

内科疾病：宠物腹泻、胃肠卡他、咽喉炎及肾炎等。

产科疾病：不孕症、卵巢囊肿、慢性子宫内膜炎、子宫蓄脓、乳腺炎等。

八、冷冻疗法

（一）概述

应用制冷物质和冷冻器械产生的低温，作用于宠物体治疗疾病的方法，称为冷冻疗法。

（二）制冷原理

产生低温的方法很多，目前医疗上常用的冷冻疗法有：

1. 利用冷冻的物质或相变制冷法

是利用低温物质或冷冻剂物理状态（固态、液态、气态）的变化过程所发生的吸热，如溶解热，升华热，汽化热，使周围介质冷却而制冷。

（1）一般简便的方法可用冷水或井水（12～14℃）洗涤，洗澡，冲洗，淋浴，浸泡，敷贴，灌注等。直接用冰作用强，可用冰块轻触按摩；也可用冰冻毛巾（盐水湿透后放冰箱冷冻的毛巾）。或带碎冰的毛巾（毛巾放入少水多冰的冰糊中然后取出）包裹、包扎或压迫；或用装入碎冰袋敷贴；也可将肢体浸入冰水中（冰和水以 1:1 混合）浸泡。冰水在导管内循环作用体外或腔内循环冷却等。此外还可用冷的泥类包裹，冷空气吹风等。

（2）利用熔解过程（固态→液态）制冷法。有冰及盐的混合物，即冰盐合剂，如三份冰和一份食盐可产生 -20℃低温；两份冰和一份浓硝酸（须事先放在冰箱中冷却）可达 -56℃低温。用时必须将冰和盐捣碎，并充分混合，才能达到前述温度。冰盐冷剂在医疗上已很少采用。

（3）利用升华过程制冷。有二氧化碳（干冰），温度 -78.9℃，由于其导热力差，应将它混在一种适当的液体（如丙酮、酒精、三氯乙烯等）中使用。

（4）利用蒸发过程制冷法。如氯热乙烷喷洒制冷。常用的还有液氮，二氧化碳等。一些液化气体在大气压下的蒸发温度见表 7-5。

表 7-5　各种液化气体的制冷温度（℃）

制冷剂	制冷温度	制冷剂	制冷温度
氯乙烷	+12.2	氧化氮	-88.5
氟里昂 114	+3.8	氧化亚氮	-151.0
异丁烷	-10.2	氧	-182.9
一氧化甲烷	-23.8	一氧化碳	-191.5
氟里昂 12	-29.8	空气	-195.0
氨	-33.4	氮	-195.8
氟 里 昂 22	-40.8	氢	-252.9
二氧化碳	-78.9	氦	-268.9

2. 节流膨胀制冷法

按焦耳一汤姆逊效应使高压气体或液体通过阀门或小孔而绝热膨胀产生低温的方法。在室温下节流膨胀制冷决定于所用气体是否高于“转化温度”。高于室温的二氧化碳、氮等经节流膨胀时产生冷却效应；低于室温的氢，氦等经阀门膨胀时，气体温度反而升高。

3. 温差电制冷法

即利用直流电通过两种不同的导体或半导体交换处所产生的温差，就是利用帕尔贴效应产生低温的冷制方法。用几级串联法可获得更好的制冷效应。

有人用三级温差电制冷，可达 -123℃的低温。

（三）冷冻的生理作用

宠物对冷刺激的反应包含局部反应和全身反应应，局部组织的降温是其生物学效应的基础。

1. 对局部组织的影响

局部冷冻首先引起皮、皮下、肌肉和关节等温度下降。皮肤表面温度在应用冰袋 20min 后达 13℃，水浴后达 8℃，用冷冻胶后甚至达 4℃，且在接触冰 6min 后就已出现。将冰袋放在人体腓肠肌部位，可使局部皮温降低 22℃；皮下温度降低 13℃；肌肉温度降低 10℃左右。腹部冰敷 30min，可使腹膜间区温度降低 4～8℃左右。其作用强度与体质、年龄、皮肤厚度、皮肤散热、作用物质、参与反应部分的热传导，比热及作用时间和面积有关。

组织细胞因寒冷破坏的临界温度一般在-20℃左右，但不同的组织存在很大差异。如骨组织和皮肤角质层对冷冻具有一定抵抗力。冷冻使局部组织细胞破坏的机制是：细胞脱水，电解质浓缩到有害程度，pH值降低，细胞内外形成冰晶，类脂蛋白复合体变性，血流淤滞及低温休克等。冷冻后的复温过程对组织细胞同样有破坏作用。

2. 对血管的影响

组织致冷的直接结果是冷引起的血管收缩，这是由皮肤冷感受器经局部和交感性反应引起的组织缺血。这些反应可由于轴突反射和中枢神经系统反应。这时中心温度暂时性轻度上升，因此整个机体的热消耗能够被抑制。冷冻去除后出现血循环增多，即反应性充血状态，其后皮温亦渐回升。冷冻使周围血管收缩后，明显地减少外周血流量，并改变血管的通透性。有助于减少渗出，防止水肿。冷冻引起的血管运动反应代谢抑制，使血肿、创伤性和炎症性水肿消减并抑制淋巴的生长。但长时间冷冻可继而引起血管扩张反应。

冷冻达一定深度时，可使血管内膜增生，致管腔狭窄，以及血栓形成，但对大血管的影响很小。

3. 对神经系统的影响

持续的冷冻作用于皮肤感受器，首先引起兴奋，继而抑制，最后麻痹，使神经传导速度减慢，以至暂时丧失功能。患宠首先感觉冷，以后有烧灼及刺痛感，再后才止痛。由于感觉敏感性降低，而有镇痛麻醉作用。在皮肤外感受器受的刺激下，可影响α-运动神经元的活动，使肌张力降低，而达到解痉并减痉挛性疼痛。动物试验证明，冷冻使轴突反射减弱。当温度降低至6℃时，运动神经即受到抑制；降至1℃时，感觉神经也被抑制。但瞬时冷冻刺激对神经有兴奋作用。

4. 对肌肉活动影响

冷刺激肌肉后的三期反应可有肌电位改变而确定，首先远端小的肌群活动性增高而出现跳动。第二期显示活动性相对减弱。长时间冷作用则出现第三期，近端肌群活动电位增高，并出现肌肉震颤。最初冷有刺激效应，因此增加一些运动单位随意活动的可能性。长时间冷冻的作用可供肌梭传入纤维和α-运动神经元的活动受到抑制，而使肌张力下降，冷冻还明显的限制肌梭活动的交感神经支配，由此产生的刺激阈升高，可使痉挛患宠肌张力下降，抽搐受抑制和牵张反射降低。局部冷冻使神经肌肉的化学物质传递减慢，因而肌肉的收缩期、松弛期及潜伏期均延长，降低肌张力，肌肉收缩与松弛的速度而缓解肌痉挛。

5. 对皮肤的影响

皮肤之冷觉感受器比热觉感受器数目多因而对冷冻刺激比较敏感，并可反射性地引起局部的和全身的反应。在皮温降至冰点前，皮肤血管收缩，触觉敏感降低，皮肤麻木；降至冰点时，皮肤骤然变白而坚硬；继续加深冷冻，便发生凝冻而稍显隆起。冷冻消除后因边缘区逐渐向中心区出现潮红，在冷冻区中可出现水肿，甚至大疱、血疱。

6. 对代谢的影响

冷冻可增强代谢功能，提高基础代谢率。而降低被冷冻组织的代谢，减少其氧化耗量。

7. 对免疫机能的影响

临床与试验证明，组织细胞经冷冻破坏后，可形成特异性抗原，使机体产生相应的免疫反应。

8. 抗炎作用

冷对炎症的症状治疗及对炎症过度有良好影响。但冷的效应仅用于炎症的最初急性阶段。据报道，用于亚急性炎症可能出现损害。

9. 远隔作用

冷可引起热调节的改变和全身反应。例如体温调节对抗反应，交感反应，冷加压反应（高压升高）及抗体的适应，此外冷作用一定的节段区域皮肤可通过节段反射引起相应某个内脏的反应，如腹部冷敷可反射性地增强胃肠道功能，促进胃酸分泌增加。而如果消化道的直接冷冻，则效果恰好相反。

（四）设备与治疗方法

1. 设备

根据采用的冷冻方法而配备冷冻剂，贮冷器及冷冻治疗器等（图 7－20），采用非破坏性冷冻时，常需备有浴桶、浴盆、大毛巾、冰袋、冰箱等。

2. 方法

理疗科常用局部冷冻治疗机有下列一些方法。

（1）冷敷法　是常用的简便方法，有下面几种。

①将毛巾浸入碎冰中，然后拧去多余的冰水及冰块，敷于治疗部位。治疗肌痉挛时间为 8min。在 4min 时更换一次。

②将捣碎的冰块放入冰袋中，治疗时将冰袋敷于患部，时间依病情而定，同一治疗部位一般不超过 24～28h。

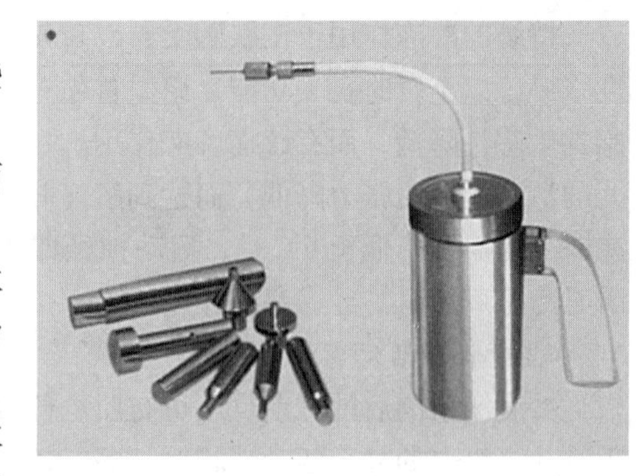

图 7－20　冷冻治疗器

③将冰块隔着垫物（如大毛巾）贴于病变部位，使局部温度逐渐降低，治疗时间20～30min。

④将冰块直接放于治疗部位，或持冰块在治疗部位表面来回接触移动（冰块按摩）。本法刺激作用较强，治疗时间一般 5～12min。以不引起皮肤发生凝冻为宜。

⑤循环冷却法：有体外法和体腔法两种。体外法是将小管盘成鼓状放在体表，冷水或冷冻剂通过管内循环制冷。体腔法是将冷冻剂通过小管与放入体腔内的囊相连接，常用于胃肠道的局部冷冻治疗。

（2）冰水浸浴　用冰水（±5℃）将患部浸入其中，多用于四肢部位的治疗。开始时可有痛感，每20～30s将治疗部位从浴器中抬出一次，反复进行，持续治疗 4min 左右。

（3）喷射法　直接将冷冻剂经液管呈雾状喷射到病变局部。喷射范围根据治疗部位而定，特别适用于高低不平和范围较大的病变部位。如氯乙烷喷射法，时间 20～15min。多采用间歇喷射，如一次喷射 3～5s 后停止 30s，反复进行多次。治疗时，观察皮肤反应，不引起皮肤凝冻为宜。

此外，尚有冷冻灌肠，冰水饮服等法。对表浅孤立病灶如血管瘤等，简便的治法，可用棉棒蘸液氮直接涂于病变局部进行治疗。

3. 注意事项

(1) 治疗前向患宠主人说明冷冻治疗的正常感觉。

(2) 采用贴敷法时，应防止过冷引起组织冻伤，采用液氮时，应注意安全，防止溅及正常组织和衣物。

(3) 冬季应注意非治疗部位的保暖，以防宠物感冒。

(4) 冷冻反应及处理。一般全身反应少见，个别患宠如出现震颤、面色苍白、出汗等现象，多因过度紧张所致，经休息或身体其他部位施以温热治疗可很快恢复。冷冻治疗达一定深度时，常有痛感耐受，不需处理，个别因痛而致休克，则需休息并去除制冷物及全身复温处理即可恢复。有时可出现局部瘙痒荨麻疹时，可能与过敏有关，经对症处理后可恢复。冷冻过度或时间过久，局部常可出现水肿及渗出，严重时有大疱、血疱。轻度只须预防感染。严重者，应严格无菌穿刺抽液，涂1%～2%龙胆紫液进行无菌换药可愈。治疗血管瘤时，应防止出血。

（五）适应症和禁忌症

1. 适应症

(1) 软组织闭合性损伤、如肌肉、韧带关节的扭挫伤，撕裂伤，运动伤等急性期伴血肿及水肿时或恢复期均有良好效果。

(2) 疼痛和痉挛性病，如疤痕痛及肌肉痉挛等。

(3) 内脏出血，如肺出血、食道出血、胃十二指肠出血等。

(4) 热烧伤的急救治疗，尤适用于四肢部位烧伤。

(5) 蛇咬伤早期辅助治疗。

(6) 良性皮肤疾病，局限性急性皮炎、瘙痒症、疣状湿疹、疤痕疙瘩、血管病、眼疾等。良性皮肤黏膜血管瘤、良性表浅肿瘤等。

(7) 扁桃腺术后等喉部出血水肿。

2. 禁忌症

血栓闭塞性脉管炎，雷诺氏病，冷变态反应者，致冷血红蛋白尿，对冷过度敏感者，严重心血管疾病，动脉硬化，肾、膀胱疾病。

九、烧烙疗法

烧烙疗法是应用高温的烙铁烧烙患部的皮肤、肌肉、骨膜，通过强烈的刺激来使慢性炎症变为急性炎症，使病理组织、瘢痕组织软化吸收，从而达到治疗疾病的目的。

1. 烧烙疗法的适应症

各种骨瘤、肌肉腱或韧带的慢性炎症、如慢性增生性腱炎、掌骨瘤、指骨瘤及慢性关节周围炎等。也可用于大面积创伤止血。禁止用于急性损伤以及化脓性疾病。

2. 烧烙技术

常用的烙铁有球形、锥形、斧形、针状等，使用汽油、酒精或乙醚作为热源，在烙铁内部加温。并通过镇静或麻醉保定宠物。烧烙方法可以采用线状烧烙，适于腱炎、皮肤平坦部位的关节；点状烧烙，适于面积小、皮肤不平坦部位的关节；穿刺烧烙，适于骨瘤、骨关节炎及骨关节病等。

烧烙的程度分为三种程度。

轻度：皮肤厚度的1/3，呈黄褐色并有少量渗出液；

中度：皮肤厚度的1/3，呈金黄色，渗出液多；

重度：皮肤厚度的2/3，呈麦秆黄色，有多量渗出液。

3. 注意事项

烧烙时不要在一点上反复烧烙，要轮流烧烙到所需程度；烧烙的点线要保持一定的距离（1～1.5cm），且不要交叉；烙铁要烧到红热的程度；幼龄及瘦弱的宠物尽可能不用；夏季及冬季最好不用；烧烙要避开大的血管、腺体导管、神经及重要器官；烧烙后要保证患宠物安静。

第二节　化学疗法

病原微生物、寄生虫及癌细胞所致疾病的药物治疗统称为化学治疗，简称化疗。化学治疗的目的是研究、应用对病原微生物有选择毒性（即强大的杀菌作用）而对宿主无害或少害的药物以防治病原微生物的所引起的疾病。

化学疗法通常是指以化学物质治疗感染性疾病的一种方法。对所用的化学物质称化学治疗药或简称化疗药，它对病原体有较高的选择性毒性，能杀灭侵害机体的病原体，但对宿主细胞则无明显的毒害作用。

过去把化疗药只看作是抗感染药，近年来将对恶性肿瘤有选择性抑制作用的物质，也称为化疗药。因此，“化学治疗”一词的广泛含意可概括为“用化学物质有选择地作用于病因的疗法”。

化学药物应具备对病原体有较强的作用（能杀灭或抑制其发育）和对宿主细胞无害或副作用很小两个基本条件。所以，评价一种药物的优劣，不仅在于治疗量的大小，更重要的是治疗量与中毒量之间的距离的大小，衡量一种化疗药物的安全度及其治疗价值的标准，通常以化疗指数表示之。化疗指数就是药物的中毒与治疗量之间关系的数学表示。化疗指数越大则越为安全。在实验治疗中，化疗指数是以实验动物对某种药物的半数致死量（LD_{50}）/半数有效量（ED_{50}）计算。但在临床治疗中，由于在宠物不可能取得 LD_{50}，医师主要关心的是药物的不良反应，所以化疗指数就以中毒量/治疗量来表示。一般认为化疗指数要大于3，才有临床试用意义，指数7是最小的安全值。

化学治疗药包括的范围很广，有抗菌药、抗病毒药、抗霉菌药、抗原虫药及抗蠕虫药等。

一、抗生素的临床应用

（一）抗生素的分类

根据抗生素的主要抗菌谱和临床应用，通常可分为以下4类。

1. 主要抗革兰氏阳性菌的抗生素，如青霉素类、红霉素等。

2. 主要抗革兰氏阴性菌的抗生素，如链霉素类、多黏菌素类等。

3. 广谱抗生素，如四环素类等。

4. 抗真菌抗生素，如灰黄霉素、制霉菌素等。

（二）抗菌药物的合理应用

抗菌药物，特别是抗生素，是宠物临床上使用最广泛和最重要的一类药物，同时滥用现象也很严重，虽然它们在防治细菌感染性疾病中发挥了巨大的作用，但任何一种抗菌药物不仅仅是作用于致病菌，而且对机体和胃肠道正常菌群有不同程度的影响。随着抗菌药物的广泛应用，也带来许多新的问题，如对药物产生毒性反应、二重感染、过敏反应以及细菌抗药性的形成等，因此既要看到抗菌药物对致病微生物引起的感染有治疗作用的有利方面，又不可忽视产生不良反应的可能性。因此在使用抗菌药物时，必须防止滥用药物，大力提倡合理用药。

1. 严格掌握适应症与正确选药

各种抗菌药物，有不同或不完全相同的抗菌谱。临床工作中应在对患病宠物进行确诊之后，根据疾病的特点和病原的条件，选用抗菌作用强、治疗效果好、不良反应少的抗菌药物。为了正确地选药，在诊断工作中应尽可能地早期分离病原菌，并测定药物敏感性。

抗菌药物的选用，必须根据适应症。凡属可用可不用的尽量不用，除考虑抗生素的抗菌作用的针对性外，还必须掌握药物的不良反应和体内过程的疗效关系。对发热原因不明疾病或病毒性疾病，一般不宜应用抗菌药物。除病情危急且怀疑为细菌高度感染外，发热原因不明者不宜用抗生素，因为抗生素用后常使致病微生物不易检出，且是临床表现不典型，影响临床确诊，延误治疗。抗生素对各种病毒性感染并无疗效。一般应尽量避免局部应用抗生素，因为用后易发生过敏反应且易导致耐药菌的产生。

2. 要用足够剂量和疗程，合理用药

抗菌药物用量过大，可造成不必要的浪费并对病畜可能产生不良影响，但用量不足或疗程过短，也容易出现细菌耐药性。

患病宠物确诊并选定药物后，通常应根据病情、机体特点及实际情况，拟定具体治疗方案，规定给药方式、途径、用量、次数以及疗程，以达合理用药的目的。

抗菌药物的剂量应以病原体对选用药物的敏感程度，病情的轻、重、缓、急，病畜机体状态及体质强弱等具体条件而定。抗菌药尤其是抑菌药如磺胺类，一般首剂量宜加大（倍量），并根据血中有效浓度的维持时间，确定用药次数，维持剂量及疗程日期，一般可以5～7天为1疗程。通常在症状消退后还应再继续用药1～3天，以求彻底。停药过早，容易导致复发或使细菌产生耐药性。对某些慢性传染病还应根据情况而适当延长疗程。

给药途径应根据病情、药物的剂型和特性等实际情况而定。针剂通常适用于急性、严重的病例，或内服吸收缓慢、药效不确实的药物。内服剂型多用于慢性疾病，特别是消化道感染时。局部用药常限于创伤、子宫、乳管或眼部等。

治疗过程中应随时仔细观察患病宠物的反应、病程经过及症状的变化，并坚持或修订、改变治疗方案、计划，以达到彻底治疗的目的。临床治疗实践的检验，可使抗菌药物的选定，使用更加确切、合理。

3. 抗菌药物的联合应用

联合用药是指抗菌药物的联合使用，目的在于增强疗效、减轻毒性以及延缓或避免细菌产生耐药性。不同种类的抗菌药联合应用可表现为协同、累加、无关和颉颃四种效果。

抗菌药物可分为杀菌药和抑菌药。杀菌药如青霉素类、先锋霉素类、氨基糖苷类、多黏菌素 B 和 E 等；抑菌药如四环素、大环内酯类、磺胺类等。一般认为两种杀菌药物联合使用，可产生协同作用，而两种抑菌药物联用可产生相加作用。但杀菌药与抑菌药之间的联合使用，则有可能出现颉颃作用。因为细菌的生长、繁殖受到抑菌药物的抑制时，作用于细菌生长、繁殖期的杀菌药，其释放能会受到限制。

联合滥用可能增加抗菌药物的毒性，并可使耐药菌株增多。因此，联合使用抗菌药，应有明确的临床指征：

（1）病情危急或病因未明的严重感染，用单一抗菌药物难于控制病情者，如败血症、亚急性细菌性心内膜炎等；

（2）一种抗菌药物不能控制的混合感染，如慢性尿路感染、腹膜炎、严重创伤性感染等。

（3）对某种抗菌药已产生耐药性的病例，为了减少或延缓耐药性的产生，应联合用药，如结核病。

（4）某种抗菌药作用较弱，联合应用能增加其抗菌作用，如肺炎、心内膜炎等，青霉素和链霉素联合应用效果会显著提高。

（5）临床可能有效的联合用药：

一般感染：青霉素 + 金霉素。

金葡菌感染：庆大霉素 + 卡那霉素或杆菌肽。

大肠杆菌感染：卡那霉素 + 四环素；庆大霉素 + 四环素。

变形杆菌感染：卡那霉素 + 四环素。

绿脓杆菌感染：多黏菌素 + 四环素；庆大霉素 + 四环素。

腹膜炎（混合感染）：四环素。

联合用药时，为了避免产生配伍禁忌，应尽量分开使用。抗菌药物的静脉注射，更应注意配伍禁忌，四环素不宜和氢化可的松、青霉素 G、红霉素、磺胺嘧啶钠、氯化钙、葡萄糖酸钙等混合，氢化可的松和肝素等很多抗生素有配伍禁忌。应注意，在含葡萄糖或右旋糖酐的溶液中，青霉素 G 和新青霉素不宜和碳酸氢钠混合，磺胺药碱性很强，不宜和青霉素、四环素或红霉素混合。

青霉素类遇湿后会加速分解，在溶液中不稳定，时间越长则分解越多，使药效降低甚至消失，而且产生加速分解。所以青霉素类应用前溶解配制，以保证疗效和减少不良反应的发生。头孢菌素类与青霉素类相同，在溶液中稳定性较低且受 pH 值的影响，其在酸性或碱性溶液中会加速分解，应严禁与酸性药物（如 VC、氨基酸等）或碱性药物（如氨茶碱、碳酸氢钠等）配伍。青霉素类与头孢菌素类最好采用注射用水或生理盐水注射液作为溶媒，若溶解在葡萄糖溶液中，往往使主药分解加快而导致疗效降低。另外，红霉素、卡那霉素、新生霉素也不宜加在葡萄糖溶液中，两性霉素 B 不能溶解在生理盐水中。青霉素类抗菌药主要取决于血药浓度的高低，短时间达到较高的血药浓度对治疗有利。若静脉给药时宜将一次量的药物溶解在 50～100ml 液体中，在 0.5～1h 内滴完。这样不但使之在短时间内达到较高的血药浓度，而且可以减慢药物的分解和减少致敏物的产生。某些抗菌药物的联用，除协同作用外毒性也增加，如氨基糖苷类与头孢菌素联用可使肾毒性增强。

4. 肝肾功能减退与应用抗菌药物的关系

肝肾功能减退的患病宠物伴有感染时，如何正确使用抗菌药物是一个重要问题，掌握不好，不但治疗效果不佳，反而可能加重肝肾的损害，甚至造成药物蓄积而引起的毒性反应。

（1）肝功能减退时抗菌药物的使用　肝功能减退时的患病宠物，使用一般剂量的青霉素、先锋霉素类及多黏菌素 B 时，因为这些药物对肝脏毒性较小，故不必减量和延长给药间隔时间。红霉素、新生霉素、利福平等主要经肝脏代谢或排泄，当肝功能减退时，容易引起体内蓄积，产生不良反应，应用时必须特别慎重。四环素大剂量内服或静脉滴注，可引起蓄积性黄疸和肝细胞坏死。氯霉素在肝功能不全时，可增加对骨髓的毒性，特别是黄疸或肝硬变腹水时毒性作用更为明显，不宜使用。两性霉素 B、灰黄霉素也能损害肝脏，使用时也应该注意。

（2）肾功能减退时抗菌药物的使用　许多抗菌药物的排泄都通过肾脏，有些则对肾脏有直接毒害作用，因此才使用抗菌药物治疗前应了解肾脏的功能状态，在肾功能轻度减退时，使用四环素、土霉素、氨基苷类、多黏菌素 B、万古霉素等需延长给药时间；中度减退时，最好不用磺胺类药物；严重减退时，青霉素类给药间隔时间也应该延长。

本节以下各项标题内容均以表格形式列出。

（三）抗革兰氏阳性菌的抗生素

药物名称	作用范围及用途	用量及用法
青霉素 G 钾/钠（盘尼西林）	大多数革兰氏阳性菌、部分革兰氏阴性球菌、各种螺旋体和放线菌，主治脑膜炎、细菌性心内膜炎、肺炎、乳腺炎、气管炎、子宫内膜炎、炭疽、破伤风、坏死杆菌病、恶性水肿、钩端螺旋体病等，也可用于链球菌病、葡萄球菌病及支原体病等	4 万～8 万 IU/kg 体重/次，肌肉或静脉注射，2～4 次/d，或 10 万 IU 伤口内注入。用前须做皮试，不宜与庆大霉素、卡那霉素同用
普鲁卡因青霉素	用于治疗钩端螺旋体病、放线菌病等，每克含有青霉素 G95 万 IU 以上，含普鲁卡因 0.38～0.4g	2 万～3 万 IU/kg 体重/次，肌肉或皮下注射，1 次/d，2～3d
苄星青霉素（长效西林）	在体内维持时间长，预防或治疗需要长期用药的病例，如犬、猫长途运输时以及预防各种呼吸道的感染、乳腺炎、子宫内膜炎等	4 万～5 万 IU/kg 体重，2～3d/次
新青霉素 Ⅰ（甲氧苯青霉素钠、甲氧西林）	对常规葡萄球菌均有杀灭作用，临床上主要用于耐药性金黄色葡萄球菌引起的感染，尤其对重剧的乳房炎有较好的疗效	4～5mg/kg 体重/次，4 次/d，肌肉注射，也可口服或静注

续表

药物名称	作用范围及用途	用量及用法
新青霉素Ⅱ（苯唑青霉素、苯唑西林）	对金黄色葡萄球菌、链球菌、肺炎球菌及化脓棒状杆菌有杀菌作用。治疗耐药金黄色葡萄球菌与链球菌引起的各种感染	15～20mg/kg体重/次，内服、静注或肌注，3～4次/d
氨苄青霉素（安苄西林）	广谱抗生素，对多数革兰氏阳性菌和革兰氏阴性菌及钩端螺旋体均有效，对肺炎球菌、绿脓杆菌无效。常用于敏感细菌引起的肺部、肠道和泌尿道感染。与庆大霉素、卡那霉素、链霉素合用可增强疗效（应分开注射）	20～30mg/kg体重，口服，2～3次/d；10～20mg/kg体重，皮下、肌肉或静脉注射，2～3次/d
羟氨苄青霉素（阿莫西林）	与氨苄青霉素相似，但杀菌作用很强，对肺炎球菌所引起的呼吸道感染有很好的疗效。对泌尿道、消化道感染也有较好疗效。如与强的松龙等合用，治疗子宫内膜炎、乳腺炎、无乳综合症疗效很好	10～20mg/kg体重/次，内服，2～3次/d，连用5d；5～10mg/kg体重，皮下、肌肉或静脉注射，3次/d
头孢羟氨苄	该药的作用类似头孢氨苄，对金黄色葡萄球菌、溶血性链球菌、肺炎链球菌、大肠杆菌、奇异变形杆菌、肺炎克雷伯杆菌等有抗菌作用。用于治疗呼吸道、泌尿道、消化道、皮肤及软组织严重感染的治疗	内服：10～20mg/kg体重/次，1～2次/d，连用3～5d；猫22mg/次，1次/d
头孢噻吩钠（先锋霉素Ⅰ）	对抗革兰氏阳性菌、革兰氏阴性菌和钩端螺旋体等。但对绿脓杆菌、结核杆菌、真菌、支原体、病毒、原虫无效。主治耐药金黄色葡萄球菌、革兰氏阴性菌引起的呼吸道、泌尿道、乳房炎和手术后的严重感染	20～30mg/kg体重/次，肌肉或静脉注射，3～4次/d
头孢噻啶（先锋霉素Ⅱ）	对革兰阳性菌的作用较前者强，对大肠杆菌的作用亦较强，主要用于敏感菌所致的呼吸道感染、皮肤和软组织感染、泌尿道感染、胆道感染、胸腔腹腔感染，也可用于脑膜炎、败血症、胸膜炎	10～15mg/kg体重/次，2次/d，肌肉或皮下注射，肾功能不佳者慎用，连用不超过7d
头孢氨苄（先锋霉素Ⅳ）	本品对金黄色葡萄球菌、溶血性链球菌、大肠杆菌、奇异变形杆菌等有抗菌作用，对绿脓杆菌无效。用于敏感性菌所致的口腔炎、泌尿道、皮肤及软组织部位的感染	口服、肌肉或皮下注射，11～33mg/kg体重/次，3次/d，连用3～5d
头孢唑啉钠（先锋霉素Ⅴ）	本品的抗菌谱类似头孢噻吩钠，特点是对革兰氏阳性菌作用较强，但对绿脓杆菌则无效。临床上用于呼吸道、泌尿道、皮肤及软组织等部位的严重感染及心内膜炎、败血症等	皮下、静脉或肌肉注射，15～25mg/kg体重/次，3～4次/d

续表

药物名称	作用范围及用途	用量及用法
头孢噻肟钠（头孢氨噻肟、头孢泰克松、CTX）	本品与革兰氏阳性菌的效力与头孢噻吩钠、头孢唑啉钠相似，对革兰氏阴性菌有较强的抗菌作用。用于敏感菌引起的呼吸道、消化道、皮肤及软组织的感染	皮下、肌肉或静脉注射，20～40mg/kg 体重/次，3～4 次/d
头孢拉定（先锋Ⅵ、先锋霉素Ⅵ、头孢菌素Ⅵ）	对耐药性金葡菌及其他多种对广谱抗生素耐药的杆菌等有迅速而可靠的杀菌作用。用于呼吸道、泌尿道、皮肤和软组织等的感染，如支气管炎、肺炎、肾盂肾炎、膀胱炎、耳、鼻、咽喉感染、肠炎及痢疾等	内服：10～20mg/kg 体重/次，2 次/d；肌肉或静脉注射：5～15mg/kg 体重/次，2 次/d
头孢曲松（菌必治、头孢菌素、头孢泰克松）	对大多数革兰阳性菌和阴性菌都有强大抗菌活性如绿脓杆菌、大肠杆菌、肺炎杆菌、产气肠细菌、变形杆菌属及金葡菌等。主要用于敏感菌感染的脑膜炎、肺炎、皮肤软组织感染、腹膜炎、泌尿系统感染、肝胆感染、外科创伤，败血症及生殖器感染等	皮下、肌肉或静脉注射 20～30mg/kg 体重/次，2 次/d
头孢哌酮（先锋铋、先锋哌酮、头孢菌素钠）	对革兰阳性菌及阴性菌均有作用，如金黄色葡萄球菌、肺炎链球菌、溶血性链球菌株、大肠杆菌、克雷伯杆菌属、普通变形杆菌、沙门菌属和绿脓杆菌等。主要用于敏感菌引起的呼吸系统感染、腹膜炎、胆囊炎、肾盂肾炎、尿路感染、脑膜炎、败血症、骨和关节感染、盆腔炎、子宫内膜炎、皮肤及软组织感染等	25～50mg/kg 体重/次，肌肉或静脉注射，2 次/d
红霉素（利菌沙、虎乙红霉素、威霉素、福爱力、新红康）	抗菌谱与青霉素近似，对革兰阳性菌，如葡萄球菌、化脓性链球菌、绿色链球菌、肺炎链球菌、梭状芽胞杆菌等有较强的抑制作用；对革兰阴性菌，如螺旋杆菌、布氏杆菌及巴氏杆菌等也有相当的抑制作用。此外，对支原体、放线菌、螺旋体、立克次体、衣原体、钩端螺旋体、少数分枝杆菌和阿米巴原虫有抑制作用。金黄色葡萄球菌对本品易耐药。用于治疗敏感菌引起的肺炎、子宫炎、乳腺炎、败血症及细菌性毛囊炎、眼炎。与链球菌合用可协同	口服剂量：10～20mg/kg 体重/次，2 次/d；静脉或肌肉注射剂量：1～5mg/kg 体重/次，2 次/d；软膏、眼药膏外用涂于眼睑或皮肤上
阿奇霉素（阿红霉素、阿奇红霉素、阿齐红霉素、阿齐霉素、希舒美）	主要用于敏感菌所致的呼吸道、皮肤软组织感染和衣原体所致传染病，对于流感杆菌、肺炎球菌等所致的急性支气管炎、慢性阻塞性肺部疾患合并感染、肺炎等效果较好。对化脓性链球菌、金葡菌等所致的疖肿、蜂窝组织炎等，也有较好治疗作用	犬：5～10mg/kg 体重/次，内服，1~2 次/d，连用 5～7d；猫：5mg/kg 体重/次，内服，1 次/2d，连用 5～7d

续表

药物名称	作用范围及用途	用量及用法
林可霉素（洁霉素）	对大多数革兰阳性菌和某些厌氧的革兰阴性菌有抗菌作用。敏感阳性菌包括肺炎链球菌、化脓性链球菌、绿色链球菌、金黄色葡萄球菌；敏感厌氧菌包括双歧杆菌、消化链球菌、多数消化球菌、产气荚膜杆菌、破伤风梭菌以及某些放线菌等。临床上应用于革兰氏阳性菌引起的各种感染，如肺炎、骨髓炎及败血症等，特别适用于耐青霉素、红霉素菌株的感染或对青霉素过敏的犬、猫	10～30mg/kg 体重/次，肌肉注射，2 次/d
罗红霉素（严迪）	用于敏感革兰氏阳性菌、厌氧菌株及支原体所引起的感染，尤其上、下呼吸道感染、耳鼻喉感染、生殖器、泌尿道及皮肤感染	10～20mg/kg 体重/次，内服，2～3 次/d
泰乐霉素（泰乐菌素）	主要对革兰氏阳性菌和部分革兰氏阴性菌及螺旋体等有抑制作用，对支原体有特效，对宠物的流产、胸膜肺炎、痢疾、肠炎、子宫内膜炎和螺旋体等均有效	口服：10mg/kg 体重/次，3 次/d；肌肉、静脉注射 5mg/kg 体重/次，2 次/d
螺旋霉素	在体内的抗菌效力优于同类抗生素，特别是肺炎球菌、链球菌效果更佳。临床上对革兰氏阳性菌、支原体引起的感染有特效。多用于犬、猫呼吸道感染、如肺炎、慢性呼吸道病及各种肠炎	25～50mg/kg 体重/次，口服或肌肉注射，2 次/d
氯林霉素（克林霉素）	其抗菌谱及适应症与林可霉素相同，而抗菌作用较强，对青霉素、林霉素四环素有耐药性的细菌也有效。细菌对此药的耐药性发展缓慢。可完全替代林可霉素	5～15mg/kg 体重/次，口服或肌肉注射，2 次/d
杆菌肽	本品主要对各种革兰氏阳性菌有杀菌作用，对耐药性金黄色葡萄球菌、肠球菌、非溶血性链球菌也有较强的抗菌作用，对少数革兰氏阴性菌、螺旋体、放线菌也有效。此药的抗菌作用不受脓、血、坏死组织或组织渗入液的影响。临床上常与链霉素、新霉素、多黏菌素 B 等合用，治疗犬猫痢疾等肠道疾病	200～1000IU/kg 体重/次，肌肉注射，2 次/d
新生霉素	对革兰氏阳性菌作用强，对耐药性金黄色葡萄球菌及革兰氏阴性菌均有抑制作用，但对革兰氏阴性杆菌效力很差。临床上可用于葡萄球菌、链球菌感染，适用于其他抗生素无效的病例，但是不能用作首选药物，并且需要与其他抗生素合用，因为细菌对本品极易产生耐药性	肌肉或静脉注射，5～15 mg/kg 体重/d，分 2 次注射

（四）抗革兰氏阴性菌抗生素

药物名称	作用范围与用途	用量及用法
硫酸链霉素	其抗菌谱大于青霉素，主要是对结核杆菌和多数革兰氏阴性菌（如巴氏杆菌、布氏杆菌）有效，对数革兰氏阳性菌的作用不如青霉素；对钩端螺旋体、放线菌也有效。临床上主要用于对本品敏感的菌引起的急性感染，如大肠杆菌引起的肠炎、白痢、子宫炎、肺炎等	25mg/kg 体重/次，肌肉注射，3次/d。易产生耐药性，并对听视觉神经有损害，应用时应注意
硫酸卡那霉素	主要对革兰氏阴性菌如大肠杆菌、肺炎杆菌、沙门氏菌、变形杆菌等有效。对耐药性金黄色葡萄球菌、链球菌等也有效，主要用于敏感菌引起的各种感染，如坏死性肠炎、呼吸道感染、泌尿道感染、乳房炎、心内膜炎、肺结核等	内服量为：20～30mg/kg 体重/d，分 3～4 次内服；肌肉注射 5～10mg/kg 体重/d，2 次/d
硫酸庆大霉素（正泰霉素）	本品抗菌谱广，对大多数革兰氏阴性菌有较强的抗菌作用，对常见的革兰氏阳性菌也有效。此外，结核杆菌、支原体等对本品也敏感。临床上主要用于耐药性金黄色葡萄球菌、绿脓杆菌、变形杆菌、大肠杆菌等引起严重感染，如呼吸道、泌尿道感染、败血症、乳腺炎等。该药是治疗宠物败血症型、毒血症型和肠炎型大肠杆菌病的高效药物，对大肠杆菌、金黄色葡萄球菌或链球菌性的急性、亚急性和慢性乳腺炎也有效。此药与地塞米松、普鲁卡因青霉素或三甲氧苄氨嘧啶合用效果明显	3～5mg/kg 体重/次，肌肉或皮下注射，1～2 次/d，10～15mg/kg 体重/次，内服。应注意该药对神经和肾脏有一定毒性
庆大－小诺霉素（小诺米星）	该药对多种革兰氏阳菌和革兰氏阴性菌（大肠杆菌、沙门氏杆菌、绿脓杆菌等）均有抗菌作用，尤其对革兰氏阴性菌抗菌作用较强，抗菌活性略高于庆大霉素，而毒副反应较同剂量庆大霉素低。主要用于敏感菌所致的各种感染	2～4mg/kg 体重/次，肌肉注射，2次/d
硫酸威他霉素（维生霉素）	该药抗菌谱与卡那霉素相似，最大优点是毒性小。与卡那霉素有交叉耐药性。内服难于吸收，肌肉注射吸收良好。临床上可用于对该药敏感菌所致的各种感染	猫：30～50mg/kg 体重/d，肌肉注射，2 次/d
新霉素	对大肠杆菌、变形杆菌、痢疾杆菌、结核杆菌、绿脓杆菌等革兰氏阴性菌和金黄色葡萄球菌等革兰氏阳性菌有较强的抗菌作用。尤其对大肠杆菌作用最强，常用作口服、治疗肠道感染术前消毒以及烧伤等	口服：30～50mg/kg 体重/d，分 3～4 次内服

续表

药物名称	作用范围与用途	用量及用法
阿米卡星（阿米卡那霉素、阿米苄霉素、丁胺卡那霉素）	适用于绿脓杆菌及其他假单胞菌属、大肠杆菌、克雷伯菌、肠杆菌、沙雷菌属及葡萄球菌属等所致的菌血症、细菌性心内膜炎、败血症、呼吸道感染、骨关节感染、中枢神经系统感染（包括脑膜炎）、皮肤软组织感染、胆道感染、腹腔感染（包括腹膜炎）、烧伤、手术后感染（包括血管外科手术后感染）及复发性尿路感染等	犬：5～15mg/kg 体重/次，皮下或肌肉注射，1～3 次/d； 猫：10mg/kg 体重/次，肌肉或皮下注射，3 次/d
多黏菌素 B	该药对革兰氏阴性杆菌有较强的抗菌作用，对绿脓杆菌的作用尤其明显，是疗效显著、较少产生耐药性的杀绿脓杆菌药。但对革兰氏阳性菌、抗酸菌、真菌、立克次氏体及病毒等均无效。主要用于控制革兰氏阴性杆菌、特别是绿脓杆菌引起的感染。内服或在烧伤、创面上用药均不易吸收，注射后吸收良好	口服：犬猫 6mg/kg 体重/d，分 3 次内服。肌肉注射按 1～2mg/kg 体重/d，分 2 次注射
甲砜霉素（甲砜氯霉素）	用于敏感菌如流感嗜血杆菌、大肠埃希菌、沙门菌属等所致的呼吸道、泌尿道、消化道等感染	7～15mg/kg 体重/次，内服，3 次/d，连用 3～5d
氟苯尼考（氟甲砜霉素）	敏感菌引起的呼吸道、消化道、泌尿道感染	20mg/kg 体重/次，内服或肌肉注射，2 次/d，连用 3～5d

（五）广谱抗生素和其他广谱抗菌药

药物名称	作用范围及用途	用量及用法
四环素	作用与土霉素相似，但对革兰氏阴性菌作用更强，内服后吸收良好，药效维持时间长	口服 ：20mg /kg 体重/次，3 次/d。肌肉或静脉注射 5～10mg/kg 体重/次，2 次/d
强力霉素（多西环素、脱氧土霉素）	本品是一种长效、高效、广谱的半合成四环素类抗生素，抗菌谱与四环素相似，但抗菌作用较之强 10 倍。对耐四环素的细菌有效，用药后吸收更好，并可增进体内分布，能较多地扩散进入细菌细胞内，排泄较慢。临床上多用于慢性呼吸道疾病、肠炎等的治疗，本品毒、副作用较小	口服：3～10mg/kg 体重/次；静脉注射：2～4mg/kg 体重，1 次/d
金霉素（氯四环素）	本品抗菌谱、不良反应及临床用途等，均与土霉素相同。二者比较，金霉素对革兰氏阳性菌、耐药性金黄色葡萄球菌感染能力较强，对胃黏膜和注射局部刺激性也较强，不可肌肉注射。对犬、猫等产后子宫内膜炎、乳腺炎、眼炎、化脓创等局部用金霉素软膏可获得满意结果	口服：20mg/kg 体重/次，3 次/d

续表

药物名称	作用范围与用途	用量及用法
特效米先（复方长效盐酸土霉素）	对革兰氏阳性菌、革兰氏阴性菌、支原体、钩端螺旋体、立克次氏体及衣原体均有抑制作用。用于肺炎、肠炎、化脓性炎症	5～10mg/kg 体重/次，肌肉注射，间隔3～5d 重复一次
黄连素（中药制剂）	从中药黄连、黄柏或三颗针中提取或人工合成。抗菌范围广，对革兰氏阳性菌、革兰氏阴性菌、真菌、钩端螺旋体、滴虫均有效，用于治疗宠物肠炎、肺炎、肾炎、乳房炎等	口服：2 次/d，50～250mg/kg 体重/次，肌肉注射 2 次/d，25～100mg/kg 体重/次
甲硝唑（灭滴灵）	对大多数厌氧菌具有较强的抗菌作用，主要用于防治手术的感染，并有抗滴虫、阿米巴原虫的作用	口服：4.4mg/kg 体重/次，3 次/d
百病消灭灵	对革兰氏阴性菌、阳性菌有较强的杀菌作用，对病毒也有效，主治流感、肺炎、肠炎、痢疾等	肌肉注射：0.1～0.3ml/kg 体重/次，1～2 次/d

（六）抗真菌药

药物名称	作用范围与用途	用量及用法
制霉菌素	该药对白色念珠球菌、新隐球菌、夹膜组织胞浆菌、球孢子菌、小孢子菌等具有抑菌或杀菌作用。主要用于预防或治疗长期服用四环素类抗生素所引起的肠道真菌性感染，如宠物口疮、烟曲霉菌病、肠串珠菌病等皮炎和黏膜的真菌感染等。气雾吸入对肺部霉菌感染效果极佳	口服：5 万 IU/kg 体重/次，3 次/d
灰黄霉素	能有效的抑制毛癣菌属、小孢子菌属等真菌的生长，但是对于白色念珠菌属等深部真菌感染、放线菌属及细菌无效，对于曲霉菌属作用也很小。临床上主要用于浅部真菌感染，对犬猫的毛癣（金钱癣）有很好的疗效	口服：20～25mg/kg 体重/d，分 2～3 次内服，肝病、妊娠犬不宜使用
克霉唑（抗真菌一号）	作用于念珠菌病、真菌性鼻炎、呼吸道、消化道、尿路等真菌感染	15～25mg/次，内服，2 次/d。软膏或溶液可外用
癣螨净 888 注射液	有效抑制小孢子菌、石膏样孢子菌、白色念珠菌和蠕形螨、疥螨等，主治真菌性皮炎、钱癣、螨病和顽固性脓皮病等。苏格兰牧羊犬慎用	皮下注射：0.05～0.1mg/kg 体重/次，7～10d/次
益康唑	广谱、安全、速效抗菌针剂。用于治疗皮肤、黏膜真菌感染，如皮肤癣病、念珠球菌阴道炎等	软膏：患部涂擦；酊剂：外用涂擦；栓剂：外用

续表

药物名称	作用范围与用途	用量及用法
咪康唑（双氯苯咪唑、霉可唑、达克宁）	由皮真菌、酵母菌及其他真菌引起的皮肤、指（趾）甲感染，如：脚癣、股癣、手癣、体癣、花斑癣、头癣、须癣、甲癣；皮肤、指（趾）甲念珠菌病；口膜炎；外耳炎；由于该药对革兰氏阳性菌有抗菌作用，可用于由此类细菌引起的继发性感染；由酵母菌（如念珠菌等）和革兰氏阳性细菌引起的阴道感染和继发性感染	敷药膏于患处，用手指涂擦，使药物全部渗入皮肤，4～12 次/
噻苯达唑（噻苯咪唑）	用于治疗宠物的曲霉菌病、钱癣、皮肤霉菌病、和线虫感染	70～100mg/kg 体重/次，内服，2 次/d，连用 8～20d
托萘酯（杀癣灵、发癣退）	局部抗真菌药。用于浅表皮肤真菌感染，包括体癣、股癣、手足癣、药斑癣、但对毛发部及指甲的真菌感染无效	1%乳剂或 2%膏剂进行患部局部涂抹，2～3 次/d
曲古霉素（发霉素）	对宠物毛发真菌、阿米巴原虫有抑制作用	口服：7 万 IU/次，4 次/d，7～10d；外用 5 万 IU/ml
球红霉素（福华霉素、抗生素 414）	用于治疗白色念珠菌、隐球菌和曲酶菌等所致的全身性感染、脑膜炎以及口腔、皮肤、呼吸道、消化道、尿道、阴道及角膜等霉菌感染，其中对白色念珠菌、隐球菌引起的霉菌感染疗效较佳	1mg/kg 体重，静脉注射，用 5%～10% 葡萄糖液稀释到浓度为 0.01%～0.05%
金褐霉素	本品对青霉菌、白色念珠菌、镰刀菌、曲霉菌等均具抗菌作用。临床上主要用 0.1%眼药水或眼膏治疗由上述真菌所致角膜溃疡及泪管炎	眼药水，20 次/d；眼膏，3～4 次/d
癣可宁（西卡宁）	能抑制皮肤癣菌类，外用于浅表真菌感染，疗效大致和灰黄霉素相等。治爪癣、圆癣有效	软膏、酊剂，每日数次
碘化钠（钾）	碘化钾有抗真菌活性。临床用来治疗孢子丝菌病、着色芽生菌病、持久性的结节性红斑和结节性血管炎等	犬：40mg/kg 体重；猫：15mg/kg 体重，内服，2～3 次/d

二、磺胺类药、抗菌增效剂及喹诺酮类

磺胺类药是一类化学合成的抗菌药物。它们的不良反应虽较抗生素稍多，但因其具有抗菌谱较广，对一些疾病疗效显著，性质稳定，易于贮存，药品生产不需耗费粮食等特点，值得广泛应用

1. 抗菌作用

磺胺类药的抗菌范围较广，对大多数革兰氏阳性及阴性菌均有抑制作用。

高度敏感菌有：链球菌、肺炎球菌、沙门氏菌、化脓棒状杆菌、大肠杆菌等。

次敏感菌有：葡萄球菌、变形杆菌、巴氏杆菌、产气荚膜杆菌、肺炎杆菌、炭疽杆菌，绿脓杆菌等。磺胺类药对少数真菌（如放线菌，组织胞浆菌、奴卡氏菌等）和衣原体

(如沙眼)也有抑制作用。有些磺胺药，还能选择地抑制某些原虫，如磺胺喹恶啉、磺胺二甲氧嘧啶可治疗球虫病，磺胺嘧啶，磺腚－6－甲氧嘧啶可用于弓形体病等。磺胺类药对螺旋体、结核杆菌、立克次体等完全无效。

某些细菌如巴氏杆菌、大肠杆菌和葡萄球菌等，在治疗过程中对磺胺药可产生耐药性。一旦产生耐药性后；再用人剂量也难以奏效。对一种磺胺药耐药后，对其他磺胺药也往往产生交叉耐药性。

抗菌增效剂是一类新型广谱抗菌药物，同磺胺药并用可增加疗效，曾称磺胺增效剂。近年发现也能增加多种抗生素的疗效，故称抗菌增效剂。

目前国内合成的主要有三甲氧苄氨嘧啶和二甲氧苄氨嘧啶。

2. 不良反应

宠物对磺胺药的毒性反应，一般不太严重。

急性中毒，主要由于静脉注射磺胺钠盐速度过快，剂量过大，可出现惊厥、共济失调等症状，严重者可速即死亡。

慢性中毒，常见于用药量较大、连续用药1周以上时，主要表现为：泌尿系统有结晶尿、血尿、蛋白尿、尿闭等，消化系统有食欲不振、便秘、呕吐、腹泻间有腹痛，血液系统见有颗粒白细胞缺乏，红细胞减少，血红蛋白降低或溶血性贫血等。

为防止磺胺药的毒性反应，除应控制剂量及疗程外，用药期间应增加饮水量，防止析出结晶，加速排泄。

在宠物应用磺胺噻唑或磺胺嘧啶时，最好同时应用碳酸氢钠以碱化尿液防止析出结晶，损害肾脏。

在幼龄宠物通常宜并用2种以上磺胺药，既可保证药效，又由减少每种药量而可免于析出结晶。

如发生严重中毒反应。宜立即停止用药，静脉注射碳酸氢钠或补液并根据情况采取综合措施。

3. 临床应用

药物名称	作用范围与用途	用量及用法
磺胺地索辛－奥美普林	用于治疗细菌性毛囊炎和球虫病	27～55mg/kg体重，内服，1次/d，连用14d
磺胺嘧啶（SD）	本品为治疗全身感染的中效磺胺，对大多数革兰氏阳性菌和阴性菌均有抑制作用，对脑膜炎双球菌、肺炎链球菌、溶血性链球菌抑制作用较强，能通过血脑屏障渗入脑脊液	口服：0.07g/kg体重/次，2次/d，首次剂量加倍。肌肉注射：0.07～0.1g/kg体重/次，1次/d。使用时配合碳酸氢钠
磺胺甲基异噁唑(百炎净、菌特灵、抗菌优、增效磺胺、复方新诺明、SMZ)	为磺胺类药物中抗菌最强而且较常用的复方制剂，可用于一般感染、前列腺炎、尿道炎、肠道感染、心内膜炎、急慢性支气管炎、骨髓炎、腹泻、败血症等的治疗；抗菌作用最强，如与抗菌增效剂合用，则抗菌作用可增强10倍，还可用于弓形虫病和球虫病的治疗	口服：15～30ng/kg体重/次，2次/d，首次剂量加倍。肌肉注射：15g/kg体重/次，2次/d

续表

药物名称	作用范围与用途	用量及用法
磺胺二甲氧嘧啶(SDM)	抗菌作用与临床疗效与SD相似，但内服后吸收快而排泄慢，不易引起尿道损害，常用于多种细菌感染和球虫病、弓形虫病等	口服：20～50mg/kg体重/次，1～2次/d
三甲氧苄氨嘧啶(TMP)	为抗菌增效剂，与磺胺类1∶5配合使用将大大增强抗菌作用（即磺胺药5份，抗菌增效剂1份），常用于呼吸道、消化道、泌尿道等多种感染	复方制剂口服：20～25mg/kg体重/次，2次/d
二甲氧苄氨嘧啶(DMP)	作用功能与TMP相同	复方制剂口服：20～25mg/kg体重/次，1～2次/d

4. 喹诺酮类抗菌素及复方制剂

药物名称	作用范围及用途	用量及用法
蒽诺沙星（百病消、拜有利）	本品为广谱杀菌药，对支原体有特效。对大肠杆菌、克雷白杆菌、沙门氏菌、变形杆菌、绿脓杆菌、嗜血杆菌、多杀性巴氏杆菌、溶血性巴氏杆菌、金葡菌、链球菌等都有杀菌效用。主要用于防治皮肤、消化道、呼吸道及泌尿生殖道细菌和支原体感染	口服：2.5～5.0mg/kg体重/次，2次/d
环丙沙星（特美力、环福星）	对肠杆菌、绿脓杆菌、流感嗜血杆菌、链球菌、金黄色葡萄球菌具有抗菌作用。杀菌作用强，用于敏感菌引起的全身性感染及支原体感染，如肠炎、肺炎、肾炎、皮肤软组织等的感染及胆囊炎、胆管炎、中耳炎、副鼻窦炎、尿道炎等，常配合高免血清辅助治疗犬瘟热、细小病毒引起的继发感染	口服：5～15mg/kg体重/次，2次/d；肌肉或静脉注射：2.5～5.0mg/kg体重/次，2次/d
氟哌酸（诺氟沙星）	杀菌力强，尤其对革兰氏阴性菌。对深部组织感染和细胞内病原菌感染有效，临床用于治疗细菌性前列腺炎、脑膜炎、肾炎、肺炎、肠炎和关节炎等	口服：10mg/kg体重/次，2次/d
氧氟沙星（泰利必妥）	主要用于呼吸道、消化道、泌尿道、皮肤软组织浅表感染	肌肉或静脉注射：3～5mg/kg体重，2次d，连用3～5d
左氧氟沙星（利复星）	主要用于呼吸道、消化道、生殖道、皮肤、肠道等系统感染	内服：3～5mg/kg体重，2～3次d，连用2d
犬病康注射液	复方制剂，高效抗菌、抗病毒、增强机体免疫力，主治犬瘟热引起的各种继发感染，如肠炎、痢疾、气管炎、肺炎及高热性全身感染	肌肉注射：0.1～0.3ml/kg体重/次，1～2次/d

续表

药物名称	作用范围与用途	用量及用法
犬病先锋注射液	作用比犬病康高2～3倍，主治犬瘟热、细小病毒引起的各种感染，如肠炎、肺炎、气管炎、化脓创、破伤风和高热性全身感染等疾病	肌肉注射：0.1～0.3ml/kg体重/次，1～2次/d

三、抗病毒药

药物名称	作用范围与用途	用量及用法
阿糖腺苷（腺嘌呤阿糖苷）	用于带状疱疹、疱疹性角膜炎、单纯疱疹病毒性脑炎，用于角膜色素层炎、慢性乙型肝炎	5～7.5mg/kg体重，1次/d，连用5～10d，加入5%葡萄糖稀释后缓慢静脉注射
阿昔洛韦（无环鸟苷）	主要用于猫的单纯疱疹病毒所致的各种感染	5～10mg/kg体重，静脉注射；也可用眼药膏外用
碘苷（疱疹净）	能抑制DNA病毒，主要用于疱疹性角膜炎或其他疱疹性眼病	滴眼液：1～2滴/次，1～2h滴眼1次
双黄连	双花（金银花）、黄芩、连翘合成，可清热解毒、轻宣透邪，用于治疗风湿邪在肺卫或风热闭肺引起的发热、可清热解毒、抗流感、呼吸道炎症	60 mg/kg体重/次，内服、肌注或静注
板蓝根	可清热凉血、抗病毒抗菌作用明显，可治疗扁桃体炎、腮腺炎、防治传染性肝炎	口服：1袋/次；静注：10～20 mg/kg体重/次
抗病毒口服液	含有板蓝根、石膏、芦根、生地黄、郁金、知母、石菖蒲、广藿香、连翘。辅料为蜂蜜、蔗糖、羟苹甲酯、羟苯乙酯等成分。具有清热祛湿，凉血解毒功效。用于风热感冒，流感、呼吸道感染、结膜炎等	口服：10ml/次，2～3次/d
干扰素	基因工程干扰素具有广泛抗病毒、抗肿瘤及免疫调节功能。对猫犬等动物感染犬瘟热、细小病毒性肠炎、副流感、病毒性流感、传染性肝炎、疱疹、传染性气管炎、慢性宫颈炎等具有良好的预防治疗作用	用注射用水2ml溶解，皮下或肌肉注射。猫、幼犬30万～50万IU/次/d。中型犬50万～100万IU/次/d。连续5～7d为一疗程
聚肌胞（聚肌苷酸）	为一种干扰素诱导剂，有广谱抗病毒和免疫调节功能。用于病毒感染性疾病和肿瘤的辅助治疗。用于慢性乙型肝炎、流行性出血热、流行性乙型脑炎、病毒性角膜炎、带状疱疹和呼吸道感染等	2mg/次，肌肉注射，隔日1次
黄芪多糖	诱导机体产生干扰素，调节机体免疫功能，促进黄体的生成	2～10ml/次，肌肉或皮下注射，1～2次/d，连用2～3d

四、驱寄生虫药

（一）驱线虫药

药物名称	作用范围与用途	用量及用法
左旋咪唑（左咪唑）	对多种线虫有驱除作用，对成虫和幼虫均有效，并有提高机体免疫力的作用。临床上主要用于驱除犬、猫蛔虫，钩虫，心丝虫，类圆线虫，食道线虫和眼虫等	10 mg/kg 体重/次，口服或肌肉注射
丙硫咪唑	对犬消化道线虫驱除效果最好，其次对犬的绦虫、吸虫也有驱除作用，同时对虫卵、幼虫也有效。主要用于驱除犬蛔虫、钩虫、鞭虫、旋毛虫、类圆线虫、食道虫、绦虫和吸虫等	口服：（1）驱线虫为5～20 mg/kg体重/次；（2）驱绦虫为10～15 mg/kg体重/次；（3）驱吸虫为50～60 mg/kg体重/次
甲苯咪唑	对蛔虫、钩虫、鞭虫、旋毛虫和类圆线虫均有良好驱杀作用，对丝虫、绦虫也有效	口服：5 mg/kg体重/次，随食物连服5d
复方甲苯咪唑	对蛔虫、钩虫、鞭虫、旋毛虫和类圆线虫均有良好驱杀作用，对丝虫、绦虫也有效	成年犬2片/次，小犬剂量减半
1%伊（阿）维菌素（螨虫一针净）	广谱驱虫药，除对犬蛔虫、钩虫、类圆线虫有效外，对外寄生虫（螨、虱、跳蚤）有更强的杀伤作用	皮下注射：0.05～0.1 mg/kg体重/次，1次7d。苏格兰牧羊犬敏感
左旋咪唑擦剂	作用同左旋咪唑，为皮肤吸收药，主要用于驱除犬蛔虫、钩虫和类圆线虫等	耳壳或大腿内侧皮肤上涂擦。0.1～0.15 ml/kg体重/次
碘硝酚	对钩虫有良好驱除作用，常用于驱除犬的钩虫	皮下注射：10 mg/kg体重/次
四咪唑（驱虫净）	广谱驱蠕虫药	内服：10～20 mg/kg体重/次；肌肉或皮下：7.5 mg/kg体重
枸橼酸哌嗪（磷酸哌嗪、驱蛔灵）	临床用于肠蛔虫病及蛔虫所致的不完全性肠梗阻和胆道蛔虫病绞痛的缓解期，此外亦可用于驱除蛲虫	70～100mg/kg体重，内服
敌百虫（美曲磷脂）	驱体内线虫、体外寄生虫、注意用量，防止中毒	75mg/kg体重，内服，隔3～4d一次，共3次。1%局部涂抹灭螨

（二）驱吸虫药

药物名称	作用范围与用途	用量及用法
硝氯酚（拜耳9015）	驱除肺吸虫、华枝睾吸虫	3mg/kg体重，内服，1次/d，连用3d
丙硫咪唑	对犬的吸虫有很好驱除作用，同时对虫卵、幼虫也有效	口服：驱吸虫为50～60 mg/kg体重/次
硫双二氯酚	适用于治疗犬肺吸虫病和华枝睾吸虫病	口服：100～200mg/kg体重/次

续表

药物名称	作用范围与用途	用量及用法
血防846（六氯对二甲苯、海涛尔）	对日本血吸虫、肺吸虫病和华枝睾吸虫病均有治疗作用	口服：120～200 mg/kg 体重/次
吸虫净注射液	含吡喹酮10%，无色透明，对多种吸虫、绦虫有效，主治犬血吸虫病、肺吸虫病、肝吸虫病和绦虫病	深部肌肉注射：0.1～0.2 mg/kg 体重/次

（三）驱绦虫药

药物名称	作用范围与用途	用量及用法
二氯酚（双氯酚）	驱除带状绦虫、肺吸虫	犬：200～300mg/kg 体重，内服；猫：100～200mg/kg 体重，内服
氯硝柳胺（灭绦灵）	广谱高效驱绦虫药，能驱除犬多种绦虫，但对细粒棘球绦虫无效	口服：100～150 mg/kg 体重/次，空腹内服
吡喹酮（驱绦灵）	对大多数绦虫成虫和幼虫有良好驱除作用。主要用于驱除犬的复孔绦虫、带状绦虫、中线绦虫、多头绦虫和细粒棘球绦虫等	口服：20～50 mg/kg 体重/次
丙硫咪唑	对犬的多种绦虫有效	口服：10～20 mg/kg 体重/次
硫双二氯酚（别丁）	本品对带状绦虫及肺吸虫囊蚴有明显杀灭作用	100～200mg/kg 体重/次，内服，连用7d

（四）抗原虫药

药物名称	作用范围与用途	用量及用法
盐酸氯苯胍（罗贝胍）	抗球虫	10～25mg/kg 体重，内服
咪多卡（咪唑苯脲）	驱除犬巴贝斯虫、埃里希体病、犬肝簇虫、梨形虫	犬：5mg/kg 体重，肌肉或皮下注射；猫：3 mg/kg 体重，肌肉或皮下注射
贝尼尔	治疗犬巴贝西虫病，对伊氏锥虫病也有一定疗效	肌肉或皮下注射：3.5 mg/kg 体重/次。用生理盐水配成5%浓度使用
黄色素（丫啶黄、锥黄素）	抗大巴贝西虫	静脉注射：2～4 mg/kg 体重/次，防止漏入皮下
苏拉明（拜尔205）	治疗犬伊氏锥虫病的首选药	静脉注射：30 mg/kg 体重/次，用生理盐水配成10%浓度使用

（五）杀外寄生虫药

药物名称	作用范围与用途	用量及用法
伊维菌素（螨虫一针净）	广谱驱虫药，对蜱、螨、蝇、蚊、虻有特殊驱杀作用，对肠道线虫也有效。主治犬、猫因螨虫（疥螨、耳痒螨和蠕形螨）引起的传染性皮肤病	皮下注射：200～400μg/kg 体重/次，7～10d/次。苏格兰牧羊犬敏感，慎用

续表

药物名称	作用范围与用途	用量及用法
敌敌畏	由于毒性大。多用作杀体外寄生虫药	1%溶液喷洒
蝇毒磷（库马磷）	由于毒性大。多用作杀体外寄生虫药	0.025%～0.05%溶液，局部除毛，杀螨、蜱、虱、蚤
皮蝇磷（芬氯磷）	除蝇，杀螨、蜱、虱、蚤	0.25%～0.5%溶液，局部涂抹
马拉硫磷（马拉松）	灭螨、蜱、虱、蚤	0.5%溶液喷洒
非泼罗尼（福来恩）	用于治疗耳螨、疥螨，杀跳蚤成虫	杀耳螨每只耳朵两滴，两周后重复一次；喷雾1ml/kg外用
杀虫脒（氯苯甲脒）	杀螨虫	0.1%～0.2%溶液，喷洒
癣螨净886擦剂	中药配方，安全无副作用，杀螨、抑菌、除虱、灭蚤，对螨虫引起的皮肤病有特效。对湿疹、过敏性皮炎和真菌性皮炎也有效	患部涂擦，2次/d。滴耳可治耳痒螨病
5%溴氰菊酯（敌杀死，倍特）	属接触性杀虫剂，对犬的外寄生虫如虱、螨有很强的驱杀作用。可用棉籽油稀释1∶1 000～1 500倍，患部涂擦。也可用水稀释30～80ppm药浴或喷淋。皮肤破损者慎用	外用，药浴或患部涂擦。注意使用浓度
12.5%双甲脒乳油（特敌克）	可驱杀犬体表的蜱、螨、虱、蚤等。可配成500ppm水溶液药浴或喷涂	外用，药浴有一定毒副作用，注意用药浓度

五、消毒防腐药

药物名称	作用范围与用途	用量及用法
来苏儿（煤酚皂溶液）	煤酚的毒性较苯酚小，其抗菌作用比苯酚约大3倍。能杀灭细菌繁殖体，对结核杆菌、真菌有一定的杀灭作用；能杀灭亲脂性病毒，但不能杀灭亲水性病毒	为黄棕色至红棕色的浓稠液体，系含煤酚47%～53%的煤酚皂制剂。1%～2%煤酚皂溶液用于体表、手指和器械消毒；5%溶液用于厩舍、污物消毒等
苯酚（石炭酸）	苯酚为原浆毒，可使菌体蛋白变性，而发挥杀菌作用。可杀灭细菌繁殖体、真菌与某些病毒，常温下对芽胞无杀灭作用。加入10%食盐能增强其杀菌作用	用2%～5%水溶液处理污物、消毒用具和外科器械，并可用作环境消毒。1%的水溶液用于皮肤止痒。本品忌与碘、溴、高锰酸钾、过氧化氢等配伍应用：因毒性较强，临床不宜用于创伤、皮肤的消毒
过氧乙酸（过醋酸）	0.5%溶液用于犬舌消毒；1%溶液用于呕吐物和排泄物的消毒	环境喷洒
酒精（乙醇）	本品的杀菌作用是能使菌体蛋白迅速凝固并脱水。以70%～75%乙醇杀菌力最强，70%乙醇相当于3%苯酚的作用，可杀死一般繁殖型的病菌，对芽孢无效。浓度超过75%时，消毒作用减弱	70%乙醇可用于手指、皮肤、注射针头及小件医疗器械等消毒，能迅速杀灭细菌

续表

药物名称	作用范围与用途	用量及用法
雷夫奴尔（利凡诺尔）	本品为外用杀菌防腐剂，对革兰氏阳性菌及少数阴性菌有强大的抑菌作用，但作用缓慢。对组织无刺激性，毒性低，穿透力较强	可用0.1%溶液冲洗或湿敷感染创；1%软膏可用于小面积化脓创
龙胆紫（紫药水）	甲紫为碱性染料，对革兰氏阳性菌有选择性抑制作用，对霉菌也有作用。其毒性很小，对组织无刺激性，有收敛作用	1%～3%水溶液或酒精溶液、2%～10%软膏，治疗皮肤、黏膜创伤及溃疡。1%水溶液也用于治疗烧伤
碘仿及其制剂	碘仿对组织的刺激性小，并能促进肉芽的形成。由于碘仿有特殊气味，故有防蝇作用	碘仿甘油：碘仿15g、甘油70ml，加蒸馏水120ml制成。用于化脓创。碘仿硼酸粉（1:9）、碘仿磺胺粉（1:9）、碘仿磺胺活性炭粉（各等份配合），这三种粉剂均用于治疗创伤、溃疡等。3%碘仿醚溶液：用于治疗深部瘘管、蜂窝织炎和关节炎等
双氧水（过氧化氢）	临床上主要用于清洗化脓创面或黏膜。过氧化氢在接触创面时，由于分解迅速，会产生大量气泡，将创腔中的脓块和坏死组织排除，有利于清洁创面	清洗化脓创面用1%～3%溶液，冲洗口腔黏膜用0.3%～1%溶液。3%以上高浓度溶液对组织有刺激性和腐蚀性
硼酸及其制剂	本品只有抑菌作用，没有杀菌作用。因刺激性较小，不损伤组织，常用于冲洗较敏感的组织	用2%～4%的溶液，冲洗眼、口腔黏膜等。3%～5%溶液冲洗新鲜创伤（未化脓）
生石灰（氧化钙）	本品对大多数繁殖型病菌有较强的消毒作用，但对炭疽芽孢无效	一般加水配成10%～20%石灰乳，涂刷厩舍墙壁、畜栏和地面消毒
氢氧化钠（火碱）	本品对细菌繁殖体、芽孢、病毒都有很强的杀灭作用，对寄生虫卵也有杀灭作用	2%热溶液用于被病毒和细菌污染的厩舍、饲槽和运输车船等的消毒。3%～5%溶液用于炭疽芽孢污染的场地消毒。5%溶液用于腐蚀皮肤赘生物、新生角质等
氯化氨基汞（白降汞）	1%软膏治疗慢性结膜炎；5%～10%软膏治疗化脓性感染、霉菌性皮肤病	患部涂抹
高锰酸钾（过氧化锰）	用于冲洗黏膜、创面、溃疡及冲洗膀胱阴道子宫	体外黏膜冲洗用0.1%；体内黏膜冲洗用0.02%
新洁尔灭（溴苄烷胺）	用于冲洗膀胱、阴道、子宫及深部感染创；手臂、术部皮肤、器械等消毒	0.01%～0.05%用于冲洗；0.1%用于消毒
洗必泰（双氯苯双胍己烷）	0.02%溶液用于皮肤、手臂消毒；0.05%溶液用于创面消毒	浸泡消毒
消毒净	0.05%溶液用于冲洗黏膜；0.1%溶液用于皮肤、手臂消毒	患部冲洗和浸泡

六、解热镇痛药及抗风湿药

药物名称	作用范围与用途	用量及用法
氨基比林（匹拉米洞）	本品有明显的解热镇痛和消炎作用。退热效果好。镇痛作用较阿司匹林强而持久，抗风湿消炎作用不亚于水杨酸类。与巴比妥类合用能增强镇痛效果。其制剂有：①复方氨基比林注射液（含氨基比林7.15%，巴比妥2.85%）；②安痛定注射液（含氨基比林5%、安替比林2%、巴比妥0.9%）	①复方氨基比林：皮下或肌肉注射，小型犬1～2ml/次，大型犬5～10ml/次。②安痛定：皮下或肌肉注射，小型犬0.3～0.5ml/次，大型犬5～10ml/次
安乃近（罗瓦尔精诺瓦经）	解热作用为氨基比林的3倍，镇痛作用与氨基比林相同，也有消炎抗风湿作用。除用作解热镇痛抗风湿外，也用于肠痉挛、肠臌胀，制止腹痛，有不影响肠管正常蠕动的优点	口服：犬0.5～1.0g/次；肌肉或皮下注射：犬0.3～0.6g/次
布洛芬（抗风痛、芬必得）	具有解热镇痛及抗炎作用。用于扭伤、劳损、腰椎疼痛、滑囊炎、肌腱及腱鞘炎。牙痛和术后疼痛、类风湿性关节炎、骨关节炎以及其他血清阴性（非类风湿性）关节疾病	5～10mg/kg体重/次，内服，3次/d
复方扑尔敏	含阿司匹林、非那西汀、咖啡因和扑尔敏等成分，解热镇痛效果更好，副作用更小	口服：1～2片/次，3次/d
消炎痛（吲哚美辛）	消炎痛具有消炎、解热和镇痛作用。其消炎作用为消炎剂中最强者，解热作用为氨基比林的10倍。用于治疗风湿性关节炎、神经痛、腱鞘炎、肌肉损伤等	口服：1～2ml/kg体重/次
非那西汀（对乙酰氨基苯乙醚）	解热效果好，镇痛抗炎效果差，主要用做解热药	0.1～1g/次，内服
保泰松（布他酮）	用于类风湿性关节炎、风湿性关节炎及痛风。常需连续给药或与其他药交互配合使用。用于丝虫病急性淋巴管炎	2～20mg/kg体重，内服、静脉或肌肉注射，3次/d，连用2d
水杨酸钠（柳酸钠、撒曹）	主要用于活动性风湿病、类风湿性关节炎及急、慢性痛风等	犬：0.2～2g/次，内服；猫：0.1～0.2g/次，内服
盐酸苄达明（炎痛宁）	常用于手术及外伤所致的各种炎症以及关节炎、气管炎、咽炎等，可与抗生素或磺胺类合用	2～3mg/kg体重，内服，2次/d；5%软膏外用涂抹

七、能量及营养药

药物名称	作用范围与用途	用量及用法
水解蛋白	本品为蛋白质水解后制成，含氨基酸和多肽类营养成分，提供机体代谢所必需的氨基酸，用于补充体内蛋白质的消耗。用于治疗低蛋白血症，如重症感染，肠炎拉稀，胃肠道手术，肝、肾疾病等	口服：1～3g/次，静脉滴注：5%溶液20～250ml/次
细胞色素C	参与组织代谢，提高机体抵抗力，常与ATP、辅酶A合用	肌肉或静脉注射：15～30mg/次，1次d
三磷酸腺苷（ATP）	一种辅酶，是体内生化代谢的主要能量来源，参与体内糖、脂肪、蛋白质代谢，临床上常用于急、慢性肝炎，心力衰竭，心肌炎，血管痉挛和进行性肌肉萎缩	肌肉或静脉注射：10～40IU/次，静注要慢
14－氨基酸注射液－800	含14种氨基酸，临床上用于治疗慢性肝性脑病，改善脑内氨基酸的组成，提高动物营养状态	静脉滴注：20～100ml/d，与等量5%葡萄糖混合静注
肌醇	促进脂肪代谢，防止脂肪在肝中积存，用于治疗急、慢性肝炎和毒血症等	口服：犬0.5g/次，肌肉注射：50～250mg/次
肝泰乐（葡萄糖醛酸内酯）	保肝解毒，促进肝糖原积累，用于治疗急、慢性肝炎，食物、药物中毒，关节炎、风湿病等	肌肉或静脉注射：0.1～0.2g/次
5%葡萄糖生理盐水	强心、利尿、解毒和供给能量。用于各种急性中毒、营养不良、低血糖症、心力衰竭、脑水肿、肺水肿的治疗以及各种热性感染的辅助治疗。临床上常配合其他药物作静脉注射	静脉注射：犬50～500ml/次；猫40～50ml/kg体重/d
10%葡萄糖注射液	强心、利尿、解毒和供给能量。用于各种急性中毒、营养不良、低血糖症、心力衰竭、脑水肿、肺水肿的治疗以及各种热性感染的辅助治疗	静脉注射：犬10～50g/次；猫2～10g/次
右旋糖酐（葡聚糖）	中分子右旋糖酐静脉注射后能提高血浆渗透压，扩充血容量，并有利尿的作用。低分子右旋糖酐用于救治中毒性休克，外伤性休克，弥漫性血管内凝血和血栓等	静脉注射：犬、猫20ml/kg体重/次
复方氯化钾注射液	临床上用于纠正各种原因引起的钾缺乏症或低血钾症（如因肠炎、呕吐大量失水、缺钾等）。含氯化钾0.28%、氯化钠0.42%、乳酸钠0.63%	静脉或腹腔内注射：犬50～250ml/次；猫20～50ml/次
复方氯化钠注射液（林格氏液）	调节水盐代谢，补充体内钠、钾离子，用于预防和治疗出汗过多、大面积烧伤、大量呕吐、严重腹泻等引起的钠性脱水。含氯化钠0.85%、氯化钾0.03%、氯化钙0.033%	静脉注射：犬50～500ml/次；猫20～50ml/次

续表

药物名称	作用范围与用途	用量及用法
口服补液盐	用于有饮欲的犬、猫。临床上用于因肠炎、呕吐或热性病等引起的机体脱水、水盐代谢障碍、自体酸中毒或营养不足等疾病。本品含氯化钠 3.5g，氯化钾 1.5g，碳酸氢钠 2.5g，葡萄糖 20g，加凉开水 1 000ml	犬、猫自由饮用，或深部灌肠

八、维生素类药

药物名称	作用范围与用途	用量及用法
维生素 A（视黄醇）	维持视网膜感光功能，参与组织代谢，维持正常生殖功能，促进生长发育，临床用于治疗夜盲症、干眼病、经常性流产、死胎、精液不足、骨软症和发育缓慢等症	口服：犬、猫为 400IU/kg 体重/次
维生素 D（胆骨化醇、骨化醇、钙三醇）	本品的生理功能是影响钙磷代谢。它能促进肠内钙磷吸收，维持体液中钙磷的正常浓度，促进骨骼的正常钙化。维生素 D 主要用于防治维生素 D 缺乏症，如佝偻病和骨软化病以及孕犬、幼犬、泌乳犬、猫和骨折犬、猫，需补充维生素 D，以促进对饲料中钙磷的吸收	①皮下或肌肉注射：维生素 D2 胶性钙注射液，犬 0.25 万～0.5 万 IU/次；②口服：鱼肝油，犬、猫 5～10ml/次
维生素 AD 注射液	用于治疗夜盲症、角膜软化、佝偻病、维生素 A 缺乏症等疾病	犬：0.2～2ml/次，肌肉注射；猫：0.5ml/次
鱼肝油	用于治疗夜盲症、角膜软化、佝偻病、维生素 A 缺乏症等疾病	5～10ml/次，内服
维生素 E（生育酚）	维生素 E 主要用于防治动物的维生素 E 缺乏症，由于白肌病的发生还与硒缺乏有关，因此，在防治白肌病时最好配合亚硒酸钠等。对于动物的生长不良、营养不足等综合性缺乏病，可与维生素 A、维生素 D、维生素 B 等配合应用	口服：2.5～5.0g/次；皮下或肌肉注射：醋酸生育酚注射液，犬、猫 5～20mg/kg 体重/次
维生素 B_1（硫胺素）	本品能促进正常的糖代谢，并且是维持神经传导、心脏和胃肠道正常功能所必需的物质。本品主要用于防治维生素 B_1 缺乏症。当犬、猫发热，甲状腺机能亢进，大量输入葡萄糖时，因糖代谢率增高，对维生素 B_1 的需要量也增加，此时要适当补充维生素 B_1；本品还常用作犬、猫神经炎，心肌炎等的辅助治疗药	①皮下、肌肉或静脉注射：犬 10～25mg/次；②口服：犬 10～100mg/次，猫 5～30mg/次

续表

药物名称	作用范围与用途	用量及用法
丙硫硫胺（新维生素 B_1、优硫胺）	作用与维生素 B_1 相同，作用快，还常用于缺乏维生素 B_1 所致的营养障碍等；与溴化钠合用，可治疗胃神经官能症、慢性胃炎及溃疡病等	10～25mg/次，内服或皮下或肌肉注射
维生素 B_2（核黄素）	参与机体生物氧化作用。此外维生素 B_2 还协同维生素 B_1 参与糖和脂肪的代谢。用于治疗犬、猫生长停止、皮炎、脱毛、眼炎、食/次不振、疲劳、慢性腹泻、晶状体浑浊、早产等症状	①肌肉或皮下注射：5～10mg/次；②口服：犬 10～20mg/次，猫 5～10mg/次。不能与各种抗生素混合使用
烟酰胺与烟酸（维生素 PP）	本品参与合成辅酶Ⅰ和辅酶Ⅱ，是许多脱氢酶的辅酶，主治犬、猫黑舌病，口炎，皮肤皲裂，腹泻，糙皮病，生长发育迟缓等症	口服：犬 0.2～0.6mg/kg 体重/次
维生素 B_6（吡哆醇）	本品是氨基酸代谢的重要辅酶，主治犬、猫因维生素 B_6 缺乏而引起的皮炎、贫血、衰弱、痉挛等病症	①皮下或肌肉注射：犬 0.02～0.08g/次；②口服：犬 0.02～0.08g/次
复合维生素 B 注射液	本品是由维生素 B_1 10g、维生素 B_2 -5-磷酸酯钠 1.37g（相当于维生素 B_2 1g），维生素 B_6 1g，烟酰胺 15g，右旋泛酸钠 0.5g，注射用水加至 1 000ml 制成。用于防治 B 族维生素缺乏所致的多发性神经炎、消化障碍、癞皮病、口腔炎等	肌肉注射：犬、猫 0.5～1ml/次
维生素 B_3（泛酸）	本品是辅酶 A 的组成成分之一。辅酶 A 参与蛋白质、脂肪、糖代谢，起乙酰化作用。主治犬、猫皮炎，脱毛，肾上腺皮质变性等疾病	口服：犬、猫 0.055mg/kg 体重/次
维生素 B_{12}（氰钴维他命）	作为重午食品添加剂；治疗维生素 B_{12} 吸收不良，胰腺外分泌机能不全、贫血	食品添加：100～200μg/d，内服或皮下注射；治疗 0.25～1mg，皮下或肌肉注射，每周一次，连用 1 个月
维生素 Bc（叶酸）	叶酸在体内与某些氨基酸的互变及嘌呤、嘧啶的合成密切相关。当叶酸缺乏时，血细胞的成熟、分裂停滞，造成巨幼红细胞性贫血和白细胞减少。临床上主要用于叶酸缺乏引起的贫血病	口服：犬 5mg/只；猫 2.5mg/只
维生素 C（抗坏血酸）	本品参与体内多种代谢、细胞间质的生成，参与解毒，并有抗炎、抗过敏和提高机体抵抗力的作用，是临床上应用最广泛的维生素之一。本品主要用于防治维生素缺乏症，铅、汞、砷、苯等的慢性中毒，以及风湿性疾病、药疹、荨麻疹和高铁血红蛋白血症等；对急、慢性感染症，多种皮肤病，各种贫血病，肝胆疾病，心源性和感染性休克等可用作辅助治疗药；还可促进创伤愈合，也可用于治疗犬、猫的不孕症	口服：犬 0.1～0.5g/次；猫 0.05～0.1g/次。肌肉、皮下或静脉注射：犬 0.1～0.5g/次；猫 0.1g/次。①维生素 C 对氨苄青霉素、邻氯青霉素、头孢菌素（Ⅰ、Ⅱ）、四环素、金霉素、土霉素、强力霉素、红霉素、卡那霉素、链霉素有灭活作用，不可混合使用。②遇碱性溶液则失效

九、健胃药和助消化药

药物名称	作用范围与用途	用量及用法
龙胆	食欲不振、消化不良	龙胆末：0.5～3g/次，内服；龙胆酊1～4ml/次，内服，2～3次/d
大黄	健胃、泻药、食欲不振、消化不良	大黄末：健胃，0.5～2g/次，导泻：2～4g/次，内服；大黄流浸膏：健胃，0.5～2ml/次，导泻，2～4ml/次，内服，3次/d；复方大黄酊：1～4ml/次，内服，3次/d
马钱子酊（番木鳖酊）	食欲不振、消化不良、促进胃肠机能	0.1～0.6ml/次，内服，2次/d
桂皮酊	治疗风寒感冒、消化不良、胃肠臌气	0.1～0.6ml/次，内服，2次/d
小茴香酊	消化不良、胃肠臌气、积食	5～10ml/次，内服，3次/d
干姜	机体虚弱、食欲不振、消化不良、胃肠臌气	1～3g/次，内服，3次/d；姜酊：2～5ml/次，内服，3次/d
人工盐	消化不良、胃肠弛缓、慢性胃肠卡他、便秘	1～5g/次，内服，2次/d
稀盐酸	胃酸不足引起的消化不良	0.2%溶液0.1～0.5ml/次，3次/d
乳酸（α－羟基丙酸）	胃酸不足引起的消化不良	0.2～1ml/次，1%～2%溶液内服，3次/d
稀醋酸	胃酸不足引起的消化不良	1～2ml/次，内服，临用时稀释25倍
干酵母	食欲不振、消化不良、多发性神经炎、酮血病	犬：8～12g/次，内服，2次/d 猫：2～4g/次，内服，2次/d
胰酶	本品能促进蛋白质、脂肪和糖类的消化吸收，在中性或弱碱性环境下活力增强主要用于治疗犬、猫因胰液不足而引起的消化不良	口服：犬0.2～0.5g/次；猫0.1～0.2g/次
胃蛋白酶	本品能促进蛋白质的分解和消化，在酸性环境中消化力强。用于因胃酸分泌不足引起的消化不良和幼犬、幼猫的消化不良	口服：犬0.2～1.0g/次；猫0.1～0.2g/次
干酵母（酵母片）	含多种B族维生素，如维生素B_1、维生素E_2、维生素B_6、维生素B_{12}、烟酸、叶酸、肌醇和某些消化酶，常用于治疗消化不良和维生素B族缺乏所引起的疾病（如多发性神经性皮炎、糙皮病等）	口服：犬8～12g/次；猫2～4g/次
乳酶生片	用于防治消化不良、肠胀气，幼犬、幼猫腹泻等	口服：犬0.3～0.5g/次；猫0.1～0.3g/次。不宜与抗生素混用

十、止吐药和催吐药

药物名称	作用范围与用途	用量及用法
敏可静（氯苯甲嗪）	通过抑制前庭神经而止吐，常用于犬、猫的呕吐病，一次用药，可止吐12~24h	口服：盐酸氯苯甲嗪片，犬25mg/次；猫12.5mg/次
安其敏（氯苯丁嗪）	具有抗组织胺、镇静及止吐作用，并可用于晕车时止吐	口服：犬25mg/次；猫12.5mg/次

十一、止泻药和润肠通便药

（一）止泻药

药物名称	作用范围与用途	用量及用法
铋制剂	胃肠道保护剂、螺旋杆菌属	0.25～2g/次，内服，3～4次/d
白陶土（胶质）	胃黏膜保护剂	1～2ml/kg体重，内服，2～4次/d
矽炭银	吸附、收敛	1～3g/次，内服，1～3次
促菌生	幼子肠炎	4～8片/次，内服，1～2次/d
复方樟脑酊	腹泻、腹痛、咳嗽	3～5ml/次，内服2～3次/d
颠茄酊	缓解胃肠痉挛、止泻	0.2～1ml/kg体重/次，内服
维迪康	病毒性腹泻	0.02～0.08g/kg体重，内服，2次/d，连用2～4d
鞣酸（鞣酸蛋白）	具有收敛、消炎、止泻、解毒以及防治湿疹、急性皮炎等作用	①口服：犬0.5～1.0g/次；②解毒洗胃用1%～2%溶液；③外用以5%～10%溶液或软膏
活性炭	本品有止泻和吸附肠内有害产物的作用，用于救治肠炎、腹泻和毒物中毒	口服：犬0.3～5g/次；猫0.15～0.25g/次
止泻宁	适用于急性或慢性功能性腹泻的对症治疗，也可与抗生素合用治疗菌痢、肠炎	口服：犬2.5mg/次，1次/8h
促菌生	本品内服后需氧杆菌在胃肠道内迅速繁殖，抑制病原菌生长，故安全、无毒，用于治疗幼犬、幼猫肠炎、腹泻等	口服：犬4～8片/次；猫2～4片/次，1～2次/d

（二）润肠通便药

药物名称	作用范围与用途	用量及用法
硫酸钠（芒硝）	润肠通便药又称泻药，泻药能促进肠管蠕动，增加肠内容积或润滑肠腔、软化粪便，从而促进排粪。临床上主要用于治疗便秘或排除消化道内发酵腐败产物和有毒物质等	润肠通便时口服：犬1g/kg体重/次

续表

药物名称	作用范围与用途	用量及用法
硫酸镁（泻盐）	用于治疗便秘、排出肠道毒物	犬：10～30ml/次，内服；猫：4～10ml/次，内服
芦荟	治疗便秘最有效的药物，即使非常严重的便秘，服用芦荟之后，也能在8～12h内通便	1～3g/次，内服
番泻叶	起大肠性泻下作用	1～15g/次，内服，10%水浸剂灌服
双醋酚汀	治疗大肠便秘	5～15mg/次，内服
开赛露	泻下	5～20ml/次，内服
液状石蜡（石蜡油）	对肠壁及粪便具有滑润作用，并能阻碍肠内水分的吸收，因此还有软化粪便的作用。适用于小肠便秘。其作用缓和，对肠黏膜无刺激性，比较安全，孕犬也可应用	口服：犬10～30mg/次
植物油与动物油（豆油、猪油）	润滑肠道、软化粪便，促进排粪。其作用缓和，适用于小肠便秘、瘤胃积食。孕犬和肠炎病犬也可应用	口服：犬10～30ml/次
蓖麻油	本品主要用于小肠便秘，小动物比较多用。中、小动物内服后，经3～8h发生泻下	口服：犬5～15ml/次；猫4～10ml/次

十二、祛痰止咳、平喘药

药物名称	作用范围与用途	用量及用法
氯化铵	有祛痰、止咳作用，临床上用于支气管炎初期，特别是对黏膜干燥、痰稠不易咳出的咳嗽，可单用或配合茴香末制成舔剂或丸剂服用。并有利尿作用，可用于心性水肿或肝性水肿	口服：犬0.2～1.0g/次
可待因（甲基吗啡）	有镇咳和镇痛作用，多用于剧痛性干咳，如对胸膜炎等干咳、痛咳较为适用。禁用于痰多病犬。可待因多用于中、小动物	口服：犬15～30mg/次
复方甘草片	本品为复方制剂，有祛痰镇咳作用	口服：犬1～2片/次；猫0.5～1片/次，3次/d
麻黄素（麻黄碱）	为止咳平喘药，解除支气管痉挛，可用于缓和气喘症状；也常与祛痰药配合，用于急性或慢性支气管炎，以减弱支气管痉挛和咳嗽	皮下注射：犬0.01～0.03d/次

续表

药物名称	作用范围与用途	用量及用法
氨茶碱	本品是黄嘌呤类中对支气管平滑肌松弛作用最强的一种，可直接作用于支气管平滑肌，解除痉挛，平喘疗效较稳定。主要用于治疗痉挛性支气管炎、支气管喘息等	口服：0.1g/次；肌肉注射或静脉滴注：犬0.05～0.1g/次

十三、中枢神经兴奋药及镇静、镇痛药

（一）中枢神经兴奋药

药物名称	作用范围与用途	用量及用法
氧化樟脑（维他康复、强尔心）	缺氧时兴奋中枢	犬：1～2ml/次，皮下或肌肉或静脉注射。猫：50mg/次，皮下或肌肉或静脉注射
戊四氮（可拉佐）	兴奋呼吸	20～100mg/次，静脉或肌肉或皮下注射，重症15min重复
苏醒灵3号	麻醉后苏醒	0.05～0.1ml/kg体重，皮下或肌肉注射
苯甲酸钠咖啡因（安钠咖）	对大脑皮层有直接兴奋作用，可用于解救麻醉药、镇静药、镇痛药过量引起的中毒以及用于治疗各种疾病引起的心力衰竭	口服：犬0.2～0.5g/次；猫0.1～0.2g/次。肌肉或静脉注射：犬0.1～0.3g/次，1～2次/d
利尿素	作用与咖啡因相似，但利尿作用强而持久，适用于心性和肾性水肿	口服：犬0.1～0.2g/次；猫0.05～0.1g/次
樟脑磺酸钠	对延髓呼吸中枢和血管运动中枢及心脏有兴奋作用，可用于感染性疾病、药物中毒等引起的呼吸抑制，也可用于急性心衰	肌肉、皮下或静脉注射：犬0.05～0.1g/次
尼可刹米（可拉明）	本品能直接兴奋延髓呼吸中枢，用于麻醉药、其他中枢抑制药及疾病引起的呼吸抑制，也可以解救一氧化碳中毒、溺水和新生仔犬、仔猫的窒息	肌肉、皮下或静脉注射：犬0.125～0.5g/次；猫每千克体重7.8～31.2mg/次。必要时可间隔2h重复1次
回苏灵（二甲弗林）	对呼吸中枢有强烈的兴奋作用，增大肺泡适气量，效力比尼可刹米强，用于中枢抑制药中毒和严重疾病引起的中枢性呼吸抑制	肌肉注射或静脉滴注：犬2～10mg/次
盐酸士的宁	品用于脊髓性不全麻醉和肌肉无力，也可用于救治巴比妥类麻醉药的中毒	皮下注射：犬0.5～0.8mg/次；猫0.1～0.3mg/次，过量可用巴比妥类药物解救

（二）镇静药（包括镇静催眠药、安定药和抗惊厥与抗癫痫药）

药物名称	作用范围与用途	用量及用法
溴化钾	镇静、催眠、治疗癫痫	50～80mg/kg 体重，内服，2 次/d
巴比妥（佛罗拿）	抑制中枢神经系统，小剂量有镇静作用，大剂量有催眠、抗惊厥作用。临床上多与氨基比林、安替比林类解热镇痛药合用，以加强其镇痛作用	口服：犬 0.15～0.5g/次；猫 0.1～0.3g/次。肌肉注射：犬 0.05～0.1g/次
苯巴比妥（鲁米那）	属长效巴比妥类药，随着剂量的增加可产生镇静、催眠、抗惊厥和麻醉效果，并有抗癫痫作用。临床上用于治疗癫痫、脑炎、破伤风、解救士的宁中毒，也可用于实验犬、猫的麻醉	口服：犬、猫 2mg/kg 体重次，1 次/d。肌肉或静脉注射：犬、猫 6～12mg/次（用于镇静、抗惊厥），每千克体重 6mg/次（用于治疗癫痫），80～100mg/kg 体重/次（用于麻醉）
戊巴比妥	属中效巴比妥类药，可用作镇静、催眠与基础麻醉	口服：犬 15～25mg/kg 体重/次。静脉注射：犬、猫 2～4mg/kg 体重/次（镇静），30mg/kg 体重/次（用于麻醉）
速可眠（司可巴比妥）	属短效巴比妥类药，可用于镇静、催眠、基础麻醉等	口服：犬、猫 0.03～0.2g/次
溴化钠	本品为镇静药，可使兴奋不安的犬、猫安静，减轻疼痛反应，并有抗癫痫作用	口服：犬 0.5～2.0g/次
冬眠灵（盐酸氯丙嗪）	有强大的中枢安定作用，使狂躁、倔强的动物变得安静、驯服。用于治疗破伤风、脑炎，并用于有攻击行为的猫、犬和野生动物，使其驯服、安静，便于运输。还可用于止吐、止痛	肌肉注射：犬、猫体重 1.1～1.6mg/kg 体重/次。复方氯丙嗪注射液肌注用量为每千克体重 0.5～1.0mg/次
盐酸氯丙嗪（普马嗪）	作用与冬眠灵相似，用于犬、猫的镇静、止吐和车船运输	肌肉或静脉注射：犬、猫 2～6mg/kg 体重/次

（三）镇痛药（含镇痛性化学保定剂）

药物名称	作用范围与用途	用量及用法
隆朋（麻保静、盐酸二甲苯胺噻嗪）	本品为镇痛性化学保定剂，具有镇痛、镇静和中枢性肌肉松弛作用。毒性低，安全范围大，无蓄积作用，肌肉注射后 10～15min、静脉注射 3～5min 发挥作用。大剂量或配合局部麻醉药可进行剖腹产、去势、乳房切开等手术。其颉颃药有盐酸苯噁唑、盐酸育亨宾	肌肉注射：犬、猫 1～2mg/kg 体重/次。静脉注射：犬、猫 0.5～1.0mg/kg 体重/次
静松灵（盐酸二甲苯胺噻唑）	作用与隆朋相似，主要用于化学保定，控制烈性动物，可代替全身麻醉药，进行各种外科手术。其制剂有保定宁注射液（含静松灵 5g，依地酸 10g）	肌肉注射：犬 1.5～2mg/kg 体重/次

十四、麻醉药与苏醒药

药物名称	作用范围与用途	用法与用量
复方氯胺酮（15%噻胺酮注射液）	由15%氯胺酮和15%的隆朋等成分组成，麻醉效果确实而安全，用于各种手术的全身麻醉。催醒可用育亨宾或苯噁唑	肌肉注射：犬7.5～10mg/kg体重/次。临床上常将其配成5%浓度，犬按0.1mg/kg体重/次肌肉注射
盐酸氯胺酮	本品为短效麻醉药，肌肉、静脉注射均可，用于小手术、诊疗处置和镇静性保定药	肌肉注射：犬5～7mg/kg体重/次；猫8～13mg/kg体重/次
速眠新（846）	全身麻醉药，为保定宁、氟哌啶醇等成分制成的复方制剂，具有镇痛、镇静和肌肉松弛作用，用于犬、猫等动物手术的全身麻醉和药物制动，应用十分广泛。催醒可用苏醒灵3号注射液	肌肉注射：杂种犬0.08～0.1ml/kg体重/次；纯种犬0.04～0.08ml/kg体重/次。猫0.3～0.4ml/kg体重/次
盐酸普鲁卡因（奴佛卡因）	为局部麻醉药，可用作浸润麻醉、传导麻醉、硬膜外麻醉	浸润麻醉用0.25%～0.5%浓度注于皮下，传导麻醉用2%～5%浓度，封闭疗法用0.5%浓度。表面麻醉用高浓度（3%～5%溶液）喷于黏膜表面
苏醒灵3号	本品为动物麻醉拮抗剂，对速眠新、静松灵、保定宁、麻保静和眠乃宁等多种动物麻醉、制动剂都有特异性拮抗作用，是使用十分广泛的催醒剂。作用快，静注后30s钟起效，1～5min内催醒，动物起立行走	肌肉注射：本品与速眠新的用量比为1∶1.5（V/V），与静松灵、保定宁、麻保静的用量比为1∶1（V/V）

十五、拟胆碱药与抗胆碱药

（一）拟胆碱药（兴奋内脏神经药）

药物名称	作用范围与用途	用量及用法
甲基硫酸新斯的明	对胃肠、子宫、膀胱及骨骼肌兴奋作用较强。临床上用于犬、猫便秘、呼吸衰竭等	皮下注射：犬0.25～1.0mg/次
比赛可灵（氯化氨甲酰甲胆碱）	作用和用途同氯化氨甲酰胆碱，其优点是更为安全	皮下注射：犬0.05～0.08mg/kg体重次
硝酸毛果芸香碱	对多种腺体、胃肠平滑肌有强烈的选择性兴奋作用，常用于治疗不全阻塞的肠便秘，消化不良。用0.5%～2%溶液可用作缩瞳剂，治疗犬、猫虹膜炎或青光眼	皮下注射：犬3～20mg/次

（二）抗胆碱药（抑制内脏神经药）

药物名称	作用范围与用途	用量及用法
硫酸阿托品	本品能松弛内脏平滑肌（除子宫平滑肌），扩大瞳孔，抑制唾液腺、支气管腺、胃腺、肠腺的分泌，临床上用于治疗支气管痉挛（哮喘）和肠痉挛，解救有机磷、毛果芸香碱中毒，散瞳治疗虹膜炎，抢救感染中毒性休克	皮下注射：犬 0.3～1.0mg/次；猫 0.05mg/kg 体重次。点眼用 0.5%～1%溶液

十六、拟肾上腺素药和抗肾上腺素药

药物名称	作用范围与用途	用量及用法
盐酸肾上腺素注射液	本品能使心肌收缩力加强，心率加快，心输出量增多，使皮肤、黏膜、内脏血管收缩，使血压上升。临床上主要用于抢救心脏骤停和过敏性休克等。与局麻药合用，可延长局麻时间	皮下或肌肉注射：犬 0.1～0.5mg/次；猫 0.1～0.2mg/次。急救时作心内注射：犬 0.1～0.3mg/次；猫 0.1～0.2mg/次（用生理盐水稀释10倍）
喘息定（治喘灵、盐酸异丙肾上腺素）	临床上用于抗休克，抢救心脏因麻醉、溺水等而引起的心脏骤停，治疗动物心动徐缓和支气管喘息等症	皮下或肌肉注射：犬、猫 0.1～0.2mg/次，1 次/6h。静脉滴注：犬、猫 1mg/次，混入 5%葡萄糖中

十七、强心药及抗心律失常药

（一）强心药

药物名称	作用范围与用途	用量及用法
毛花丙苷（西地兰、毛花洋地黄毒苷 C）	本品蓄积性较小，强心作用出现较快，适用于急性和慢性心力衰竭、心房纤颤和阵发性、室上性心动过速	静脉或肌肉注射：犬、猫 0.3～0.6mg/次。必要时 4～6h 再注 1 次，剂量减半
洋地黄毒苷注射液（地吉妥辛）	加强心肌收缩力，减慢心率，使心输出量增加，减轻淤血症状，消除水肿，增加尿量。用于治疗慢性心功能不全、心房纤颤和室上性阵发性心动过速	静脉注射：犬 0.006～0.012mg/kg 体重（全效量），维持量为其 1/10。洋地黄片：口服，犬 0.03～0.04g/kg 体重，维持量为其 1/10

（二）抗心律失常药

药物名称	作用范围与用途	用量及用法
盐酸普鲁卡因酰胺	适用于治疗阵发性心动过速、早搏、心房颤动与扑动。普鲁卡因酰胺与奎尼丁一样，对多种房性或室性心律失常皆有效，但习惯上用普鲁卡因酰胺治疗室性心律失常，而用奎尼丁治疗房性心律失常	口服：犬0.25g/次，隔4～6h 1次。肌肉注射：犬0.25g/次，每2h 1次
盐酸利多卡因（普罗卡因）	本品原为局麻药，后发展为安全有效的抗室性心律失常药。可用于治疗室性早搏、室性心动过速和心室颤动。本品出现作用快，持续时间短，口服无效，常作静脉注射给药	静脉注射：犬1～2mg/kg体重/次

十八、利尿药及脱水药

（一）利尿药

药物名称	作用范围与用途	用量及用法
利尿素（水杨酸钠可可碱）	其作用主要是抑制肾小管的再吸收，其次是改善循环，增加心输出量，扩张肾血管，增加肾血流量及肾小球的滤过率，从而使尿量增加。主要用于心、肾性水肿。由于毒性小，肾功能不全时也可使用	口服：犬0.1～0.2g/次
双氢克尿塞（氢氯噻嗪）	本品为常用的利尿药。适用于心性、肝性及肾性等各种水肿，对乳房浮肿，胸、腹部炎性肿胀及创伤性肿胀，可作为辅助治疗药	口服：犬0.025～0.1g/次，1～2次。肌肉注射：犬10～25mg/次
呋喃苯胺酸（速尿）	本品为强利尿剂，内服后30min左右排尿增加。适用于各种原因引起的水肿，并可促使尿道上部结石的排出。也可用于预防急性肾功能衰竭	口服：犬5mg/kg体重次，1～2次/d，连用2～3d

（二）脱水药

药物名称	作用范围与用途	用量及用法
甘露醇（己六醇）	本品为渗透性利尿药。静脉注射后主要在血液中迅速形成高渗压，不为肾小管再吸收，大部分无变化经肾脏排出体外，产生脱水及利尿作用。静脉注射后20min出现脱水、利尿作用，2～3h达到高峰，可维持6～8h。用于治疗脑水肿、其他组织水肿。某些眼科手术前、后也可应用，并可预防急性肾功能衰竭及用于休克抢救等	静脉注射：犬50～150ml/次，1次/6～12h

续表

药物名称	作用范围与用途	用量及用法
山梨醇（葡糖醇）	本品为甘露醇的同分异构体，其作用、用途、制剂、用量均与甘露醇基本相同。但此药注入体内后，被转化为糖原的量比甘露醇多，故疗效较弱。山梨醇溶解度大，价格比较便宜，故临床上也常使用	静脉注射：犬 50～150ml/次，1次/6～12h
50%葡萄糖	用于治疗脑水肿、肺水肿以及低血糖和胰岛素过量用药	0.25～4ml/kg体重/次，静脉注射

十九、止血药及补血药

（一）止血药

药物名称	作用范围与用途	用量及用法
维生素K	本品的主要作用是促进肝脏合成凝血酶原，并能促进血浆凝血因子Ⅶ、Ⅺ、Ⅹ在肝脏内合成。如维生素K缺乏，则肝脏合成凝血酶原和上述凝血因子的机制发生障碍，引起凝血时间延长，容易发生出血不止。本品主要用于治疗维生素K缺乏所引起的出血性疾病	①维生素 K_3 肌肉注射：犬 10～30mg/次；猫 1～5mg/次。②维生素 K_1 皮下或肌肉注射：犬、猫 0.5～2.0mg/体重次
止血敏	本品为全身止血药，能促进血小板的增生，增强血小板的机能，缩短凝血时间；又能增强毛细血管的抵抗力，减小毛细血管的通透性，从而发挥止血效果。止血作用迅速，毒性低，无副作用。用于预防及治疗各种出血性疾病，如脑、鼻、胃、肾、膀胱、子宫出血以及外科手术的出血等	肌肉或静脉注射：犬 2～4ml/次；猫 1～2ml/次，必要时隔 2h 再注射 1 次
安络血（肾上腺色素缩胺脲）	主要用于毛细血管出血，如衄血、肺出血、胃肠出血、血尿、子宫出血等	肌肉注射：犬 2～4ml/次，2～3次/d。口服：犬 5～10mg/次，2～3 次/d
明胶海绵（吸收性明胶海绵）	适用于外伤出血及手术时的止血。它在止血部位经 4～6 周即可完全被吸收	可按出血创面的面积，将本品切成所需大小，轻揉后敷于创口渗血区，再用纱布按压即可止血

（二）补血药

药物名称	作用范围与用途	用量及用法
枸橼酸铁铵（柠檬酸铁铵）	本品为3价铁制剂，较硫酸亚铁难吸收，但无刺激性，作用缓和。用途同硫酸亚铁	口服：配成10%溶液内服。用量同硫酸亚铁

续表

药物名称	作用范围与用途	用量及用法
硫酸亚铁（硫酸低铁、绿矾、铁矾）	补充造血物质，促进造血机能。当机体缺铁，如吮乳或生长期幼畜，妊娠或泌乳期母畜；胃酸缺乏、慢性腹泻等而致肠道吸收铁的功能减损时；慢性失血，使体内贮铁耗竭时；急性大出血后恢复期，铁作为造血原料需要量增加时，此时应当给犬、猫补充本品或其他铁剂。内服铁盐以2价亚铁离子（Fe^{2+}）形式，由十二指肠吸收。硫酸亚铁因价廉，易吸收，刺激性较小，而成为补血时最常用的铁剂	口服：犬0.05～0.5g/次；猫0.02～0.1g，分2～3次服用。通常配成0.2%～1%溶液或加入饲料内服用
乳酸亚铁	本品的作用与用途同硫酸亚铁，内服易吸收	口服：用量同硫酸亚铁
右旋糖酐铁注射剂（葡聚糖铁注射液）	本品为注射用铁剂，适用于幼犬和毛皮兽的缺铁性贫血，或有严重消化道疾病而缺铁严重，急需补铁的患者	深部肌肉注射：幼犬20～200mg/次。中毒可注射解铁敏
维生素B_{12}	本品主要用于治疗维生素B_{12}缺乏所致的病症，如巨幼红细胞性贫血。也可用于神经炎、神经萎缩、再生障碍性贫血、放射病、肝炎等的辅助治疗	肌肉注射：犬0.1mg/次；猫0.05～0.1mg/次
叶酸（维生素Bc，维生素M）	在体内参与氨基酸、嘌呤、嘧啶的代谢，缺乏时造成血细胞发育停滞，引起巨幼红细胞性贫血和白细胞减少。用于治疗叶酸缺乏引起的贫血症	口服：犬5mg/只；猫2.5mg/只

二十、抗过敏药及皮肤病防治

（一）抗过敏药

药物名称	作用范围与用途	用量及用法
氯苯那敏（扑尔敏）	用于治疗荀麻疹、抗组胺剂、过敏性皮肤病、过度理毛、自咬症、嗜酸性肉芽肿	过敏0.5mg/kg体重，内服，2～3次/d；自咬：4mg/次，2次/d
盐酸异丙嗪（非那根）	作用与苯海拉明相似，但作用更强，而副作用更小	口服：犬0.05～0.2g/次。肌肉注射：犬0.025～0.1g/次
盐酸苯海拉明（可他敏、苯那君）	本品可对抗组织胺引起的各种皮肤、黏膜过敏反应，如皮疹、荨麻疹以及螨虫、真菌引起的皮肤瘙痒症等，与氨茶碱、麻黄碱、维生素C或钙剂合用，效果更好	口服：犬0.02～0.06g/次；猫0.01～0.03g/次。1次/12h。肌肉注射：犬、猫5～50mg/次，2次/d
息斯敏（阿司咪唑）	荀麻疹、过敏性皮炎、过敏性鼻炎	3～10mg/次，内服

（二）皮肤病防治药

药物名称	作用范围与用途	用量及用法
癣螨净 886 擦剂	纯中药配方，无毒副作用，具有杀螨、抗菌、止痒以及除虱、灭蚤作用。主治犬、猫疥螨病、耳痒螨病、蠕形螨病、真菌皮肤病、过敏、湿疹、蚊虫叮咬等引起的皮肤病。用于早期及病变较小的病例	外用：患部涂擦，1～2 次/d。耳痒螨病、中耳炎时，应向耳道内滴入药液 3～5 滴，再清理干净，1 次/3d
癣螨净 887 浴液（浓缩）	纯中药配方，安全无副作用。功效同癣螨净 886 擦剂。主治晚期全身性、顽固性皮肤病，如疥螨病、蠕形螨与真菌混合感染性皮肤病、真菌性皮炎、脓皮病、过敏、湿疹、脱毛症及自咬症等。配合 888、一针净注射液疗效更佳	外用：用前先用温水稀释 100～200 倍，将患犬（猫）药浴 8～10min。也可用于环境、笼具的消毒
癣螨净 888 注射液	杀螨抑菌功能强大，作用持久。主治各种螨虫、真菌引起的传染性皮肤病。尤其对蠕形螨、真菌混合感染的顽固性皮肤病、脓皮病有特效。对肠道蛔虫、钩虫等也有效	皮下注射：犬、猫每千克体重 0.05～0.1ml/次，1 次/7d。苏格兰、喜乐蒂牧羊犬慎用。过量中毒者用强力解毒敏、麻黄素解救
1%伊维菌素注射液（螨虫一针净、伊力佳）	本品为广谱驱外寄生虫药，对肠道线虫也有效。临床上主要用来治疗螨虫（疥螨、耳痒螨、蠕形螨）引起的传染性皮肤病，对虱子、跳蚤和蜱也有防治作用。反复使用，对蠕形螨产生抗药性	皮下注射：犬、猫每千克体重 0.05～0.1ml/次，1 次/周。苏格兰、喜乐蒂牧羊犬敏感，慎用。中毒用强力解毒敏、麻黄素解救
灰黄霉素	能有效抑制毛癣菌、小孢子菌和表皮癣菌等真菌，临床上用于真菌引起的皮肤病	口服：犬、猫 20mg/kg 体重/次，连用 30d
癣可宁	用于治疗皮肤真菌病	1%软膏或酊剂，局部涂擦，3 次/d
皮炎平软膏	主治过敏性皮肤病、湿疹等	外用：患部涂擦，2 次/d

二十一、解毒药

药物名称	作用范围与用途	用量及用法
氯解磷定（氯磷定）	本品的作用机理同碘解磷定，但它的溶解度较大，除供静脉注射外，也可肌肉注射。氯解磷定对一〇五九、一六〇五的解毒效果好，对敌百虫、敌敌畏效果较差。本品不能通过血脑屏障，应与阿托品合用	肌肉或静脉注射：犬、猫 20mg/kg 体重/次

续表

药物名称	作用范围与用途	用量及用法
强力解毒敏注射液	本品为中药复方制剂，用于解救食物中毒、药物中毒，对抗原抗体引起的过敏反应也有抑制作用	皮下或肌肉注射：犬、猫 2～4ml/次，1～2 次/d
硫酸阿托品	用于解除有机磷中毒，解救时越早越好，剂量可酌情加大，或重复用药，直至病畜表现口腔干燥、瞳孔散大、呼吸平稳、心跳加快，即所谓“阿托品化”。对严重中毒病例，应与碘解磷定、氯磷定配伍使用	肌肉或皮下注射：犬 2mg/次；猫 0.5mg/次
碘解磷定（派姆）	本品为胆碱酯酶复活剂。故其常用作有机磷酸酯类，特别是一六〇五（倍硫磷）、一〇五九（内吸磷）、乙硫磷、特普等急性中毒的解救药。对敌敌畏、乐果、敌百虫、马拉硫磷等中毒，则疗效较差。对中度或重度中毒必须同时使用阿托品	静脉注射：犬、猫 20mg/kg 体重/次
乙酰胺（解氟灵）	本品为氟乙酰胺、氟乙酸钠（灭鼠药）的解毒剂	肌肉注射：0.05～0.1g/kg 体重/次，2～4 次/d，连用 5～7d
双复磷	本品的作用机理与用途同碘解磷定，但对胆碱酯酶活性的复能效果较好，且能通过血脑屏障，有阿托品样作用，并可消除 M 胆碱、N 胆碱及中枢神经系统症状。对一〇五九、一六〇五、三九一一（甲拌磷）等中毒的解救效果较好	肌肉或静脉注射：犬、猫 15～30mg/kg 体重/次
硫代硫酸钠（大苏打）	本品为氰化物中毒的特效解毒药。具有还原剂特性，能在体内与多种金属、类金属形成无毒硫化物由尿排出。可用于碘、汞、砷、铅、铋等中毒的解救，但其解毒效果不及二巯基丙醇	静脉或肌肉注射：犬 1～2g/次
二巯基丙醇（巴尔）	本品主要用于砷、汞、锑中毒的解毒，对铅、银、铁中毒疗效较差	肌肉注射：犬 4mg/kg 体重/次，不宜大剂量使用
依地酸钙钠（乙二胺四乙酸钙钠）	本品能与多价金属形成难解离的可溶性金属络合物，而排出体外。依地酸钙钠主要用于铅中毒，也可用于锰、铜、镉、汞等金属中毒及放射性元素如钇、镭、锆、钚中毒的解救	静脉注射：犬 1g/次；猫 0.4g/次。2 次/d
亚硝酸钠	本品可用于各种动物的氰化物中毒	静脉注射：犬、猫 0.05～0.1g/次
亚甲蓝（美蓝）	本品具有氧化还原作用。小剂量用于解救亚硝酸盐中毒，大剂量用于解救氰化物中毒	静脉注射：①解救亚硝酸盐中毒：犬、猫 1～2mg/kg 体重/次；②解救氰化物中毒：犬、猫 2.5～10mg/kg 体重/次

二十二、生物制品

（一）高免血清

药物名称	作用范围与用途	用量及用法
精制犬五联血清	本品为5种病毒抗原，经强化免疫犬后获得的高免血清，用于治疗犬的犬瘟热、副流感、传染性肝炎、细小病毒病与冠状病毒性肠炎等烈性传染病，也可用于上述疾病的紧急预防注射	冷冻保存，肌肉或皮下注射：幼犬一次5ml，大型犬一次10～20ml或按1～2ml/kg体重/次，依病情和体重不同酌情增减，1次/d，连用3～5d
强力犬瘟热免疫血清	该产品主要用于影响和干扰犬瘟热病毒的复制，增强机体的免疫状态。主要用于治疗犬瘟热病，对R恤病毒引起的病毒病也有协同治疗作用。大剂量的应用亦可阻止犬瘟热引起的脑炎和后肢麻痹	皮下或肌肉注射：犬每千克体重1～2ml/次，3～5d为一疗程。重症犬剂量可加倍
犬二联高免血清（二联王注射液）	含高效价犬二联免疫球蛋白、转移因子，并有抗菌、抗病毒和解热镇痛药物，作用持久，全面，主要用于犬瘟热、犬细小病毒病的特异治疗，也可用于两者的紧急预防注射，对感冒、病毒、细菌性肠炎、肺炎、肾炎等均有效	肌肉或皮下注射：小型犬6～12ml/次，大型犬20～30ml/次，1～2次/d，连用3～5d。紧急预防注射：犬6～12ml/次
犬六联免疫球蛋白（18C）	有用免疫驴血清和免疫犬血清提取制备的两种，其中以免疫犬血清提取的IgG疗效好，副作用少。适用于治疗犬的犬瘟热、细小病毒性肠炎、犬传染性肝炎、犬冠状病毒病、犬副流感和狂犬病等烈性传染病。并可用于上述传染病的紧急预防注射	冷藏。肌肉、皮下注射或静脉点滴：小型犬2～4ml/次，大型犬0.5ml/kg体重给药，1～2次/d，连用3～5d
犬细小病毒单克隆抗体	本品为通过单克隆抗体技术生产的高纯度，能杀伤犬细小病毒颗粒的特异性抗体，主要用于治疗犬细小病毒性肠炎	冷藏或冷冻保存。皮下或腹股沟内注射：5kg以下犬5ml/次，5kg以上犬6～20ml/次，1次/d，2～3d为1疗程

（二）免疫增强剂及抗肿瘤药

药物名称	作用范围与用途	用量及用法
犬免疫增强剂	本品可作为犬病疫苗或菌苗的免疫增强剂，提高免疫接种效果。亦可作为犬传染性疾病的辅助治疗，或作为幼犬抗病保健、提高机体抗病力的保健药	肌肉注射：犬2ml/次，间隔1～2周/次，连用3次。治疗病犬时，1ml/次，1次/2d

续表

药物名称	作用范围与用途	用量及用法
免疫球蛋白	免疫球蛋白是机体受抗原（如病原体）刺激后产生的，其主要作用是与抗原起免疫反应，生成抗原-抗体复合物，从而阻断病原体对机体的危害，使病原体失去致病作用。另一方面，免疫球蛋白有时也有致病作用。临床上的过敏症状如花粉引起的支气管痉挛，青霉素导致全身过敏反应，皮肤荨麻疹（俗称风疹块）等都是由免疫球蛋白，制剂能增强宠物抗病毒的能力，可作药用。如注射血清或胎盘中提取的丙种球蛋白制剂可防治麻疹、传染性肝炎等传染病	5kg 以下的犬：5ml/次；5～10kg 犬：10ml/次；10kg 以上的犬：10～20ml/次，1 次/d，连用 3d，静脉注射
丙种球蛋白（免疫血清球蛋白、普通免疫球蛋白）	含有健康宠物血清所具有的各种抗体，因而有增强机体抵抗力以预防感染的作用。主要用于免疫缺陷病以及传染性肝炎、麻疹、带状疱疹等病毒感染和细菌感染的防治，也可用于哮喘、过敏性鼻炎、湿疹等内源性过敏性疾病	0.5～1.5g/kg 体重，静脉注射
犬白细胞干扰素	本品为纯天然的犬白细胞干扰素制品，配合犬高免血清用于治疗或预防犬瘟热、犬副流感、犬疱疹病毒感染、犬腺病毒病、犬细小病毒性肠炎等传染病，并有抑制癌细胞生长和提高机体免疫力的作用	冷藏或冷冻保存。皮下注射：10kg 体重以下犬 1 支（5 万 IU）/次，10kg 体重以上犬 2 支（10 万 IU）/次。1 次/d，连用 3～5d
猫白细胞干扰素	本品为纯天然的猫白细胞干扰素制品，配合猫高免血清用于治疗或预防猫瘟、猫杯状病毒感染、猫病毒性鼻气管炎及各种病毒性疾病	皮下或腹股沟注射：5 万～10 万 IU/次，1 次/d，连用 3～5 次
胸腺肽	本品能调节和增强机体免疫功能，有一定抗病毒、抗肿瘤作用，对多种病毒性疾病和恶性肿瘤有辅助治疗作用	肌肉或静脉滴注：犬、猫 0.05～0.5mg/kg 体重次，3 个月为 1 疗程
转移因子	本品为从免疫犬脾脏、淋巴细胞中提取的纯天然免疫活性物质。具有转移免疫功能的作用，配合血清或单独使用具有治疗和预防犬瘟热、犬细小病毒病、犬副流感、传染性肝炎、狂犬病和冠状病毒性肠炎的作用，并有提高机体抵抗力的作用	肌肉注射：犬 1～2 支/次，3～4d/次，连用 5 次
胸腺肽（胸腺素）	用慢性肝炎疾患，成年以后以后胸腺开始萎缩，细胞免疫功能减退；各种原发性或继发性 T 细胞缺陷病；某些自身免疫性疾病（如类风湿性关节炎、系统性红斑狼疮等）；各种细胞免疫功能低下的疾病；肿瘤的辅助治疗	0.05～0.5mg/kg 体重/次，1 次/d，连用 3 个月

续表

药物名称	作用范围与用途	用量及用法
聚肌胞（聚肌苷酸）	为一种干扰素诱导剂。在体内细胞诱导下产生干扰素，有类似干扰素的作用，故有广谱抗病毒和免疫调节功能。用于病毒感染性疾病和肿瘤的辅助治疗。用于慢性乙型肝炎、流行性出血热、流行性乙型脑炎、病毒性角膜炎、带状疱疹、各种呼吸道感染等	2mg/次，肌肉注射，隔日1次
黄芪多糖	诱导机体产生干扰素，调节肌体免疫功能，促进抗体的形成	2～10ml/次，肌肉或皮下注射，1～2次/d，连用2～3d
左旋咪唑	本品可提高病宠物对细菌及病毒感染的抵抗力。目前试用于肺癌、乳腺癌手术后或急性白血病、恶化淋巴瘤化疗后作为辅助治疗。此外，尚可用于自体免疫性疾病如类风湿关节炎、红斑性狼疮以及上呼吸道感染、小儿呼吸道感染、肝炎、菌痢、疮疖、脓肿等	1～2.5mg/kg体重/次，内服，3次/d
放线菌素D（更生霉素）	本品能抑制RNA的合成，作用于mRNA，干扰细胞的转录过程，阻止蛋白质的合成。临床上主要用于肾母细胞瘤、睾丸肿瘤及横纹肌瘤。对霍奇金氏病、绒毛膜上皮癌、恶性葡萄胎及恶性淋巴瘤亦有一定疗效	0.01～0.03mg/kg体重，静脉注射，缓慢，1次/3周

第三节　激素疗法

激素（荷尔蒙），是由内分泌腺或内分泌细胞分泌的高效生物活性物质，在体内作为信使传递信息，对机体生理过程起调节作用的物质称为激素。由机体产生、经体液循环或空气传播等途径作用于靶器官或靶细胞，它通过调节各种组织细胞的代谢活动来影响动物机体的生理。

激素是调节机体正常活动的重要物质。任何一种激素都不能在体内发动一个新的代谢过程。它们也不直接参与物质或能量的转换，只是直接或间接地促进或减慢体内原有的代谢过程。如生长和发育都是动物体原有的代谢过程，生长激素或其他相关激素增加，可加快这一进程，减少则使生长发育迟缓。激素对动物的繁殖、生长、发育、各种其他生理功能、行为变化以及适应内外环境等，都能发挥重要的调节作用。一旦激素分泌失衡，便会带来疾病。

激素的生理作用虽然非常复杂，但是可以归纳为五个方面：第一，通过调节蛋白质、糖和脂肪等三大营养物质和水、盐等代谢，为生命活动供给能量，维持代谢的动态平衡。第二，促进细胞的增殖与分化，影响细胞的衰老，确保各组织、各器官的正常生长、发育，以及细胞的更新与衰老。例如生长激素、甲状腺激素、性激素等都是促进生长发育的激素。第三，促进生殖器官的发育成熟、生殖功能，以及性激素的分泌和调节，包括生卵、排卵、生精、受精、着床、妊娠及泌乳等一系列生殖过程。第四，影响中枢神经系统和植物性神经系统的发育及其活动，与记忆及行为的关系。第五，与神经系统密切配合调节机体对环境的适应。上述五方面的作用很难截然分开，而且不论哪一种作用，激素只是起着信使作用，传递某些生理过程的信息，对生理过程起着加速或减慢的作用，不能引起任何新的生理活动。

一、生殖激素的临床应用

（一）性激素与促性腺激素

性激素是由动物性腺所分泌的一些类固醇激素，包括雌激素、孕激素及雄激素。

1. 雌激素

卵巢分泌的雌激素为雌二醇。现已人工合成了许多高效的雌激素，如炔雌醇、炔雌醚（炔雌环戊醚），还有一些非甾体激素，如己烯雌酚、己烷雌酚等。

临床上利用雌激素刺激子宫收缩及子宫颈松弛的作用，通过肌肉注射或直接注入子宫促进产后胎衣、死胎或木乃伊胎儿的排出，或用于子宫炎、子宫积脓、子宫内膜炎的冲洗；对发情症状微弱的母犬可用雌激素催情；可刺激乳腺的发育，用于催乳；作为化学去势用途时，常制成丸剂在颈部皮下埋植，以促进育肥性能。

人工合成雌激素有致癌变作用，已禁止做动物增重剂。

2. 孕激素

天然的孕激素是黄体分泌的黄体酮（孕酮），临床应用的孕酮为人工合成的衍生物，如甲孕酮、甲地孕酮、氯地孕酮、氟孕酮、炔诺酮等。

临床上用于安胎、预防和治疗黄体功能不足，尤其是因内源性孕激素分泌不足引起的先兆流产或习惯性流产；治疗卵巢囊肿；用于母犬同期发情，以促进品种改良和便于人工授精，提高优良种畜的繁殖率。

3. 雄激素

天然雄激素的主要来源是睾丸间质细胞分泌的睾丸酮。目前常用人工合成的睾丸酮及其衍生物，如甲基睾丸酮、丙酸睾酮等。

临床上主要用于治疗公犬性欲不强和性功能减退，常用的药物是丙酸睾酮，应用时可皮下埋植，也可采用皮下或肌肉注射。

4. 促性腺激素

促性腺激素分为两类，一类是由垂体前叶分泌的促卵泡素（精子生成素，FSH）和黄体生成素（间质细胞刺激素，LH）。此类激素需要从脑垂体中提取，制备过程比较烦琐，生产成本较高。另一类促性腺激素是孕马血清促性腺激素（PMSG）和人绒毛膜促性腺激素（HCG），来源丰富，前者与FSH作用相近，后者与LH作用相近，使用效果良好。

（1）*孕马血清促性腺激素* 临床上主要用于治疗母犬卵巢发育不全、卵巢功能衰退以及卵巢疾病引起的异常发情、久不发情，促使其正常发情与排卵；用于母犬断奶，缩短断奶时间，或用于多胎动物超数排卵，以提高其繁殖率；对公犬性欲不强、生精能力衰退也有一定疗效。通常是皮下注射或肌肉注射，但需要注意不宜反复使用，以免发生过敏性反应。

（2）人绒毛膜促性腺激素　临床上用于治疗卵巢囊肿，促进排卵，提高排卵和受胎率，同时也可用于幼犬发育不良及隐睾症的治疗。用1 500～2 000单位皮下或肌肉注射治疗母犬的卵巢囊肿有较好的疗效，静脉、腹腔或卵巢内注射的剂量可适当降低，且效果比大剂量好；用于同期发情的剂量因犬的大小而异。

（二）子宫收缩药

1. 催产素

又名缩宫素，是垂体后叶素的主要成分，垂体后叶素的另一种成分是抗利尿素（加压素，ADH）。目前兽医临床上应用的有垂体后叶素的制剂和人工合成的催产素。

临床上常用于催产或诱导同期分娩，产后子宫出血，胎衣不下、排出死胎、子宫复原等。催产素皮下或肌肉注射量为：犬2～20单位；垂体后叶素皮下或肌肉注射量为：犬2～10单位。

用于催产时首先应仔细检查胎位是否正常及子宫颈口开张情况，对胎位不正、产道狭窄、宫颈口未充分开放时应采取其他助产措施，如人工矫正胎位、使用温肥皂水等润滑剂处理产道，或在子宫颈分点注射普鲁卡因以促使其开张。用催产素处理胎衣不下时可适当配合子宫内灌注或静脉注射高渗盐水，促进胎盘剥离。

2. 麦角新碱

在麦角中含有多种麦角生物碱，均为麦角酸的衍生物。其中的麦角新碱在临床上使用较多。

临床上主要用于产后子宫出血的治疗以及子宫异物的排出、子宫复原等，不宜用于催产，否则易造成胎儿窒息，甚至引起子宫破裂。肌肉或静脉注射量为：犬0.1～0.5mg。

二、肾上腺皮质激素与促肾上腺皮质激素的临床应用

（一）肾上腺皮质激素

肾上腺皮质激素是肾上腺皮质分泌的各种类固醇的总称。肾上腺皮质球状带分泌的盐皮质激素，以醛固酮和脱氧皮质酮为主，在体内主要调节水盐代谢，此类物质在临床上的实用价值不大。肾上腺皮质束状带分泌的糖皮质激素，以可的松和地塞米松为代表，临床应用广泛，影响多数组织和器官的功能。

1. 糖皮质激素的药理作用

（1）抗炎作用　对各种原因（细菌性、化学性、机械性和免疫性）引起的炎症反应有较强的抑制作用，能通过降低毛细血管的渗透性，减轻炎症早期组织渗出和水肿。

（2）抗毒素和退热作用　可提高机体对细菌内毒素的耐受力，减轻内毒素对机体的损害。可作用于下丘脑的体温调节中枢，降低其对致热原的敏感性，并能稳定溶酶体膜，减少内生性致热原的释放，具有较好的退热作用。

（3）抗休克作用　通过对机体的抗炎作用、免疫抑制作用、抗毒素作用，有利于机体抗休克。

（4）免疫抑制作用　抑制炎性细胞在炎症区域的聚集和巨噬细胞的吞噬作用，影响抗原的处理和提成；使外周血液中的淋巴细胞和嗜酸性粒细胞减少；干扰补体的激活，减少炎症介质的产生。

（5）影响组织代谢　增强糖异生作用，增加肝脏糖原储备；通过对胰岛素产生颉颃作

用而使进入细胞的葡萄糖减少，血糖升高；促进蛋白质分解，造成氮负平衡；兼有盐皮质激素保钠排钾作用。

2. 糖皮质激素的临床作用

（1）各种急性炎症　可抑制机体强烈的炎症反应和中毒症状，有助于病犬缓解症状，但必须配合有效的抗生素治疗。

（2）变态反应性疾病　如荨麻疹、过敏性皮炎、药物过敏、输血或输液反应；对过敏性休克、过敏性喉头水肿等，在应用肾上腺素的同时，宜大剂量注射糖皮质激素。

（3）休克　对各种类型的休克包括过敏性休克、中毒性休克、创伤性休克、心源性休克都有一定疗效，以早期大剂量给药为宜。值得指出的是，抗休克治疗必须采取综合性措施。

3. 糖皮质激素的不良反应

（1）类肾上腺皮质功能亢进症　临床症状如兴奋、向心性肥胖、肌肉萎缩、骨质疏松等，一般无需治疗，停药后症状可自行消失，必要时可对症治疗。

（2）诱发或加重感染　长期应用可使机体防御疾病的能力下降，可诱发新的感染或体内潜伏的感染病灶重新活动起来，如出现皮炎、口腔、肠管、泌尿道的感染，深部真菌感染，化脓性感染等。

（3）停药困难　大剂量应用糖皮质激素后应逐渐减量停药。

（4）禁忌症　为给予抗生素治疗的感染性疾病、骨软病、骨折、溃疡性角膜炎以及妊娠期、创伤修复期、疫苗接种期和变态反应诊断期禁用，手术恢复期慎用。

（二）促肾上腺皮质激素

促肾上腺皮质激素为腺垂体分泌的微量多肽激素，是肾上腺皮质活性的主要调节者。

临床意义：增高：见于应激状态、原发性肾上腺功能不全、库兴综合征、Nelson 综合征、先天性肾上腺增生、垂体促肾上腺皮质激素细胞瘤。减低：见于垂体功能减退、肾上腺皮质肿瘤、垂体瘤、垂体前叶受损。

三、其他激素的临床应用

（一）前列腺素

目前用于兽医临床较为成熟的是治疗持久性黄体、催产以及诱导同期发情等。

（二）同化腺素

用于体质衰弱及一些重症的慢性消耗性疾病，如贫血、骨折、创伤愈合等的辅助治疗；也可作为药物添加剂，用于加快狗的育肥。

第四节　输血疗法

输血是一种重要的治疗方法，在宠物临床实践中具有重要的应用价值。输血给予患宠的是正常动物的血液或血液成分，从而达到补充血容量、改善血液循环、提高血液携氧能力、维持正常渗透压、纠正凝血障碍、增加机体抗病能力等目的。临床上常用的输血方法有全血输血和血液成分输血。宠物输血有很多比人更有利的条件，如血液方便、操作容易、安全性高等。因而输血疗法在兽医上有着广泛的应用前景。

一、输血疗法的意义及应用

输血疗法是利用输入正常生理机能的血液进行补血、止血、解毒的一种治疗措施。输血的意义在于可以迅速增加循环血量和体液量，提高血压，增强血液运输氧的能力，增加蛋白质浓度及血液凝固性，刺激造血机能等，增加机体抗病力。输血疗法是一种重要的治疗方法，在兽医临床实践中具有重要的应用价值。输血给予患病动物的是正常动物的血液或血液成分，从而达到补充血容量改善血液循环、提高血液携氧能力、维持正常渗透压、纠正凝血障碍、增加机体抗病能力等目的。临床上常用的输血方法有全血和血液成分输血。动物输血有很多比人更有利的条件，如血源方便、操作容易、安全性高等。因而输血疗法在兽医上有着广阔的应用前景。

输血在治疗动物疾病中是一种有效的措施，它作为一种辅助疗法特别对一些危重病例抢救尤为重要，尤其对于犬细小病毒的治疗更为明显，对犬细小病毒的治疗除了支持疗法和对症疗法外，用高免血清皮下或肌肉注射有一定疗效，康复犬血清治疗也有一定效果。采用康复犬全血置入等渗葡萄糖盐水稀释，静脉注射治疗犬细小病毒病，40 例全部治愈，其中两例是采用母体血静注治疗也获得同样效果，而且见效更快，输完血立即恢复食欲，3 天后大便正常，可见用痊愈血和母血输血对治疗犬细小病毒是一种高效疗法，其疗法独特之处与痊愈血富含抗体有关。虽然输血疗法的疗效及治愈率较好，但对于诸如供血犬血液内相关抗体的测定，供血犬其他带毒带菌的检测与预防办法等，有待进一步研究。动物的血型不同，缺少市售的血液分型试剂，很难进行定型和配血动物天然存在的抗体不像人类那样常见，所以动物首次输血产生急性溶血反应是罕见的，只有受到重复输血才会发生危险。为了安全起见，输血前先用交叉配血测定受血犬是否敏感，避免使用不适当的血液是很有必要的。

输血的副作用常因输入不相合的血液引起溶血反应，凝集反应和过敏反应，如血液中混有蛋白分解产物、细菌、病毒、原虫异物、发热物质等，或因操作不当，即注入速度过快、形成空气栓塞及血栓等，易导致输血失败。因此，输血必须严格按无菌要求操作；所用血液不能有血凝块，不能有溶血现象；输血前一定要做交叉实验，如有储存的全血，输血前应轻轻倒转达血瓶，使血将与血细胞充分混合；输血过程中严密观察动物有无反应，受血动物有严重心脏病、肾病、肺水肿、肺气肿及血栓性疾病等不能输血。

输血疗法主要用于犬外伤及某些疾病引起大失血，脱水引起大量体液丧失，营养性贫血、溶血性贫血、再生障碍性贫血、蛋白质缺乏症、恶病质、中毒性休克、血细胞减少症、血友病、白血病败血症、细菌病毒引起危重病例、输血疗法是抢救这些危重病例最有效的方法。

二、血型及血液相合性的判定

（一）血型

关于动物的血型，已经进行了不少研究。但由于动物的血型比较复杂，所以至今尚不完全清楚。

血型是根据红细胞膜有无某种抗原的存在来判断的，同种抗原被称为血型物质。已知狗有超过 20 种的血型，当中区分出来的第 1 系与第 D 系，是最主要的输血类型。第 1 系还可分类成1.1型、1.2型及1（-1）型，所使用的抗体分别为1.1，2与1.1。第D系可分类DI型、D2型及DID2型，所使用的抗体分别为D1与D2。所以这两个系统的组合，即可形成狗的九种血型。猫的血型多于两个系统，当中之一为AB系，也是输血与交配时最常见到的血型。猫的三种血型A、B与AB，可分类成A抗体与B抗体。有超过35%的A血型猫有B抗体，而超过90%的B血型猫有A抗体。

（二）血液相合性试验

一般情况下，给家畜初次输血时，真正发生抗原—抗体反应的并不多见。尽管如此，无论何种家畜，当它接受同种家畜的血液后，都能在3～10d产生抗体，如果此时又以同一个体供血家畜的血液再次输入时，就容易产生输血反应。为安全起见，在输血前应对供血动物和受血动物进行输血适应性检查（又称血液相合性试验）。通常应用交叉配血试验，有时也可应用生物学试验和简便的三滴试验法。

1. 交叉配血试验

配血试验主要是检测受血动物血清中有无破坏供血动物红细胞的抗体，称为主侧配血或直接配血。但在全血输血时，如果输入的血浆中含有与受血动物的红细胞不相合的抗体，也可以破坏受血动物的红细胞。不过由于输入的血浆量少，其抗体可被稀释，故危险性较小。因此，把受血动物的红细胞与供血动物的血清配血，称为次侧配血或间接配血。主侧、次侧同时进行，称为交叉配血。

（1）操作步骤

①取试管2支并标记，分别从受血动物和供血动物各采血2～10ml，于室温下静置分离血清备用。急需时可用血浆代替血清。即先在试管内加入4%枸橼酸钠液0.5ml或1ml，再采血4.5ml或9ml，离心去上层血浆备用。②另取清洁试管，加入一定量的抗凝剂，分别采取供血动物、受血动物的血液1～2ml，震荡，离心沉淀（或自然沉降）弃掉上层血浆；取其压积红细胞2滴，各加生理盐水适量，用吸管混合，离心去上清液后，再各加生理盐水2ml制成红细胞悬液。③取2片清洁、干燥的载玻片，在一片上加受血动物血清（或血浆）2滴，再加供血动物红细胞悬液2滴（主测）；同法在另一玻片上加供血动物血清（或血浆）2滴，再加受血动物红细胞悬液2滴，分别用火柴棒混匀，在室温中静置10～20min观察结果。

室温以15～18℃最为适宜。温度过低（8℃以下）可出现假凝集；温度过高（24℃以上）也会使凝集受到影响以至不出现凝集现象。观察时间不要超过30min，否则由于血清蒸发而出现假凝集现象。

（2）结果判定

①肉眼观察载玻片上主、次侧的均匀红染，无细胞凝集现象，显微镜下观察红细胞呈单个存在，表示配血相合，可以输血。②肉眼观察载玻片上主、次侧或主侧红细胞凝集呈沙粒状团块，液体透明；显微镜下观察红细胞堆积一起，分不清界限，表示配血不相合，不能输血。③如果主侧不凝集而次侧凝集时，除非在紧急情况下，最好还是不要输血。

2. 生物学试验

生物学试验是检查血液是否相合的较为可靠的方法。在每次输血前或输入全剂量血液之前均必须做生物学试验。

试验时，先检查受血动物的体温、呼吸、脉搏、可视黏膜及一般情况，然后取供血动物的一定量血液输入受血动物静脉内，中、小动物可输入10～20ml。输入后，经10min对受血动物的上述内容再进行检查和观察，如无任何不良反应，表明血液相合，可继续输血；如受血动物出现不安、呼吸和脉搏增数、黏膜发绀、肌肉震颤、不断排粪尿等异常现象时，表明血液不相合，应停止输血，更换或另选供血动物。试验时所出现的不良反应，一般20～30min可自行消失，通常不需要处理。

3. 三滴试验法

用吸管吸取4%枸橼酸钠溶液1滴，滴于清洁的玻片上；再分别用清洁干燥的吸管吸取供血、受血动物的血液各1滴，滴于玻片上的抗凝剂中。用细玻璃棒搅拌均匀，观察有无凝集现象。若无凝集现象，表示相合，可以输血；若出现凝集现象，表示不相合，则不能用于输血。三滴试验结果为相合的血液，在给受血动物输入全剂量血液之前，也必须按上述方法做生物学试验观察。

三、输血方法

（一）输血途径、输血量及输血速度

1. 输血途径

可供输血的途径有静脉内、动脉内、腹腔内以及肌肉或皮下，其中以静脉内输血为最好。静脉输血是最常用的一种方法，如果静脉输血确实有困难，也可进行腹腔输血但腹腔输血的作用比较慢，腹腔输血24h后，有50%血细胞被吸收进入循环系统。腹腔输血2～3后约70%的血细胞进入循环血液。腹腔输血对慢性疾病（如慢性贫血）效果较好。幼犬静脉输血失败，可以进行骨髓内输血，用消毒后的20号针头或骨髓穿刺针刺入股骨或肱骨近端，输血后约95%左右的血细胞可以被吸收进入血液循环系统。在大量输血时，先静脉输入5～10ml供血犬血液，5min后观察有无不良反应。若无反应再按5～10ml/min的速度输入血液，并时刻观察受血犬的表现，如出现反应立即停止输血。必须注意输血的疗效是暂时的，过量输血以及经常性输血，可以抑制自身红细胞的生成。输入总血量的多少要根据病情、失血程度和体重等综合决定，一般按动物体重的输入，如供血动物DEA1.1、DEA1.2和DEA7均为阴性者，应尽量避免重复输血，必须重复输血者，应在3d内进行。

2. 输血量

输入总血量的多少应根据病畜的病情需要、失血程度和体重等综合决定。手术过程中的出血量可视手术种类作出粗略估计。一般输血量可按动物体重的1%～2%输入。也可按下列公式计算出输血量：输血量=受血者体重［（kg）×40（犬）或30（猫）×（期望PCV值（%）－受血者PCV值］/输血用血液的PCV值（%）。一般情况下，输血量不能超过受血犬全血量的20%以上。在重复输血时为避免输血反应，应采用更换供血动物（即多用几头供血动物）的方法，或缩短重复输血时间，在病畜尚未形成一定的特异性抗体时输入（一般在3天以内）。

3. 输血速度

一般情况下，输血速度不宜太快。特别在输血开始，一定要慢而且先输少量，以便观察病畜有无反应。如果无反应或反应轻微，则可适度加快输血速度。

犬在开始输血的15min内应当慢，以5ml/min为宜，以后可增加输血速度。猫输血的

正常速度1～3ml/min。患心脏衰弱、肺水肿、肺充血及消耗性疾病，如寄生虫病以及长期化脓性感染时，输血速度以慢为宜。

（二）输血方法

输血分为全血输血和血液成分输血，可根据病畜的具体情况，选择使用，以期收到良好效果。

1. 全血输血

全血是指血液的全部成分，包括血细胞及血浆中的各种成分。将血液采入含有抗凝剂或保存液的容器中，不做任何加工，即为全血。一般认为血液采集后24h以内的全血称为新鲜全血，各种成分的有效存活率在70%以上。将血液采入含有保存液容器后尽快放入4℃冰箱内，即为保存全血。

2. 血浆成分输血

是将全血制备成各种不同成分，供不同用途使用的一种输血方法。这样既能提高血液使用的合理性，减少不良反应，又能一血多用，节约血液资源。血液成分通常是指血浆蛋白以外的各种血液成分制剂，包括红细胞制剂、白细胞制剂、血小板制剂、周围造血干细胞制剂、血浆制剂和各种凝血因子等由血液分离出的所有血液成分。此方法国外在小动物方面应用较多，国内也有报道，一致评价很高。

3. 特殊方式的输血

（1）亲缘之间输血　从母体体内采血适量给亲生幼仔后24h、48h、72h检查，其血红蛋白明显升高，同时发现输血后血浆肌酐水平接近正常，说明输血后对肾功能无不良影响，其他血液学指标也均在正常范围之内。

（2）自身输血　自身输血就是收集患病动物自身的血液，并将之用于患病动物自身输注，以达到输血治疗的目的。临床实践证明，这是一种安全、可靠、有效、经济的输血方法。

自身输血具有以下特点：可以杜绝输血引起的传染性疾病的传播，如病毒性肝炎、犬温热等；可以杜绝红细胞、百细胞、血小板以及蛋白质抗原产生的同种免疫反应；可以杜绝由于免疫反应导致的溶血、发热、变态反应等；术前多次采血，可以刺激红细胞再生；省略输血前的相合血交叉试验；血源有困难的地方，可免除寻找同种血型的困难。自身输血分为预存式待用输血法和稀释式自身输血。

①预存式待用输血法　非紧急手术的动物，可以采用预存式待用输血法，在预定手术前有计划地一次或几次从自身采血并贮存起来，供手术时自身输血用。

②稀释式自身输血　选择在麻醉后手术前采集一定数量的血液，同时输注晶体液（及）胶体液补充，使血液稀释，以维持血容量正常。血液稀释的界限是红细胞压积降至20%。到手术后期，将采集的血液再输回给患病动物。回输血液时，先输最后放出的稀释血。最先放出的血液含红细胞多，应留在手术结束时输注，以恢复患病动物的红细胞量。

（三）输血反应及处理

1. 发热反应

处理方法主要是严格执行无热源技术与无菌技术；在每100ml血液中加入2%普鲁卡因5ml，或氢化可的松50mg；反应严重时停止输血，并肌肉注射盐酸哌替啶（杜冷丁）或盐酸氯丙嗪；同时给予对症治疗。

2. 过敏性变态反应

病畜出现的饿呼吸急促、痉挛、皮肤出现荨麻疹块等症状，甚至发生过敏性休克。原因可能是由于输入血液中所含致敏物质，或因多次输血后体内产生过敏性抗体所致。处理方法是立即停止输血，肌肉注射苯海拉明等抗组胺制剂，同时进行对症治疗。

3. 溶血反应

病畜在输血过程中突然出现不安、呼吸和脉搏频数、肌肉震颤，不时排尿、排粪，出现血红蛋白尿，可视黏膜发绀或出现休克。多因输入错误血型或配合禁忌的血液所致，或因血液自输血前处理不当、大量红细胞破坏所引起。处理方法是立即停止输血，改注生理盐水或5%～10%葡萄糖注射液，随后再注射5%碳酸氢钠注射液。皮下注射0.1%盐酸肾上腺素，并用强心利尿剂抢救。

（四）注意事项

输血的注意事项包括：

1. 开始输血前，应该注意进行生物学试验观察。如无异常方可继续输入全量血液，输血过程中也应随时观察动物的状况，出现不良反应及时处理。输血过程中，一切操作均需按照无菌要求进行，所有器械、液体，尤其是留做保存的血液，一旦遭受污染，就应坚决放弃。

2. 采血时需注意抗凝剂的用量。采血过程中，应注意将血液和抗凝剂充分混匀，以免形成血凝块，在注射后造成血管栓塞。严重凝血的血液应废弃。在输血过程中，严防空气进入血管。而当用枸橼酸钠做抗凝剂进行大量输血后，应立即补充钙制剂，否则可因血钙骤降导致心机功能障碍，严重时可发生心跳骤停而死亡。

3. 输血的量要根据适应症、动物体格大小而异。据介绍，一般犬100～500ml，猫40～60ml。如需连续输血，则以隔日一次为好，但一般只能重复3～4次。

4. 输血速度要慢，过快会加重心血管系统的负担。

5. 一般情况输全血，特殊情况也可分离血液各成分输入（如红细胞输入和血浆输入）。

（1）输入红细胞。因无血浆成分，减少了对心血管系统的负担，缺少白细胞和血小板，防止过敏反应的发生。对高度贫血、心肺疾病、老龄和衰弱的动物较安全。

红细胞的制备一般按1∶9的比例先在灭菌的采血瓶中加入4%枸橼酸钠溶液，然后静脉采血，不断轻轻摇荡血瓶使之混合均匀；采血结束后，将血瓶静置4～6h，待血细胞下沉后吸取上部血浆后向采血瓶内加入与取出血浆等量的生理盐水，即得红细胞悬液。

（2）输入血浆。可代替全血用于补充循环血量。制备方法同红细胞制备一样采集血液静置后，吸取上部血浆备用。

6. 输血时，常并用抗生素或其他药物，但最好不要与血液混用，而应另作肌肉或其他途径给药。

7. 输血时血液不需加温，否则会造成血浆中的蛋白质凝固、变性，红细胞坏死等，这种血液输入机体后会立即造成不良后果。

8. 对患有严重器质性疾病的动物，如心脏病、肾脏疾病、肺水肿、脑水肿等应禁止输血。

（1）供血动物的选择　兽医临床供血动物较易选择，一般不需血库。供血动物必须通过临床、血液学、血清学以及传染病、寄生虫病等多方面严格检查，选择年龄较轻、体质健壮、无传染病和血液寄生虫的同一种属动物。有时也可应用健康屠宰动物的血液。

（2）输血适应性检查　不同动物有不同的血型，同型血液可以输血，输入不同血液可引起输血反应，严重时可造成受血动物死亡。

第五节　输液疗法

宠物进行新陈代谢，是一系列复杂的相互联系的生化反应过程，且这些生化反应主要是在细胞内进行的。因此，这些反应都离不开水。体内水的容量和分布以及溶解于水中的电解质浓度，都由畜体的调节功能加以控制。使细胞内体液和细胞外体液的容量、电解质浓度、渗透压等能够经常维持在正常的范围内，这就是水与电解质的平衡。

这种平衡是细胞正常代谢所必需的条件，是维持宠物生命以及机体脏器生理功能的保证。但是这种平衡可能由于各种疾病，例如创伤，各种炎症，胸、腹腔手术等都能使病畜丧失大量体液，而使水与电解质的平衡发生紊乱。

在一定条件下，机体的调节系统在一定范围内可以进行不断的调节，但病情严重时，机体无能力进行调节或超过了机体可能的代偿程度。便会发生水与电解质平衡紊乱。水、电解质和酸碱平衡紊乱在临床上极为常见，它不是独立存在的疾病，而是某些疾病发展过程中所产生的一系列代谢障碍的结果。反过来，水、电解质和酸碱平衡紊乱又可加重原发疾病的病理过程。因此，对于每一个临床兽医来说正确认识宠物的体液代谢和理解水与电解质的基本概念和生理原则，掌握其发生及发展规律，纠正体液平衡，对提高医疗质量，增强机体抗病能力，促进原发病的恢复，具有重要意义。

输液的目的就是调节体液、电解质平衡与酸碱平衡或补给营养，而输给以水、电解质溶液、胶体溶液或营养溶液等，是对某些疾病进行治疗的重要方法。临床主要应用于引起脱水现象的各种疾病、酸中毒、碱中毒、贫血、肾脏疾病、改善血液循环与心脏功能、利尿、解毒等。此外，对引起营养障碍时，可加入适当的营养剂，进行营养输液。

一、水、电解质和酸碱平衡

（一）水、电解质的平衡生理

1. 体液量

正常宠物机体组织中的体液量，成年犬体液约占体重的60%，其中40%在细胞内液，20%在细胞外液。细胞外液又以管道系统分为组织间液和血浆，其中15%分布在组织间液内，5%在血浆内。肥胖犬占50%，瘦弱犬占70%。其中细胞内液占40%，细胞外液占20%（即间质液15%、血浆5%）。

犬总血容量接近88ml/kg体重，大多数犬3周能生成血22ml/kg体重，红细胞容积是体重的3%。

犬血浆电解质的分布：体内阳离子和阴离子经常处于平衡状态，其含量接近155mmol/L。

在电解质的组成上，细胞外液和细胞内液差异很大。在血浆中，阴、阳离子浓度各为155mmol/L。主要的阳离子为钠（143mmol/L），其次为钾（4.4mmol/L）；主要的阴离子为氯（106mmol/L）和重碳酸盐（20.5mEq/L）（表7－6）。

细胞内液阴、阳离子浓度各为180mmol/L，阳离子以钾、镁为主；阴离子以磷酸盐和蛋白质为主，重碳酸盐则较少。

细胞外液的总电解质浓度为300mEq/L，渗透压为280～310毫渗量（或mosm/L）。

表7－6　犬血浆中电解质的含量

阳离子（mEq/L）	阴离子（mEq/L）
钠143.0	重碳酸盐20.5
钾4.4	氯化钙106.0
钙5.3	磷酸盐1.6
镁1.8	硫酸盐2.0
	有机酸10.0
	蛋白质14.5

另外，机体各种组织、器官的含水量，根据各自功能的不同，也有所差异。

健康犬每天水与电解质的摄入量排出量基本相同相等（表7－7）。这是受神经和内分泌调节的，其平衡规律是“多进多排、少进少排、不进也排”。“不进也排”是指犬不能进食进水时，仍然排出水分，以排泄代谢废物，这是机体生存的需要。

表7－7　健康犬平均每天水的进出量

摄入量（ml/kg/d）	排出量（ml/kg/d）
食物、饮水51	尿排出量22
物质代谢所产生15	皮肌蒸发、肺呼出、粪便排出44
合计66	合计66

2. 体液的作用和组成

（1）作用　体液有支撑体细胞间的营养物质及代谢废物的输进与排出，干预激素及消化液的分泌，调节体温以及保持体表面的平滑性等作用。

（2）组成　根据机体的生理功能，可将体液分为机体细胞内液与细胞外液两大部分。细胞膜是它们之间的一个重要界限。细胞外体液包括血浆组织间液。其各部体液与体重的百分比是：

细胞内体液——约为体重的50%；

细胞外体液——约为体重的20%。

①细胞内体液的组成：犬细胞内液阴、阳离子浓度各为180mEq/L，细胞内体液的电解质阳离子有：Na^+、K^+、Mg^{2+}、Ca^{2+}；阴离子有：Cl^-、HCO_3^-、HPO_4^{2-}、SO_4^{2-}。其中阳离子含量最多的是K^+，其次是Mg^{2+}，而Na^+最少。阴离子含量最多的是HPO_4^{2-}和蛋白质，而HCO_3^-、SO_4^{2-}和重碳酸盐则较少。

在细胞内体液中所含的无机盐（阴、阳离子）和有机物（蛋白质）的主要功能，是维持渗透压，对保持细胞内体液的恒定性具有重大意义。

②细胞外体液的组成：细胞外体液和细胞内体液含有同样的电解质，但它的含量极为不同。犬细胞外液的总电解质浓度为300mEq/L，渗透压为280～310毫渗量（或mosm/L）。在细胞内体液中K^+、HPO_4^{2-}、蛋白质含量最高，而在细胞外体液中，则与之相反，

是阳离子 Na^+，阴离子 Cl^- 含量最多。

3. 水、电解质的代谢调节

（1）水的代谢　水是机体中含量最多的组成成分，约占宠物体重的60%～70%，是组成机体的重要成分之一。其中75%为细胞内液，约占体重的45%左右；25%属于细胞外液（组织及血液），约占体重的15%左右。同时，水也是维持宠物正常生理活动的重要营养物质之一，对机体的代谢十分重要。正常时，体内的水在神经—体液系统的调节下不断地和外界环境进行交换，同时体内的细胞内液、组织液与血液也不断地进行交流与更新，使体内各种水量处于相对平衡状态，以维持机体各器官系统的正常功能。此外，水的生理功能，还有调节体温，促进物质代谢及润滑等作用。

宠物在正常状态下，水的摄入量与排出量是相对平衡的，如果由于某种原因引起脱水，水的动态平衡就会遭到破坏，严重时可危及生命。当宠物如失去约占体重10%的体液便会引起严重的物质代谢障碍，失去20%～29%的体液将会导致死亡。

（2）电解质的代谢

①钠离子 Na^+ 是细胞外体液的主要阳离子，约占体内钠总量的45%。Na^+ 与水的关系极为密切，体液中 Na^+ 含量的多少能引起水的移动，当 Na^+ 浓度减少时，细胞外体液量也就减少；反之，细胞外体液量就增加。所以 Na^+ 在维持体液的容量上具有很大的作用。Na^+ 对维持血液渗透压十分重要，血液渗透压的65%～70%是由溶解在血液中的NaCl所决定的。同时 Na^+ 还能维持肌细胞的正常兴奋性，也参与维持体内的酸碱平衡，是碳酸氢钠的组成成分。

②钾离子 K^+ 是细胞内体液中的主要阳离子，占体内钾总量的98%。主要分布在肌肉、皮肤、皮下组织。作用是参与细胞的新陈代谢，支配细胞内体液的渗透压，维持细胞内体液的酸碱平衡。维持神经肌肉及心肌细胞的正常兴奋性。K^+ 在红细胞内含量特别多，对血液的呼吸功能十分重要。K^+ 对肌细胞呈抑制作用，所以存在肌肉中的 K^+ 和为对抗物。

K^+ 和 Na^+ 是维持体液渗透压的主要阳离子，一旦丧失后，机体不能代偿，只靠外界补给，才能保持体液的平衡。K^+ 和 Na^+ 是血液中缓冲物质组成部分，对维持体内酸碱平衡具有重要作用。所以 K^+ 和 Na^+ 对宠物体生命活动过程影响很大。但超量的 K^+ 对机体是有毒的，一般血清中含 K^+ 为0.02%，一旦超过此量的2倍，则发生严重的中毒作用。

③氯离子 Cl^- 占细胞外体液阴离子60%强，是体液中的重要阴离子，多数含于胃液盐酸中。Cl^- 在体内主要是与 K^+ 或 Na^+ 相结合，对维持血液渗透压十分重要。因 Cl^- 易于通过半透膜，也参与细胞内体液渗透压的维持。血液中酸性离子 Cl^- 约占2/3，是维持酸碱平衡中酸的主要成分，所以 Cl^- 有维持体液渗透压和酸碱平衡的作用。Cl^- 丧失后，由机体代谢产生的重碳酸根（HCO_3^-）来补偿。健康的宠物体内的 Cl^- 大部分是来源于犬粮，从粪、尿、汗中排出体外。其排出量视摄入量和肾脏的排出能力而不同。宠物平常为了保持NaCl在体内的必要量，能从肾小管里再吸收，只是将多余的NaCl排出体外。

④重碳酸根离子：在细胞外体液中 Na^+ 主要是与 Cl^- 和重碳酸根离子保持电荷平衡。体内细胞代谢最终产物都形成二氧化碳，通过呼吸道又能很快排出。而部分二氧化碳溶于体液中并形成如下动态平衡：

$$CO_2 + H_2O \rightleftharpoons H_2CO_3 \rightleftharpoons H^+ + HCO_3^-$$

所以重碳酸根离子浓度的升高或降低直接影响体液酸碱平衡。

（二）体液的交换

1. 体液的内部交换

宠物机体的体液，在正常情况下，血浆与组织间液，细胞内液与细胞外液都在相互变换，维持动态平衡。

血浆与组织间液以毛细血管壁相隔，毛细血管壁为一种半透膜，血浆及组织间液中的小分子物质，如葡萄糖、氨基酸、尿素及电解质可以自由透过，维持动态平衡。但是，血浆及组织间液中的蛋白质不能自由透过毛细血管壁，而且血浆的蛋白质浓度比组织间液的蛋白质浓度高很多，因而血浆的胶体渗透压比组织间液渗透压高，称此压力差为血浆的有效渗透压。水分在血浆与组织间液中的分布是由心脏和血管收缩所产生的血压与血浆的有效渗透压所调节。血压使水分通过毛细血管壁流向组织间液，血浆的有效渗透压等于一种吸力，把水分从组织间液吸回血管内。在正常情况下，水分从毛细血管壁的滤出量与吸回量基本上相等。血浆与组织间液的变换很迅速，并保持动态平衡，即保证了血浆中的营养物质与细胞内物质代谢产物的交换能顺利进行，又保证了血浆与组织间液容量和渗透压的恒定。

细胞内液与细胞外液的交换是通过细胞膜进行，细胞膜是一种半透膜。它对水能自由通过，对葡萄糖、氨基酸、尿素、尿酸、肌酐、CO_2、O_2、Cl^-、HCO_3^-等也可以通过。这样细胞内液与细胞外液互相交换，保证细胞不断地从细胞外液中摄取营养物质，排出细胞本身的代谢产物。而细胞内外的蛋白质、K^+、Na^+、Ca^{2+}、Mg^{2+}等则不易透过细胞膜。但当细胞内外液的渗透压发生改变时，主要靠水的移动维持平衡。水在细胞内外的转移决定于细胞内外渗透压的大小。决定细胞外液渗透压的主要是钠盐，决定细胞内液渗透压的主要是钾盐。在细胞膜内外K^+与Na^+分布的这种显著差别是由于细胞膜能主动地把Na^+排出细胞，同时将K^+缓慢地吸入细胞内。

2. 体液与外界的交换

体液的流动性很大，欲保特体液的恒定，水与电解质的摄入量与排出必须相等。其出、入机体的途径主要通过胃肠道、肾脏、皮肤和肺等来完成。

（1）胃肠道　宠物的食物进入消化道后与分泌液充分混合，分泌液和营养物质在小肠内吸收，余下的水分将在大肠内重吸收，仅少量水分和粪便一起排出体外。

（2）肾脏　肾脏是调节细胞外体液的主要器官，它在维持水、电解质平衡上起到非常重要的作用，还能控制水、电解质的排泄，并使细胞外体液的容量、酸碱度和渗透压保持恒定状态。机体代谢过程将不需要的和过剩的物质，如尿素、肌酐、氨、氢离子等通过肾脏排入尿中，进而再排出体外，而机体需要的物质可完全从肾小球滤液中被再吸收。

（3）皮肤　皮肤是一个排泄器官，其功能主要是调节体温，散发热量。当在炎热天气和体温升高时，体内产热量显著增加，机体为了维持正常体温，通过排汗来散发热量。出汗主要是水，含电解质很少。因此，汗液的蒸发对体液平衡状态也将受到影响。

（4）肺　宠物在呼吸时通过肺呼出二氧化碳，起到调节酸碱平衡的作用。由肺呼出的气体所含水分较多，丧失量取决于呼吸的次数和深度，浅而快的吸呼丧失水分较少，深而缓的呼吸丧失水分较多。

（三）酸碱平衡

在生理状态下，机体内环境酸、碱度相对恒定，宠物的血液氢离子浓度经常保持在pH值7.36～7.44范围内活动，保持这种稳定是依靠机体一系列的调节功能，称之为酸碱平衡。如果pH值下降到7.0以下，通常就要危及生命。因此，我们只有了解正常酸碱平衡的主要原理，才能有效地掌握治疗原则。

调节机体酸碱平衡，主要是由于机体内存在有缓冲系统、肺功能的调节及肾功能的调节等作用而完成的。

（1）缓冲系统　体液中缓冲作用，有65%的重碳酸盐系统、28%的血红蛋白系统、6%的血浆蛋白系统和1%的磷酸盐系统，现分述如下：

①重碳酸盐系统：为碳酸与碳酸氢盐组成，是机体内主要的缓冲系统。碳酸是新陈代谢的最后产物，主要由呼吸排出，它对于保持体液pH值具有特殊意义。碳酸氢盐在细胞内为$KHCO_3$，在血浆中为$NaHCO_3$。

碳酸氢盐系统的缓冲作用由下列反应式表明。

$HCl + NaHCO_3 \rightleftharpoons NaCl + H_2CO_3$

$NaOH + H_2CO_3 \rightleftharpoons H_2O + NaHCO_3$

两者之间是有一定比例的，平均为1/20。

上二式表明如有一定量的酸或碱进入机体，那么缓冲系统就发挥了缓冲作用，使机体仍能保持原来的pH值。

②血红蛋白系统：它是机体的第二个主要缓冲系统，在体液中是作为弱酸而存在的，它们与K^+、Na^+结合成弱酸盐，还原成血红蛋白（HHb）呈弱碱性。

$HHbO_2 \rightleftharpoons H^+ + HbO_3^-$（弱酸性）

$HHb \rightleftharpoons H^+ + Hb^-$

当机体代谢产生二氧化碳，进入静脉血液时，血液pH值仅下降0.02～0.03，此过程红细胞是参与缓冲作用的。

③血浆蛋白系统其平常作用不大，在正常pH值体液中，血浆蛋白能接受H^+或释放H^+，起着缓冲作用。

④磷酸盐系统：由磷酸二氢钠（NaH_2PO_4）和磷酸氢二钠（Na_2HPO_4）组成，主要作用于细胞内，在血液内作用较少。NaH_2PO_4是弱酸，当遇到碱时则形成Na_2HPO_4与H_2O。如：

$NaH_2PO_4 + NaOH \rightleftharpoons Na_2HPO_4 + H_2O$

Na_2HPO_4是一种碱性盐，当遇强酸时则形成NaH_2PO_4与NaCl。如：

$Na_2HPO_4 + HCl \rightleftharpoons NaH_2PO_4 + NaCl$

（2）肺功能的调节　二氧化碳为机体内分解代谢的最终产物之一，通过由肺脏排出体外，以维持体内的酸碱平衡。当血液中CO_2增加或H^+浓度增加时，刺激呼吸中枢兴奋，呼吸加深加快，排出大量的CO_2。反之，CO_2降低或H^+浓度降低时，则呼吸缓慢，排出少量的CO_2，使血液中的碳酸浓度得到调节。也就是说机体通过呼出CO_2多少来调节pH值，维持体液的酸碱平衡。

（3）肾脏功能的调节　肾脏是调节酸碱平衡的很重要器官。主要是维持细胞外体液中碳酸氢盐的适当浓度，保留肾小球滤液中的碳酸氢盐，而同时排出氢离子。这主要是通过三个方面机理进行的。

①碳酸氢钠的再吸收，是由于氢离子与钠离子的交换所实现。远端肾小管的细胞中，在碳酸酐酶的作用下：$CO_2 + H_2O \rightleftharpoons H_2CO_3$

碳酸又解离为 $H^+ + HCO_3^-$，H^+ 透过细胞膜入肾小管腔。来自管腔中的 Na^+。与 HCO_3^- 结合生成 $NaHCO_3$ 而被再吸收回入血液，此为排氢（H^+）保钠（Na^+）作用。

②远端肾小管细胞的重要功能之一是分泌氨（NH_3）。它的主要作用在于帮助强酸的排泄。NH_3 与 H^+ 生成铵离子（NH_4^+），再与酸根作用，生成铵盐，随尿液排出。氨的分泌率可能与尿的氢离子浓度成正比。尿越呈酸性，氨分泌越快；尿越呈碱性，氯的分泌就越慢，所以氨的分泌率与尿的 pH 值成反比。

③正常血浆 pH 值约为 7.41，血浆磷酸缓冲系统中 80% 的无机磷酸阴离子 HPO_4^{2-} 来自磷酸氢二钠（Na_2HPO_4），20% 来自磷酸二氢钠（NaH_2PO_4）。肾小球滤液中磷酸根主要以无机磷酸阴离子（HPO_4^{2-}）形式存在，当肾小管液被分泌的氢离子酸化时，碱性的 HPO_4^{2-} 与 H^+ 结合生成 $H_2PO_4^-$。在肾小球滤液 Na_2HPO_4 中的 Na^+ 和 H^+ 相互交换，然后回到血液中。

上述缓冲系统、呼吸功能的调节及肾脏的调节三者在生理或病理状态下，都是相互联系互相配合的过程，其目的就是排出酸性代谢产物，保持体液的 pH 值稳定。这三方相互配合，保证了体液正常 pH 值的稳定。

二、水、电解质和酸碱平衡紊乱

（一）水的代谢紊乱

临床上所见的水代谢紊乱往往同时伴随电解质，尤其是钠的平衡失常，故水与钠平衡失调多为混合性。但是不同的病因可以造成不同比例的水盐代谢紊乱，因此，临床表现、发病机制和治疗等方面也有不同特点。临床上比较常见的水代谢紊乱为脱水，其次为水中毒。

1. 脱水

脱水是指由于水和钠摄入不足或丢失过多所引起的体液容量明显减少的现象。根据脱水与电解质丧失比例不同，把脱水分为高渗性脱水（失水性脱水）、低渗性脱水（缺盐性脱水）和等渗性脱水（混合性脱水）3 种类型。

（1）缺盐性（低渗性）脱水　体液的丢失以电解质为主，特别是盐类，因而细胞外体液渗透压低于正常体液变成低渗，故又称为低渗性脱水。

①原因：低渗性脱水发生于体液大量丧失之后，由于补液不当所致。例如在中暑、严重腹泻、呕吐或大量出汗时，单纯补水分或 5% 葡萄糖溶液；再如大面积烧伤、大量细胞外液丢失，只给补充输入葡萄糖液，同样会引起血浆低渗和钠浓度下降；长期使用利尿剂、抑制肾小管对钠的重吸收以致大量钠自尿中丢失，造成低渗性脱水。可见，低渗性脱水主要与补液不当有关，但应指出，在宠物饲养管理中，如果忘记给盐则可直接引起缺盐性脱水。此外，大量体液丢失本身也可引起低渗性脱水，因为体液容量降低通过容量感受器反射引起 ADH 分泌增加，结果肾回收水增多，而使细胞外液低渗。

②症状：细胞外液电解质浓度下降，血浆渗透压降低，水分进入细胞内以致细胞外液减少，血容量随之下降，血液浓缩，细胞水肿。此类病畜常表现循环功能不良，病犬表现

疲乏，眼球凹下，皮肤发皱，但无渴感，缺少饮欲，血压下降，四肢厥冷，脉细弱，肾血流量减少，因而尿量少，含氮废物堆积，而出现氮质血症。因循环不良组织缺氧，病畜常有昏睡状态。血浆蛋白浓缩，血红蛋白量增多，红细胞压积增高，血钠减少（在143mEq以下）。尿中钠、氯离子量少或无。临床表现为轻度时病畜精神不振，食欲减少，四肢无力，缺盐大致在0.25～0.50g/kg体重。中度时血压下降，全身症状明显，缺盐大致在0.5～0.75g/kg体重。重度时全身症状加重，缺盐约在0.75～1.25g/kg重。

③诊断要点：根据失钠病史，结合临床表现和实验室检查，可以诊断。初期测定血清钠接近正常，后期测定血清钠可见下降。正常宠物血液中 Na^+ 的变动范围是135.0～160.0mg/L。

④治疗：首先应恢复血容量，改善血液循环。增加体积渗透压，解除脑细胞肿胀。此外应根据血清钠的定，计算补钠量，如一头腹泻严重的病犬，体重10kg，血清钠123mg/L，正常血清钠为143mg/L，则：

补钠总量＝（正常血钠值－病犬血钠值）×体重（kg）×20%

在体液低渗时，补充高渗盐水是合理的，一般开始可给予总量的1/3或1/2，观察临床反应效果并复测血清钠、钾、氯、在斟酌剩余量的补充。

（2）缺水性（高渗性）脱水　是以丧失水而导致的脱水，电解质丢失相对地减少。因而细胞外液渗透压趋向高渗，又称为高渗性脱水。

①原因：在饮水不足或低渗性体液丢失过多时，前者可见于水源断绝、宠物咽部水肿、食道阻塞、破伤风引起的牙关紧闭等摄水障碍的情况下，由于进水量减少，宠物得不到正常的水分补充，而机体仍不断从尿、粪和呼吸中不断失水，遂造成失水多于去钠的情况。而低渗液丢失过多，常见于仔犬腹泻或不适当地过量使用速尿、甘露醇、高渗葡萄糖等利尿剂，使肾脏排水过多。除此以外发热出汗、呼吸加快等使水摄入不足和丧失过多也可引起高渗性脱水。

②症状：细胞外液电解质升高，血浆渗透渗透压升高，细胞内液外移、细胞内脱水而皱缩、因此，细胞内液的减少比细胞外液更多。体重明显减轻，病犬唾液少、汗少、尿量减少，尿比重升高，细胞脱水，皮肤干燥、无弹性。黏膜干而无光、眼球深陷，口腔干燥，烦渴贪饮，显著口渴，进而发热、沉郁、昏睡、虚脱，严重可导致死。血浆总蛋白量增高，血钠升高（在143mEq/L以上），红细胞压积变化不大（因红细胞也脱水）缺水的程度，依临床表现及失液量与体重百分比分为轻、中、重三种情况。

A. 轻度脱水：按照红细胞压积容量（简称压容或比容）从正常30百分比容积上升到40百分比容积之间，即为轻度脱水，此时机体脱水量约占体重的4%。症状为病犬精神稍沉郁，有渴感，尿量稍减少，尿比重增加，皮肤弹力稍减退。口腔干燥，食欲稍减，血液轻度浓缩，全血比重上升。红细胞压积、血红蛋白量、红白细胞数等稍有升高。

B. 中度脱水：压容上升到40%～50%容量之间，为中度脱水。此时机体脱水量约占体重的6%，症状为病犬有强烈饮欲，食欲巨减，行动倦息，喜卧地，皮肤弹力减退，被毛粗乱，眼球内陷，口腔干燥，尿量减少，尿比重升高，心搏次数明显增多。血液浓缩，红细胞压积、血红蛋白量和血细胞数等平行上升，血浆总蛋白、血清 Na^+ 升高。

C. 重度脱水：压容上升到50%～60%容积以上，为重度脱水。此时机体脱水量约占体重的8%，症状为病犬眼球及体表静脉塌陷，角膜干燥无光，结膜发绀，耳鼻端发凉，皮肤弹力消失，口干舌燥，眼球凹陷，鼻镜龟裂，心音和脉搏均减弱，脉搏不感于手。血液黏稠，暗黑，红细胞压积、血细胞数和血浆总蛋白等均升高。有时出现神经症状。

如果体内水分丢失量超过总体重的12%，即有生命危险。

③诊断要点：从病史中可以了解缺水或失水过多的经过，结合临床特征能较快作出临床诊断。化验室检查往往在中、重度脱水时才有明显变化。血清钠升高的程度对判断脱水的程度常是一个重要的指标。血清钠超过150mg/L以上时，即应有所警惕。血红蛋白升高往往是反映血液浓缩现象，这也是一种简易的观察指标。其次，细胞内脱水明显时，可以出现平均血细胞体积缩小。重度脱水的晚期，血中尿素氮升高。根据红细胞压积容量上40%～60%容积以上，可得知脱水程度。

④治疗：高渗性脱水的主要是缺水，同时病畜伴有一定量的电解质丢失。早期治疗的重点应是补充水分为主，以纠正高渗状态，然后再酌量补充电解质 Na^+ 给水采取病犬自饮或人工给予。但人工给水不能强制性的给予大量饮水，而易引起水中毒，呈现肌肉震颤及癫痫样的痉挛现象。此外也可静脉注射或直肠输入5%葡萄糖溶液。补液量根据压容上升程度，判定缺水情况而进行补充。一般按下述压容公式换算补液量。

轻度脱水：（病犬P·C·V－正常P·C·V（30））×600＝补液量（ml）

中度脱水：（病犬P·C·V－正常P·C·V（30））×800＝补液量（ml）

重度脱水：（病犬P·C·V－正常P·C·V（30））×1 000＝补液量（ml）

（3）混合性（等渗性）脱水　丧失等渗体液，即丢失的水与电解质相平衡，因而细胞外体液渗透压仍保持正常。故称为等渗性脱水。是临床上较常见的一种脱水类型。

①原因：主要见于大量等渗液丢失的初期。在呕吐、腹泻、肠梗阻、大面积烧伤时，其水、盐丢失量基本接近，但因水分不断从尿和呼气中丢失，所以等渗性脱水时其失水量实际上比钠量略多。

②特征：其特点是血浆渗透压保持不变。病犬表现口腔干燥，口渴贪饮，眼球凹陷，皮肤弹力减退等，并伴有脉搏细弱，血压下降，肢端发凉，尿量减少，严重者可发生休克。血液浓缩，红细胞数、血红蛋白量及红细胞压积明显增高。血清钠浓度接近143mEq/L。血浆 Na^+ 浓度正常，细胞外体液减少，细胞内体液一般不减少；常兼有缺盐性脱水和缺水性脱水的综合性脱水症状，尿量减少，口渴等。

③诊断要点：病犬具有明显的脱水的临床症状，但体液渗透压仍保持正常，血清钠在正常范围之内，临床上尿量减少，口渴等特点。

④治疗：水与盐的比例相等，故应补给丧失的水分和电解质。但也应注意，由于每日从皮肤蒸发以及肺的呼出气中含水而不含电解质，所以输液时，水应多于电解质。同时要适当补给 K^+。并要注意纠正可能发生的酸碱平衡障碍。

2. 水中毒

水中毒是指出于水的蓄积超过钠的潴留所引起的细胞外液容量增多。

宠物进入过多的水分，而肾脏对过剩的水分又未能及时排出，使体内的细胞内、外体液蓄留过多的水分。先是细胞外体液渗透压降低，继而水分进入细胞内，最后引起细胞内、外体液的渗透压都低于正常，同时容量也较正常增大，从而引起了一系列临床病理症状。临床上较为少见，若不及时处理纠正。也可发生严重甚至致命的后果。

（1）原因　正常犬血浆渗透压非常稳定，由于神经、内分泌、肾脏等调节，虽摄水过多也不会引起水中毒，但下列情况则可发生水正平衡：

抗利尿素（ADH）分泌过多，精神紧张、剧痛、各种应激状态（如创伤、大手术等）、动脉压下降（如出血、休克、急性严重感染等）、药物刺激（如乙酰胆碱及拟胆碱能药物、吗啡、杜冷丁、巴比妥类等）；都可引起ADH分泌，在这个基础上，如补液过多，可发生水中毒。

肾血流量不足引起水潴留，常见于肾功能衰竭的少尿期，慢性肾炎末期、尿道阻塞时，如大量给水可引起水潴留；顽固性充血性心力衰竭、肝硬化腹水期，往往有水潴留，特别是长期限制钠盐摄入或经常用利尿剂而摄水不加限制者，可发生水中毒。

肾上腺皮质功能减退，糖皮质激素（皮质醇）与ADH有颉颃作用，缺少糖皮质激素，则ADH作用增强（或分泌增多），在水摄入（或输入）过量时，容易引起水中毒。

严重充血性心力衰竭的病犬，上述情况如果接受过多的水分易引起水中毒，或临床健康宠物过度饮水也可引起。

（2）特征　细胞外液呈低张状态，血浆 Na^+ 浓度减少；细胞外液的水分移向细胞内，使细胞内、外体液均处于低张状态；细胞内、外液的容量较正常增大，因而体重明显增加。

临床上急性水中毒发病急骤，体温下降，排血红蛋白尿，腹围膨胀，不安，心音混浊亢进，呼吸增数、困难、四肢无力、全身水肿、尿量减少。严重可引起中枢神经系统症状，如动作异常、凝视、意识混乱不清、共济失调、腱反射迟钝或消失、嗜睡和昏迷等。皮肤可呈虚胖感，重症时也可出现凹陷性水肿。慢性水中毒进展缓慢，缺乏特异性症状。常伴有消化系统症状如食欲减退、腹胀、呕吐等，易误诊为其他疾病。

（3）诊断要点　根据原发病，结合实验室检查，可以确诊。

从临床病史了解有进入过多摄入或输入不含电解质的溶液史，又伴有病因中所述的几种可以刺激ADH释放的原因或肾排泄稀释尿液障碍等因素，可作为水中毒的诊断基础。实验室检查可发现血液稀薄，血浆钠明显降低、血浆蛋白、血红蛋白、红细胞压积均减少。血清钠是水中毒的重要客观衡量指标，但必须结合病史分析，因为低血钠不等于水中毒，还需与失钠性低血钠、无症状性低血钠等相鉴别。

（4）治疗　水中毒的主种矛盾是水蓄留引起的一系列病理变化，因此若严格控制水的摄入量，轻度水中毒只要限制给水可自行恢复。但重症水中毒时，宜用高渗氯化钠溶液（即3%～5%氯化钠），用量每kg体重5～10ml，开始先给1/3～1/2的量，观察病犬状态及心肺功能的变化。酌情再输入剩余的高渗溶液，如出现容量过多，超过心脏正常功能负担等现象时，可同时合并应用利尿剂以减少过度扩张的血容量。

（二）电解质代谢紊乱

电解质代谢紊乱与水代谢紊乱有密切联系，特别水的丢失与钠的代谢紊乱（如前所述）更为密切。临床上较常见的肠闭结的手术、重度感染、严重创伤、大面积烧伤等，均能引起水和电解质大量丧失。机体中的水分和钠是宠物体的主要养料之一，所以水和钠平衡失调标志输液的重要意义。

1. 钠的代谢紊乱

（1）低钠血症　低血钠症亦称低钠综合症，是指血清钠浓度低于137mEq/L。根据病因可分为缺钠性低血钠症和稀释性低血钠症。是临床上比较常见的水与电解质失衡症。一般机体缺钠常伴有水和其他电解质平衡失调，尤其常伴同丢水。但由于丢钠较丢水的比较大，因此往往造成低钠性脱水或低渗性脱水。

①原因：缺钠性低血钠症　是由于体内水和钠同时丢失而以钠的丢失相对过多所致。

临床上常见的失钠原因有如下几点：

胃肠道消化液的丧失这是临床上最常见的缺钠原因。如腹泻、呕吐、急性胃肠炎、肠变位、肠梗阻、肠瘘等，都可丢失大量消化液而发生缺钠。

大量出汗汗液中氯化钠含量约0.25%，出汗可排出大量的NaCl，如高热病畜大量出汗时，仅补充水分而不补充由汗液中失去的电解质，则可产生以缺钠为主的失水。

钠排出过多：如肾上腺皮质机能减退、急性肾功能衰竭多尿期、利尿药引起的大量利尿、糖尿病酸中毒等。

血浆渗出过多：如大面积烧伤、急性大失血等。

稀释性低血钠症：钠在体内含量并不减少，而由于水分蓄留而引起。常见于下列情况：

慢性代谢性低钠：见于慢性肾脏病、肝硬化、慢性消耗性疾病（如肿瘤、结核等）。

慢性充血性心力衰竭：见于各种心脏病。

严重损伤后低钠：主要由于水蓄留和钠进入细胞内而使钾逸出，除血钠浓度降低外并伴有高血钾症。

水中毒所致的低钠：见于抗利尿素（ADH）大量分泌或肾功能衰竭时过多的给水等。

②特征（见低渗性脱水）：病犬表现精神沉郁，食欲减退，生长停滞，营养不良，体温有时升高，无口渴，常有呕吐，四肢无力。皮肤弹力减退，肌肉痉挛。严重者血压下降，出现休克、昏迷。

③输液原则：缺钠性低血钠症：除按脱水程度补充水分外，更重要的是补充钠盐。

补钠量可用以下方法计算：

缺钠量（mEq）＝（正常血钠值—病犬血钠值）×体重（kg）×20%

注：20%（0.2）为细胞外液占体重的百分率；犬正常血钠值一般按143mEq/L计算。

已知3%氯化钠溶液每ml含钠0.525mEq，故需补充3%氯化钠溶液（ml）＝缺钠量（mEq）/0.525mEq/ml。

将计算所得的补钠量1/3～1/2先做静脉注射，其余部分视病情改善情况，决定是否再行补给。一般在血钠浓度上升达130mEq/L，才能消除中枢神经系统症状。

低血钠症不要在短期内快速纠正，因突然补给过多，使细胞内液突然转移至细胞外，有时会诱发肺水肿。有心脏病者尤为危险。

慢性代谢性低钠　治疗原则主要是排水而不是补钠，可给予利尿剂。

慢性充血性心力衰竭所引起的低钠 治疗原则除给予强心剂外，亦应以利尿为主。

严重充血性低钠　由于低钠能加强高血钾对心肌的毒性，故应首先补钠，可静脉注射3%氯化钠溶液。对高血钾可给予葡萄糖和胰岛素治疗（参阅高血钾症）。

水中毒性低钠　应限制给水，静脉注射脱水剂（如甘露醇、山梨醇等）和高渗盐水。

（2）高钠血症　高血钠症是指血清钠浓度高于150mEq/L，以细胞外液容量减少为特征。

高钠血症常与脱水等其他代谢紊乱同时存在，现就钠过多所致的高血钠症的特点，简述如下：

①原因：高血钠症是由于水的丢失多于钠的丢失，而引起的体内钠相对增高。常见于下列原因：

肾上腺皮质激素分泌亢进（如应激）或长期应用糖皮质激素，引起钠潴留；在心脏复苏时或治疗乳酸酸中毒时，输入过多高渗碳酸氢钠也可引起高渗压及高钠血症；原发性醛酮增多症；某些中枢神经系统疾病，可能由于渗透压感受器的调定点提高，引起抗利尿素释放和渴感所需的渗透压增高（称原发性高血钠症）。

②特征：高血钠症可造成细胞外体液的高渗状态，临床上以神经系统症状为主要表现。病犬口渴，腹泻，眼球下陷，尿量减少，皮肤弹力减退，四肢发凉，血压下降，运动失调，痉挛，抽搐。严重者发生昏迷。

③诊断：实验室检查血清钠浓度增高超过150mEq/L。尿量减少，尿比重增高（1.060以上）。

④治疗：高血钠症主要是补充水，可以口服或静脉注射5%葡萄糖溶液，必要时亦可以给予低渗盐水（0.45%氯化钠溶液）。补液量的计算参见脱水的治疗。

高血钠的纠正不要过快，过快的纠正，可能会诱发水中毒。有时可以出现痉挛现象。一般主张在48h内逐渐纠正高钠血症是比较稳妥的。

2. 钾的代谢紊乱

（1）低钾血症　血清钾浓度低于3.7mEp/L，称为低血钾症。低血钾症与钾缺乏症是不同的概念，后者是指机体总钾量不足。因体钾缺乏时血钾不一定会降低，而低血钾时也可不伴有体钾的缺乏。因此，根据血钾的浓度来判断体钾是否正常往往会误诊。如应用葡萄糖和胰岛素后血钾水平显著降低，这是由于钾进入细胞以合成糖原，因此体钾并不减少。创伤或外科手术后血钾增高也不是体钾增多的表现。但通常低血钾症一般都伴有体钾的缺乏。

①原因：主要见于以下两种原因。

摄入不足：食物中一般不会缺钾，当吞咽障碍、长期禁食时，不能摄取正常的需要量，就会引起缺钾。

钾的排出增加：体内的钾可自消化道和肾脏丢失。

自消化道丢失：严重的呕吐、腹泻、高位肠梗阻、长期胃肠引流，可丢失大量消化液，不但影响钾的吸收，而且增加钾的丢失。因而发生缺钾（一般消化液中钾浓度和血浆相似，胃液和大肠液则较高）。呕吐失钾的机理比较复杂，除随消化液中丢失钾外，还由于醛固酮的分泌和碱中毒的缘故使钾自肾脏排出。

经肾丢失：醛固酮分泌增加（慢性心力衰竭、肝硬化、腹水等）、肾上腺皮质激素分泌增多（应激）、长期应用糖皮质激素、利尿剂、渗透性利尿剂（高渗葡萄糖溶液）、碱中毒和某些肾脏疾病（急性肾小管环死的恢复期）等都是钾丢失的因素。大量输液时，由于促进利尿可增加钾的排泄，也可导致低血钾。

分布异常：钾从细胞外转移到细胞内，当这一转移使细胞内外钾浓度发生变化时，就会出现低血钾。如应用大量胰岛素或葡萄糖时，促使细胞内糖原合成加强，可引起血钾降低。此外，碱中毒时，细胞内的氢离子进入细胞外液。同时伴有钾、钠离子进入细胞内以维持电荷平衡，也能引起血钾降低。当心力衰竭或由于大量输入不含钾的液体，亦可招致细胞外液稀释，使血清钾降低。

②特征：机体缺钾时，则细胞中钾、钠两种离子互相转移，即钾离子从细胞中出来，钠离子进入，因此细胞功能紊乱。临床上表现食欲减退，病畜疲倦，精神不振，反应迟钝，嗜睡，有时昏迷。肠蠕动减弱，有时发生便秘、腹胀或麻痹性肠梗阻，四肢软弱无力，运步不稳，卧地不起，逐渐发生肌肉麻痹。心肌兴奋性增高，常引起心律紊乱、心悸等，严重时发生心力衰竭，心律失常。严重者出现心室颤动及呼吸肌麻痹。尿量增多。时间久者常昏迷而导致死亡。血清钾测定低于 3. 3mg/L。

③诊断：必须分析失钠的病史，结合临床症状，实验室和心电图检查，进行诊断。

实验室检查　血清钾浓度低于 3. 7mEq/L，并伴有代谢性碱中毒和血浆二氧化碳结合力增高。

心电图检查　S－T 段降低，T 波低平、双相，最后倒置，出现 U 波并渐增高，常超过同导联的 T 波，或 T 波与 U 波相连里驼峰样。

④治疗：除治疗原发病外，可补充钾盐。补钾盐之前，首先改善肾脏的功能，恢复排尿后再补给钾盐，即所谓见尿补钾。纠正缺钾时浓度不宜过大、量不宜过多、速度不宜过快、更不宜过早。此外应注意有无碱中毒，阴部少低钾血症常伴有代谢性碱中毒，此时应先纠正碱中毒后，再纠正低钾血症。

缺钾量（mEq）＝（正常血钾值—病犬血钾值）×体重（kg）×60%

已知 10% 氯化钾溶液含钾 1. 34mEq/ml，故需补充 10% 的氯化钾溶液（ml）＝缺钾量（mEq）/1. 34mEq/ml。

将计算补充的 10% 氯化钾溶液的 1/3 量，加入 5% 葡萄糖溶液 200ml 中（稀释浓度不超过 2. 5mg/ml），缓慢静滴，以防心脏骤停。

细胞内缺钾的恢复速度比较缓慢，对于一时无法制止大量失钾的病例，则必需每天口服氯化钾补充。

（2）高钾血症　高血钾症是指血清钾浓度高于 5. 8mEq/L。

①原因：有以下 3 种原因。

A. 钾的输入过多　输入含钾溶液速度太快或钾浓度过高，输入贮存过久的血液或大量使用青霉素钾盐等常可引起高钾血症。特别在肾功能低下，尿量甚少时易发生。

B. 钾的排泄障碍　当急性或慢性肾功能衰竭的少尿期和无尿期、肾上腺反质机能减退等而使肾脏排钾减少，可引起高钾血症。

C. 钾从细胞内体液转移至细胞外体液 大面积烧伤、创伤的早期和溶血后，输入不相合的血液或其他原因引起的严重溶血、缺氧、酸中毒以及外伤所致的挤压综合症等。由于大量组织细胞破坏分解，释出大量的钾离子，而使血浆钾含量升高。在代谢性酸中毒、血液浓缩时也可使血钾增高。

②特征：主要表现心搏徐缓和心律紊乱，病畜极度疲倦和虚弱，动作迟钝，肌肉疼痛，无力，四肢末梢厥冷，黏膜苍白等类似缺血现象，有时呼吸困难，心动缓慢，严重者出现心室纤颤或心搏骤停，以至突然死亡。血清钾测定高于 3. 3mg/L。

③诊断：高血钾症的临床症状无特殊性，常被原发病或尿毒症的症状所掩盖，因此一般以实验室检查和心电图检查为主要诊断依据。

实验室检查　血清钾浓度高于 5. 8mEq/L，常伴有代谢性酸中毒，二氧化碳结合力降低。

心电图检查 T波高而尖，基底狭窄，P-R间期延长。QRS波群增宽，P波消失，短暂左前半支阻滞。

④治疗：首先是应急措施，保护心脏免于钾中毒；然后是促使多余的钾排出体外。如停用含钾的食物或药物，治疗脱水、酸中毒等。

纠正酸中毒：静脉注射11.2%乳酸钠溶液或5%碳酸氢钠溶液100ml，重危病犬也可向心腔内注射10～20ml。除纠正酸中毒外还有降低血钾的作用。

降低血钾：静脉注射25%葡萄糖溶液200ml加胰岛素10～20U，以促使钾由细胞外转入细胞内。

为排除体内多余钾，可应用阳离子交换树脂口服或灌肠，如环钠树脂，每日20～40g，分3次使用，以促进排钾。

解除高钾对心肌的有害作用：可反复静脉注射10%葡硫糖酸钙溶液或氯化钙溶液5～10ml，因为钙可颉颃钾对心肌的作用。

对肾功能衰竭所引的高血钾，可采用腹膜透析疗法。

3. 钙的代谢紊乱

机体钙离子的缺乏可见于钾状旁腺功能减弱、肾脏功能障碍、氟中毒及软骨病等，而导致低钙血症。

钙离子对宠物细胞活性很重要，于体液中具有各种作用。当细胞外体液钙离子浓度增高时，则心肌收缩力增强，反之则减弱。对运动神经—肌肉传导功能；当钙离子减少时，则肌肉—神经系统的兴奋性增高，进而发生痉挛。当血浆中钙离子缺乏时，能增强血管壁的通透性，钙离子增多时，可减弱血管壁的通透性。因此钙不足时，可促使血浆成分向组织中渗出，所以在炎症初期，为防止炎性浮肿的发展，给予钙盐是有益的。其次血浆中钙不足时，则血浆的凝固性减退。

4. 镁的代谢紊乱

在血浆中的镁，80%是离子形态，20%是同蛋白质结合。镁离子是维持神经—肌肉接合部的功能所必要的离子。镁离子在宠物内的正常血浆含量较低，约为2.4mg%，如超过此含量2倍，就能引起中枢神经系统的中等程度的抑制，4倍时则可完全麻痹。但这种抑制作用，可被钙离子完全颉颃。

（三）酸碱平衡紊乱

体内酸性或碱性物质过多，超出机体的调节能力，或肺、肾的调节酸碱平衡功能发生障碍，均可引起体内酸碱平衡失调。此外，当机体发生水、电解质平衡紊乱时，往往并发不同程度的酸碱平衡紊乱。机体通过3种缓冲系统，使进入机体内的一定量的酸或碱得以中和，而体液仍保持原来的pH值，所以机体对酸碱的调节有相当能力，轻度紊乱机体完全可以调整，严重紊乱时，必须消除紊乱的原因，给予治疗加以纠正，才能恢复平衡。

酸碱平衡紊乱的类型是根据失调起因来区分，由于碳酸氢钠含量减少或增加而引起的酸碱平衡紊乱，称为代谢性酸中毒或代谢性碱中毒。如果由于肺部呼吸功能异常，导致碳酸增加或减少而引起的酸碱平衡紊乱，称为呼吸性酸中毒或呼吸性碱中毒。

1. 代谢性酸中毒

代谢性酸中毒是一种最常见的酸碱平衡紊乱。是宠物对酸性物质摄入过多或体内酸性物质生成增多，或体内酸性物质排出障碍，而引起血浆中碳酸氢钠原发性减少为特征的病理过程。血浆 HCO_3^-，含量呈原发性减少，可由固定酸（碳酸以外的酸）生成过多或 HCO_3^- 丢失过多而引起。

（1）原因

①酸性产物生成过多：在许多内科病和传染病的过程中，由于发热、缺氧、血液循环衰竭、病原微生物及其毒素的作用，或过劳、慢消耗性疾病情况下，因糖、脂肪、蛋白质分解代谢加强，引起乳酸、酮体、氨基酸等固定酸生成增多，大量蓄积于体内。

②肾脏排酸障碍：见于急性或慢性肾功能衰竭时，因肾小球滤过率降低，使酸性代谢产物（如磷酸、硫酸、乙酰乙酸等）不能经肾排出而潴留于体内。同时肾小管上皮细胞分泌氢离子障碍，影响 HCO_3^- 的重吸收，从而引起代谢性酸中毒。

③酸进入体内过多：如过多的输入氯化铵、稀盐酸或大量输入生理盐水时，使氢离子、氯离子进入血液，引起高氯血症性酸中毒。

④碱丢失过多:患吞咽障碍的病犬,所分泌的唾液不能进入消化道,因丢碱可引起酸中毒。

⑤血钾升高：由于血钾升高可抑制肾小管上皮细胞氢离子和钠离子交换，而引起代谢性酸中毒。

此外，某些利尿剂（如乙酰在唑胺、氯噻嗪类）是碳酸酐酶的抑制剂，可抑制肾小管上皮细胞内二氧化碳和水合成碳酸，从而阻碍上皮细胞排出氢离子和重吸收碳酸氢钠、引起酸中毒。

（2）特征　病犬表现精神沉郁，嗜睡乃至昏迷。有时呕吐，呼吸促迫，黏膜发绀，体温升高，出现不同程度的脱水现象，血容量降低，血压下降，血液浓稠，心律失常。化验室检查可见红细胞压积增高，二氧化碳结合力下降，pH 值偏向酸性。最后有可能引起循环衰竭和破坏肾脏调节功能，使病情更加恶化。

（3）诊断　根据病史、临床症状及实验室检查结果，可以建立诊断。

二氧化碳结合力降低虽有助于诊断，但呼吸性酸中毒时二氧化碳结合力亦可降低，一般须根据病情可予鉴别。测定标准碳酸氢盐（SB）、缓冲碱（BB）及剩余碱（BE），如均降低，则可诊断为代谢性酸中毒。

代谢性酸中毒失代偿时，pH 值降低（pH 值 <7.31），失代偿的呼吸性酸中毒时血 pH 值也降低，其鉴别可测二氧化碳分压（P_{CO_2}），代谢性酸中毒时 P_{CO_2}，低于正常，而呼吸性酸中毒时 P_{CO_2} 增高。

（4）治疗　主要从两方面着手，即校正水与电解质及酸碱平衡的紊乱，同时也要消除引起代谢性酸中毒的原因。其次要努力促进肾及肺功能的恢复，对纠正代谢性酸中毒有关键性的作用。

2. 代谢性碱中毒

由于碱性物质摄入太多或固定酸大量丢失而引起血浆 HCO_3^- 浓度原发性增高，称为代谢性碱中毒。

（1）原因

①含有盐酸的胃液丢失过多：如抽吸胃液、严重呕吐（急性胃炎、高位肠梗阻、手术

后等）。这些疾病可使大量的氢离子丢失在胃内，胃分泌盐酸需 Cl^- 从血液循环中移入到胃，由于这些 Cl^- 从 HCl 分解后也不能从肠管再吸收到血液循环中，因此这些 Cl^- 也丢失在胃肠内，在分泌盐酸过程中产生大量 HCO_3^-，HCO_3^- 可从细胞移入到血液循环中，使血中 HCO_3^- 含量增加而引起。

②输入碱性物质过多：治疗中长期投给过量的碱性药物（如碳酸氢钠、乳酸钠、氨基丁三醇、枸橼酸钾、枸橼酸钠等），使血液内的 HCO_3^- 浓度增高，pH 值上升，遂发生碱中毒。

③有机汞或氯噻嗪类利尿剂应用过多：因氯离子排出相对多于钠，且与钾、铵结合而排出的也多，因而引起低氯性代谢性碱中毒。

④血钾降低：低血钾时细胞内钾离子与细胞外氢离子、钠离子交换，引起细胞内酸中毒和细胞外碱中毒。肾小管上皮细胞发生氢离子和钾离子竞争以交换钠离子，排出过多的氢离子（反常的酸性尿），从而产生碱中毒。

⑤盐皮质激素分泌过多：醛固酮可增加远曲小管中氢离子与钠离子交换和钾离子与钠离子交换，使钠离子重吸收增加，并引起代谢性碱中毒和低钾血症。

（2）特征　病犬呼吸浅而慢，肌肉搐搦，反射机能亢进。临床上也可见到水丢失的一些症状。化验室检查可见尿呈碱性，二氧化碳结合力增高，红细胞压积增高，血氯降低。

（3）诊断　根据病史和实验室检查，可以确诊。血液检查血浆二氧化碳结合力增高，血 pH 值升高，血氯降低，血浆非蛋白氮增高。

（4）治疗　胃肠减压与呕吐病畜，应按丢失的胃液量，给以补充水和电解质。轻症病畜可给等渗或低渗盐水，每升溶液中加氯化钾 1.5～3g。

对持续性呕吐伴有周围循环衰竭的重症病畜，须尽快校正混合性脱水，恢复体液容量，改善肾功能纠正碱中毒，保证细胞的正常生理环境。

轻度或中度的病畜，常用生理盐水和氯化铵溶液，重症的应补充 H^+ 治疗。

3. 呼吸性酸中毒

肺泡通气和换气不足、二氧化碳排出障碍或二氧化碳吸入过多，引起血浆中碳酸原发性增高的病理过程，称为呼吸性酸中毒。

（1）原因　①二氧化碳排出障碍：由于心、肺疾病引起的肺内气体交换功能减退，血液中碳酸浓度增多，致使血液 pH 值下降。在脑炎、脑膜脑炎、传染性脑脊髓炎等中枢功能损伤性疾病时或使用呼吸中枢抑制药及麻醉药物用量过大情况下，都能抑制呼吸中枢导致通过气不足或呼吸停止，二氧化碳不能排出；在支气管炎、肺炎、肺水肿、胸膜疾病时，严重影响肺通气、换气及肺和胸廓的呼吸运动，使二氧化碳排出受阻，碳酸在体内蓄积而发生呼吸性酸中毒。

②二氧化碳吸入过多：如通风不良或空气污染等情况下，空气中含有过多的二氧化碳，宠物吸入体内，导致血浆中碳酸含量增多，发生呼吸性酸中毒。

（2）特征　主要根据原因不同，表现不同的呼吸形式，急件呼吸性酸中毒可无明显的症状。有时呼吸变慢，换气不足。有时突发心室颤动。慢性呼吸性酸中毒之症状常被慢性肺部疾患所掩盖。多发现可视黏膜发绀，呼吸减慢重时昏迷。化验室检查，血液中 CO_2 升高，血浆浓度增高，pH 值偏酸性，二氧化碳结合力上升。

（3）诊断　根据病史、临床表现及血液检查，可以诊断。

代偿期时血pH值可正常，失代偿期时血pH值可偏低，动脉血二氧化碳分压及二氧化碳结合力均升高。代偿性碱中毒时二氧化碳结合力亦可增高，但根据临床表现及测定标准碳酸氢盐与实际碳酸氢盐有助于区别。

（4）治疗　急性呼吸性酸中毒的治疗主要是解除呼吸道阻塞，使血pH值和二氧化碳分压恢复正常。如酸中毒严重时，可应用碱制剂，如5%碳酸氢钠、氨基丁三醇等（参见代谢性酸中毒）。

慢性呼吸性酸中毒的治疗首先应除去病因，如伴有感染名应给以抗生素，支气管痉挛等应给解痉剂；肺水肿及心力衰竭者可给以强心剂利尿剂。

严重慢性呼吸性酸中毒者尚需给予呼吸中枢兴奋剂，如可拉明或山梗菜碱等。此外，应低流量给氧。

病情严重的可做气管切开术。

4. 呼吸性碱中毒

由于肺泡通气过度致使CO_2排出过多（超过体内产生的CO_2量）而引起血浆碳酸原发性减少的情况，称为呼吸性碱中毒。

（1）原因　呼吸性碱中毒是由于肺泡过反通气所引起。如、高热、疼痛、全身麻醉时的过度人工呼吸、中毒（水杨酸盐直接刺激呼吸中枢）、等，都可引起呼吸性碱中毒。

①气温过高、高烧伴有过度通气时可发生。

②某些药物中毒，如注入过量水杨酸盐，因血浆中水杨酸浓度过高，刺激呼吸中枢，引起通气过盛所致。

③颅脑损伤、肝昏迷、手术后等病犬可出现呼吸性碱中毒。

④高原地区和低氧血症也都可引起呼吸性碱中毒。

（2）特征　主要表现缺氧，呼吸深长或短促而不规则。神经肌肉兴奋性增高，出现肌肉震颤、搐搦。严重者出现惊厥和意识丧失。血中pH值上升，二氧化碳结合力下降。

（3）诊断　根据病史及临床表现，可以建立诊断。测定血二氧化碳分压（P_{CO_2}）降低而pH值偏高时，即可确诊。

（4）治疗　轻症常无需特殊治疗，一般在治疗原发疾病过程中，可逐步恢复。呼吸性碱中毒的治疗主要是治疗引起通气过度的原发病，并将犬的头套在密闭的囊内呼吸，以提高吸入气中的CO_2浓度，有助于低碳酸血症的纠正。当发生抽搐时可注射钙制剂。

三、水、电解质和酸碱平衡紊乱的治疗

水、电解质和酸碱平衡紊乱时，除积极治疗原发病外，必须采取措施纠正。纠正平衡紊乱应相信机体本身的潜在调节功能，一般原发病解除后可逐步调正过来，但病情严重或原发病不能及时消除时，应根据临床症状和化验结果（如血清Cl^-、Na^+、K^+、CO_2结合力、pH值等），结合病畜机体状况，作出正确判断，给予一定的支持疗法，输液疗法，方能得到纠正。

（一）输液所需的药品

1. 以供给水、电解质为主的溶液

犬的输液：在兽医临床工作中，犬因患病造成水、电解质及酸碱失调是经常发生的，可用输液方法来进行纠正。正确的输液取决于对这些失调的正确判断，取决于对患病犬的

肾脏、血管系统功能状态的正确估计。因此，正确认识和掌握其发生机理及临床表现，采取恰当的液体疗法，对提高犬疾病的治愈率非常重要常用电解质溶液与犬血浆电解质比较（表7－8）。

表7－8 常用电解质溶液与犬血浆电解质比较

溶液	阳离子（mEq/L）				阴离子（mEq/L）	
	钠（Na^+）	钾（K^+）	钙（Ca^{2+}）	铵（NH_4^{2+}）	氯（Cl^-）	重碳碱盐（$HCO3^-$）或乳酸盐
血浆	143	4.4	5.3		106	20.5
0.9%氯化钠	154				154	
3%氯化钠	525				525	
10%氯化钾		1 340			1 340	
复方氯化钠	147	4	4		155	
1/6克分子乳酸钠	167					167
乳酸钠任氏液	130	4	4		111	27
1.4碳酸氢钠	168					168
Darrow氏液	122	35			104	53（乳酸根）
2:1溶液	158				103	56
3:2:1溶液	79				51	28
4:3:2溶液	105				68	37
10%葡萄糖酸钙			400			
31.5%谷氨酸钾		1 700				
28.75%谷氨酸钠	1 700					
0.9%氯化铵				170	170	
2%氯化铵				375	375	

犬输液中，应注意下述基本原则：

输入水、糖、盐虽可暂时改善患病宠物的全身状况，然而，根据宠物水、电解质丢失的数量，追加另外的电解质溶液或用特定的处方对患病宠物进行输液，对保持宠物体液平衡更为有利。

若患病宠物胃肠功能正常经口给以电解质溶液和热量，比静脉输液更为方便、有效。

患病宠物肾功能正常而血容量不足时，给宠物输入足够的液体和电解质溶液，不会引起肾功能衰竭。

当患病宠物肾功能不足，处于危急状态时，应对患病宠物进行必要的实验室诊断，如测定血钠、血氯、红细胞压积、二氧化碳结合力，并根据测定的结果补充液体和电解质。

常规输液不必进行实验室化验。当需要反复地经常地输液时，所选用的药物种类和数量是否合理，应以患病宠物全身状况是否得到改善来体现。

常用的水和电解质主要有以下几种：

（1）水 饮用常水，对于机体缺水的病犬均可用此方法给水，可令病犬自由饮水或人工经口投给所需要水量。

（2）等渗盐水（即0.9%氯化钠溶液） 为0.9%氯化钠溶液，含钠及氯离子为154mEg/L。适用于细胞外体液脱水、钠离子、氯离于丧失的病侧。如呕吐、腹泻、出汗过多等。此溶液与细胞外体液量比，氯离子浓度高出50%左右，最好用于氯离子丢失多于钠离子的病例。因使用不当，可引起水肿及钾的丢失如果向此溶液内添加5%的葡萄糖溶液，即一般所说的糖盐水，效果更好。

（3）低渗盐水　钠和氯离子浓度较等渗盐水低1倍，用于缺水多于缺盐的病例。

（4）高渗盐水　浓度为10%盐水，每升含钠及氯离子1 700mEg/L。此溶液可增高渗透压，能使细胞内体液脱水，故不适合供给补水、电解质为主的溶液。可用于缺盐多于缺水的病例，但用量不宜过大，速度也不能过快。

（5）5%葡萄糖溶液　为等渗的非电解质溶液，只适用于因缺水所致的脱水病例。

（6）林格尔氏液（复方氯化钠溶液）　含制 K^+、Ca^{2+}、Na^+、Cl^-等离子，同细胞外液相仿。在补液时更合乎生理要求，较等渗盐水优越。但严重缺 K^+ 或严重缺 Ca^{2+} 时，因含量小。还需另外补充。

（7）5%葡萄糖生理盐水　为5%葡萄糖和0.9%氯化钠溶液等量混合。适用于等渗性脱水。

（8）1/6克分子乳酸钠溶液（即1.9%乳酸钠溶液）　以1份1克分子乳酸钠（11.2%乳酸钠）加5%～10%葡萄糖或蒸馏水5份配成。

（9）氯化钾溶液　通常为10%溶液，每升含 K^+ 及 Cl^- 为1 340mEg/L，用时取10ml溶于500ml的5%葡萄糖溶液中，浓度不超过0.3%，常用于低血钾病犬。法射速度宜慢，过速有引起心跳停止的危险。静脉注射时，必须在尿通之后补钾，即所谓“见尿补钾”。必要时应每日补给，因细胞内缺钾恢复速度缓慢，补钾盐有时需数日才达到平衡。

（10）复方氯化钾溶液　含0.25%氯化钾、0.24%氯化钠、0.63%乳酸钠的灭菌溶液。

2. 调节酸碱平衡的溶液

（1）1/6克分子乳酸钠　制剂为1克分子（11.2%）溶液。每升含 Na^+ 167mEg/L、乳酸根167mEg/L。静脉注射时应用5份5%葡萄糖溶液稀释1份克分子浓度乳酸钠溶液，成为等渗的1/6克分子（1.9%）溶液，呈碱性。注射后，约有1/2转变为重碳酸盐，呈中和酸的作用。另1/2转变为肝糖元，抑制酮体的产生，还能补给少量的能量，同时也能补充钠。使用于纠正代谢性酸中毒。

（2）乳酸钠任氏液　每升含 Na^+ 130mEg/L、K^+ 4mEg/L、Ca^{2+} 4mEg/L、Cl^- 111mEg/L、乳酸根27mEg/L，其中含0.57%～0.63%氯化钠、0.027%～0.033%氯化钾、0.018%～0.022%氯化钙、0.029%～0.033%乳酸钠的灭菌溶液。

它与林格尔氏液比较，更接近于血浆电解质浓度，可用于酸中毒病畜的治疗。配方：氯化钠6g、氯化钾0.3g、氯化钙0.2g、乳酸钠3.1g，注射用水加至1 000ml。

（3）达罗氏（Darrow）液（乳酸钾溶液）　每升中含 Na^+ 130mEg/L、K^+ 35mEg/L、Cl^- 104mEg/L、乳酸根53mEg/L。适用于因 Cl^- 缺乏引起的碱中毒和低血钾病畜。静脉注射时不宜过快。

（4）5%碳酸氢钠溶液　每升含 Na^+ 与重碳酸根各178mEg/L。适用于重度的代谢性酸中毒的治疗。注射前宜用5%葡萄糖溶液稀释成1.5%的等透溶液（即1/6克分子浓度），供静脉点滴。

（5）1.4%碳酸氢钠溶液　以5%碳酸氢钠溶液1份加蒸馏水3.6份配成。

（6）缓血酸胺（三羟基氨基甲烷，简写 THAM）　本品优点是直接和 H_2CO_3 反应以摄取 H^+，同时又生成 HCO_3^-，产生双重效果纠正酸中毒，特别对呼吸性酸中毒效果更好。缓血酸胺作用力强，可渗透细胞膜，与细胞内的 CO_2 迅速结合，同时又和细胞内外的 H^+ 结合，所以用后 pH 值迅速上升。缺点为高碱性（3.64% 水溶液 pH 为 10.2），出血管外可引起组织坏此。大剂量快速滴入可因 CO_2 张力突然下降而抑制呼吸、并使血压下降，也可导致低血糖、高血钾。注射时可将 7.28% 缓血酸胺溶液，加等量的 5%～10% 葡萄糖溶液稀释后再用。

（7）0.9% 氯化铵溶液　为酸性溶液，含氯和铵离子各 168mg/L，可用于一部分代谢性酸中毒的病犬。

3. 胶体溶液

胶体溶液是当血容量不足，造成循环衰竭，发生休克时而应用的溶液。常用的有以下几种。

（1）全血　全血的输血不单纯补充血容量，还可供给营养物质，使血压尽快恢复。供血宠物必须严格检查，确认健康时方可采血。

（2）血浆　本血浆含有丙种球蛋白的非特异性抗体，能与各种病原相作用，加速疾病的痊愈。又可供蛋白质的来源，适用于大量体液的丢失。应用时取新鲜血浆，可不考虑血型，比全血安全，使用方便。

（3）血清　用于补充血容量的不足。

（4）右旋糖酐　右旋糖酐是多糖体，不含蛋白质，它可增进非细胞部分的血容量。6% 右旋糖酐溶于生理盐水中，它的分子量与血浆蛋白的分子量接近，在血液中存留时间较长，一般注入 24h 后，有一半被排出体外，所以它可代替血浆蛋白，具有维持血浆渗透压及增加血容量的作用。临床多用低分子和中分子的右旋糖酐。

中分子右旋糖酐的分子量为 5 万～10 万，多制成 6% 的生理盐水溶液静脉注射。因分子量较大，不易渗出血管，能提高血浆胶体渗透压，增加血浆容量，维持血压。供出血、外伤休克及其他脱水状态时使用。

低分子右旋糖酐的分子量为 2 万～4 万，多制成 10% 的生理盐水溶液静脉注射。能降低血液黏稠度，制止或减轻细胞的凝集，从而改善微循环。一般输入右旋糖酐时，可先输 1 000ml 低分子的，再输中分子的。输入速度开始宜快注，血压上升到正常界限，再减慢速度，维持血压不致下降，然后再考虑补充电解质溶液。

4. 混合溶液

（1）2∶1 溶液　由 2 份生理盐水和 1 份 1/6 克分子乳酸钠（或 1 份 1.4% 碳酸氢钠）溶液混合而成。

（2）3∶2∶1 溶液　由 3 份 5%～10% 葡萄糖、2 份生理盐水和 1 份 1/6 克分子乳酸钠（或 1.4% 碳酸氢钠）溶液混合而成。

（3）4∶3∶2 溶液　由 4 份生理盐水、3 份 5%～10% 葡萄糖溶液和 2 份 1/6 克分子乳酸钠（或 1.4% 碳酸氢钠）溶液混合而成。

（二）补充电解质保持渗透压平衡

在输给电解质之前，首先要测定病畜的血 K^+、血 Cl^- 和水的丧失量，同时还应考虑宠物每日的需要量。然后根据机体所需的电解质溶液，考虑补给电解质。健康宠物血液中电解质的变动范围是：钠135.0～160.0mg/L；钾2.7～9.0mg/L，氯97.0～110.0mg/L；碳酸氢根17.0～29.0mg/L。此外，必要时还应测定钙、镁与无机磷的丧失量，以便及时补给。

体液是有一定渗透压的，体液渗透压是影响机体组织中水分和可溶性物质分布的重要因素，而家畜对渗透压的改变较为敏感。因此当补充水、电解质溶液时，首先必须确定体液是高渗性还是低渗性。是缺水还是缺盐，或为水、盐混合性缺乏，如果是水、盐混合性缺乏的要看是以缺水为主，还是缺盐为主，只有确定此问题后，才能正确的补充液体与电解质。一般从宠物进水情况和水、电解质丢失情况可以判断。细胞外体液呈高渗时，即为盐多于水，应该用5%～10%葡萄糖溶液为主的溶液纠正。细胞外体液为低渗时，水多于盐，应补给等渗或高渗盐水进行纠正。

（三）补液量

体液容积不足，可引起血液循环障碍，排出血液量减少，血压下降，肾功能破坏等，甚至可造成循环衰竭、肾功能衰竭、最后导致病畜死亡。所以在纠正体液平衡紊乱时，首先要注意维持血容量是非常重要的。足够的血容量才能维持正常的血液循环和组织灌注。但单纯地输给丧失量，常不能满足机体需要，应大量输液，并超过正常的血容量为宜。最初输液应以胶体溶液为主，输一定量胶体溶液后，再补给电解质溶液，以补充电解质的不足。

补液量的计算，维持病犬水与电解质平衡的需要量，要从以下三方面来计算。

（1）当日需要量　每日代谢作用基本需水量，成年犬为66ml/kg。

（2）当日丢失量　即当呕吐、腹泻、胃肠减压、创伤排液时的当日丢失量。为估计当日丢失量，每日需要准确记录。

（3）已丢失量　即当前的失衡量。

①估计法：根据临床症状估计脱水程度，按体重减轻的百分比来决定补液量。

轻度脱水体液已丢失量占体重的4%，中度脱水占6%，重度脱水占8%。

②计算法：计算已丢失量的方法很多，临床上犬常用的方法是测定红细胞压积容量（PCV）其计算公式如下：

补充量（L）=体重（kg）×脱水量（%，占体重百分比）。

维持量（ml）为40～60/kg·d。

病犬一天的输液量=维持量+补充量。

以上方法计算的补液量不可能十分精确，因此，一般地先以计算量的1/3～1/2补给，然后根据补液效果随时修订补液量。

补充液体的选择

①轻度等渗性脱水：用电解质溶液：非电解质溶液=1∶1的液体。常用者为3∶2∶1溶液，能补充水分、钠及氯，纠正酸中毒及供给热量。其中钠离子与氯离子的比例为3∶2正常血浆中钠离子与氯离子的比例相似，适合机体的生理需要。

②低渗性脱水或中、重度脱水：用电解质溶液：非电解质溶液=2∶1的液体，常用者为4∶3∶2溶液。此种混合溶液除具有3∶2∶1溶液的优点外，因含电解质较多，能较快地纠正脱水和防治休克。

③高渗性脱水：用电解质溶液：非电解质溶液=1∶（2～4）的液体，常用者以5%葡

萄糖溶液为主外，给予占 1/3 量的生理盐水及 1/6 克分子乳酸钠（或 1.4% 碳酸氢钠）溶液。

（四）补液途径

1. 口服法

适用于呕吐不多的轻度脱水或重度脱水病情好转的病例，可经口补液来维持。口服液体成分：白糖 20g、食盐 1g、碳酸氢钠 1g、常水 200ml，混合后用胃管投服或自饮。

2. 静脉法

此法能迅速纠正脱水，注入液体的质和量容易控制，多用于中、重度脱水。静脉注射速度视补液的目的和心脏状况而定，如为了补充血容量，心脏机能较好，速度宜快些，可给 30～40ml/min；如心脏机能不好，可调注 4～5ml/min。

3. 腹腔内注入法

静脉注射困难时，可采用腹腔内注入法。一次注入 100～300ml。

（五）纠正酸碱平衡紊乱

临床上原发的酸碱平衡紊乱一般可分为代谢性酸中毒，呼吸性酸中毒、代谢性碱中毒、呼吸性碱中毒四大类，以酸中毒为常见。但在实际工作中，酸碱平衡紊乱的情况常常是复合的，同时还有生理代偿效应的参与，因而诊断仍是困难的。但就其重要性来说，这四大类的平衡紊乱是基本的。

现将其纠正措施论述如下：

1. 酸中毒

（1）代谢性酸中毒　需补给碱性溶液，以纠正酸碱平衡紊乱。轻症可口服碳酸氢钠片，每次 0.5～1g，3 次/ d。重症者可静脉注射碳酸氢钠溶液、11.2% 乳酸钠溶液或 3.63% 氨基丁三醇（适用于忌用钠盐的病例）。

碳酸氢钠溶液：碳酸氢钠进入机体后，碳酸氢根离子与氢离子结合成碳酸，再分解为水和二氧化碳，后者从肺排出体外，因此体液的氢离子浓度降低，代谢性酸中毒得以纠正，其作用迅速，疗效确实，为治疗代谢性酸中毒的首选药物。

碳酸氢钠用量，按下列方法计算。

①以测定血浆二氧化碳结合力（百分比容积）为依据，可按下式计算：

需补充的 5% 碳酸氢钠溶液（ml）＝［正常二氧化碳合力（百分比容积）—病犬二氧化碳结合力（百分比容积）］×0.5×体重（kg）。

注：0.5 为每千克体重提高 1 容积百分数二氧化碳结合力需要 5% 碳酸氢钠解液的毫升数；犬正常二氧化碳结合力一般按 50 容积百分比计算。

②以测定血清的重碳酸盐量为补碱依据，可按下式计算：

缺碱量（mEq）＝（正常血浆重碳酸盐值—病犬血浆重碳酸盐值）×体重（kg）×60%

注：60%（0.6）为体液占体重的百分率；犬正常血浆重碳酸盐值一般按 22mEq/L 计算需补充碳酸氢钠溶液量（N% ml）＝缺碱量（mEq）×84/（N×10）

注：84 为 1mEq 相当的 mg 量；N 为碳酸氢钠溶液的浓度

例如 10kg 病犬，测定血浆二氧化碳结合力为 32% 容积，代入公式①：

应补充 5% 碳酸氢钠溶液（ml）＝（50～32）×0.5×10＝90ml

将测得的二氧化碳结合力百分比容积以 2.24，即为重碳酸盐数值（14mEq/L），代入公式。

③缺碱量（mEq）＝（22－14）×10×0.6＝48mEq

应补充碳酸氢钠溶液量（5%ml）＝（48×84）/（5×10）＝80.5ml

按上述方法计算出的补碱量，应在补给病犬的总液量中扣除与碳酸氢钠溶液量相等的生理盐水量，以免输钠过多，此外，临床上常先以需要量的1/3～1/2 来补充，然后再做血液学检查，确定是否输入余量或改为口服。

乳酸钠溶液　乳酸钠需在有氧条件下经肝脏乳酸脱氯酶的作用转化为丙酮酸，再经三羟循环氧化脱羟而生成二氧化碳，并转化为 HCO_3^-，才能发挥其纠正酸中毒的作用，故在缺氧或肝功能失常情况下，特别是有乳酸中毒者不宜使用。临床上一般采用 11.2% 溶液，注射前可用5% 葡萄糖溶液或注射用水稀释6 倍，使其成为1.9%（1/6 克分子）的等渗溶液而静滴。

所需 11.2%乳酸钠溶液量（ml）＝［正常二氧化碳结合力（百分比容积）－病犬二氧化碳结合力（容积为）］×0.3×体重（kg）。

注：0.3 为每千克体重提高 1 容积百分比二氧化碳结合力需要 11.2% 乳酸钠溶液的毫升数；犬正常二氧化碳结合力一般按 50 容积百分比计算。

急救或无化验条件下，可先按 1～1.5mg/kg（11.2%乳酸钠溶液）静脉输入，然后再根据病情变化酌情取舍。

氨基丁三醇（缓血酸铵，THAM）溶液 为不含钠的碱性缓冲剂。在体液中可以和二氧化碳结合，或与碳酸起反应，生成碳酸氢盐。临床上不仅用于代谢性酸中毒，还可以用于呼吸性酸中毒，具有双重疗效。本药能透入细胞内，迅速在细胞内、外同时起缓冲碱基的作用，并且很快经肾排出，于 24h 内排出 50%～70%，有利尿作用，有利于排出酸性物质。另外作用迅速，使 pH 值上升较碳酸氢钠快，其作用大于碳酸氢钠2～3 倍，可用于限钠性病例。副作用是对组织有刺激性（因碱性强 pH 值为 10），静脉注射易引起静脉炎或血栓形成，外溢时可造成组织坏死。大剂量快速注射时可导致呼吸抑制、低血糖、低血钾症、低血钙症等。因此应用本药时，要避免剂量过大或速度过快。

临床上一般采用 7.26% 的溶液，注射前加等量的 5%～10% 葡萄糖溶液稀释成 3.63% 的浓度缓慢静滴。因其3.63%（0.3 当量溶液）1ml/kg 可提高二氧化碳结合力1 容积百分比，故需补充 3.63% THAM（ml）＝［正常二氧化碳结合力（容积百分比）－病犬二氧化碳结合力（容积百分比）］×1×体重（kg）。

（2）呼吸性酸中毒　急性呼吸性酸中毒的治疗主要是解除呼吸道阻塞，使血 pH 值和二氧化碳分压恢复正常。如酸中毒严重时，可应用碱制剂，如 5% 碳酸氢钠、氨基丁三醇等（可参看代谢性酸中毒）。

慢性呼吸性酸中毒的治疗首先应除去病因，如伴有感染名应给以抗生素，支气管痉挛等应给解痉剂；肺水肿及心力衰竭者可给以强心剂利尿剂。

严重慢性呼吸性酸中毒者尚需给予呼吸中枢兴奋剂，如可拉明或山梗菜碱等。此外，应低流量给氧。

酸中毒时，大量钾移出细胞之外，往往体内高度缺钾，但血钾浓度不低，临床上应特别注意给予补充。糖尿病或剧烈腹泻所致的酸中毒，钾的补充更为重要。但在肾上腺皮质功能不全或合并肾功能不全的代谢性酸中毒，给钾时必须谨慎以免发生高血钾症的危险。

2. 碱中毒

(1) 代谢性碱中毒　代谢性碱中毒首先要分析病因，针对不同的原发病给予处理。如严重呕吐者给予生理盐水，缺钾者补钾，纠正碱中毒过程应随时注意钾的补充。因补钾后，可用3个钾离子和进入的细胞的2个钠离子，1个氢离子进行交换。氢离子在细胞外体液中与碳酸氢盐结合形成二氧化碳和水，这样血浆内碳酸氢盐的浓度即可降低。缺钙者，可用10%葡萄糖酸钙或氯化钙溶液10～20mg，静脉注射。

轻症代谢性碱中毒只需应用生理盐水即可纠正。对重症代谢性碱中毒，可内服或静脉注射，以补充氯离子。林格尔氏液是纠正碱中毒比较好的药物，因它含有较多的氯，并含有生理的钾和一定量的钙。如在其中加入葡萄糖和维生素，则效果更好。

补给氯化铵溶液的量，可按下式计算：

缺氯量（mEq）=（正常血氯值-病犬血氯值）×体重（kg）×20%

注：20%（0.2）为细胞外液占体重的百分率；犬正常血氯值一般按95mEq/L计算。

已知2%氯化铵溶液含0.375mEq/ml，故需补充2%氯化铵溶液（ml）=缺氯量（mEq）/0.375mEq/ml。

糖有对体内蓄积的有害物质有解毒的作用，补给一定量的葡萄糖，可补充热能，同时补糖也等于补水，所以有细胞内脱水时，补给葡萄糖较为适宜。

5%葡萄糖为等渗液，10%以上为高渗，注入后可被迅速利用，一般不引起利尿作用。但浓度越高，注射速度越快，糖的利用率越低，而利尿作用则增强。

10%以上的糖对周围静脉有刺激性，长期输入时应注意。钾离子缺乏的病犬，补糖使钾降低，可能造成心跳停止。另外病犬体液丧失时，开始不宜单纯或大量补给葡萄糖，可用小剂量高渗盐水或含钠离子溶液做试验性治疗为宜。

(2) 呼吸性碱中毒　呼吸性碱中毒的治疗主要是治疗引起通气过度的原发病，并将犬的头套在密闭的囊内呼吸，以提高吸入气中的CO_2浓度，有助于低碳酸血症的纠正。当发生抽搐时可注射钙制剂。

(六) 输液疗法的注意问题

1. 输液前正确的诊断判定体液丢失情况

应根据病史，临床检查及化验室检查等综合分析。当机体的体液平衡紊乱状态确定后，根据计算的已失量，在输液治疗程序上首先要用一定量的胶体溶液纠正血容量不足，维持有效的循环血容量是保证生命的主要条件；其次要补充适当的电解质溶液，以恢复破坏了的体液状态；最后是采取适当措施纠正体液酸碱平衡的紊乱。

2. 输液时机

体液的“已失量”可在6～8h内补完，在补完“已失量”后，对病畜的“日失量”与“日需量”可于16h内用慢速点滴补给。如补完“已失量”后，病情好转此时最好通过胃肠道补液。

3. 输液的速度

根据输液的目的和心脏状况而定，如为了补充血容量，病畜心脏较好，速度宜快些。如心衰或输入大量的液体及刺激性药液时，速度宜慢，以点滴输入为好。

4. 输液的途径

轻度脱水，且病犬有饮欲且消化道功能基本正常者，尽可能经口补液。如病畜饮欲废绝，消化道功能紊乱，失水过多，需快速纠正时，应从静脉补充，如心脏衰竭，可从腹腔或皮下补充，有时也可通过直肠补液。

第六节　其他常用疗法

一、给氧疗法

给氧疗法也称之为氧气疗法。

众所周知，通过呼吸系统吸氧，是宠物最自然最基本的摄氧途径。然而从口鼻直至血红蛋白有许多环节，每一处出现问题都会影响氧吸收的效果，诸如急性呼吸窘迫综合征（ARDS）、肺不张、肺纤维化、哮喘急性发作、喉痉挛、呼衰及呼吸道感染和烧伤等，均会出现肺通气功能、弥散功能以及通气血流比的障碍和紊乱，从而出现所谓“呼吸性缺氧”。此外，当血红蛋白中毒或严重缺失时，肺泡气体交换及血氧运输都会发生困难，同样造成缺氧症的发生。临床上按发病原因将缺氧分为低张性缺氧、血液性缺氧、循环性缺氧、组织性缺氧四种类型。由于以上种种情况，人们采取了一系列人为地给宠物的补氧措施，于是氧气疗法应运而生。

（一）氧气疗法的概念

氧气疗法是指通过给氧，提高动脉血氧分压（PaO_2）和动脉血氧饱和度（SaO_2），增加动脉血氧含量（CaO_2），纠正各种原因造成的缺氧状态，促进组织的新陈代谢，维持机体生命活动的一种治疗方法。

（二）氧气疗法的作用

氧气治疗的直接作用是提高动脉氧分压，改善因血氧下降造成的组织缺氧，使脑、心、肾等重要脏器功能得以维持；也可减轻缺氧时心率、呼吸加快所增加的心、肺工作负担。在宠物临床上主要用于急救。

（三）氧气疗法治疗的对象

主要适用于各种原因引起的缺氧，以防止血氧过少所产生的并发症。各种使动脉氧分压下降的疾病，包括各种病因造成通气、换气不良的低氧血症（如肺部疾病、上呼吸道狭窄）以及心力衰竭造成的呼吸障碍、休克、脑病、某些中毒、大量出血、严重的贫血和外科手术后出血、引起呼吸困难的其他各种疾病等情况。不同疾病给氧的指征不同，急性病患病动物给氧宜早。

缺氧的几种类型：

1. 乏氧血症

该病主要见于不能利用大气中的氧或肺的气体交换受阻，导致动脉血中的氧含量低。如肺气肿、支气管炎、肺炎、短时间内将动物从低地移到高山、休克、过度的全身麻醉、溺水及心脏机能障碍等。

2. 贫血性缺氧症

因血液运输的能力不足或丧失而导致机体缺氧。见于重度的贫血、出血、休克及高铁血红蛋白血症等。

3. 淤滞性氧缺乏

虽然肺有充分的氧供应，但由于心脏疾病（心脏衰弱、心脏肥大、心瓣膜病等）而引起血液循环障碍，血液循环极其迟缓，组织液的补充缺乏，因此组织不能利用氧。

4. 组织中毒性氧缺乏

某些中毒病时，组织细胞丧失机能而不能利用氧。如汞、氰化物、氟化物等引起的中毒。

急性缺氧的早期可有明显的烦躁不安、心率加快；发绀；因肺部疾患引起发绀的患病动物需给氧，但要排除末梢循环、血红蛋白和先天性心脏病等因素引起的紫绀；呼吸困难、呼吸过快或过慢，判断给氧的确切指征是动脉氧分压。氧分压在 60mmHg（8kPa）以下需给氧。通常氧分压在 60mmHg（8kPa）以上时血氧饱和度多在 90% 以上，大多不需给氧。

（四）给氧的方法

1. 吸入性给氧

（1）鼻诱导管或鼻塞给氧　放出氧气使动物吸入，吸入氧浓度可达 30%～40%，此法只适用于血氧分压中度下降患病动物，鼻堵塞、张口呼吸者效果不好。

（2）喉头插管吸氧　使动物吸入从导管中放出的氧气。

（3）气管插入导管　使动物吸入氧气。

（4）开式口罩　口罩置于患病动物口鼻前，略加固定而不密闭。

（5）头罩给氧　将宠物头部放在有机玻璃或塑料头罩内，吸入氧浓度与口罩相似，但所需氧流量更大。此法吸入氧浓度比较有保证，但夏季湿热时，罩内温度和湿度都会比头罩外室温更高，宠物会感到气闷不适，而影响休息康复。

常用的输氧装置由氧气筒、压力表、流量表、潮化瓶组成。潮化瓶一般装入其容量 1/3的清水，使导出的氧气通过清水滤过，湿润氧气可采用氧气面罩或直接经鼻引入鼻导管。用一根橡皮导管，一端接潮化瓶，一端直接插入病畜鼻孔（深度以达到鼻咽腔为宜），导管用绳子固定于头部。

应用时，先打开氧气筒上的阀门（一般开 3/4 圈即可），从流量表上的压力计观察到筒内氧气的量，然后缓慢地打开流量表上的开关，以输入 3～4L/min 氧为宜（中小动物应减少流量），吸入 5～10min/次或症状缓解时即可停止。

注意事项：操作时。先打开总开关（逆时针方向旋转），后开流量表开关即可吸入。吸氧中如需重新调整流量时，应将鼻导管暂时取出，调节好后再重新连接，其流量的大小应按病畜呼吸困难的改善状况进行调节。输氧后，其流量表开关，后关总开关，然后再旋开流量表开关，以排除存留于总开关与流量计开关之间管道内的氧气，避免流量表指针受压失灵。为保证安全，氧气筒与病畜应保持一定的距离，周围严禁烟火以防燃烧和爆炸。搬运氧气筒不许倒置，不允许剧烈震动，附件上不允许涂油类。

（6）特殊的给氧方法　高压氧治疗技术：在超过一个大气压环境下，混合气体中，氧气的分压高于常压空气中的氧分压，称为高分压氧。高压氧治疗是医学领域的一个新进展，作为特殊治疗手段，在国内外的临床应用愈来愈广泛。高压氧治疗时采用特殊的高压氧舱，如单人高压氧舱、多人高压氧舱和动物试验舱等。可直接进入舱内，也可使用特制面罩吸气对各种原因引起的组织缺血缺氧性疾病，如心肌炎、心肌病、心律失常、慢性支气管炎、肺水肿、氢化物中毒、亚硝酸盐中毒、日射病、热射病等均有良好的效果。预计此项技术在兽医临床上必将逐步应用。

2. 静脉给氧

血氧运输有两种方式：Hb 结合氧（HbO_2）和物理溶解氧。正常血中 HbO_2 含量占全血氧量的 19.5 百分比容积，溶解氧为 0.3 百分比容积，溶解氧量仅占全血氧量的 1.5%，所以常被忽略不计。然而 HbO_2 的始终都离不开溶解氧，组织直接利用的正是溶解氧，当 HbO_2 不足及需要加强供氧的时候，溶解氧更能显示其重要作用。

一切静脉内给氧技术，均是基于向血液提供溶解氧。

（1）3%过氧化氢溶液静脉注射输氧法　1970 年就有了以 0.3% 双氧水（H_2O_2）1～2ml/kg 静注内给氧方法，对休克等多种低血氧症起到治疗作用；在宠物临床上常用 3% 过氧化氢溶液 5～20ml，加入 10% 或 25% 葡萄糖注射液 50～100ml 内，缓慢地一次静脉注射，是一种较为有效的输氧途径。其供氧机理可能是当过氧化氢与组织重的酶类相遇时，立即分解出大量的氧，为红细胞所吸收，从而增加血液中的可溶性氧。除用法错误会发生溶血外，一般无任何毒性反应和气体栓塞现象。作用机理尚不清楚。但是在人医的应用上，由于双氧水性能极不稳定，刺激性强及可能产生气栓等，在临床上早已舍弃不用。建议在临床应用时慎重。

注意事项：所有的过氧化氢溶液必须新鲜且未被污染。所用的葡萄糖注射液以高渗为宜。加入葡萄糖注射液后过氧化氢浓度应在 0.24% 以下为宜，即 10% 或 25% 葡萄糖注射液 100ml 内加 3% 过氧化氢溶液在 10ml 以下。静脉注射时，针头刺入静脉后，先接上 10% 或 25% 葡萄糖注射液，其后再用注射器抽取过氧化氢溶液缓慢地注入葡萄糖溶液内，再行注入。

（2）碳酸酰胺过氧化氢溶液静脉注射输氧法　1990 年开始用碳酸酰胺过氧化氢替代过氧化氢溶液静脉注射，由于其稳定较好，至今仍有使用，以 0.3% 液 100ml 静注日 2 次，与每日持续 6h 以上低流量吸氧对照无明显差异，PaO_2 均提高 10mmHg 左右。但该法仍可出现局部疼痛，头晕、恶心等副作用，且不宜与其他药物共用，使其受到限制。

（3）高液氧输氧法　1994 年国内研制出高氧医用液体治疗仪，应用于人医临床。所谓高氧液，即饱含溶解氧的输液液体，其基液为 5% 葡萄糖、平衡盐液等液体，以及其他医用液体。这些基液中原本不多的溶解氧在 120℃ 高温消毒时更是损失殆尽，而高氧液技术则使其彻底改观。各种高氧液的使用每日可达 200～300ml 或更多，其供氧方式优于其他静脉内给氧方法。由高氧液输入的溶解氧是血液中早已存在的物质，没有什么毒副作用。已溶解的氧是以气体分子存在于液体分子的间隙之中，而不是以气泡的形态出现，不会有气栓症的危险。

由于溶解氧是由液面上高分压氧气向液内弥散的结果，高氧液中的 PO_2 可由平时的 21kPa 至 80～120kPa（液瓶内须有正压方能大于 100kPa）。充氧的方式有两种，一是预充式，即在使用前先将液瓶内充好氧，此法可并用紫外光照射充入部分臭氧（O_3）。另一种为现充式，即以一种便携微型氧罐，在治疗过程中边输液边充氧。

高氧液虽然含活性游离氧，产生的氧自由基会增多，但检测结果表明自由基的清除剂SOD也相应增多，从而避免了自由基带来的损害。数十种药物与高氧液做配伍试验均未见到结构和含量的差异，表明稳定性良好。

此外，将氧疗和输液两种临床上最常用最有效的手段有机结合起来，使之相得益彰而又不加重患畜的身体负担，乃是高氧液疗法的一大优点。从给氧可靠、操作简便、安全性好及成本低廉综合考虑，高氧液应是静脉内给氧的最佳选择。

3. 氧气皮下注射法

氧气皮下注射一般仅作为刺激疗法。皮下注射氧气可以增强机体的新陈代谢，改善造血器官及肾脏机能，加强肝脏的解毒能力，有效的改善伴有缺氧症状的全身状况。

取已消毒的带有活塞的玻璃三通管1个，其一端连接氧气管，一端连接注射器，一端连接附有已插入皮下针头的胶管上，抽、推注射器，即可注入氧气。也可由氧气瓶的输氧管直接连于注射针头的胶管上进行输氧。一般0.5～1.0L，输入速度为1～1.5L/min。氧气皮下注射后，注射部位肿胀，触诊皮下有气肿感觉。健康动物可延续5～7d吸收完毕，病犬吸收更快，有些几小时即可吸收完毕。第二次注射可根据疾病情况及第一次吸收情况而定。

注意事项：带活塞的玻璃三通管必须湿润，否则漏气。注射针头插入皮下后，应用注射器做回血试验，避免针头插入血管注入氧气引起栓塞。注射操作应按无菌规程进行。

（五）氧气疗法的注意事项

因为给氧只是一种对症疗法，给氧同时必须治疗引起血氧下降的原发病。同时改善通气功能，以利二氧化碳的排出。为了保证足够的氧供应，还需注意心功能的维持和贫血的纠正。急性患病宠物给氧时要使动脉血氧分压维持在正常范围（80～100mmHg，即10.7～13.3kPa），慢性患病宠物的氧分压维持在60mmHg（8kPa）以上即可。

（六）氧气疗法的副作用和预防措施

1. 氧中毒

导致的原因是长时间、高浓度的氧吸入导致肺实质的改变。

预防措施：避免长时间、高浓度氧疗及经常做血气分析，动态观察氧疗的治疗效果。

2. 肺不张

导致的原因是吸入高浓度氧气后，肺泡内氮气被大量置换，一旦支气管有阻塞其所属肺泡内的氧气被肺循环血液迅速吸收，引起吸入性肺不张。

预防措施：经常改变卧位、姿势，防止分泌物阻塞。

3. 呼吸道分泌物干燥

导致的原因是氧气是一种干燥气体，长期吸入后可导致呼吸道黏膜干燥，分泌物黏稠，不易咳出，且有损纤毛运动。

预防措施：氧气吸入前一定要先湿化再吸入，定期给予雾化吸入，以此减轻刺激作用。

4. 晶状体后纤维组织增生

导致的原因与吸入氧的浓度、持续时间有关。

预防措施：应控制氧浓度和吸氧时间。

5. 呼吸抑制

导致的原因是低氧血症伴二氧化碳潴留的患畜，在吸入高浓度的氧气后，解除缺氧对呼吸的刺激作用所致。

预防措施：对低氧血症伴二氧化碳潴留的患畜应给予低浓度、低流量（1～2L/min）给氧，维持 PaO_2 在 60mmHg 即可。

二、封闭疗法

封闭疗法本法是用不同浓度与剂量的盐酸普鲁卡因液注射到机体一定部位的组织或血管内，以改变神经的反射兴奋性，促进中枢神经系统机能恢复正常，改善组织营养，促进炎症修复过程，达到治疗疾病的目的。这种方法在临床上早已广泛应用，对各种炎症的治疗都有较好疗效。近年来的实践表明，用盐酸利多卡因代替普鲁卡因同样能起到封闭疗法的作用。

封闭疗法只是一种辅助性疗法，在治疗过程中应与其他疗法配合使用。

（一）作用机理

普鲁卡因能够阻断或减缓各种内外不良刺激向中枢神经系统的传导，从而保护了大脑皮层，使其恢复对组织器官的正常调节功能。它还能阻断由感觉经路到血管收缩神经的疼痛反射弧，故而封闭后不仅能消除疼痛、而且有缓解血管痉挛的作用。这样就能改善局部血液循环。普鲁卡因可使被炎性产物改变了的毛细血管的通透性得以恢复，减少或制止炎性渗出与浸润，促进炎性产物的吸收，加速炎性净化过程。另外，普鲁卡因对神经系统具有良性刺激作用，从而起到恢复神经营养，提高新陈代谢，加速组织修复的作用及具有良好的解毒作用。

由于封闭疗法具有以上的作用，故产生下列效应：①保护神经系统，使之能逐渐恢复正常功能。②阻止病理反射过程的发生或发展，在组织炎症没有超过浆液渗出或浸润阶段，应用普鲁卡因做局部封闭，能抑制炎症过程的发展。③减轻或消除疼痛感觉。④改变组织营养状况。⑤使肌肉紧张度恢复正常状态。⑥使血管壁的细胞，恢复正常的渗透状态。⑦降低过敏反应。

（二）适应症和禁忌症

1. 适应症

本法应用范围很广，无论是对急性、还是慢性，无菌性还是感染性炎症，均有一定疗效。此外，对植物性神经功能紊乱、神经营养失调以及肌肉紧张度失常的疾病疗效也较好。

2. 禁忌症

严重的全身感染性疾病、机体重要器官已经发生坏死性病变、化脓坏死性静脉炎，以及有骨裂可疑时。

（三）常用的药物

（1）1%～2%普鲁卡因3～5ml。

（2）0.5%～1%利多卡因3～5ml。

（3）类固醇类药物如醋酸泼尼松龙12.5mg、曲安奈德5～10mg、地塞米松5～10mg。

（4）其他药物：复方丹参注射液、复方当归注射液、威灵仙注射液等。

（四）常用封闭方法

1. 病灶周围封闭法

将0.25%～0.5%的盐酸普鲁卡因液，注射到病灶周围的健康组织内。根据病灶大小，可在病灶周围约2cm处，分成数点进行皮下、肌肉和病灶基底部注射，力求将病灶完全包围封闭。用量3～5ml。应用时，如能向药液中加入青霉素（用量可依动物大小和病灶范围灵活掌握，一般用10万～20万IU），效果更好。对化脓创，注射点应该距病灶稍远，以免造成病灶扩散。

2. 四肢环状封闭法

将0.25%～0.5%的普鲁卡因液注射到四肢病变部上方。分前后内外从皮下到骨膜进行环状分层注射药液。在病变部上方剪毛、消毒，分2～4点将针头与皮肤呈45°角刺入，直达骨面，然后边注射药液边拔针，直到注完所需剂量。用量应该根据注射部位的粗细确定。每次5～20ml，隔1～2d进行一次。

3. 静脉内封闭法

静脉封闭法是将普鲁卡因注入静脉管内，使药物作用于血管内壁的感受器，以达到封闭的目的。

注射方法同一般静脉注射，但注射的速度要慢（以每分钟50～60滴为宜）。将0.25%的普鲁卡因液，缓缓注入到静脉内，大动物的剂量为1ml/kg体重，小动物不超过2ml/kg体重。每日或隔日一次，一般3～4次即可见效。或配成0.1%普鲁卡因生理盐水，每次用量20～50ml，为防止出现异常反应，可于100ml上述液体中加0.1g维生素C。常见的不良反应，如呼吸抑制、呕吐、出汗、发绀，一旦出现则立即停止静脉注射，并采取相应措施，如皮下注射盐酸麻黄素或静脉注射硫喷托钠液（2%～2.5%，5～10ml）。静脉封闭法对风湿病、创伤、烧伤、化脓性炎症、过敏性疾病等。

4. 穴位封闭法

包括穴位封闭法，痛点封闭法，肌肉起止点封闭法。

（1）将普鲁卡因液注射到一定的针灸穴位内进行封闭，一般前肢疾病常注入抢风穴，后肢注入百会穴。应用剂量0.25%～0.5%普鲁卡因2～10ml，每日或隔日一次，3～5次为一疗程。其他常用的穴位有：肾俞、白环俞、环跳、承扶、殷门、委中、阳陵泉等。

操作方法是，剪毛消毒后，用连接胶管的封闭针头与皮肤垂直刺入2～3cm深，回抽不见血液后，即可缓慢注入药液。要注意定准穴位，深度适当，防止针头折断。

（2）痛点封闭法：①操作方法：根据诊断确定患部，找出痛点，选择合适的注射针头，在痛点上按肌肉注射法进行注射。②药物用量及疗程：应用剂量0.25%～0.5%普鲁卡因2～10ml，每日或隔日一次，3～5次为一疗程。

（3）患部肌肉起止点封闭法：①操作方法：对痛点不明显的慢性肢体病，可采用本法。根据诊断确定患部，在作用于患部肌肉的起点和止点上，分别注入药液。针刺深度应达骨膜和肌膜之间。②药物用量及疗程：应用剂量0.25%～0.5%普鲁卡因2～10ml，每日或隔日一次，3～5次为一疗程。

5. 胸膜上封闭疗法

本法用于腹部神经及腰部交感神经干的封闭。用右手食指寻找最后肋骨的前缘，继续沿肋骨至背最长肌。压迫此部检查背髂肋肌与背最长肌的凹沟。最后肋骨的前缘与此凹沟的交叉点即为刺入点。可用长5cm的16号消毒针头，以水平线为标准成30～35°角刺入，垂直地向肋骨前缘推动，抵至椎体，此时针头位于腰小肌起始点与椎体之间。可通过触摸来测定这种位置是否正确，针前端位于椎体时，针内无血液回流现象，抽不出胸膜腔内的空气。确定针头已扎入正确位置后，可将针端稍离开椎体并与椎体腹侧面呈平行方向徐徐注入药液，直至溶液自由地流入肋膜上结缔组织内时为止。

为准确掌握术式，应用初期可在每侧选两个刺入点。本法对膀胱炎、痉挛疝、风湿性蹄叶炎、去势后的并发症、肠臌气、肠嵌闭以及胃扩张等都有很好的疗效，对于预防和治疗手术后发生的腹膜炎也有良好的效果。

6. 颈后部交感神经节封闭疗法

封闭时，行站立保定。在第7颈椎横突的垂直线和由第1肋骨上1/3处所引与背中线相平行的线的交叉点即为刺入点，向第1肋骨倾斜着刺入。常用0.5%普鲁卡因生理盐水溶液，每次3～10ml，每5～6d注射1次，可以两侧同时注射。本法对于肺部的炎症过程，如小叶性肺炎和大叶性肺炎等，能取得显著效果。

7. 颈部迷走神经干封闭疗法

封闭时，宠物站立保定，于颈中上部，颈静脉的上方，刺入2～3cm深。千万不要伤及颈动脉与颈静脉。过深时，可影响对侧神经，使肺部病变恶化，甚至引起死亡（不能两侧同时注射）。先注入0.25%普鲁卡因溶液10ml，将针抽出，沿颈部往下稍斜刺入2～3cm，再注射1次，溶液的浓度和剂量与第1次相同。必要时，1～2d后再于对侧颈部注射1次。此法在临床上可用于治疗肺水肿、胸膜炎、支气管肺炎、大叶性肺炎、急性肺炎等，并可用于预防胸、腹腔手术时的休克。

8. 盆神经封闭法

在荐椎最高点（第3荐椎棘突）两侧2～4cm处用长封闭针（10～12cm）垂直刺破皮肤后，以55°角由外上方向内下方进针，当针尖到达荐椎横突边缘后，将封闭针角度稍加大，针尖向外移，沿荐椎横突侧面穿过荐坐韧带（常有类似刺破硬纸感觉）1～2ml，即到盆腔神经丛附近。每千克体重注入0.25%～0.5%普鲁卡因溶液1ml，分别在两侧注射，每隔2～3d一次。

盆神经封闭法可用于治疗子宫脱、阴道脱和直肠脱，或上述各器官的急、慢性炎症及其脱垂的整复手术。

9. 硬膜外腔封闭法

硬膜外注射：常规消毒，局麻后进行穿刺。穿刺平面可根据临床表现而选择，穿刺时选择患侧压痛最明显的椎间隙，在离棘突旁约2cm处做穿刺点，若碰到椎骨则略调整方向再进针穿过硬脊膜即有穿透感。凭穿过硬脊膜的感觉、负压及抽吸无脑脊液等证实为硬膜外腔后，即可缓慢注入药物。

10. 肾脂肪囊封闭法

肾脂肪囊封闭法又称腰部肾区封闭法，将盐酸普鲁卡因溶液注入肾脏周围脂肪囊中，封闭肾区神经丛。右侧进行，针刺点在最后肋骨与第一腰椎横突之间（或在第一、二腰椎之间），从横突末端向背中线退1.5～2cm作为刺入点，垂直刺入，深约2～4cm注入0.25%盐酸普鲁卡因溶液20～40ml；临床上常用于化脓性炎症、创伤、蜂窝织炎、去势后浮肿、胎衣不下、化脓性子宫内膜炎等疾病的治疗。

（五）注意事项

做好保定工作，防止针头折入肌肉。术部剃毛、消毒，防止感染。配制溶液时，最好能做到无菌操作。注射溶液最好加热到体温温度。

封闭局部炎症疾病时，加入适量青霉素粉剂将会提高疗效。但在加入青霉素时，不可用0.5%以上的普鲁卡因溶液，因为青霉素一遇到较浓的普鲁卡因溶液，即变为长条状的结晶，而不溶解。

在操作中，第1肋骨往往不易找到，如将病畜的前腿往后回一下，就可摸到。

病灶周围封闭法的术部确定应该正确，针头刺入的角度及深度必须准确，应保证将药液注入到封闭部位。盐酸普鲁卡因液不得直接注入到病灶内，否则有使感染扩散的危险。

静脉注射必须要缓慢，以50～60滴/min为宜。为防止普鲁卡因的过敏反应，可以加入适当的氢化可的松。

三、血液疗法

血液疗法包括血液自体回输治疗法、血液净化疗法。

（一）血液自体回输治疗法

血液自体回输治疗法就是将自体的血液不经处理或经照射、充氧后回输到患病动物体内的一种鼓舞性或刺激性的一种疗法。它能增强全身和局部的抵抗力，强化机体的生理和病理反应，有助于疾病的恢复。

1. 自家血疗法

（1）作用机理　自体血液注入病畜的皮下或肌肉后，红细胞被破坏。该红细胞将被网状内皮系统的细胞吞噬，从而刺激与增强网状内皮系统吞噬细胞的吞噬作用活泼化，提高机体抗病能力；此外，由于神经的反射作用，刺激造血器官，使红细胞增多，因而减少机体的氧缺乏症，并能加强血液中的毒素吸附作用，而起到解毒作用。

（2）应用　用于治疗风湿病、皮肤病、某些眼病、创伤、营养性溃疡、淋巴结炎、睾丸炎、精索炎等疾病的辅助治疗，有比较好的疗效。

（3）操作技术

①注射部位：常注射于颈部皮下或肌肉内，也可注射于胸部或臀部肌肉中。自家血液注射到病灶邻近的健康组织里，可获得较好的效果。如治疗眼病时，可将血液注射到眼睑的皮下，用量不宜超过3ml；腹膜炎时可注射在腹部皮下。

②注射方法：患病动物站立保定，在无菌条件下，由患病动物的静脉采取所需量的血液，立即注射到事先准备好的部位。但有些动物的血液凝固很快，应先加入抗凝剂。

③注射剂量：一般为10～30ml。开始注射的剂量要小些，每注射一次增加原来剂量的10%～20%。隔2d一次，4～5次为一个疗程。注射部位可左右交替。

（4）注意事项

①操作过程中必须严格消毒，无菌操作，以防感染。

②操作要迅速熟练，防止发生血凝。

③注射血液后，有时体温稍稍升高，但对机体无任何影响，很快恢复常温。

④注射2～3次血液后，如没有明显效果，应停止使用。如收到良好效果，经一个疗程后，间隔一周，再进行第2个疗程。

⑤对体温高的患病宠物，病情严重或机体衰竭的，应禁止使用。

⑥为增强疗效，自家血疗法可与其他治疗方法配合使用，如并用普鲁卡因的自家血疗法，可用2%的盐酸普鲁卡因等渗氯化钠溶液与等量的自家血液混合皮下注射。

⑦当注射大量血液时，为了减少组织损伤及发生脓肿的危险，可将血液分点注射。

⑧自家血疗法在宠物临床上虽然应用很广，但它只能是对机体的一种鼓舞性疗法，因此，在应用时不能单纯以自家血疗法为主，更不能把它当作万能疗法。应将它作为一种辅助疗法，有助于患病动物的早期治疗。

2. 血液照射回输疗法

血液照射回输疗法是将血液经照射、充氧后回输到患病动物体内的一种自体血回输疗法。

（1）作用机理　血液照射回输疗法具有灭活病毒，灭活和抑制细菌生长；提高血氧结合能力；激活类固醇，提高细胞的通透性；同时，血液吸收紫外线和二次照射发散，通过光化学、热及光刺激的作用，使组织发生物理和化学变化，在分子水平上调整蛋白质和核酸的合成，影响DNA的复制，调节酶的功能，在细胞水平上通过代偿、营养、修复、免疫和其他的再生或防御机制来消除病理过程，使机体恢复健康。

（2）应用　一般应用于免疫性不育、睾丸炎、泌尿系感染、病毒性肌炎等的治疗。

（3）禁忌症　紫外线过敏症、血卟啉沉着症、血色素低于6g、心肾功能衰竭者应禁用。

（二）血液净化疗法

1. 作用机理

血液净化疗法将患病动物的血液经动脉引出体外，通过人工透析装置的“净化”作用，使体内积累的过量水分、电解质及某些有害物质得以清除，机体所需的某些成分则可从透析液得到补充，而后再经静脉将净化后的血液输回体内，起到替代患病动物肾脏功能的作用。

2. 临床应用

目前，多种血液净化技术各有其最适用途及优缺点，故应按具体情况合理选择。其中最常用的方法为血液透析及腹膜透析；尤其是后者由于较为简便易行且无需特殊设备器材，其他方法则主要用于治疗某些急性中毒、免疫性疾患或作为常规透析治疗之辅助措施。急性化学物中毒时血液净化疗法主要应用于下列情况：

（1）清除毒物。

（2）急性肾功能衰竭不论其病因如何，由于可很快引起高血钾、水中毒、急性肺水肿、尿毒症等严重并发症，常可导致病人迅速死亡，故一旦诊断成立，即应采用透析等血液净化措施。

（3）慢性肾功能衰竭。

（4）其他：用血液灌流技术以特异性免疫吸附剂清除某些特殊抗体，达到治疗目的。

图7－21为人用的一种血液透析机。

3. 注意事项

（1）忌禁症 明显出血、严重贫血、周围循环衰竭、心肺功能不全、严重全身感染等情况。

腹腔脏器损伤、严重腹胀、腹壁开放性伤口、腹腔手术后尚不到三天等情况，则不宜进行腹膜透析。休克或低血压、明显心肺功能不全、出血或严重贫血等，应尽量避免进行血透。

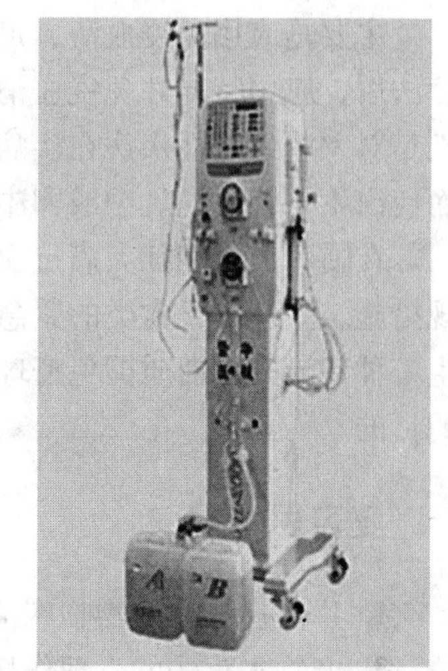

图 7－21 JH－2000 型血液透析机

（2）并发症 短期应用血液介导的净化疗法，可偶见因操作不当或技术故障引起的发热、出血、溶血、气栓等并发症。以往最常见的急性并发症如低血压、失衡综合征等。

（三）蛋白疗法

以治疗为目的的应用各种蛋白类物质注射于皮下、肌肉或静脉内的治疗方法，称为蛋白疗法。

就现代治疗学中应用蛋白疗法的概念与传统的概念有所不同，不仅包括传统的非特异性刺激疗法，而且也涵盖了特异性蛋白疗法。如血清疗法，疫苗的免疫等。

1. 传统的非特异性蛋白疗法

主要用于治疗疖病、蜂窝织炎、脓肿、胸膜炎、乳房炎、亚急性和慢性关节炎及皮肤病等。对幼龄动物胃肠道疾病、营养不良、大叶性肺炎与卡他性肺炎等，也有一定疗效。

作用机理：蛋白质注入机体后，在其分解产物的影响下，使机体细胞核组织内物理化学特性发生改变，因而机体的反应性及其神经系统都会发生变化。当注入治疗量的任何一种蛋白质制剂后，其作用可分为两个阶段。第一阶段为反应阶段，第二阶段为恢复阶段或治疗阶段。

第一阶段的特点是全身和局部病灶反应加强，动物的全身状态可能有暂时的恶化。体温升高，呼吸、脉搏增数。局部病灶的炎症过程加剧，注射部位呈现炎性反应。约经 6～10h 反应可达最高潮，通常持续一昼夜。由于蛋白质分解产物对神经系统的作用，血压升高，肾脏对含氮物质的排除增强，胃肠痉挛性收缩停止。

第二阶段的体温、脉搏、呼吸等全身反映恢复正常，局部炎性反应迅速消散，并加速炎症产物的排除，注射局部的炎症反应也迅速消失。

剂量及用法 应用蛋白疗法时，必须慎重考虑动物机体的状态、特点、反应性疾病理过程的性质等，合理选择蛋白疗法及其制剂的计量和方法。如机体反应降低时，在应用过量的蛋白制剂，在反应阶段可能对中枢神经系统产生抑制作用，呼吸和血液循环高度紊乱，最后可能引起动物死亡。

一般可用血清、脱脂乳、自家血液、同种或异种动物的血液等作为蛋白剂。临床上较常用的是一般的血清，也可应用过期无效的各种免疫学清。应用剂量，每次皮下注射 10～20ml，间隔 2～3d 注射一次，2～3 次为一个疗程。一般开始用最小剂量，以后每次注射增加 10～15ml。

注意事项：当宠物机体极度衰竭、急性传染病、慢性传染病恶化时及心脏代偿紊乱、肾炎及妊娠等，不宜用蛋白疗法。临床上应用蛋白疗法，一般均应皮下注射或肌肉内注射，因静脉注射蛋白剂能引起机体的剧烈反应。

2. 特异性蛋白疗法

主要是应用免疫血清、疫苗的异体蛋白有针对性的治疗动物疾病。自从开创免疫血清疗法后，应用特异性免疫血清进行被动免疫治疗，对于大群及个体的紧急预防和治疗，特别是对一些病毒性疾病在疾病的初期进行治疗，能收到一定的疗效。另外，通过免疫母畜而使出生子代从初乳中或卵中获得母源抗体而得到天然被动免疫的保护。

在临床上应用狂犬病抗血清、破伤风抗毒素治疗相应的疾病已经是临床工作中一种常规措施。另外对于禽类的紧急免疫也是一种也是采用特异性的蛋白注入机体，刺激机体产生一种特异的蛋白质即免疫球蛋白提高机体的特异性免疫机能，从而达到预防和治疗疾病的目的。

复习思考题

1. 物理疗法在宠物临床应用须注意哪些问题？
2. 宠物水疗法的生理作用和治疗作用有哪些？
3. 宠物石蜡疗法有那些适应症和忌禁症？
4. 宠物电疗法分哪些种类？
5. 宠物光疗法和激光疗法各分那些种类？
6. 宠物烧烙疗法的适应症有哪些？
7. 孕马血清促性腺激素和人绒毛膜促性腺激素的临床适应症？
8. 宠物输血疗法的临床意义有哪些？
9. 血液相合性实验的方法有哪些？
10. 输血反应有哪些？怎样处理？
11. 输血时的注意事项有哪些？
12. 宠物补液量的计算方法有哪些？
13. 宠物补液的途径有哪些？
14. 输液疗法的注意事项有哪些？
15. 宠物给氧方法有哪些？
16. 给氧疗法的注意事项有哪些？
17. 常用封闭疗法有哪些？
18. 自家血液疗法的操作技术及注意事项。

第八章　安乐死

第一节　安乐死的概念

安乐死是宠物临床常用的技术之一，尤其是在宠物临床诊疗中应用更为广泛。本章主要介绍各种安乐死的方法，并对死亡的定义加以讨论。

一、宠物安乐死的概念

安乐死一词源于希腊文，最早出现于古希腊时期，指的是美好的、恰当的死亡、安祥而有尊严的善终。它包括两层含义，一是无痛苦的死亡；二是无痛致死术。

对于宠物的安乐死尚无明确的定义。在任何状况下需要处死一只宠物都是不得已的选择。大多数的人都同意，死亡，绝对是和宠物福利相抵触的。由于涉及法律和伦理范畴，所以，对于宠物的安乐死也应参照人类安乐死的基本条件实施。

对宠物的安乐死一般认为是：对无法救治的宠物停止治疗或使用药物，让宠物无痛苦地死亡。但严格来说，安乐死除了不造成宠物疼痛之外，亦应该快速而且不使宠物在过程当中感到恐惧。宠物不像人类一样，会由遭遇、直觉预见自己的死亡，并从而感到惊吓或恐惧，但是较高等的宠物对于术者粗暴的态度或是不良环境之“暗示”，仍能预期即将发生的死亡。所以如要使宠物在死亡时得到安乐感受，应避免宠物在死前有痛苦及恐惧感。我国临床工作者对安乐死的认识，一般是指患有不治之症的病畜在危重濒死状态时，为了免除其躯体上的极端痛苦，在宠物主人的要求下，经宠物医师认可，用人为的方法使病宠在无痛苦情况下终结生命。

二、宠物实施安乐死的目的

宠物安乐死的目的是以人道的方式使宠物以最低程度的疼痛、最短的时间使宠物失去知觉和痛觉，以致无痛苦的死亡。为了减少治疗上的消费和人力、物力的不必要浪费，更是为了主人的感情（几乎没有一个主人愿意看到自己的爱犬死前痛苦挣扎的样子）。同时，安乐死不但可以解决宠物遭受严重疼痛，并可透过完整的尸体解剖更近一步了解宠物的状态，有助于试验研究之进行。

探讨各种宠物安乐死的方法，应具有科学根据，并建立在教育和人性的基础上。但在目前尚无明确的方法和要求。考虑到宠物的福利情况，应反对使用那些极端的生产手段和宰杀方式。宰杀宠物时是否遭受痛苦，主要取决于宰杀方法和程序，包括宰杀的管理方式和屠宰手段。

许多国家规定，屠杀宠物时必须使用高压电，将宠物击昏。这样便于屠宰操作，又可以减轻宠物的痛苦，也避免了屠宰过程中宠物的挣扎。使宠物在没有什么感觉的情况下进行，并且保持这种无感觉状态一直到宠物死亡。可以说在死亡过程中，如果有骚扰、苦闷、狂奔或苏醒等情况发生，就不是安乐致死。

第二节　安乐死的适应症

科学试验后，应立即检视实验动物之状况，如其已失去部分肢体器官或仍持续承受痛苦，而足以影响其生活品质者，应立即以产生最少痛苦之方式宰杀之。死亡是一种终结，一种不可回复的伤害，死亡绝非任何动物所愿意面临，但是在动物试验的立场，为取得实验成果、做例行淘汰、试验完结、动物失去重要肢体器官，或动物持续承受无法控制之痛苦，足以影响其生存品质时，则常常需要杀死实验动物。为了维持动物起码的福利，依据动物保护法，应以安乐死的方式使动物死亡。

宠物因意外事故而受伤，且又不能治愈的情况。宠物病重，没有治疗价值，又不能救助的情况。为防治家畜传染病，根据传染病预防法，必须进行屠宰处理的情况。在人的生活环境中屠杀危及人类生命的狂暴宠物。

第三节　安乐死的方法

一、物理方法

物理方式虽然死状通常不佳，但如果操作得当，可以在没有痛楚的情况下，达成立即的知觉丧失。

（1）击昏法　对大型宠物使用，使用屠杀锤对宠物头部撞击或电击，可使宠物丧失知觉，随之可以放血等方式使宠物死亡。但如施行不当，会造成疼痛及部分知觉丧失，是极不人道的。

（2）颈椎脱臼法　仅适用于鸽和小型啮齿类宠物，而且最好在其他方法均不适用或不可取得时使用。

（3）枪击　大型宠物使用。在某些状况下，枪击是唯一可行的方式，需要高度的技巧及训练，可用来复枪或手枪，子弹打入脑部，通过枪击破坏其大脑，造成立即的失去知觉并瞬间死亡。这些往往是在紧急情况下使用。

优点：迅速，在野外或对狂犬病有急需的地方有时是唯一的方法。

缺点：对人员有潜在危险，施行及死状令人不悦，有时不一定能命中脑部。但枪只在我国受到管制，一般人无法取得，限制了其应用。

二、化学方法

1. 吸入性安乐死术药剂

（1）二氧化碳（CO_2）　吸入60%之二氧化碳后宠物会在45s内失去知觉，大多用在小宠物的安乐死。通常需与氧气混合以免宠物在丧失意识前因缺氧而不适。如用在新生宠物浓度需要增高。将 CO_2 气体填在容器内。把装宠物的笼子放入小室或聚乙烯袋中，通过该气体使宠物死亡。

放入宠物前，先灌注 CO_2 于压力箱（或 PC 盒）内 20～30s，关闭 CO_2。放入宠物。再灌注 CO_2 于箱内约 1～5min（兔子需较久时间），确定宠物不动、不呼吸、瞳孔放大。关闭 CO_2，再观察 2min，确定死亡。宠物尸体以不透明感染性物质专用塑料袋包装、贮藏至冷冻柜后依法焚烧处理。

优点：迅速镇定并致死，可以钢瓶或固态“干冰”的方式购买，便宜，不燃，无爆炸性，对人员影响小。

缺点：对于鼠来说，浓度过高（超过 70%），或未混合适当比例的氧气，仍会造成宠物的痛苦（图 8－1、图 8－2）。

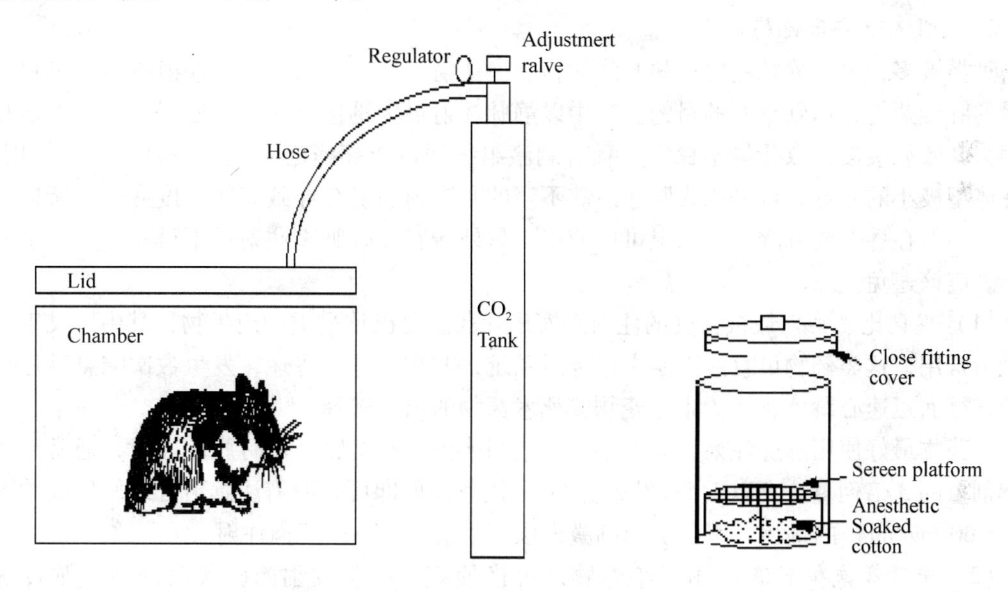

图 8－1　使用 CO_2 法的设备　　　　图 8－2　使用 CO_2 法的应用

而浓度过低（小于 50%），则会延长死亡的时间，并出现肺脏之出血及病理变化。另外，因 CO_2 比空气重，故气体在密闭室中必须充至相当的浓度。

（2）氟烷、恩氟烷、异氟烷、地氟烷、七氟烷等麻醉气体　可用于许多种宠物，宠物需置于密封的容器中，因大多具有局部刺激性，宠物只能接触其蒸汽，且在过程中仍需继续供给空气或氧。

优点：适用于鸟类，鼠类，猫及小狗等难以做静脉注射的小宠物。

缺点：因刺激性及导入初期的兴奋，会有挣扎的情形。麻醉气体也可能对人畜造成伤害，而且相当昂贵。

（3）氮气（N_2）　将宠物置于容器中，并迅速充满氮气，使宠物因缺氧而致死，须确定氧的浓度在 1.5% 以下。虽然宠物在失去知觉前均有换气过度的现象，但一般认为是没有痛苦的。新生的宠物因对缺氧较有抗力而可存活较久的时间。

优点：气体本身便宜，迅速，可靠，且对人的伤害小。

缺点：年纪很小的宠物（四月龄以下）因需花较多时间，故不适用。宠物失去知觉后可能有令人不安的挣扎动作。在濒死前即使只给相当少量的氧也会造成迅速的复苏。因需在短时间内达到高浓度，故机器的构造功能相当重要。

（4）一氧化碳（CO） 与血红素结合成为 carboxy - hemoglobin，使红血球失去带氧能力，宠物因缺氧而死亡。因为 CO 会刺激脑运动中枢，失去意识时会伴有抽搐及肌肉痉挛，这些令人不悦的动作可用镇静剂来减低。因其毒性高且无色无味，良好的排气设施是必要的。在猫狗来说，6% 的浓度效果最快，但浓度须在 20min 内达到，且室温须在 41.3℃以下。可用作群犬的扑杀。把欲扑杀的犬集中在一个房间里，通入一氧化碳使犬窒息而死亡。

优点：快速且无痛，宠物完全无法察觉。

缺点：须小心人员暴露。

（5）氯仿吸入麻醉 用于小宠物的安乐死。

2. 非吸入性安乐死药剂

种类极多，可经静脉注射，腹腔注射，肌肉注射，心内注射，皮下注射或口服来投与过量的麻醉药物，达到致死的目的。其中以静脉注射最为迅速可靠，经肛门及腹腔注射投药因为其效果缓慢，致死量不稳定，且有刺激组织而造成疼痛之隐忧，一般不推荐使用。但在体型极小的宠物，可采用腹腔注射。不当的心脏内注射会导致宠物极度痛苦，所以不予推荐，但在昏迷或麻醉下的状况可以使用。另外胸腔及肺脏之注射并不可靠，并会引起痛苦，应该避免。

（1）戊巴比妥钠 最被接受的注射型安乐死药物是巴比妥类的衍生物，其中以戊巴比妥最为常用，这类药物可直接抑制中枢神经系统，宠物先进入昏迷，发生数次喘息后停止呼吸，继而迅速心跳停止。为中型宠物安死术药物的第一选择。

该药物最好使用静脉注射，如为小型，老弱或极年幼宠物，可行腹腔注射，通常使用麻醉剂量的 3 倍剂量。犬以 1.5ml/kg 或 75mg 快速注射即可。但需注意不可以使用高浓度（大于 60 mg/ml）的剂型，以免引起刺激。该药不适于皮下或肌肉注射。

（2）硫酸镁饱和溶液 用于小宠物，价格便宜，静脉注射。硫酸镁的使用浓度为 400g/L，1ml/kg 的剂量快速注射，可不出现挣扎而迅速死亡。这是由于硫酸镁离子具有抑制中枢神经系统使意识丧失和直接抑制延髓的呼吸及血管运动中枢的作用，同时还有阻断末梢神经与肌肉结合部的传导使骨骼肌弛缓的作用。

（3）氯化钾法 用 10% 的氯化钾以体重 0.3～0.5ml/kg 剂量快速注射，即可使宠物死亡。对于犬猫等小宠物可采用静脉滴注的方法，否则易引起死亡前的挣扎等反应。钾离子在血中的浓度增高，可导致心动徐缓、传导阻滞，及心肌收缩力减弱，最后抑制心脏使心脏突然停搏而致死亡。

三、对某些安乐死方式的评价及要求

1. 减压

在减压过程中宠物会先感到兴奋，愉快，继而感觉迟钝，窒息并丧失知觉。幼年宠物需要较久时间。无意识宠物并可能有鼓胀，流血，呕吐，痉挛，排粪尿等现象，令人不快。如果减压过快，因体内气体大量被释出，易造成宠物痛苦。

2. 电击

电流须直接通过脑部才能使宠物的知觉丧失，否则会造成痛苦、全身痉挛、灼伤，最后才使心脏停顿致死。对术者也有危险，较费时，且死状不佳。

3. 氰酸氢等氰化物

作用极为快速，但会在死前造成兴奋、悲鸣，及剧烈抽筋，死状甚惨，气体刺激性强且对人畜毒性剧烈。该化学物为剧毒，受到管制。

4. 番木鳖素

增加中枢神经的兴奋性，宠物神智仍清醒，引起极度严重痛苦的抽搐，最后因呼吸抑制而死亡，让人感觉相当残忍。

5. 硫酸镁及氯化钾

分别为抑制呼吸及心脏，不可单独使用，须于宠物深度麻醉后才配合使用。

6. 注射空气

于血管注入空气会造成宠物抽搐、角弓反张，并发出痛苦的声音，除非宠物已深度麻醉，绝不可单独使用。

7. 类南美箭毒等神经肌肉阻断剂

由瘫痪呼吸肌而致死。狗表现为：呼吸停止后仍可维持脑波活动达 7 分钟之久，并伴随流口水，排粪尿及抽搐。因非常痛苦并造成极度恐惧，绝不可用于安乐死。该类药物受到管制。

8. 放血

仅能用于无意识之宠物，确保其因为低血量而死亡。绝不可用于清醒的宠物。

9. 乙醚

早期非常广泛的用于小宠物之麻醉，但是乙醚蒸汽具黏膜的刺激性，且为易燃物，有爆炸性，为了公共安全，最好不要使用。

复习思考题

1. 宠物安乐死的概念及目的？
2. 安乐死的方法。

第九章　宠物常见疾病的治疗

第一节　犬的疾病与防治

一、狂犬病

狂犬病，又名恐水症，俗称疯狗病。是由狂犬病病毒（RV）引起的人和所有温血宠物共患的一种急性直接接触传染病。临床表现极度兴奋、狂躁、流涎和意识丧失，终因局部或全身麻痹而死亡。典型的病理变化为非化脓性脑炎、在神经细胞胞浆内可见内基氏小体。

1. 病原

RV 在分类上属弹状病毒科，狂犬病病毒属。核酸型为单股 RNA。经中和试验研究证实该病毒群有 4 个血清型。

RV 可被日光、紫外线、超声波、1%～2% 肥皂水、0.01% 碘液、丙酮、乙醚等灭活。对酸、碱、石炭酸、新洁尔灭、甲醛等消毒药敏感。RV 不耐湿热，56℃ 15～30min 或 100℃ 2min 即可灭活，但在冷冻或冻干状态下可长期保存。RV 能抵抗自溶和腐烂，在自溶的脑组织中可保持活力达 7～10 天。

2. 流行病学

几乎所有温血宠物都对 RV 易感。犬、猫等宠物对 RV 高度易感，应及时进行有效的疫苗接种。

RV 主要存在于患病宠物的延脑、大脑皮质、海马回、小脑和脊髓。唾液腺和唾液中也有大量病毒，并随唾液排出体外。主要通过咬伤的皮肤黏膜感染；也可通过气溶胶经呼吸道感染；人误食患病宠物的肉或宠物间相互残食经消化道感染；在人、犬、牛及实验宠物也有经胎盘垂直传播的报道。

本病一年四季均可发生，春夏季发病率稍高，可能与犬的性活动以及温暖季节人畜移动频繁有关。本病流行的连锁性特别明显，以一个接着一个的顺序呈散发形式出现。伤口的部位越靠近头部和前肢或伤口越深，发病率越高。年龄与性别之间无差异。

3. 临床症状

本病潜伏期长短不一，一般 14～56 天，最短 8 天，最长数月至数年。犬、猫、人平均20～60 天，潜伏期的长短与咬伤的部位深度、病毒的数量与毒力等均有关系。病型分为狂暴型和麻痹型。

犬：狂暴型分 3 期，即前驱期、兴奋期和麻痹期。前驱期为 1～2 天。病犬精神抑郁，喜藏暗处，举动反常，瞳孔散大，反射机能亢进，喜吃异物，吞咽障碍，唾液增多，后躯软弱。兴奋期为2～4天。病犬狂暴不安，攻击性强，反射紊乱，喉肌麻痹。狂暴与抑郁交替出现。麻痹期为1～2天。病犬消瘦，张口垂舌，后躯麻痹，行走摇晃，最终全身麻痹而死亡。

猫：多表现为狂暴型。前驱期通常不到1天，其特点是低度发热和明显的行为改变。兴奋期通常持续1～4天。病猫常躲在暗处，当人接近时突然攻击，因其行动迅速，不易被人注意，又喜欢攻击头部，因此比犬的危险性更大。此时病猫表现肌颤，瞳孔散大，流涎，背弓起，爪伸出，呈攻击状。麻痹期通常持续1～4天，表现运动失调，后肢明显。头、颈部肌肉麻痹时，叫声嘶哑。随后惊厥、昏迷而死。约25%的病猫表现为麻痹型，在发病后数小时或1～2天死亡。

4. 病理变化

无特征性变化。濒死期动物表现痛苦状，消瘦，脱水，头、体表和四肢有外伤。死于狂犬病的犬，胃空虚，存有毛发、石块等异物。胃黏膜充血、出血、糜烂。肠道和呼吸道呈现急性卡他性炎症变化。脑软膜血管扩张充血，轻度水肿，脑灰质和白质小血管充血，并伴有点状出血。

5. 诊断

（1）综合性诊断。典型病例根据临床症状，结合咬伤病史，可作出初步诊断。

（2）病原学检查。对怀疑为狂犬病的动物，取其脑组织、唾液腺或皮肤等标本，直接检测其中的RV或进行病毒分离，是确诊狂犬病的重要手段。

（3）血清学检查。在狂犬病的预防工作中，检测血清中的RV抗体是评价疫苗效果的一个重要指标。检测和观察感染者血清中抗体消长情况，对狂犬病的诊断和预后也有重要价值。

6. 预防

野生动物是狂犬病病毒的自然宿主，对其唯一可行的防治原则是减少已证实的媒介动物的群体数量，并避免这些动物与犬、猫和人的接触。

从世界范围来讲，由犬传播给人类的狂犬病数量居第一位，其次是猫。在控制犬的狂犬病方面，有两种方法已证实十分成功。即对有主家犬和军犬、警犬、实验用犬进行疫苗接种，同时取缔无主犬和游荡犬。成功的经验是感染地区80%以上的犬进行了疫苗接种。

狂犬病的疫苗接种分为两类，对犬等动物，主要进行预防接种；对人则是在被疯狗或其他动物咬伤后做紧急接种（暴露后接种），争取在病毒进入中枢神经系统以前，就使机体产生较强的主动免疫，从而防止临床发病。对于经常接触犬、猫和野兽，具有较大感染危险的兽医或其他人员，也应考虑进行预防性接种。

目前我国犬用狂犬病疫苗有三种，即a－G株原代仓鼠肾弱毒佐剂疫苗、羊脑弱毒活疫苗或灭活疫苗以及Flury病毒LEP株的BHK－21细胞培养弱毒疫苗。3种疫苗的免疫期均在1年以上，在控制传染媒介（犬），降低人群被咬伤发病率和狂犬病死亡率方面都有积极作用。狂犬病是一种人兽共患的烈性传染病，主要构成对人的威胁。犬、猫等动物，一旦发病，应立即向有关部门报告疫情，扑灭发病动物，房舍和周围环境彻底消毒，避免疫情扩散。

二、犬细小病毒感染

犬细小病毒（CPV）感染是近年来发现的犬的一种烈性传染病。临床表现以急性出血性肠炎和非化脓性心肌炎为特征。

1. 病原

CPV 在分类上属细小病毒科，细小病毒属。其抗原性与猫泛白细胞减少症病毒（FPV）和水貂肠炎病毒（MEV）密切相关。CPV 对多种理化因素和常用消毒剂具有较强的抵抗力。在 4～10℃存活 180 天，37℃存活 14 天，56%存活 24h，80℃存活 15min。在室温下保存 90 天感染性仅轻度下降，在粪便中可存活数月至数年。甲醛、次氯酸钠、β－丙内酯、羟胺、氧化剂和紫外线均可将其灭活。

CPV 在 4℃条件下可凝集猪和恒河猴的红细胞，对其他动物如犬、猫、羊等的红细胞不发生凝集作用。CPV 对猴和猫红细胞，无论是凝集特性还是凝集条件均与 FPV 不同，由此可区别 CPV 与 FPV。

2. 流行病学

犬是主要的自然宿主，其他犬科动物，如郊狼、丛林狼、食蟹狐和鬣狗等也可感染。豚鼠、仓鼠、小鼠等实验动物不感染。

犬感染 CPV 发病急，死亡率高，常呈爆发性流行。不同年龄、性别、品种的犬均可感染，但以刚断乳至 90 日龄的犬较多发，病情也较严重，尤其是新生幼犬，有时呈现非化脓性心肌炎而突然死亡。纯种犬比杂种犬和土种犬易感性高。

病犬是主要的传染来源。感染后 7～14 天粪便可向外排毒，粪便中的病毒滴度常达 10^9TCID50/g. 发病急性期，呕吐物和唾液中也含有病毒。

感染途径主要是由于病犬和健康犬直接接触或经污染的饲料和饮水通过消化道感染。无症状的带毒犬也是重要的传染源。有证据表明人、苍蝇和蟑螂等可成为 CPV 的机械携带者。本病一年四季均可发生，但以冬春季多发。天气寒冷，气温骤变，饲养密度过高，拥挤，有并发感染等均可加重病情和提高死亡率。

3. 临床症状

CPV 感染在临床上表现各异，但主要可见肠炎和心肌炎两种病型。有时某些肠炎型病例也伴有心肌炎变化。

肠炎型：自然感染潜伏期 7～14 天，人工感染 3～4 天。病初 48h，病犬抑郁、厌食、发热（40～41℃）和呕吐，呕吐物清亮、胆汁样或带血。随后 6～12h 开始腹泻。起初粪便呈灰色或黄色，随后呈血色或含有血块。胃肠道症状出现后 24～48h 表现脱水和体重减轻等症状。粪便中含血量较少则表明病情较轻，恢复的可能性较大。在呕吐和腹泻后数日，由于胃酸倒流入鼻腔，导致黏液性鼻漏。

心肌炎型：多见于 28～42 日龄幼犬，常无先兆性症候，或仅表现轻度腹泻，继而突然衰弱，呼吸困难，脉搏快而弱，心脏听诊出现杂音，心电图发生病理性改变，短时间内死亡。

4. 实验室检验

肠炎型主要表现白细胞减少，小犬可低到（0.1～0.2）$\times 10^9$/L，多数是（0.5～2）$\times 10^9$/L；较老的犬只有轻微的降低。因胃肠道黏膜受损，蛋白质缺失，造成低蛋白症，尤其是低白蛋白症。心肌炎型病犬表现天冬氨酸激酶（AST）、乳酸脱氢酶（LDH）和肌酸酐磷酸激酶（CPK）活性增高。

5. 病理变化

肠炎型：自然死亡犬极度脱水、消瘦，腹部卷缩，眼球下陷，可视黏膜苍白。肛门周围附有血样稀便或从肛门流出血便。有的病犬从口、鼻流出乳白色水样黏液。血液黏稠呈暗紫色。小肠以空肠和回肠病变最为严重，内含酱油色恶臭分泌物，肠壁增厚，黏膜下水肿。黏膜弥漫性或局灶性充血，有的呈斑点状或弥漫性出血。大肠内容物稀软，酱油色，恶臭。黏膜肿胀，表面散在针尖大出血点。结肠肠系膜淋巴结肿胀、充血。心肌炎型：肺脏水肿，局部充血、出血，呈斑驳状。心脏扩张，左侧房室松弛，心肌和心内膜可见非化脓性坏死灶，心肌纤维严重损伤，可见出血性斑纹。

6. 诊断

病毒分离与鉴定：将病犬粪便材料加入胰蛋白酶消化后同步接种猫肾或犬肾等易感细胞培养。通常可采用免疫荧光试验或血凝试验鉴定新分离病毒。

血凝和血凝抑制试验：由于 CPV 对猪和恒河猴红细胞具有良好的凝集作用，应用血凝试验可很快测出粪液中的 CPV。

胶体金试纸条是国内外 CPV 检测最为简便、快速的方法，目前已在犬场和动物门诊广泛应用。

7. 治疗

CPV 感染发病快，病程短，死亡率高，采用肌肉注射犬细小病毒单克隆抗体结合对症治疗措施，可大大提高治愈率，目前已在临床上广泛应用。

输液疗法在 CPV 感染的治疗上具有重要意义。输液时，应注意机体的酸碱平衡、离子平衡及脱水的程度，首选林格氏液或乳酸林格氏液与 5% 葡萄糖，以 1:（1～2）的比例进行；呕吐严重的犬，注意补充钾，腹泻严重的犬，注意补充碳酸氢钠。静脉输注犬血白蛋白可加速机体渗透压和体液平衡的恢复。

控制继发感染，可根据病情应用抗生素，如青霉素、头孢菌素、喹诺酮类、普康素等进行治疗，以减少死亡，缓解病情。呕吐可用胃复安、爱茂尔、654－2，严重呕吐可用阿托品；出血可用止血敏、维生素 B；保护肠黏膜可用鞣酸蛋白、斯密达等。

8. 预防

本病发病迅猛，应及时采取综合性防疫措施，及时隔离病犬，对犬舍及用具等用 2%～4% 火碱水或 10%～20% 漂白粉液反复消毒。

疫苗免疫接种是预防本病的有效措施。为了减少接种手续，国内多使用六联弱毒疫苗和五联弱毒疫苗进行预防接种。

三、犬瘟热

犬瘟热是由犬瘟热病毒（CDV）引起的，感染肉食兽中的犬科（尤是幼犬）、鼬科及一部分浣熊科动物的高度接触传染性、致死性传染病。病犬早期表现双相热型、急性鼻卡他，随后以支气管炎、卡他性肺炎、严重的胃肠炎和神经症状为特征。少数病例出现鼻部和脚垫的高度角化。

1. 病原

CDV 在分类上属副黏病毒科，麻疹病毒属。核酸型为单股 RNA，病毒粒子呈圆形或不整形，有时呈长丝状。研究证实来源于不同地区、不同动物和不同临床病型的 CDV 毒株属同一个血清型。

CDV 对热和干燥敏感，50～60℃ 30min 即可灭活，在炎热季节 CDV 在犬群中不能长期存活，这可能是犬瘟热多流行于冬春寒冷季节的原因。在较冷的温度下，CDV 可存活较长时间，在 2～4℃可存活数周，在 -60℃可存活 7 年以上，冻干是保存 CDV 的最好方法。

CDV 对紫外线和有机溶剂敏感，最适 pH 值 7.0，pH 值 4.5～9.0 条件下均可存活。0.75%石炭酸和0.3%季胺类消毒剂4℃ 10min 不能灭活病毒，临床上常用3%的氢氧化钠作为消毒剂，效果很好。

2. 流行病学

CDV 的自然宿主为犬科动物（犬、狼、丛林狼、豺、狐等）和鼬科动物（貂、雪貂、白鼬、臭鼬、伶鼬、南美鼬鼠、黄鼠狼、獾、水獭等）。在浣熊科中曾在浣熊、密熊、白鼻熊和小熊猫发现。近年来，发现海豹、海狮等可感染 CDV。

本病一年四季均可发生，以冬春季多发，有一定的周期性。据报道，每隔 3 年有 1 次大的流行。不同年龄、性别和品种的犬均可感染，以不满 1 岁的幼犬最为易感，犬群中自发性犬瘟热发生的年龄与幼犬断乳后母源抗体的消失有关。

病犬是本病最重要的传染源，病毒大量存在于鼻汁、唾液中，也见于粪便、泪液、血液、脑脊髓液、淋巴结、肝、脾、心包液中。主要传播途径是病犬与健康犬直接接触，通过空气飞沫经呼吸道感染。曾有报道 CDV 可通过胎盘垂直传播，造成流产和死胎。尚未发现有节肢动物传播 CDV 的报道。

3. 症状

犬瘟热的潜伏期随传染来源的不同，长短差异较大。来源于同种动物的潜伏期 3～6 天，来源于异种动物，潜伏期有时可长达 30～90 天。

犬瘟热的临床表现多种多样，与病毒的毒力，环境条件，宿主的年龄、品种及免疫状态有关。50%～70%的 CDV，感染呈现亚临床症状，表现倦怠、厌食、发热和上呼吸道感染。重症犬瘟热感染多见于未接种疫苗的幼犬。自然感染早期发热常不被注意，表现结膜炎，干咳，继而转为湿咳，呼吸困难，呕吐，腹泻，里急后重，肠套叠，最终因严重脱水和衰弱而导致死亡。

犬瘟热的神经症状通常在 7～21 天出现，也有一开始发热时就表现出神经症状者。通常依据全身症状的某些特征表现预测出现神经症状的可能性，幼犬的化脓性皮炎通常不会发展为神经症状，但鼻部和脚垫的表皮角化可引起不同类型的神经症状。犬瘟热的神经症状是影响预后和感染恢复的最重要因素。由于 CDV 侵害中枢神经系统的部位不同，临床症状有所差异。大脑受损表现癫痫、好动、转圈和精神异常；中脑、小脑、前庭和延髓受损表现步态及站立姿势异常；脊髓受损表现共济失调和反射异常；脑膜受损表现感觉过敏和颈部强直。咀嚼肌群反复出现阵发性颤搐是犬瘟热的常见症状。

幼犬经胎盘感染可在 28～42 天时产生神经症状。母犬表现为轻微或不显症状的感染。妊娠期间感染 CDV 可出现流产、死胎和仔犬成活率下降等症状。

新生幼犬在永久齿长出之前感染 CDV 可造成牙釉质的严重损伤，牙齿生长不规则，此乃病毒直接损伤了处于生长期的牙齿釉质层所致。小于7日龄的幼犬实验感染CDV还可表现心肌病。临床症状包括呼吸困难、抑郁、厌食、虚脱和衰竭。病理变化以心肌变性、坏死和机化作用为特征，并伴有炎性细胞浸润。

犬瘟热的眼睛损伤是由于CDV侵害眼神经和视网膜所致。眼神经炎以眼睛突然失明，胀大，瞳孔反射消失为特征。炎性渗出可导致视网膜分离。慢性非活动性基底损伤与视网膜萎缩和瘢痕形成有关。

4. 实验室检验

血液学和血清生化检验在犬瘟热的诊断中无太大意义。在表现严重全身性症状和神经症状的幼犬，血液学变化主要表现为淋巴细胞减少。实验感染新生幼犬可见血小板减少和再生性贫血。通过血常规检查，有时可在外周血循环中，尤其是淋巴细胞中见到包涵体。血沉棕黄层抹片检查则较常发现包涵体，尤其在发育早期更易见到。

5. 病理变化

CDV为泛嗜性病毒，对上皮细胞有特殊的亲和力，因此病变分布非常广泛。

新生幼犬感染CDV通常表现胸腺萎缩。成年犬多表现结膜炎、鼻炎、气管支气管炎和卡他性肠炎。表现神经症状的犬通常可见鼻和脚垫的皮肤角化。中枢神经系统的大体病变包括脑膜充血，脑室扩张和因脑水肿所致的脑脊液增加。

CDV的包涵体通常呈嗜酸性，位于胞浆内，直径1～5μm，可在黏膜上皮细胞、网状细胞、白细胞、神经胶质细胞和神经元中发现。人工感染后，35天包涵体仍可在淋巴系统和泌尿道中发现。核内包涵体多位于被覆上皮细胞、腺上皮细胞和神经节细胞。

6. 诊断

该病病型复杂多样，又常易与多杀性巴氏杆菌、支气管败血波特氏杆菌、沙门氏菌以及传染性犬肝炎病毒、犬细小病毒等病原混合感染或继发感染，所以诊断较为困难。根据临床症状、病理剖检和流行病学资料仅可作出初步诊断，确诊需通过下述方法进行。

（1）病毒分离与鉴定从自然感染病例分离病毒较为困难。组织培养分离CDV可用犬肾细胞、犬肺巨噬细胞和鸡胚成纤维细胞等。据报道剖检时直接培养病犬肺巨噬细胞，容易分离到病毒。另外，取肝、脾、粪便等病料，用电子显微镜可直接观察到病毒粒子，或采用免疫荧光试验从血液白细胞、结膜、瞬膜以及肝、脾涂片中检查出CDV抗原，也可在肺和膀胱黏膜切片或印片中检出包涵体。

（2）血清学诊断包括中和试验、补体结合试验、酶联免疫吸附试验等方法。

（3）犬瘟热ELISA试剂盒是检测CD最为简便，快速的方法，目前广泛应用于犬场及宠物门诊。

7. 治疗

感染CDV早期应用特异性犬瘟热病毒单克隆抗体或大剂量高免血清，具有较好的治疗作用。当出现神经症状时，应用特异性犬瘟热病毒单克隆抗体仍有一定的治疗作用。

也可使用病毒唑（利巴韦林）、双黄连等抗病毒药物进行治疗。犬感染CDV后常继发细菌感染，可根据病情应用抗菌素，如青霉素、头孢菌素、喹诺酮类、普康素等进行治疗，以减少死亡，缓解病情。王畔新等（2000年）报道，用速高捷疗治疗有神经症状的犬瘟热病，总有效率达86%。

根据病犬的病型和病征表现采取支持和对症治疗措施，是增强机体抗病力的关键。对较早出现消化道症状如呕吐、腹泻、脱水的病犬，要注意补液，同时补充 ATP、辅酶 A、细胞色素 C 等。对发热的病犬，可给予双黄连、清开灵、柴胡等。对肺功能差和呼吸困难的病犬，要减少输液量以防止医源性肺水肿，应给予平喘、镇静的药物，如氨茶碱、氯丙嗪、安定等。对出现神经症状的病犬，可口服扑癫酮或苯妥英钠。增加营养，如静脉输注犬血白蛋白，饲喂动物营养膏等可帮助病犬早日康复。

8. 预防

一旦发生犬瘟热，为防止疫情蔓延，必须迅速将病犬严格隔离，用火碱、漂白粉或来苏儿彻底消毒，停止动物调动和无关人员来往，对尚未发病的假定健康动物和受疫情威胁的其他动物，用犬瘟热病毒单克隆抗体或高免血清做紧急预防注射，待疫情稳定后，再注射犬瘟热疫苗。

患犬瘟热的康复犬能产生坚强持久的免疫力，因此，防治本病的合理措施是免疫接种。国内多使用六联弱毒疫苗和五联弱毒疫苗进行预防接种。

四、犬放线菌病

放线菌病是由牛放线菌引起犬、猫和人的共患性疾病。犬感染后的特征为组织增生成瘤状肿、胸腔脓性炎症和脓肿。猫很少发生。

1. 病原

放线菌介于真菌与细菌之间，近似丝状原核微生物。牛放线菌呈多形态，且随生存环境而变化，在组织中成肉眼可见的小菌块，色似硫磺而称为“硫磺颗粒”；或似是一个缠结的菌团，中央由纤细而密集的分枝菌组成。革兰氏染色中央呈阳性，而周边呈阴性；当颗粒压碎后染色镜检，菌体呈菊花状与多形性，菌丝末端膨大，向四周放射排列。不形成芽孢，无运动性，非抗酸性。

本菌为兼性厌氧，在 10%～20% 二氧化碳条件下生长茂盛。在血清琼脂高层穿刺时，可见沿穿刺线稍下部出现结节样生长，而上部与表面不生长。在脑心浸液琼脂上培养 18～24h，可见细小、圆形、平整、表面呈颗粒或平整、柔软的菌落。在液体培养基内长成混浊、管底有沉淀，振摇后沉淀不破碎，有时呈黏稠样或颗粒样生长。

本菌能缓慢地发酵葡萄糖、乳糖、麦芽糖、果糖、蔗糖和杨苷，产酸不产气，不发酵鼠李糖、木胶糖和葡萄糖。本菌分 A、B、C 三型。菌在自然界有较强的抵抗力，广泛存在于污染的土壤、饲料和饮水中，也常寄于动物的口腔和上呼吸道内。一般消毒药可杀死，但对石炭酸的抵抗力较强。

2. 流行病学

放线菌在自然界分布极广，污染的土壤、饲料、饮水、空气和环境都可成为疫源，主要经皮肤、黏膜损伤和吸入污染尘埃等途径感染。若侵入伤口而局部发生炎性坏死，本菌大量繁殖则易引发全身性感染。各种年龄犬、猫均易感，但不能直接传染给人。

3. 临床症状

皮肤型病例，多发生在四肢、后腹部及尾部出现蜂窝织炎、脓肿和溃疡结节，有的发展成瘘管，流出恶臭的红棕色或黄色分泌物。胸型病例在犬较多见，主要由吸入感染，主要出现胸部炎症病状，如咳嗽、呼吸迫促甚至困难，有的发热、消瘦，有鼻液流出。骨髓型病例见于犬、猫，可见到全身性病状，有的出现脑炎症状。

4. 诊断

本病较易诊断，主要与诺卡氏病相区别，有赖于实验室检查。标本最好是从病料中洗涤出的硫磺样颗粒。

（1）涂片镜检取脓汁、渗出物和病变组织做涂片，革兰氏染色后镜检，可见到特殊的阳性形态，以此与诺卡氏菌区别。

（2）分离培养取脓汁、渗出物、病变组织接种血液琼脂、葡萄糖琼脂，在10%～20%二氧化碳条件下培养，可见到细小、圆形、乳白色的菌落。

（3）动物接种取病料腹腔接种豚鼠、家兔，经3～4周后扑杀剖检，可见到特征性的大网膜上灰白色的外有包膜的结节，内含大量放线菌，涂片镜检、分离培养极易成功。

5. 治疗

皮肤型病例可采用外科手术与长期抗生素联合疗法，治愈率约80%以上；胸型等全身性病例，可用抗生素治疗，治愈率均在50%以下。常用青霉素做大剂量、长时间治疗，每日肌肉注射10万～20万IU/kg体重，疗程2～3个月。此外，四环素、林肯霉素等也有一定疗效。

6. 预防措施

只能采取综合性防治措施预防本病的发生，重点应是加强日常的卫生消毒工作，尽可能清除环境中的病原；以及防止创伤的发生和及时处理伤口，诸如清除芒刺、笼舍内的金属刺和防止发情季节的争斗等。

五、犬钩端螺旋体病

钩端螺旋体病是由一群致病性钩端螺旋体引起的一种急性或隐性感染的人兽共患性传染病，病的特征为：短期发热，黄疸，血红蛋白尿，母犬流产和出血性素质等。本病为世界性分布，尤以热带、亚热带地区多发。我国也有发生、流行，犬的发病率远比猫的要多。

1. 病原

迄今，全世界已发现钩端螺旋体有19个血清群、180个血清型。引起犬感染发病的钩端螺旋体主要是犬型和出血黄疸钩端螺旋体，其他血清型也能感染犬。猫血清中虽然也可以检出多种血清型钩端螺旋体的抗体，但对猫的致病性不大。

本菌为纤细、螺旋弯曲、革兰氏染色阴性菌，具沿长轴方向滚动式或横向屈曲式运动。镀银染色法着色佳，用暗视野或相差显微镜观察活体菌效果最好。

本属菌为有机化能营养型，生长需要碳长链的脂肪酸、维生素B_1和维生素B_{12}。严格需氧，人工培养的培养基常以林格氏液、磷酸盐缓冲液或井水为基础，加入7%～20%的新鲜灭活的兔血清或牛血清白蛋白、油酸蛋白提取物V组分及吐温80。通常多用柯索夫培养基或切尔斯基培养基，在28～30℃下培养1～2周，用液体或半固体培养基培养的效果更好。

本菌生化反应极不活泼，不发酵利用糖类，而糖类也不足以维持菌的生长。菌的抗原结构有两类，一类为S抗原，位于菌体中央，当菌体破坏即表现出凝集原和补反抗原活性；另一类是在菌体表面的P抗原，为凝集原，属脂多糖，具有群和型的特异性。

本菌对自然界的抵抗力较强，但对理化因素的抵抗力较弱。在污染的河水、池水和湿土中可存活数月，在尿中存活 28～50 天。对热、日光、酸碱等很敏感，很快死亡。一般消毒药都能杀死。对多种抗生素敏感。

人和动物致病的多属拟问号钩端螺旋体类，其能产生一种具有溶血活性的神经鞘磷脂酶及对淋巴系统有破坏作用的内毒素。似问号钩端螺旋体有 14 个血清群、150 个血清型。

2. 流行病学

钩端螺旋体的自然宿主十分广泛，几乎所有温血动物都能感染，而啮齿类动物特别是鼠类是最重要的自然宿主，多呈健康带菌，形成疫源地，从而提供了本病广泛传播的条件。宿主和带菌动物长期从尿排菌。

本病的传播多通过污染的水、饲料经黏膜、皮肤感染，经交配、损伤等途径也可感染。一些吸血昆虫和节肢动物也是本病重要的传播媒介。

犬、猫感染后，病菌定位于肾脏，无论发病或不发病都能自尿液排菌相当长的时间，从而广泛地污染环境、笼舍、饲料和水，直接或间接地传播扩散，即使体内存在抗体仍能间歇性地随尿排菌数年。

本病在犬、猫有明显的季节性，一是表现在发情交配季节；二是在春秋季节发病多。公犬和仔幼犬发病率要比母犬、老龄犬高。

3. 临床症状

犬感染后的潜伏期为 5～15 天。在临床上多出现急性出血型、黄疸型和血尿型三类。

（1）急性出血型　病早期体温升高到 39.5～40℃，表现震颤和广泛性肌肉触痛，心律不齐，发喘乃至呼吸迫促，食欲减退甚至废绝，精神委顿。继而出现呕血、鼻出血、便血等出血症状，随即精神极度萎靡，体温下降以至死亡。死亡率高达 60%～80%。

（2）黄疸型　潜伏期 5～15 天。病初体温升高到 39.5～41℃，持续 2～3 天左右，食欲减退，间或发生呕吐。随后出现可视黏膜甚至皮肤黄疸，出现率 25% 以上；严重的全身呈黄色或棕黄色乃至粪便也呈棕黄色。重病例，由于肝脏、肾脏损伤而出现尿毒症病状，口腔恶臭、昏迷或出现出血性、溃疡性胃肠炎病状，转归多死亡。

（3）血尿型　有些病例主要出现肾炎病状，表明肾脏、肝脏被入侵的菌严重损伤，招致肾功能和肝功能机能障碍，从而出现呼出尿臭气、呕吐、黄疸、血尿、血便，脱水甚至引发尿中毒等病状。

猫能感染多种血清型钩端螺旋体，从血清中可检出相应的特性抗体，但在临床上仅可见到比较轻的肾炎、肝炎病状，几乎见不到急性病例。

4. 剖检变化

尸体可视黏膜、皮肤黄染，有尿臭气味。剖开后可见到浆膜、心包膜、黏膜黄染和出血点，口腔黏膜、舌有溃疡灶。肺充血水肿，肝肿大、色暗、质脆。肾肿大、表面有出血点和小坏死灶，慢性病例的肾脏萎缩和纤维素性变性。胃肠黏膜有出血斑点，肠系膜淋巴结出血、肿胀。

5. 诊断

根据临床症状，剖检特征仅能做出初步诊断。确诊必须进行实验室检查。

（1）病料采取与检查程序　通常在生前采取临床发病 1 周后的血液、脊髓液，发病后 1 周至数周内的尿液，以及病死剖检时采取膀胱尿液、肾脏、肝脏等病料。组织病料要先制成匀浆悬液，污染病料要在培养基中加入 5 - 氟尿嘧啶 100～400μg/ml 或新霉素 25μg/

ml，以抑制杂菌生长；也可加入两性霉素 B2～5μg/ml，或制霉菌素 50μg/ml，以抑制霉菌生长。

应该注意的是病料直接镜检和分离培养等的检出率较低，为了提高检出率应重视如下几点：A. 应采取体温升高期（菌血症期，约 1 周左右）的抗凝血和脊髓液作标本；B. 应采取 1 周病程以后的尿液作标本，中性或弱碱性尿液标本的检出率高；C. 应采取濒死或刚死不超过 1～2h 的肾、肝组织，制成 1∶（5～10）的匀浆悬液经低速离心后取沉淀作标本。D. 选择未经抗生素治疗的病例采取病料标本。E. 所有病料标本必须在采取后 2h 内进行检查。

（2）*直接镜检*　A. 暗视野镜检：将新鲜的血液、脊髓液、尿液和新鲜肝、肾组织悬液制成悬滴标本，在暗视野显微镜下进行观察，可见到运动的菌，如将病料做低速离心集菌后取沉淀制成悬滴标本观察效果更好。B. 涂片染色镜检：取病料做姬姆萨或镀银染色法（钩端螺旋体全染色法）后镜检，可见着色菌体。

（3）*分离培养*　取新鲜病料接种于柯托夫或切尔斯基（培养基）（加有 5%～20% 灭能兔血清），置于 25～30℃下培养，每隔 5～7 天用暗视野检查 1 次，初代培养甚至需要长达 1～2 个月。

（4）*动物接种*　取病料标本腹腔接种 14～18 日龄地鼠，体重 250～400g；乳兔，体重 150～200g；幼豚鼠或 20～25 日龄仔犬，剂量为 1～3ml，每日测体温、观察 1 次，每 2～3天称重 1 次；接种后第 1 周内隔日采血做直接镜检和分离培养。通常在接种后 4～14 天出现体温升高，体重减轻，活动迟钝，食欲减退，黄疸，天然孔出血等症状，然后将病死、濒死和不发病的迫杀，进行剖检、采取膀胱尿液和肾脏、肝脏组织进行镜检、分离培养，并作出判定。

（5）*血清学检查*　动物在感染后不久即可在血清中检出特异性抗体，且迅速升高，持续很久，常用的方法如下。

①玻片凝集试验：简便实用的是染色抗原玻片凝集法。抗原有单价与多价两种，多为 10 倍浓缩抗原。使用 10 倍浓缩的碱性变红玻片凝集抗原，在以 1∶10 血清稀释度进行检查时与微量凝集试验的符合率为 87. 7%。

②显微凝溶试验：当抗原与低倍稀释血清反应时，出现以溶菌为主的凝集溶菌，而随血清稀释度增高，则逐渐发生以凝集为主的凝集溶菌，故称之为凝溶试验（也可称为显微凝集试验或微量凝集试验）。本法既可用于检疫定性，也可用于定型。抗原为每 400 倍视野含 50 条以上的活菌培养物。滴度判定终点以血清最高稀释度孔出现 50% 菌体凝集者为准。如果康复期血清的抗体滴度比病初期血清的高出 4 倍以上，或单份血清抗体滴度达 1∶100 以上有诊断意义。

③补体结合试验：补反抗体在感染发病后 2～3 天即出现，持续时间较长，故对病的早期诊断和血清流行病学调查有价值。抗原为多价抗原，由每 400 倍视野含 100 条菌体液经洗涤后浓缩 10 倍的菌体提取物制成。样本血清滴度在 1∶20 以上者，或双份血清滴度升高 4 倍以上者判为阳性。

6. *治疗*

青霉素体重 4 万～8 万 IU/kg，1 次/d 肌肉注射；双氢链霉素 10～15mg/kg 体重，2 次/d肌肉注射，效果都很好。通常先用青霉素治疗 2 周，待肾功能好转后再用双氢链霉素治疗 2 周，可消除病兽带菌、排菌。在犬，治愈率可达 85.2%。

7. 预防措施

首先要消灭传染源，如通过检疫及时处理阳性和带菌动物，扑杀鼠类，通过消毒等措施净化环境等；其次是进行预防接种，犬通常用双价或多价钩端螺旋体甲醛灭活氢氧化铝吸附疫苗，首次注射 1ml，间隔 2 周做第 2 次注射，免疫期为 6 个月以上。

六、蛔虫病

蛔虫病是蛔虫寄生在小肠和胃内，影响生长发育的寄生虫病，主要危害幼犬。

（一）病原

犬蛔虫病的病原主要是犬弓首蛔虫和狮弓首蛔虫。

犬弓首蛔虫呈中间稍粗、两端较细的圆柱形，虫体稍弯于腹面。雄虫长 5～11cm，尾部弯曲，尾翼发达，有两根 0.75～0.95mm 长的交合刺。雌虫长 9～18cm，尾部伸直，生殖孔位于虫体前半部。虫卵呈短椭圆形，外壳有明显的小泡状结构，大小为（68～85）μm×（64～74）μm。狮弓首蛔虫也呈中间稍粗，两端较细的圆柱形。虫体稍弯于背面。雄虫长 4～6cm，无尾翼膜，有两根交合刺。雌虫长 3～10cm，尾端尖细而长直，生殖孔开口于虫体前 1/3 与中 1/3 交界处。虫卵近似圆形，外膜光滑，大小为（19～61）μm×（74～86）μm。

（二）生活史及流行病学

蛔虫虫卵随粪便排出体外，在适宜的条件下，经 3～5 天发育为内含幼虫的感染性虫卵。犬吞食了感染性虫卵后，虫卵在肠内孵化为幼虫。幼虫穿透肠壁进入血液循环，行至肺部，再沿气管和咽部至口腔，又被咽下至胃和小肠发育为成虫。

蛔虫虫卵对外界因素有很强的抵抗力，很容易污染犬所吃的食物、饮水和活动的环境。

犬是通过污染的食物、饮水经口感染的；妊娠母犬可通过胎盘感染给胎儿。

蛔虫为世界性分布，世界各地犬的感染率从 5% 到 80% 以上，以 6 月龄以下的犬感染率最高。人也可感染，尤其是儿童，感染最普遍。

（三）症状

蛔虫病对幼犬危害大。临床上主要表现消瘦、发育迟缓。先腹泻后便秘，腹痛，呕吐。大量虫体聚集在小肠，可引起肠阻塞、肠套叠或肠穿孔而死亡。有时虫体释放的毒素可引起神经症状，幼虫移行到肝、肺，可引起肝炎、肺炎症状。

（四）诊断

根据消瘦、生长迟缓进行初诊，在粪便中见到虫卵或成虫即可确诊。可用直接涂片法和浮集法检查粪便中的虫卵。

浮集法：取少量粪便于干净小瓶内，加少量饱和盐水充分混匀后，再加满饱和盐水使液面稍高出瓶口。静置 5min 后，用玻片蘸取表面的液体，用盖玻片盖上，在显微镜下检查。

直接涂片法：取少量粪便于载玻片上，加 2～3 滴水混匀后，加盖玻片直接镜检。

（五）治疗

（1）盐酸左旋咪唑10mg/kg体重，一次口服。

（2）枸橼酸哌哔嗪（驱蛔灵）100mg/kg体重，一次口服，对成虫有效；200mg/kg体重，可驱除1～2周龄幼犬内未成熟的虫体。

（3）丙硫苯咪唑（抗蠕敏）10mg/kg体重，一次口服。

（4）甲苯咪唑（安乐士）100mg，口服，2次/d，连服3天。

（5）肠虫清400mg，一次口服。

（6）伊维菌素每千克体重0.2～0.3mg，皮下注射。柯利犬禁止使用。

（六）预防

（1）对犬进行定期驱虫。

（2）注意环境、食物的清洁卫生，对驱虫后的粪便应进行无害化处理。

（3）与犬接触时注意个人卫生，特别是儿童。

七、钩虫病

钩虫病是钩虫寄生于小肠引起的以贫血、消化紊乱和营养不良为主要症状的寄生虫病。

（一）病原

犬钩虫病的病原种类很多，主要有犬钩虫、巴西钩虫、锡兰钩虫和狭头钩虫等，最常见的是犬钩虫和狭头钩虫。

犬钩虫为淡黄色，呈线状，头端稍向背侧弯曲，口囊很发达口囊前缘腹面两侧有3对锐利的钩状齿。雄虫长10～12mm，雌虫长14～16mm。虫卵为浅褐色，呈钝椭圆形，大小为（56～75）μm×（37～47）μm，新排出的虫卵内含有8个卵细胞。

狭头钩虫为淡黄白色，两端稍细，口弯向背面，口囊发达，前腹缘两侧各有一片半月状切板。雄虫长5～8.5mm，雌虫长7～10mm。虫卵形状与犬钩虫相似，大小为（65～80）μm×（40～50）μm。

（二）生活史及流行病学

虫卵随粪便排出体外后，在适当的条件下（20～30℃），经12～30h孵化出幼虫，再经一周左右蜕化为感染性幼虫，犬吞食感染性幼虫进入体内，停在肠内，逐渐发育为成虫。感染性幼虫还可穿过皮肤、黏膜进入犬外周血管，随血液循环到达心、肺，再沿着支气管、气管和咽喉移行至口腔，再咽下，最后停在肠内，发育为成虫。

犬通常经口感染或经未损伤的皮肤和口腔黏膜而感染，也可经胎盘和乳汁感染。

钩虫为世界性分布的寄生虫，都会感染人，但只有锡兰钩虫可在人体内发育为成虫；犬钩虫和巴西钩虫可侵入人体皮肤产生匍行疹，偶尔发育为成虫；狭头钩虫可侵入人体皮肤产生匍行疹，不在人体内发育为成虫。

（三）症状

临床上主要表现消瘦、衰弱、贫血、可视黏膜苍白，排带有腐臭气味黏液性血便，呈柏油状，经皮肤感染的会发生皮炎。轻度感染的犬不表现临床症状。

（四）诊断

根据临床症状进行初诊。用饱和盐水浮集法检查粪便，发现钩虫虫卵即可确诊。

（五）治疗

对症状轻的可直接用下列药物驱虫：

（1）盐酸左旋咪唑10mg/kg体重，一次口服。

（2）丙硫苯咪唑50mg/kg体重，口服，连用3天。

（3）甲苯咪唑（安乐士）100mg，口服，2次/d，连用3天。

（4）阿苯达唑（肠虫清）400mg，一次口服。

（5）盐酸丁咪唑0.22ml/kg体重，一次皮下注射。

（6）伊维菌素0.25mg/kg体重，一次皮下注射。对贫血严重的犬必须输血、输液，待症状缓和后再驱虫。

（六）预防

可参照犬蛔虫病的预防。

八、血丝虫病

犬血丝虫病也称犬心丝虫病或犬恶丝虫病，是由犬恶丝虫寄生于心脏的右心室及肺动脉，而引起循环障碍、呼吸困难及贫血等症状的寄生虫病。

（一）病原

犬血丝虫病的病原是犬恶丝虫。虫体为黄白色，呈细长粉状，雄虫长12～18cm，尾部数回盘旋。雌虫长25～30cm，尾部较直。幼虫叫微丝蚴，长220～360μm，在血液中做蛇形或环形运动。

（二）生活史及流行病学

犬血丝虫的微丝蚴在犬的外周血液中出现。被中间宿主（蚊子或蚤等）吸入体内后，经两次蜕皮变成感染性幼虫。犬被带有感染性幼虫的中间宿主叮咬后，幼虫侵入犬的皮下组织，经淋巴或血液循环到达心脏和大血管，经8～9个月发育为成虫。成虫在犬体内可存活数年。通过蚊子（中间宿主）叮咬传播，因此该病传染季节是夏季，一般呈地方性流行。

（三）症状

临床上主要表现为咳嗽、易疲劳、食欲减退、消瘦、被毛粗乱、贫血。当血丝虫虫体障碍心三尖瓣和肺动脉瓣功能时，会出现呼吸困难、腹水、四肢浮肿、胸水和肺水肿。当虫体堵塞主要动脉血管时，会引起急性死亡。由于中间宿主叮咬，有的还会出现瘙痒、脱毛等皮肤病症状。

（四）诊断

根据外周血液内检查出微丝虫蚴来确诊。

1. 直接涂片法

采末梢血液1滴，置载玻片上，放上盖玻片镜检或直接血液涂片检。

2. 毛细吸管法

以毛细血管吸血后离心，取血浆和血细胞交界处的样本镜检。

3. 离心集虫法

采1ml血液与2%福尔马林10ml混合，1 500转/min，离心5min，取沉淀物染色镜检或直接镜检。由于多种原因，如用上述方法未检出微丝蚴，并不能说明未感染。因此对疑似本病而又查不出微丝蚴的可以采用X射线透视（右心房、右心室和肺动脉扩张），超声波或免疫方法来检查。

（五）治疗

对于该病的治疗，可选用下列药物：

（1）乙胺嗪（海群生）100mg/kg体重，口服，1次/d，连服一周。

（2）酒石酸锑钾2～4mg/kg体重，溶于生理盐水做静脉注射，1次/d，连用3次。

（3）锑波芬，剂量视犬大小为0.5～5ml连续多日肌肉注射或静脉注射，可杀灭微丝虫。

（4）菲拉松1mg/kg体重，口服，3次/d，连用10天，对成虫有效。

（5）伊维菌素0.05～0.1mg/kg体重，一次皮下注射。对于症状严重的犬，要进行对症治疗。

（六）预防

（1）定期驱虫，特别在蚊子繁殖季节（5～10月）连日或隔日口服乙胺嗪（海群生）55mg/kg体重，或盐酸左旋咪唑0.5mg/kg体重，连服5天为一个疗程，间隔2个月后再服一个疗程。

（2）搞好环境卫生，消灭蚊虫。

（3）防止与野犬或感染的犬接触。

九、绦虫病

绦虫病是有多种绦虫寄生于小肠而引起的一种常见寄生虫病。

（一）病原

寄生于犬体内的绦虫种类很多，但最常见的是犬复孔绦虫和泡状绦虫。绦虫虫体一般呈带状，背腹扁平，左右对称，白色不透明，体长由几厘米到十几米。绦虫为雌雄同体，由头节、颈节链体组成。头节细小呈球形或梭形，吸着器官，有三种类型：吸盘型、吸槽型和吸叶型。颈节为头节之后的细而短的部分。链体由数个至数千个节片组成，自前向后由幼节（未成熟节片）、成节（成熟节片）和孕节（子宫内充满虫卵）组成。孕节从虫体后端不断脱离，新的节片不断形成。

犬复孔绦虫虫体长10～50cm，宽5mm。虫卵呈圆形，直径35～50μm，透明，有两层薄的卵壳，内含六钩蚴。

泡状绦虫虫体长75～500cm，虫卵近似椭圆形，大小为（38～39）mm×（0.03～0.035）mm。

（二）生活史及流行病学

绦虫的生活史较复杂，其发育都需要1～3个中间宿主，才能完成整个生活史。孕节脱落随粪便排出体外。在外界，孕节破裂虫卵散出，中间宿主（蚤类）幼虫食入虫卵，虫卵在其肠内孵化，六钩蚴钻入肠壁，进入血腔开始缓慢发育。当中间宿主生长成蛹最终为成虫时，六钩蚴也发育为感染性的似囊尾蚴。犬食入有感染性的似囊尾蚴中间宿主后，似囊尾蚴就在犬体内发育成虫。

犬绦虫除犬复孔绦虫以蚤为中间宿主外，其他都是以人、猪、羊、牛、马、鱼、兔、骆驼以及其他野生动物等为中间宿主的。犬为终末宿主。

犬是通过食入感染的肉、鱼等（中间宿主）经口感染的，也可通过蚤、虱吸血时传给犬。

犬复孔绦虫分布于全世界，其流行取决于体外寄生的蚤、虱的存在。人特别是儿童会感染该虫。

（三）症状

轻度感染的犬临床上一般无明显病症。严重感染时，可引起慢性肠炎，会出现消化不良、腹泻、腹痛、消瘦和贫血。虫体成团时会堵塞肠管，导致肠梗阻、套叠、扭转甚至破裂。不断脱落的孕节会附在肛门周围刺激肛门，引起肛门瘙痒或疼痛发炎。

（四）诊断

如犬肛门瘙痒常在地上摩擦可疑有绦虫。观察犬粪或肛门周围是否有类似米粒的白色孕节或短链体，如有可确诊。进一步确诊可用饱和盐水浮集法检查粪便内的虫卵或孕节。

（五）治疗

治疗绦虫病，可选下列药物治疗：

（1）吡喹酮片剂，5mg/kg 体重，一次口服；针剂 2.5～5mg，皮下注射。

（2）氯硝柳胺（灭绦灵）154～200mg/kg 体重，一次口服。服前禁食 12h，有呕吐症状犬可加大剂量直肠给药。

（3）阿苯哒唑（肠虫清）400mg，口服，1 次/d，连服 3d。

（4）甲苯咪唑片（安乐士）200mg，口服，2 次/d，连服 3d。

（六）预防

（1）定期驱虫，定期检查，以每季度驱虫一次为宜，驱虫后的粪便应进行无害化处理，防止散播。

（2）不饲喂生食（生肉、生鱼），特别禁止喂食含有绦虫的动物内脏，饲喂这些食物时必须充分高温煮熟。

（3）搞好环境卫生，保持犬舍内外的清洁和干燥，定期消毒，杀灭绦虫蚴中间宿主（蚤、毛虱等）。

（4）与犬接触时注意个人卫生，不要让儿童接触绦虫病犬。

十、旋毛虫病

旋毛虫病是由旋毛虫寄生于小肠和横纹肌内的一种寄生虫病，是一种重要的人畜共患病。

（一）病原

犬旋毛虫病病原是旋毛线虫。该虫是很小的线虫，虫体前半部为食道，后半部较粗，生殖器官为单管型。雄虫长 1.4～1.6mm，雌虫长 3～4mm，阴门位于食道部中央。幼虫长 0.10～0.15mm，在横纹肌细胞之间形成包囊，包囊由内、外两层构思成，呈椭圆或圆形，连同两端的囊角便呈梭形，长0.5～0.8mm。

（二）生活史及流行病学

旋毛虫成虫和幼虫寄生于同一宿主，成虫寄生于小肠，叫肠旋毛虫。幼虫寄生于骨骼肌内，叫肌旋毛虫。肠内雄、雌旋毛虫交配后，雄虫死亡。雌虫在肠腺中发育，产生幼虫。幼虫随淋巴和血液循环，进入全身的骨骼肌，在骨骼肌内经1～3个月发育形成包囊，6个月后包囊开始钙化。若幼虫不被其他动物吞食，幼虫则以钙化而死亡。犬吞食含有幼虫的包囊，旋毛虫幼虫在胃内破囊而出，在小肠内经40h发育为成虫，经7～10天产出幼虫。包囊的抵抗力很强，在腐肉中可存活100天以上。鼠、猪的感染率较高，是犬旋毛虫病的主要感染源。犬是通过吞食入含有肌旋毛虫包囊的生肉经口感染的。旋毛虫分布于世界各地，以欧洲和美洲流行严重，我国各地均发现动物感染。

（三）症状

不同阶段的虫体引起不同的临床症状。

1. 肠旋毛虫（成虫）

引起肠炎，表现为食欲减退、呕吐和腹泻，严重时出现血样腹泻。

2. 肌旋毛虫（幼虫）

引起急性肌炎，表现为肌肉疼痛、发热，有的出现吞咽、咀嚼和行动困难或眼睑水肿，1个多月后症状逐渐消失，成为长期带虫者。

（四）诊断

旋毛虫所产的幼虫不随粪便排出，不适用于粪便检查，因此生前诊断较困难。如果依临床症状怀疑该病，可用穿刺取一小块舌肌做活体组织检查，发现肌纤维中有旋毛囊即可确诊。此外，还可用皮内反应和沉淀反应进行诊断。死后在肌肉中发现幼虫包囊可确诊。

（五）治疗

甲苯咪唑25～40mg/kg体重，分2～3次口服，连服5～7天。对成虫和幼虫都有效。

伊维菌素对旋毛虫成虫有效果，对幼虫效果差。

对症治疗主要减轻肌肉瘙痒疼痛，一般用促肾上腺皮质激素或肾上腺皮质激素（醋酸可的松等）。

（六）预防

（1）禁止饲喂生的或未煮熟的肉类。

（2）搞好环境卫生，特别做好灭鼠工作。

（3）人可感染该病，接触时应注意。

第二节　猫病的防治

一、猫泛白细胞减少症

猫泛白细胞减少症又称猫瘟热或猫传染性肠炎，是由猫泛白细胞减少症病毒（FPV）引起的猫及猫科动物的一种急性高度接触性传染病。临床表现以患猫突发高热、呕吐、腹泻、脱水及循环血流中白细胞减少为特征。

1. 病原

FPV在分类上属细小病毒科，细小病毒属。核酸型为单股DNA。对乙醚、氯仿、胰蛋白酶、0.50%石炭酸及pH值3.0的酸性环境具有一定抵抗力。50℃1h即可灭活。低温或甘油缓冲液内能长期保持感染性。0.2%甲醛处理24h即可失活。次氯酸对其有杀灭作用。FPV仅有1个血清型，且与水貂肠炎病毒（MEV）、犬细小病毒（CPV）具有抗原相关性。FPV血凝性较弱，仅能在4℃条件下凝集猴和猪的红细胞。

2. 流行病学

FPV除能感染家猫外，还可感染其他猫科动物（虎、猎豹和豹）及鼬科（貂、雪貂）和浣熊科（长吻浣熊、浣熊）动物。各种年龄的猫均可感染。由于种群的免疫状况不同，发病率和死亡率的变化相当大。母源抗体通过初乳可使初生小猫受到保护。多数情况下，1岁以下的幼猫较易感，感染率可达70%，死亡率为50%～60%，最高达90%。成年猫也可感染，但常无临床症状。

自然条件下可通过直接接触及间接接触而传播。处于病毒血症期的感染动物，可从粪、尿、呕吐物及各种分泌物排出大量病毒，污染饮食、器具及周围环境而经口传播。康复猫和水貂可长期排毒达1年之久。除水平传播外，妊娠母猫还可通过胎盘垂直传播给胎儿。

本病流行特点为冬末至春季多发，尤以3月份发病率最高。1岁以内的幼猫多发，随年龄增长发病率降低，因饲养条件急剧改变、长途运输或来源不同的猫混杂饲养等不良因素影响，可能导致急性爆发性流行。

3. 临床症状

本病潜伏期2～9天，最急性型，动物临床症状不显而立即倒毙，往往误认为中毒。急性型24h内死亡。亚急性型病程7天左右。第1次发热体温40℃左右，24h左右降至常温，2～3天后体温再次升高，呈双相热型，体温达40℃。病猫精神不振，被毛粗乱，厌食，呕吐，出血性肠炎和脱水症状明显，眼鼻流出脓性分泌物。妊娠母猫感染FPV，可造成流产和死胎。由于FPV对处于分裂旺盛期细胞具有亲和性，可严重侵害胎猫脑组织，因此，所生胎儿可能小脑发育不全。

4. 实验室检验

典型血液学变化是第2相发热后白细胞数迅速减少，由正常时血液白细胞（15～20）×10^6/L降至8×10^6/L以下，且以淋巴细胞和嗜中性白细胞减少为主，严重者血液涂片中很难找到白细胞，故称猫泛白细胞减少症。一般认为，血液白细胞减少程度标志着疾病的严重程度。血液白细胞数目降至5×10^6/L以下时表示重症，2×10^6/L以下时往往预后不良。

5. 病理变化

以出血性肠炎为特征。胃肠道空虚，整个胃肠道的黏膜面均有不同程度的充血、出血、水肿及被纤维素性渗出物覆盖，其中空肠和回肠的病变尤为突出，肠壁严重充血、出血、水肿，致肠壁增厚似乳胶管样，肠腔内有灰红或黄绿色的纤维素性坏死性假膜或纤维素条索。肠系膜淋巴结肿大，切面湿润，呈红、灰、白相间的大理石样花纹，或呈一致的鲜红或暗红色。肝肿大呈红褐色。胆囊充盈，胆汁黏稠。脾脏出血。肺充血、出血、水肿。长骨骨髓变成液状，完全失去正常硬度。

6. 诊断

根据流行病学、临床双相热型、骨髓多脂状、胶冻样及小肠黏膜上皮内的病毒包含体等病理变化及血液白细胞大量减少可以作出初步诊断。

血清学诊断：血清中和试验和血凝抑制试验最常用。

7. 治疗

FPV 感染发病快，病程短，死亡率高，近些年，应用高效价的猫瘟热高免血清进行特异性治疗，同时配合对症治疗，取得了较好的治疗效果。

输液疗法在 FPV 感染的治疗上具有重要意义。输液时，应注意机体的酸碱平衡、离子平衡及脱水的程度，首选林格氏液或乳酸林格氏液与 5% 葡萄糖液，以 1∶(1～2) 的比例进行；呕吐严重的猫，注意补充钾，腹泻严重的猫，注意补充碳酸氢钠。呕吐不止的猫，可用氯丙嗪或苯巴比妥，1～2mg/kg 体重，一日两次内服。

控制继发感染，可根据病情应用抗菌素，如青霉素、头孢菌素、喹诺酮类、普康素、保得胜注射液、牧特灵注射液等进行治疗，以减少死亡，缓解病情。

8. 预防

由于 FPV 仅有 1 个血清型，故所用疫苗均具有长期有效的免疫力。有三种疫苗可供选择，即甲醛灭活的组织苗、灭活的细胞苗和弱毒苗。出生 49～70 天的幼猫进行首次免疫接种，84 日龄时二免。以后每年加强免疫一次。

对于未吃初乳的幼猫，28 日龄以下不宜应用活苗接种，可先注射高免血清（2ml/kg 体重），间隔一定时间后再按上述免疫程序进行预防接种。由于 FPV 可通过胎盘垂直传播，弱毒活疫苗可能会对胎儿造成危害，故建议妊娠猫使用灭活疫苗。

二、猫流行性感冒

这是猫的一种急性呼吸道传染病，病猫主要呈现高热、咳嗽和全身虚弱无力，有不同程度的呼吸道症状。

本病的病原及传播途径，与其他动物的流行性感冒相同。

1. 诊断要点

（1）流行特点　病的发生与气候的聚变有一定的关系，一旦发生，则传播迅速。病程短，发病率高，病死率低。以秋末至春初多发。

（2）临床特征　体温升高达 41℃，精神沉郁，食欲减少，呼吸快而浅表，每分钟呼吸数达 40～60 次。流鼻涕，喷嚏、咳嗽，全身颤抖、怕冷。

根据上述特点，可初步诊断为流行性感冒。确诊须进行病毒分离和做血清学试验。

2. 防治

改善饲养管理和卫生条件，防止寒冷空气的侵袭，尤其是气候聚变时更应注意。大蒜汁水溶液喷鼻有较好的预防效果，方法是取 500g 大蒜，去皮捣成泥状，加水 250ml 拌匀，用 2～3 层纱布包紧挤出蒜汁，临用时将蒜汁用水配成 20%～30% 水溶液，用橡皮二连球注入器向两侧鼻孔内喷入少许，每日 1～2 次。病猫可肌内或皮注射青霉素 5 万 IU，每天 2 次，连用 3～4 天，也可肌注板蓝根液 2～4ml，每天 1 次，连用 2 天；也可内服速效感冒胶囊，每次 1/10 丸，每天 2 次。必要时，静注葡萄糖生理盐水 20～50ml。

三、猫传染性腹膜炎

猫传染性腹膜炎是由猫传染性腹膜炎病毒（FIPV）引起的猫科动物的一种慢性进行性传染病，以腹膜炎、大量腹水聚积和致死率较高为特征。

1. 病原

FIPV 在分类上属冠状病毒科，冠状病毒属。核酸型为单股 RNA。FIPV 对乙醚等脂溶剂敏感，对外界环境抵抗力较差，室温下 1 天失去活性，一般常用消毒剂可将其杀死。但对酚、低温和酸性环境抵抗力较强。

2. 流行病学

FIPV 可感染各种年龄的猫，以 1～2 岁的猫及老龄猫（大于 11 岁）发病最多。不同品种、性别的猫对本病的易感性无明显差异，但纯种猫发病率高于一般家猫。该病呈地方性流行，首次发病的猫群发病率可达 25%，但从整体看，发病率较低。

本病可经消化道感染或经媒介昆虫传播，猫的粪尿可排出病毒。也可经胎盘垂直传播。

3. 临床症状

本病症状分为“湿性”（渗出性）和“干性”（非渗出性）两种。发病初期症状常不明显或不具特征性，表现为病猫体重逐渐减轻，食欲减退或间歇性厌食，体况衰弱。随后，体温升高至 39.7～41.1℃，血液中白细胞数量增多。有些病猫可能出现温和的上呼吸道症状。持续 7～42 天后，“湿性”病例腹水积聚，可见腹部膨胀。母猫发病时，常可误认为是妊娠。腹部触诊一般无痛感，但似有积液。病猫呼吸困难逐渐衰弱，并可能表现贫血症状，病程数天至数周，有些病猫则很快死亡。约 20% 的病猫还可见胸水及心包液增多，从而导致部分病猫呼吸困难。某些湿性病例（尤其疾病晚期）可发生黄疸。

干性病例则主要侵害眼、中枢神经、肾和肝等组织器官，几乎不伴有腹水。眼部感染可见角膜水肿，角膜上有沉淀物，虹膜睫状体发炎，眼房液变红，眼前房内有纤维蛋白凝块，患病初期多见有火焰状网膜出血。中枢神经受损时表现为后躯运动障碍，行动失调，痉挛，背部感觉过敏；肝脏受侵害的病例，可能发生黄疸；肾脏受侵害时，常能在腹壁触诊到肾脏肿大，病猫出现进行性肾功能衰竭等症状。

4. 病理变化

湿性病例，病猫腹腔中大量积液，呈无色透明、淡黄色液体。接触空气即发生凝固。腹膜浑浊，覆有纤维蛋白样渗出物，肝、脾、肾等器官表面也见有纤维蛋白附着。肝表面还可见直径 1～3mm 的小坏死灶，切面可见坏死深入肝实质中。有的病例还伴有胸水增加。

对于主要侵害眼、中枢神经系统等的病例，几乎见不到腹水增加的变化。剖检可见脑水肿；肾脏表面凹凸不平，有肉芽肿样变化；肝脏也见有坏死灶。

5. 诊断

根据流行病学特点、临床症状和病理变化可作出初步诊断。对于干性病例，由于常常缺乏必要的诊断依据，应结合实验室检查进行确诊。

渗出液检查：腹腔渗出液早期多呈无色透明或淡黄色，有黏性，含有纤维蛋白凝块，暴露空气中即发生凝固；比重一般较高（大于 1.017），蛋白质含量较高（32～118g/L），并含有大量巨噬细胞、间皮细胞和嗜中性白细胞。

血清学检验：常用的有中和试验、免疫荧光试验。

6. 治疗

尚无有效的特异性治疗药物。出现临床症状的猫一般预后不良。有人在疾病早期应用免疫抑制剂如皮质类固醇药物进行治疗取得了一定成效。严重病例，应用氨苄青霉素与泰乐菌素、泼尼松等，并配合应用维生素进行治疗，可缓解症状。

7. 预防

可用0.2%甲醛或0.5%g/L洗必泰对污染的猫舍彻底消毒。消灭猫舍内的吸血昆虫及啮齿类动物有助于控制本病。随着FIPV致病机理的进一步阐明及该病毒分离技术的成熟，可望研制出有效的疫苗。

四、猫白血病

猫白血病病毒（FeLV）是一种外源性C型反转录病毒，感染猫产生两类疾病，一类是白血病，表现为淋巴瘤、成红细胞性或成髓细胞性白血病。另一类主要是免疫缺陷疾病，这类疾病与前一类的细胞异常增殖相反，主要是以细胞损害和细胞发育障碍为主，表现为胸腺萎缩，淋巴细胞减少，嗜中性白细胞减少，骨髓红细胞系发育障碍而引起的贫血。后一类疾病免疫反应低下，易继发感染，近年来已将其与猫免疫缺陷病毒（FIV）引起的疾病均称为猫获得性免疫缺陷综合征，即猫艾滋病（FAIDS）

1. 病原

FeLV在分类上属反录病毒科，肿瘤病毒亚科，C型肿瘤病毒属，哺乳动物C型肿瘤病毒亚属。核酸型为单股RNA。

与FeLV及所感染细胞有关的抗原有3类，即囊膜抗原、病毒粒子内部抗原和肿瘤病毒相关细胞膜抗原（FOCMA）。根据囊膜抗原的不同，FeLV分为A、B、C 3个亚群或血清型。FeLV－A和FeLV－B易从猫分离到，FeLV－C则不常见。FeLV－A致病作用很弱，但能建立持久的病毒血症；FeLV－B不易建立病毒血症，但致病作用最强，可能是诱导恶性病变和FAIDS的直接病原；FeLV－C主要引起骨髓红细胞系发育不全而导致贫血。

FeLV对乙醚和脱氧胆酸盐敏感，56℃ 30min可使之灭活。常用消毒剂及酸性环境（pH4.5以下）也能使之灭活。对紫外线有一定抵抗力。

2. 流行病学

FeLV主要引起猫的感染，不同性别和品种间无差异，幼猫较成年猫较为易感。据报道，约33%死于肿瘤的猫是由于FeLV所致。FeLV不传染给人，不会对人类健康构成威胁。

FeLV在猫群中以水平传播为主要方式，病毒通过呼吸道和消化道传播。处于潜伏期的猫可通过唾液排出高滴度的病毒（每ml唾液可含10^4～10^6个病毒粒子）。进入猫体内的病毒可在气管、鼻腔、口腔上皮细胞和唾液腺上皮细胞内复制。一般认为，在自然条件下，消化道传播比呼吸道传播更易进行。除水平传播外，也可垂直传播，妊娠母猫可经子宫感染胎儿。本病病程较短，致死率高，约有半数的病猫在发病28天内死亡。

3. 临床症状

本病潜伏期一般较长，症状多种多样。

（1）与 FeLV 相关的肿瘤性疾病 ①消化道淋巴瘤：主要以肠道淋巴组织或肠系膜淋巴结出现 B 细胞性淋巴瘤为特征，临床上表现食欲减退，体重减轻，黏膜苍白，贫血，有时呕吐或腹泻等症状。此型较多见，约占全部病例的 30%。

②多发性淋巴瘤：全身多处淋巴结肿大，身体浅表的病变淋巴结常可用手触摸到。瘤细胞常具有 T 细胞的特征。临床上表现消瘦、精神沉郁等一般症状。此型病例约占 20%。

③胸腺淋巴瘤：瘤细胞常具有 T 细胞特征，严重者整个胸腺组织被肿瘤组织代替。由于肿瘤形成和胸水增多，引起呼吸和吞咽困难常使病猫发生虚脱。该型常发生于青年猫。

④淋巴白血病：这种类型常具有典型症状表现为初期骨髓细胞的异常增生。由于白细胞引起脾脏红髓扩张会导致恶性变细胞的扩散及脾脏肿大，肝常肿大，淋巴结轻度至中度肿胀。

临床上出现间歇热，食欲下降，机体消瘦，黏膜苍白，黏膜和皮肤上出现出血点，血液学检查可见白细胞总数增多。

（2）免疫抑制 FeLV 阳性猫死亡的主要原因是贫血、感染和白细胞减少。这些猫容易感染主要是由于 FeLV 所致的免疫抑制。

4. 病理变化

由于本病症状多种多样，病理变化也较复杂。淋巴结发生肿瘤时，常可在病理切片中看到正常淋巴组织被大量含有核仁的淋巴细胞代替。病变波及骨髓、外周血液时，也可见到大量成淋巴细胞浸润。胸腺淋巴瘤时，剖检可见胸腔有大量积液，涂片检查，可见到大量未成熟淋巴细胞。

5. 诊断

根据临床症状和病理变化，结合实验室检查可以作出初步诊断。若病猫持续性腹泻，胸腺出现病理性萎缩，血液及淋巴组织中淋巴细胞减少，经淋巴细胞转化实验证明其细胞免疫功能降低即可怀疑本病。确诊需进行血清学和病毒学检查。

目前，采用酶联免疫吸附试验、免疫荧光技术、中和试验、放射免疫测定法等方法检测病猫组织中 FeLV 抗原及血清中的抗体水平而进行 FeLV 的诊断和分型。

6. 治疗

临床上可通过血清学疗法治疗猫白血病毒和猫肉瘤病毒引起的肿瘤。有的学者不赞成对病猫施以治疗措施，因治疗不易彻底，且患猫在治疗期及表面症状消失后具有散毒危险。据介绍，利用放射性疗法可抑制胸腺淋巴肉瘤的生长，对于全身性淋巴结肉瘤也具有一定疗效。

7. 预防

目前尚无有效疫苗可供使用。最有效的预防措施是建立无 FeLV 猫群。猫群中引进新成员时，必须进行 FeLV 检疫，确认无 FeLV 感染后方可混群饲养。

五、猫巴氏杆菌病

本病是由多种巴氏杆菌引起的一种哺乳动物和禽类的共患病的总称。世界各地都存在，在犬、猫也有发生。

1. 病原

巴氏杆菌属迄今已发现有 19 个种，其中多杀性巴氏杆菌有 3 个亚种，与兽医有关的种有：多杀性巴氏杆菌杀禽亚种、多杀性巴氏杆菌多杀亚种和多杀性巴氏杆菌败血亚种，溶血性巴氏杆菌，犬巴氏杆菌，鸡巴氏杆菌，淋巴管炎巴氏杆菌，梅尔巴氏杆菌和海藻糖巴氏杆菌。

犬、猫巴氏杆菌病的病原主要是犬巴氏杆菌和嗜肺性巴氏杆菌。犬巴氏杆菌即原多杀性巴氏杆菌第6生物型（犬型菌株），有两个生物型，其中1型菌株存在于犬口腔，能通过咬伤口传染人而致病；2型菌多存在于病牛肺炎病灶。本菌的形态、染色与培养特性和多杀性巴氏杆菌相同。在病变组织中呈球杆或短杆状，在保菌动物中为杆状，两端钝圆，用瑞氏或美蓝染色两极染，革兰氏染色阴性。在加有血液、血清或高铁血红素的培养基上生长良好，无溶血性。

新分离的强毒株有荚膜，并有较强的荧光。本菌有4种荚膜型抗原和16种菌体型抗原但与犬巴氏杆菌的生化特性也有差别。

嗜肺性巴氏杆菌是犬、猫和小型实验动物咽喉部常在菌，往往成为继发感染的病原菌。本菌无两极浓染特性，革兰氏染色阴性。在血液琼脂上长成光滑、灰白色、半透明奶油状菌落，不溶血，有特殊气味。

2. 流行病学

犬、猫常是病原菌的带菌者，小鼠、大鼠、地鼠、豚鼠也是嗜肺性巴氏杆菌的健康带菌者，一旦在各种应激因素的作用下，或者在感染其他病原时或抵抗力降低时，就会引发或混发或继发疾病，并在群体中成为致病菌，引起病的流行，由此而表现出在犬、猫场（群）易发生、在散养犬、猫中不多见的特点。幼龄犬、猫多发。

病犬带菌犬、猫从分泌物、排泄物排菌污染环境、饲料、饮水等。病菌可以通过呼吸道和消化道感染，也可由于争斗损伤、咬伤而由伤口传染。人感染往往是由犬、猫咬伤、抓伤经伤口发生的，也可通过亲嘴传染。

3. 临床症状

一般多与犬瘟热、猫泛白细胞减少症等疾病混合发生或继发，幼犬病例症状明显，成犬单独发病的不多。主要表现体温升高到40℃以上，精神沉郁，食欲减退或拒食，渴欲猛增，呼吸迫促乃至困难，流出红色鼻液，咳嗽，气喘或张口呼吸。眼结膜充血潮红，有大量分泌物。有的出现腹泻。有的病犬在后期出现似犬瘟热的神经病状，如痉挛、抽搐、后肢麻痹等。急性病例在3～5天后死亡。

4. 剖检变化

气管黏膜充血、出血。肺呈暗红色，有实变。胸膜、心内外膜上有出血点，胸腔液增量并有渗出物。肝脏肿大，有出血点。胃肠黏膜有卡他性炎症变化。淋巴结肿胀出血，呈棕红色。肾脏充血变软，呈土黄色，皮质有出血点和灰白色小坏死灶。

5. 诊断

根据临床症状、剖检变化不能作出诊断，必须进行实验室检查才可确诊。

（1）病料采取与实验室检查程序　生前采取发热期血液、鼻腔和咽喉分泌物，死后采取心血、胸腔渗出物和气管、肺、肝、脾、淋巴结等病料，以及血清。

（2）涂片镜检　取心血、分泌物、渗出物和肺、肝、脾、淋巴结等病料做涂（触）片，用瑞氏、美蓝染色液染色后镜检，可见两极浓染的菌；革兰氏染色呈阴性菌；墨汁染色，菌体为红色，荚膜呈在菌体周围的亮圈，背景为黑色特征。

(3) 分离培养　取病料接种血液琼脂，37℃培养，可根据菌落形态和在45°折光下观察到的荧光性等特征做出判定。必要时，也可对纯分离菌株进行生化特性检查。最后进行血清定型。

(4) 动物接种　取肺、肝、渗出物等病料制成匀浆悬液或分离培养物，皮下或腹腔接种小鼠、家兔，在72h内发病死亡。也可在剖检后取病料做涂片镜检，进一步鉴定。

(5) 血清学检查　常用的是平板凝集法，血清凝集价在1∶40以上判为阳性。琼脂扩散法可检出感染动物，一般在感染后10～17天即可检出抗体，血清抗体可持续数月以上。

6. 治疗

广谱抗生素和磺胺类药物都有一定的疗效。常用的药物有：四环素，每日每kg体重50～110mg，分2～3次口服，连服4～5天；阿米卡星，5～10mg/kg体重，2次/d，肌肉注射；磺胺二甲基嘧啶，每日150～300mg/kg体重，分3次口服，连服3～5天。

7. 预防措施

重点在于加强饲养管理，卫生防疫和减少应激因素、提高抗病力等综合性措施。目前，尚无有效的疫苗用于免疫预防。此外，在常发地区（场、群）可用土霉素等加入饲料内喂用1周，进行间断性地药物预防，如能与其他抗生素或磺胺类药物交替使用则更妥。

六、副伤寒

副伤寒又称沙门氏菌病，是由沙门氏菌引起的一种人兽共患性传染病，世界各地都存在。

犬、猫副伤寒的病原主要为鼠伤寒沙门氏菌，主要侵害幼龄犬、猫，病的特征为败血症与肠炎。

1. 病原

鼠伤寒沙门氏菌，具有沙门氏菌属的形态特征，如以周鞭毛运动、无芽孢、革兰氏染色阴性与呈两端钝圆杆状。本菌为兼性厌氧菌，在普通培养基上生长良好，在液体培养基生长呈均匀混浊；在固体培养基上培养24h后长成表面光滑、半透明、边缘整齐的小菌落。

鼠伤寒沙门氏菌的生化特征除具有硫化氢（三糖铁琼脂）阳性、靛基质阴性、赖氨酸脱羧酶阳性、发酵葡萄糖产酸和不发酵乳糖等沙门氏菌属的共性外，其主要特征为：阿拉伯糖、卫予醇、左旋酒石酸、黏液酸试验为阳性。

鼠伤寒沙门氏菌的菌体（O）抗原为1、4、5、12型，鞭毛（H）抗原为Ⅰ相1，Ⅱ相1、2。本菌具有毒力较强的内毒素，可引发机体发热，黏膜出血，中毒性休克以致死亡；以及具有广泛的寄主范围，对各种动物和人有致病性。

沙门氏菌能在环境中存活和增殖是本病传播的主要因素。本菌对热和大多消毒药很敏感，60℃5min可杀死肉类的细菌；酸、碱、甲醛和石炭酸复合物是常用的消毒药。本菌在饲料和尘埃中存活时间较长，在粪便中、皮毛中可长期存活，在土壤中可存活数月，在含有机物的土壤中存活更适应。

2. 流行病学

该病的感染动物十分广泛，病菌分布极广，患病的、带菌的和鼠类寄主都是本病发生流行的疫源，感染犬、猫长期或间歇性地随粪排菌，污染饲料、水、土壤、垫料、用具和环境，并通过直接或间接途径传播。本病主要通过消化道、呼吸道传染，而同窝新生仔犬、猫的感染源则多是带菌母犬、猫。

仔幼犬、猫易感性最高，多呈急性暴发；成犬、猫在应激因素作用下也感染，但多呈隐性带菌，少数也会发病。本病无明显的季节性，但与卫生条件低下、阴雨潮湿、环境污秽、饥饿和长途运输等因素密切相关。

3. 临床症状

本病基本上是仔幼犬、猫的一种急性败血性疾病。患病仔幼犬、猫多呈菌血症和毒血症（内毒素），出现精神极度沉郁，食欲减低乃至废绝，体温升高到40～41℃，虚弱，继而表现腹痛和剧烈腹泻，排出带有黏膜的血样稀粪，有恶臭味，严重脱水。有的甚至出现休克，或抽搐等神经症状。年龄稍大的幼龄病例，多表现胃肠炎病状，精神委顿，食欲下降，初期体温升高到40℃以上，随后出现腹泻，粪便初呈稀薄水样后转为黏液状，严重的粪内混有血迹，数天后严重脱水，可发生死亡。也有的出现呼吸困难等肺炎症状或抽搐等神经症状。成年病例呈慢性经过，表现顽固性腹泻，逐渐消瘦，或有间歇发热。

无论患病犬、猫，隐性感染犬、猫和康复犬、猫均带菌排菌，长的达数周甚至数月。

4. 剖检变化

最急性死亡的病例可能见不到病变。病程稍长的可见到尸体消瘦，脱水，黏膜苍白；肝、脾、肾等实质器官有出血点（斑），肝脏肿大、呈土黄色、有散在坏死灶，肺水肿有硬感；明显的黏液性、出血性肠炎变化主要在小肠后段、盲肠和结肠，肠内容物含有黏液、脱落的肠黏膜呈稀薄状，重的混有血液，肠黏膜出血、坏死，肠黏膜有大面积脱落；肠系膜及周围淋巴结肿胀出血，切面多汁。

5. 诊断

本病的临床症状易与犬细小病毒感染、冠状病毒感染、猫泛白细胞减少症和大肠杆菌病等混淆。根据流行特点，临床与剖检特征只能获得初步诊断，确诊必须进行实验室检查。

（1）病料采取与实验室检查程序　在无菌操作下采取血液（或心血）、粪便、肠内容物、肝、脾、肺、淋巴结等病料。通常要选择濒死或刚死不久的病例采取新鲜的病料，未经治疗的亚急性病例更理想。

（2）粪便细胞检查　取粪便样品做白细胞数检查，若见有白细胞或白细胞数增加，则表明为沙门氏菌性肠炎或其他细菌性肠炎，否则可能是病毒性肠炎。

（3）血液细胞　检查取血液样品做细胞数检查，若血液中性粒细胞、淋巴细胞、血小板减少，且可在白细胞内见到沙门氏菌则表明为副伤寒。

（4）涂片镜检　取发热期血液、肝、脾等病料或纯培养物做涂（抹）片染色镜检，可见到革兰氏染色阴性、无荚膜的直杆菌。

（5）增菌培养　取粪便、肠内容物或污染病料接种亮绿－胱氨酸－亚硒酸钠肉汤（或亮绿－胆盐－四磺酸钠肉汤）培养基中，37℃培养24h后，再接种在脱氧胆酸钠－枸橼酸琼脂等选择培养基上以获得纯培养。

（6）分离培养　取肝、脾、淋巴结、心血等病料或增菌培养物接种SS琼脂、亚硫酸钠琼脂（BSA37℃琼脂）和麦糠凯琼脂37℃培养24～48h，在SS琼脂上长成圆形、光滑、湿润、灰白色菌落，在麦糠凯琼脂上呈无色小菌落。

(7) 生化试验　副伤寒沙门氏菌的生化特性为：能发酵葡萄糖、甘露醇、麦芽糖、卫矛醇，不发酵乳糖、蔗糖，不利用尿素，不液化明胶，赖氨酸脱羧酶反应阳性，β－半乳糖苷酶反应阴性，酒石酸盐反应阳性。

(8) 血清型定型　取分离的纯菌液（抗体）与标准定型血清做凝集试验进行定型。常见的鼠伤寒沙门氏菌血清型为 O_1、O_4、O_5 和 O_{12}，其抗原性具有高度的稳定性和敏感性。

(9) 血清学检查　采取血液分离血清做凝集试验和间接血凝试验以诊断沙门氏菌感染，但本法对带菌动物的特异性低。

6. 治疗

(1) 发现病犬、猫立即隔离，给予精心护理和治疗。喂给易消化、富有营养的流食。

(2) 对脱水又无呕吐的病例可以经口服（灌）等渗盐水或口服补液盐，也可静脉补液以缓解失水。

(3) 对心功能衰弱者可肌肉注射 0.5% 强尔心，仔犬、幼猫 0.5～1.0ml，成犬、猫1～2ml。

(4) 出现便血的病例，可口服安络血 5～10mg，每日 2～4 次。以上均为对症治疗，可较好地缓解病情。

(5) 有效的治疗方法应是抗菌药物治疗，常用甲氧苄氨嘧啶，按 0.004～0.008g/kg 体重，或磺胺甲基异噁唑（或磺胺嘧啶）0.02～0.04g，分 2 次喂服，连用 5～7 天；也可口服新霉素（片）6～10mg/kg 体重，1 次/d，连服 5～7 天。

7. 预防措施

重点在于认真做好日常的防疫、卫生和消毒工作。采取综合性防治措施。

(1) 坚持每日的环境、圈舍、笼器具、食具等的清扫、清洗工作，在温暖季节要用水冲洗场地；并定期进行消毒、灭鼠、杀虫。

(2) 饲料或食物，特别是动物性饲料应煮熟后再喂。

(3) 对可疑病犬、猫和痊愈带菌犬、猫要坚持隔离饲养，不得混群散毒传播。

七、猫血巴尔通氏体病

猫血巴尔通氏体病又称猫传染性贫血，是由猫血巴尔通氏体引起的一种以贫血、脾肿大为特征的立克次氏体疾病。于 1953 年首次发现于美国猫群，目前本病在世界很多国家存在。

1. 病原

猫血巴尔通氏体，属立克次氏体目，无形体科，血巴尔通氏体属的成员。专性寄生于猫的红细胞内或紧贴于红细胞上或游离于血浆中，无固定形态。革兰氏染色阴性，姬姆萨染色呈紫色或蓝色，马基维罗氏染色呈红色，呈小杆状、球状或双球状等不定形态。不同的菌株在形态、大小和毒力上也有差异，小的直径 0.2～1.0μm，大的长度达 3.0μm，毒力强的菌株感染后发生重笃病症，有明显的症状，毒力弱的菌株感染后多为无明显的症状。

2. 流行病学

猫对不同的菌株感染性也有差别，1～3 岁猫的易感性和发病率均较高，尤以公猫更高，多数呈不显性感染，也是最危险的传染源，但在各种应激因素作用下可引起恶化乃至暴发流行。在自然条件下的有关发生、流行的情况尚不十分清楚。吸血的节肢动物（蚤、虱等）是重要的传播媒介，同时不仅是载体，而且能在其肠壁上皮细胞、唾液腺、生殖器等特定细胞内增殖而不引起死亡，成为自然宿主。同样，吸血节肢动物通过叮咬由病母猫传递给新生子代。另外，在兽医临床上，如输血、注射器械等污染传递也存在，这在我国目前不重视的状况下更加危险。试验证明，用小剂量的病猫血液经颇腔、静脉注射和口服等途径均能使健康猫感染发病。

本病具有地方流行性，污染地区猫群的发病率明显高于其他地区的猫群。

3. 临床症状

试验性诱发病例的潜伏期为1～5周。自然急性病例的临床表现为：精神沉郁，虚弱倦怠，食欲不振，间歇性发热，体温升高到39.5～40℃，贫血，有的出现可视黏膜黄染，体重减轻，腹部触诊可摸到脾显著肿大，急性病例较多见。慢性病猫体温正常或低于常温，体况瘦弱，软弱无力，不愿活动且失去对外界的敏感性，有的出现可视黏膜黄染、脾脏肿大。也有的病猫出现呼吸困难，且与贫血程度有关。

病猫血液白细胞总数及分类值均增高，多数病例单核细胞绝对数增高并发生变形，单核细胞和巨噬细胞有吞食红细胞现象。血细胞压积（PCV）通常在20%以下，出现病状前的病猫的血细胞压积在10%以下。典型的再生性贫血变化是本病血液学的特征之一。

4. 剖检变化

可视黏膜、浆膜黄染，血液稀薄，脾脏明显肿大，肠系膜淋巴结肿胀多汁，骨髓出现再生现象。

5. 诊断

根据临床症状和剖检特征可以做出初步诊断，确诊有赖于实验室检查。

（1）血液学检查按常规进行血液学检查，红细胞数可减少到100万/m^3以下，白细胞总数增加，多数病例单核细胞绝对数增加；血红蛋白值降为7g/ml以下；血细胞压积常在20%以下，严重的病猫在症状出现前降到10%以下。

（2）血片检查取血液涂片镜检，可见血细胞出现典型的再生性贫血，即呈现大量的弥散性嗜碱性粒细胞、有核红细胞、大小不一的红细胞，以及豪威尔周立氏小体和网状细胞数增多。

（3）病原体检查可连续数天采取血液做涂片染色镜检，可见到着色的猫血巴尔通氏体。取血液做涂片，用姬姆萨染色液染色，镜检可见寄生或附着于红细胞的紫蓝色菌体；如用吖啶橙染色，在紫外显微镜下可见到受害红细胞上的小体；用马基维罗氏染色液染色镜检，可见红色菌体。

6. 治疗

输血疗法最有效，对急性病猫更佳，但应选择在早期时机，即发现溶血现象或血细胞压积在15%以下时为妥，每隔2～3天输给30～80ml全血。口服足量的四环素，35～110mg/kg体重；或土霉素，35～44mg/kg体重；均有效果。此外，静脉注射硫乙胂胺钠也有效。

然而，在治疗中约有1/3急性病猫仍愈后不良，即使临床治愈猫也可成为带菌者，呈隐性感染，在应激因素作用下仍有可能复发。

7. 预防措施

尚无有效的预防方法。仍要采取综合性防治措施。重点是杀虫灭鼠，要坚持经常；其次是定期消毒，保持卫生环境；第三是清除患病的、隐性感染的猫，以消灭传染源；第四选择一次性医疗器械，特别是输血器械、注射器和供血猫的检疫要严加注意，消除人为的临床上的传播途径。

第三节 兔的传染病与防治

一、巴氏杆菌病

本病是由多杀性巴氏杆菌引起的各种病症的总称。包括败血型、肺炎型、传染性鼻炎、中耳炎、化脓性眼结膜炎、子宫蓄脓、睾丸脓肿和其他部位形成的脓肿等。病原为多杀性巴氏杆菌，为革兰氏阴性菌，两端钝圆、细小，呈卵圆形的短杆菌。巴氏杆菌有3种菌落形态：光滑型（S型）、黏液型（M型）、粗糙型（R型）。

（一）流行特点

多发生于春秋两季，常呈散发或地方性流行。多数家兔鼻腔黏膜带有巴氏杆菌，但不表现临床症状。当各种因素引起机体抵抗力下降时，存在于上呼吸道黏膜以及扁桃体内的巴氏杆菌则大量繁殖，侵入下部呼吸道，引起肺病变，或由于毒力增强而引起本病的发生。呼吸道、消化道或皮肤、黏膜伤口为主要传染途径。

（二）临床症状和病理变化

1. 败血型

急性型患兔精神萎靡，停食，呼吸急促，体温升高至41℃以上，鼻腔流出浆液—脓性分泌物，有时发生下痢。死前体温下降，四肢抽搐。病程短者24h内死亡，较长者1～3天内死亡。流行开始时，常有不显症状而突然死亡的病例。剖检可见鼻黏膜充血，鼻腔有许多黏液脓性分泌物，喉黏膜充血、出血。气管黏膜充血、出血，并有多量红色泡沫。肺严重充血、出血，常呈水肿。心内外膜有出血斑点。肝脏变性，并有许多坏死小点。脾、淋巴结肿大和出血。肠道黏膜充血、出血，胸腔和腹腔均有淡黄色积液。

亚急性型常由鼻炎型与肺炎型转化而来，呼吸道症状十分明显，呼吸急促、困难，鼻孔流出黏液或脓性分泌物，常打喷嚏，体温稍高，食欲减退，有时见腹泻，发生结膜炎，关节偶有肿大，病程可拖延1～2周甚至更长，终因衰竭而死亡。剖检主要表现为肺炎和胸膜炎，肺充血、出血或脓肿。胸腔积液，胸膜和肺常有乳白色纤维素性渗出物附着。鼻腔和气管充血、出血、有黏稠的分泌物。淋巴结色红、肿大。

2. 肺炎型

常呈急性经过。病变虽在肺部，由于活动较少，故难以发现呼吸困难症状，临床上只见患兔精神沉郁，食欲不振或废绝。病程长短不一，急性的可以未见任何症状而突然死亡。许多病例是在代谢增强（如怀孕后期、哺乳）时，出现呼吸困难，之后很快死亡。

剖检常见纤维素性肺炎和胸膜炎，病变部位多居前下部，包括实变、膨胀不全，脓肿和灰白色小病灶，肺膜和胸膜有纤维性沉淀附着。心包膜也常被纤维素包裹。

3. 斜颈型

严重病例头颈向一侧滚转。一直倾斜到抵住兔笼壁为止。病变主要是中耳炎，一侧或两侧鼓室内有渗出物。有时鼓膜破裂，脓性渗出物流出外耳道。

4. 其他病型

包括生殖器感染，全身各部位的脓肿。公兔睾丸炎、附睾炎，表现为阴囊肿胀，摸之内部有不平的硬块，有淋漓分泌物。母兔表现为子宫内膜炎，阴道分泌物多或积脓。其他组织器官主要是脓肿。

（三）预防

建立无多杀性巴氏杆菌病种兔群，是防治本病的最好方法。定期消毒兔舍、兔笼，降低饲养密度，加强通风，可大大减少本病的发生。对兔群必须经常进行临诊检查，将流鼻涕、鼻毛潮湿蓬乱、中耳炎、脓性结膜炎的兔子及时检出，隔离饲养和治疗。有本病的兔场可用兔巴氏杆菌病灭活疫苗作预防注射，免疫期为4个月。

（四）治疗

可用下列药物：①青霉素、链霉素联合注射。青霉素每兔2万～5万IU，链霉素1g，混合一次肌内注射，2次/d，连用3d。②磺胺二甲嘧啶。内服，首次量0.14g/kg体重，维持量为，2次/d。肌注，0.07g/kg体重，2次/d，连用4日。用药同时应注意配合等量的碳酸氢钠。③抗巴氏杆菌高免单价或多价血清，皮下注射，按6ml/kg体重，经8～10h再重复注射1次，疗效显著。

二、传染性鼻炎

本病是由若干种病原微生物单独或共同引起的一种慢性呼吸道传染病，是家兔经常发生的一种病。病原除多杀性巴氏杆菌和支气管败血波氏杆菌外，少数病例还可能由金黄色葡萄球菌和绿脓假单胞菌等引起。

（一）流行特点

本病一年四季均可发生，但多发生于冬春两季，呈地方性和散发性流行。各种年龄兔均易感染。不合理的兔舍、通风不良、密度大、长途运输以及其他疾病存在时，常能引发本病。病菌随着患兔的鼻涕、呼吸气体、喷嚏以及口水等排出，可进一步感染传播。本病在应激因素的诱发下，可导致肺炎和败血症而死亡。

（二）临床症状

鼻腔流出浆液性、黏液性或黏脓性分泌物，渗出物引起鼻腔周围被毛潮湿、缠结。鼻孔外面的被毛凌乱、脱落，皮肤红肿。还可诱发结膜炎、中耳炎和乳腺炎。

患兔呼吸困难，出现鼾声。本病病程长短不一，长的多时不见好转，或渐进性加重，或迅速恶化，瘦弱，衰竭而死。轻者虽采食正常，但成为带菌者。

（三）病理变化

病变仅限于鼻腔和鼻窦，常呈现鼻漏。鼻腔、鼻窦、副鼻窦内含有多量浆液、黏液或脓液，黏膜增厚、红肿或水肿，或有糜烂处。

（四）预防

做好兔舍和环境消毒，经常保持兔舍空气新鲜，防止有害气体（如氨气、硫化氢）对家兔呼吸道的侵袭。发现有鼻炎病患兔应迅速隔离治疗，以防将病菌传给其他兔。对兔群应用呼吸道二联苗（兔巴氏杆菌、波氏杆菌）进行预防注射，每只兔皮下注射1ml，免疫期4～6个月，每年注射2～3次，可有效控制本病。

（五）治疗

本病首选药物为氯霉素、青霉素、链霉素和卡那霉素。方法是：首先把鼻腔周围分泌物玷污的潮湿被毛剪掉，用酒精对局部消毒，用棉花拭子把鼻腔分泌物擦干净后。同时肌注青霉素、链霉素，每日上下午各1次。成年兔各20万IU，小兔减半，连续3天。第四日改用卡那霉素涂擦鼻腔，1次/d，连用3天，同时肌内注射卡那霉素，2次/d，1ml/次，连续3天，6天为一疗程。药物治疗与疫苗注射相结合，效果会更好。严重病例，治疗效果差，且愈后易复发，应予淘汰。

三、兔肺炎球菌病

兔肺炎球菌病是由肺炎链球菌所引起兔的一种呼吸道病。本病的特征为，体温升高，咳嗽，流鼻涕及突然死亡。

（一）流行特点

本病发生有明显的季节性，以春末夏初、秋末冬初季节多发。不同品种、年龄、性别的兔对本病均有易感性，但仔兔和妊娠兔发病严重。幼兔为地方性流行，成兔为散发本菌为呼吸道的常在菌，一旦兔的抵抗力下降，气候突变，长途运输，兔舍卫生条件恶劣，密度过大，拥挤等均可诱发此病。

（二）症状

病兔精神不振，食欲减退，体温升高、咳嗽、流鼻涕。孕兔流产，或产出弱仔，成活率低。母兔产仔率和受孕率下降。有的病兔发生中耳炎，出现恶心、滚转等神经症状。

（三）剖检

本病的病变主要在呼吸道。气管黏膜充血，出血，气管内有粉红色黏液和纤维素性渗出物。肺部可见大片出血斑或水肿，严重的病例出现脓肿，整个肺化脓坏死，肝脏肿大，脂肪变性，脾肿大，子宫和阴道出血，间有纤维素性胸膜炎、心包炎、心包与胸膜粘连，两耳发生化脓性炎症。新生仔兔为败血症变化。

（四）诊断

（1）根据发病情况，临床症状，剖检变化，可初步确诊。（2）采取脓性分泌物涂片，革兰氏染色，镜检，如见有革兰氏染色阳性的矛状双球菌和短链状球菌即可确诊。（3）本病应与支气管败血波氏杆菌病，多杀性巴氏杆菌病，溶血性链球菌病，肺炎克雷伯氏杆菌病进行区别诊断。

（五）防治

（1）用新霉素或青霉素4万～8万IU肌肉注射，2次/d，连用3天。（2）磺胺二甲基嘧啶，0.03～0.1g，2次/d，连用3天。（3）用高免血清治疗效果也很好。每次10～15ml，连用2～3天。（4）加强饲养管理，搞好环境卫生和消毒工作，以控制本病发生。（5）冬季做好兔舍的防护工作，减少应激刺激。（6）经常观察兔群，发现病兔马上隔离和治疗。对未发病的兔可用氟哌酸类药物进行预防。

四、结核病

本病是由结核分枝杆菌引起的一种慢性传染病，以肺、消化道、肾、肝、脾与淋巴结形成结核结节及渐进性消瘦为特征。结核分枝杆菌，分为 3 个主型，即牛型、人型和禽型。常使兔患病的是牛型结核杆菌。

（一）流行特点

各种畜禽、野生动物和人都能感染发病。病兔和患结核病的其他动物的分泌物、排泄物污染了饲料、饮水和用具，将结核病菌传给健康家兔而引起发病。也可通过飞沫传染。此外，还可通过交配、皮肤创伤、脐带或胎盘等途径传染。

（二）临床症状

患兔日渐消瘦，咳嗽，气喘，呼吸困难，结膜苍白，眼睛受损（虹膜变色，晶状体不透明），减食或停食，体温稍高，最后因消瘦而死。患肠结核的病兔，常表现腹泻，有的病例四肢关节肿大或骨骼变形，脊椎炎和后躯麻痹。

（三）病理变化

病体消瘦、贫血。患病器官中有坚实的结节，大小 1mm 至 1cm，有的呈串珠状。结节中心有干酪样坏死物，外面包裹一层纤维组织包膜。结节多见于病兔的肝、肺、肾、胸膜、心包、支气管、淋巴结中。肺中的结核灶可融合成空洞。消化道受侵害时，在小肠、盲肠、盲肠蚓突和大肠浆膜上有稍突出的大小不一的干酪样坏死小结节。

（四）预防

兔场、兔舍要远离牛舍、鸡舍和猪圈，以减少病原传播的机会。禁用患结核病病牛、病羊的乳汁喂兔。患结核病的人，不能当饲养员。

（五）治疗

对种用价值高的病兔，用异烟肼和链霉素联合治疗。每只兔每日口服异烟肼 1～2g，肌内注射链霉素 3～5g 或对氨基水杨酸 4～6g，间隔 1～2 d 用药 1 次。同时给以营养丰富的饲料，增加青料，补充矿物质、维生素 A 和维生素 D 等。

五、兔化脓性角皮炎

本病是指家兔的跖骨部的底面，以及掌骨指骨部的侧面所发生的损伤性溃疡性皮炎。

（一）病因

①兔笼地板粗糙不平，兔笼铁丝太细、网眼太大或地面凹凸不平等，是引起本病的主要原因。②兔舍过度潮湿，兔脚受尿液或污物的浸渍。③成年兔、大型品系神经过敏兔，易兴奋并习惯于频繁跺脚活动的家兔，易患此病。

（二）临床症状

跖骨部底面或掌骨部侧面皮肤上，覆盖干燥硬痂或大小不等的局限性溃疡。溃疡上皮的真皮可发生继发性细菌感染，有时在痂皮下发生脓肿（金黄色葡萄球菌感染是脓肿的常见原因）。

患兔食欲下降，体重减轻，驼背，呈踩高跷的步样，四肢频频交换支持负重。

（三）预防

①兔笼地板以竹板为好，笼底要平整，竹板上无钉子头外露，笼内无锐利物等。②保持兔笼、产箱内清洁、卫生、干燥，减少细菌感染机会。③对具有脚皮炎习惯性倾向的家兔，不应选作种用。④可用葡萄球菌病灭活菌苗进行预防注射，每年2次。

（四）治疗

先将患兔放在铺有干燥、柔软垫草（或其他铺垫材料）的笼内。

治疗方法有：①用橡皮膏围绕病灶做重复缠绕（尽量放松缠绕），然后用手轻轻握压，压实重叠橡皮膏，不做任何处理，20～30天可自愈。②先用0.2%醋酸铅溶液冲洗患部，清除坏死组织，并涂擦15%氧化锌软膏或土霉素软膏。当溃疡开始愈合时，可涂擦5%龙胆紫溶液。③如病变部形成脓肿，应按外科常规排脓后，用抗菌素药物进行治疗。

六、斜颈病（中耳炎）

（一）病因

鼓室及耳管的炎症称为中耳炎。鼓膜穿孔，外耳道炎症，感冒、流感、传染性鼻炎或化脓性结膜炎等继发感染，均可引起中耳炎。感染的细菌一般为多杀性巴氏杆菌。可成为兔群巴氏杆菌病的传染来源。多发生于青年兔及成年兔，仔兔少见。

（二）诊断要点

单侧性中耳炎时，病兔将头颈倾向患侧，使患耳朝下，有时出现回转、滚转运动，故又称“斜颈病”。两侧性中耳炎时，病兔低头伸颈。化脓时，体温升高，精神不振，食欲减少。脓汁潴留时，听觉迟钝。鼓室内壁充血变红，积有奶油状的白色脓性渗出物，若鼓膜破裂，脓性渗出物可流出外耳道。感染可扩散到脑，引起化脓性脑膜脑炎。本病病程多取慢性经过，可长达1年以上。

（三）防治

局部可用消毒剂洗涤，排液；用棉球吸干，滴入抗生素，全身应用抗生素。对重症顽固难治的病兔应淘汰，以减少巴氏杆菌的传播机会。预防措施主要是及时治疗兔的外耳道炎症、流感、鼻炎；结膜炎等疾病，建立无多杀性巴氏杆菌病的兔群。

七、兔副伤寒

兔副伤寒是一种消化道传染病，以败血症、急性死亡、腹泻与流产为特征。

（一）病的发生和传播

病原为鼠伤寒沙门氏杆菌和肠炎沙门氏杆菌。沙门氏菌广泛分布于自然界，也是兔肠道内的常在菌，因此本病主要通过内源性传染或消化道感染而传播。

（二）诊断要点

1. 流行特点

本病主要发生于怀孕25天以上的母兔，其发病率高达57%，流产率70%，致死率44%。其他兔很少发病死亡。

2. 临床特征

潜伏期3～5天。少数病兔不呈现症状而突然死亡。多数病兔表现腹泻，排出有泡沫的黏液性粪便，体温升高，精神沉郁，废食，渴欲增加，消瘦。母兔从阴道排出黏液或脓性分泌物，阴道黏膜潮红、水肿，流产胎儿体弱，皮下水肿，很快死亡。孕兔常于流产后死亡，康复兔不能再发情怀孕。

3. 病理剖检特点

死亡兔胸、腹腔脏器有出血点，并有多量浆液或纤维素性渗出物。流产兔子宫肿大，浆膜和黏膜充血，并有化脓性子宫炎，局部黏膜覆盖一层淡黄色纤维素性污秽物。有的子宫黏膜出血或溃疡。未流产的病兔子宫内有木乃伊化或液化的胎儿。阴道黏膜充血，内有脓性分泌物。肝脏有弥漫性或散在性淡黄色针头至芝麻粒大的坏死灶。胆囊肿大，充满胆汁。脾脏肿大1～3倍，呈暗红色。肾脏有散在性针头大的出血点。消化道黏膜水肿，集合淋巴滤泡有灰白色坏死灶。

根据上述检查，可做出初步诊断。最后确诊需作病原分离鉴定，为此，应将病死兔送往兽医检验部门检验。

4. 鉴别诊断

与兔李氏杆菌病鉴别。兔李氏杆菌病除能引起怀孕母兔流产外，还有神经症状，尤其是慢性病例呈头、颈歪斜，运动失调。

（三）防治

对兔群加强饲养管理，搞好环境卫生，兔舍、兔笼和用具等彻底定期消毒。兔群发生本病时，要尽快确诊，隔离治疗，无治愈希望的病兔要坚决淘汰，兔场全面消毒。孕前和孕初母兔可接种鼠伤寒沙门氏杆菌灭活菌苗，每只颈部皮下或肌内注射1ml，可有效地控制本病的发生。疫区养兔场兔群可全部接种灭活菌苗。

治疗病兔时用土霉素，10～20mg/kg 体重，肌内注射，2 次/d；口服，每只兔 30～50mg，分 2～3 次内服。链霉素，每只兔 0.1～0.2g，肌内注射，2 次/d，也有很好的疗效。琥珀酰磺胺噻唑（SST），0.1～0.3g/kg 体重，分 2 次内服。磺胺脒（SG），0.1～0.2g/kg 体重，2 次/d 内服。大蒜酊，每只兔每次内服 5ml，3 次/d，疗效尚可。

八、沙门氏杆菌病

本病是由鼠伤寒沙门氏杆菌和肠炎沙门氏杆菌引起的一种消化道传染病，幼兔多表现为腹泻和败血症死亡，怀孕母兔主要表现为流产。

（一）流行特点

断奶幼兔和怀孕 25d 后的母兔易发病。传播方式一种是健康兔食入了被病兔或鼠类污染的饲料和饮水，另一种是健康兔肠内寄生的本菌，在各种应激因素作用下，兔体抵抗力下降，本菌趁机繁殖和毒力增强而发病。幼兔还可在子宫内或经脐带感染。

（二）临床症状

除少数兔无明显症状而突然死亡外，多数病例表现腹泻。粪便稀烂而带有黏液，内含泡沫，肛门周围沾有粪便。体温升高，精神不振，废食，渴欲增强，消瘦。母兔从阴道排出黏液或脓性分泌物，阴道黏膜潮红、水肿。孕兔常于流产后死亡。未死而康复兔不易再受胎。流产的胎儿多数发育完全，未流产的胎儿常发育不全或木乃伊化，也有的胎儿液化。

（三）病理变化

急性病例多数内脏器官充血或出血，胸腔和腹腔有多量浆液性或纤维素渗出物。急性下痢的，肠黏膜充血、出血，肠道充满黏液或黏膜上有灰白色粟粒大的坏死灶，肝脏有弥漫性或散在的淡黄色、针尖至芝麻大的坏死灶。慢性下痢的，小肠亦有灰白色坏死灶，肠系膜淋巴结也有充血和水肿病变。怀孕或已流产的母兔出现脓性子宫炎，子宫黏膜表面溃疡。

（四）预防

①兔场彻底消灭老鼠和苍蝇，以免污染饲料及用具。②怀孕前和怀孕初期的母兔注射鼠伤寒沙门氏杆菌灭活菌苗，每兔皮下注射1ml。疫区兔可全部注射灭活菌苗，每年2次。③定期应用鼠伤寒沙门氏杆菌诊断抗原普查带菌兔，对阳性者要隔离治疗，无治疗效果者严格淘汰。

（五）治疗

①链霉素，每只0.1～0.2g肌注，2次/d，连用3～4天。②土霉素粉，按20～50mg/kg体重，口服，1次/d，连用3日。③琥磺噻唑，每日按0.1～0.3g/kg体重，分2～3次内服，连用3天。④大蒜汁（将洗净的大蒜捣烂，1份大蒜加5份水），每只每次内服5ml，每日3次，连用5天。⑤车前草、鲜竹叶、马齿苋、鱼腥草各15g，煎水拌料喂服，或以鲜草喂给。

九、兔病毒性出血症（兔瘟）

本病是家兔一种急性、烈性病毒性传染病。主要危害青、成年兔，死亡率可达95%以上。但近年发病呈低龄化趋势。本病已成为全世界养兔业的大敌。病原为兔瘟病毒。

（一）流行特点

本病自然感染只发生于兔，其他畜禽不会染病。各类型兔中以毛用兔最为敏感，獭兔、肉兔次之。同龄公母兔的易感性无明显差异。但不同年龄家兔的易感性差异很大。本病主要侵害3月龄以上的青年兔和成年兔。一年四季均可发生，但春、秋两季更易流行。病兔、死兔和隐性感染兔为主要传染源，呼吸道、消化道、伤口和黏膜为主要传染途径。病兔死亡率高，新疫区达95%以上，老疫区一般为70%～85%。

（二）临床症状

1. 最急性型

多见于流行初期或非疫区的青年兔和成年兔，健康兔感染后10～20h突然死亡，死前无明显临床表现或仅表现为短暂的兴奋。死后四肢僵直，头颈后仰，少数鼻孔流血，肛门松弛，周围被毛有少量淡黄色胶样物玷污，粪球外附有淡黄色胶样物。

2. 急性型

多发于青年、成年兔。患兔食欲减退，饮水增多，精神萎靡，不喜动，皮毛无光泽，结膜潮红，体温升高到41℃以上，迅速消瘦。病程一般为12～48h。临死前表现短时间的兴奋、挣扎冲撞、啃咬笼架，然后两前肢伏地，两后肢支起，全身颤抖，四肢不断作划船状，最后抽搐或发出尖叫而死。死后大部分头颈后仰，四肢僵直。多数病例鼻部和嘴部皮肤碰伤。有5%～10%的患兔鼻孔流出泡沫状血液，有的耳内流出鲜血，肛门和粪球有淡黄色胶样物附着。孕兔发生流产和死胎。

3. 慢性型

多发生于流行后期的老疫区和3月龄以内的幼兔。患兔体温升高到41℃左右，精神委顿，食欲减退甚至废绝1～2天，渴感增加，被毛粗乱无光泽，短时间内严重消瘦。多数病例可耐过。

（三）病理变化

1. 最急性型和急性型

患兔以全身器官淤血、出血、水肿为特征。胸腺胶样水肿，并有针头大至粟粒大的出血点。气管黏膜呈弥散性鲜红或暗红色，出现金红色指环外观，气管腔内含有白色或淡红色带血的泡沫。肺淤血、水肿、色红，有出血点，从针帽大至绿豆大以至弥漫性出血不等。胃肠浆膜下血管扩张充血，胃内常积留多量食物。有些病例胃肠黏膜和浆膜上有出血点。肝淤血、肿大、质脆，色暗红或红黄，也可见出血和灰白色病灶。胆囊肿大，有的充满暗绿色浓稠胆汁，胆囊黏膜脱落。肾肿大，色暗红、紫红或紫黑，有的肾表面行针帽大小凹陷，被膜下可见出血点，灰白色斑点，质脆，切口外翻，切面多汁。脾肿大，边缘钝圆，颜色呈紫色，高度充血、出血，质地脆弱，切口外翻，胶样水肿。肠系膜淋巴结胶样水肿，切面有出血点。膀胱积尿，内充满黄褐色尿液。有些病例尿中混有絮状蛋白质凝块，黏膜增厚，有皱褶。

2. 慢性型

患兔严重消瘦。肺部有数量不等的出血斑点。肝脏有不同程度的肿胀，肝细胞索较明显，尤其在尾状叶或乳头突起和胆囊部周围的肝组织，有针头到粟粒大的黄白色坏死病灶区。肠系膜淋巴结水样肿大。其他器官无显著眼观病变。

（四）预防

①定期注射兔瘟疫苗是预防本病发生最有效的措施。断奶幼兔30～40日龄作初次免疫，每兔皮下注射1ml；60～65日龄时再次皮下注射1ml，以加强免疫，以后每隔5.5～6个月注射防疫1次。②严禁购入带病兔，禁止从疫区购兔。③严禁收购肉兔、兔毛、兔皮等商贩进入生产区。本病流行期间，严禁人员往来。④为防止本病扩散，应特别注意对死兔的处理，病死兔要深埋或焚烧，不得食用或乱扔，以免散毒。带毒的病兔应绝对与健康兔隔离，一切饲养用具、排泄物均需彻底消毒，消毒用1%氢氧化钠为宜。⑤搞好环境卫生是控制疫病发生的有效措施。

（五）治疗

①药物治疗。由于本病是一种病毒病，发病迅速，死亡率高，使用药物效果不佳。②高免血清治疗。本病发生时，可用抗兔瘟高免血清进行治疗，效果较好。一般在发病后尚未出现高热等临床症状时均可治疗。用4ml血清，1次皮下注射即可。也可用少量血清先行皮下注射，相隔5～10min后取4ml血清加5%葡萄糖生理盐水10～20ml一次静脉注射，效果更佳。但当病兔发病已达十几个小时，体温升高，临床症状明显时，即使使用高免血清治疗，效果也不佳。在注射血清后7～10天，仍需再注射兔瘟疫苗。

兔群若发生兔瘟，又无兔高免血清治疗，这时应对未表现临床症状兔进行兔瘟疫苗紧急接种，剂量适当加大。注射时需1兔一个针头，以防接种传染，这样可在5～7天后控制本病流行。

十、仔兔轮状病毒病

本病以仔兔腹泻为特征，由轮状病毒引起的仔兔的一种肠道传染病。轮状病毒属于呼肠弧病毒科，轮状病毒属成负。病毒主要存在于病兔的肠内容物及粪便中。病兔及带毒兔是传染源。主要经消化道感染，发生于2～6周龄仔兔，发病率和死亡率均高，成年兔隐性感染而带毒，不表现临床症状。本病常呈突然暴发，迅速传播。一旦发生本病，不易根除而每年连续发生。

（一）临床症状

本病潜伏期为18～96h。突然爆发，病兔昏睡，减食或绝食，排出稀薄或水样粪便。病兔的会阴部或后肢的被毛都粘有粪便，体温不高，多数于下痢后3天左右，因脱水衰竭而死亡，死亡率可达40%。青年兔、成年兔大多不表现症状，仅有少数表现短暂的食欲不振和排软便。

（二）病理变化

剖检可见空肠和回肠部的绒毛呈多灶性融合和中度缩短或变钝，肠细胞中度变扁平。肠腺轻度到中度变深。某些肠段的黏膜固有层和下层轻度水肿。

（三）防治措施

坚持严格的卫生防疫制度和消毒制度，不从本病流行的兔场引进种兔。发生本病时，及早发现立即隔离，全面消毒，死兔及排泄物、污染物一律深埋或烧毁。有条件时，可自制灭活疫苗，给母兔免疫保护仔兔。

十一、密螺旋体病（兔梅毒病）

本病是由兔密螺旋体引起的成年兔的一种慢性传染病。密螺旋体是一种细长的螺旋形微生物，革兰氏阴性，但着色差。

（一）流行特点

本病只发生于家兔和野兔，病原体主要存在于病变部组织，主要通过配种经生殖器传播，故多见于成年兔，青年兔、幼兔很少发生。育龄母兔发病率比公兔高，放养兔比笼养兔发病率高，发病兔几乎无一死亡。

（二）临床症状与病理变化

潜伏期较长，为2～10周。病兔精神、食欲、体温均正常，主要是公兔的龟头、包皮、阴囊的皮肤或母兔的阴户外黏膜及肛门周围的皮肤、黏膜等处发生炎症、结节和溃疡。病初发红，水肿，形成粟粒大的小结节，以后肿部和结节的表面渐渐有渗出物而变得湿润，结成红紫色、棕色瘤状痂皮。剥离痂皮时，溃疡面湿润，稍凹下，边缘不整齐，易出血。公兔阴囊水肿，皮肤呈糠麸样。阴茎水肿，龟头肿大。患兔通过自身接触向鼻、唇、眼睑、面部、耳等处蔓延，导致患部呈干燥鳞片状病变，被毛脱落。母兔失去配种能力，受胎率下降。

（三）预防

定期检查公母兔外生殖器，对患病兔或可疑兔停止配种，隔离治疗。重病者淘汰，并用1%～2%烧碱或2%～3%来苏儿液对笼具进行消毒。

（四）治疗

①新砷凡纳明（914），40～60mg/kg 体重，以灭菌蒸馏水或生理盐水配成 5% 溶液，耳静脉注射（注意防止漏出血管外，以防引起坏死）。1 次不能治愈者，间隔 1～2 周重复 1 次。②青霉素，每只 2 万～3 万 IU 肌注，每日 2～3 次，连续 5 天。③局部可用 2% 硼酸溶液或 0.1% 高锰酸钾溶液冲洗后，涂擦碘甘油或青霉素软膏。治疗期间停止配种。

第四节　观赏鱼类病的防治

一、病毒性疾病的防治与护理

病毒属于最小的生命形态，它是只有依赖宿主细胞或组织才能生存繁殖的微生物。一般只有几十纳米，结构最简单，含一种核酸，即核糖核酸（RNA）或脱氧核糖核酸（DNA）。

由病毒引起的鱼病称为病毒性鱼病。由于病毒寄生在宿主的细胞内，因此至今没有理想的治疗方法。在观赏鱼类的养殖中，更多的防治方法是改善养殖环境条件，采取生态、免疫和药物等有效的预防方法，增强鱼体的自身免疫力和切断传染源。从治疗的角度看，主要是在掌握病原体生活中某个薄弱环节，使用有效药物抑制病毒生长乃至将其杀死，使病原体的生活无法延续下去，鱼病则不能发生，从而达到治疗目的。

（一）鲤春病毒病

鲤春病毒病（SVC）又名鲤春鳔炎症（SBI），出血性败血症等。

1. 病原体

为鲤弹状病毒，病毒粒子大小为（90～180）nm×（60～90）nm。

2. 流行情况

此病为全球性疾病，是一种急性出血的传染性病毒病，以欧洲流行为甚，我国也有流行，鲤鱼是最敏感的宿主，任何年龄段、任何品种的鲤鱼均可患病，常流行于春季，发病后 2～14 天可造成大量死亡。流行水温为 13～20℃。病鱼和死鱼是主要传染源，可通过水传播，病毒可经鳃和肠道入侵，也可由寄生虫鱼鲺吸食鲤鱼血液时传播。

3. 症状

此病的潜伏期为 6～11 天，发病后体色变黑，腹部肿大、腹水、肛门发红、肿胀，无食欲，游动迟缓，侧游，最后失去游泳能力而死亡。目检可见病鱼两侧有浮肿的红斑，体表轻度或重度充血，鳍基部发炎，鳃褪色，苍白，眼球突出，有时可见竖鳞。剖检可见到腹水严重带血；肠道、心脏、肾、鳔有时连同肌肉有出血，内脏水肿。

4. 防治方法

（1）严格检疫。

（2）发现 SVC 应全池扑杀，并对染疫池塘进行彻底消毒，该池塘两年内不得养殖鲤科鱼类。

预防：①要为越冬锦鲤清除吸血的鱼鲺和水蛭，并用消毒剂处理养殖场所。

②可用含碘量 100mg/L 的碘仿预防鲤春病毒病。

③根据锦鲤在水温高于15℃时不发病这一点，可以考虑用高水温防病。

（二）出血病

1. 病原体

水生呼肠弧病毒，直径70nm，球形颗粒，含有11个片段的双链RNA。

2. 流行情况

（1）流行地区　1970年首次发现，此后相继在湖北、湖南、广东、广西、江苏、浙江、江西、安徽、福建、上海、四川等地流行。

（2）危害品种　金鱼，常引起金鱼大量死亡。除金鱼外，青鱼及草鱼等鱼类也可感染。

（3）发病水温　水温在20～33℃时发生流行，最适流行水温是25～28℃。在湖北一带每年6月下旬至8月下旬最为流行。当水质恶化，水中溶氧偏低，水温变化较大，鱼体抵抗力低下，病毒量多时易发生流行。

3. 发病过程

（1）潜伏期　3～10天。

（2）前殖期　时间短，仅1～2天，鱼体色发暗、发黑，离群独游，停止摄食。

（3）发展期　1～2天，病鱼表现充血、出血症状。

4. 症状

病鱼的眼眶四周、鳃盖、口腔和各鳍条的基部充血。鱼体暗黑。皮肤剥开，肌肉呈点状充血，严重时全部肌肉呈血红色，有些部位有紫红色斑块。解剖病鱼。肠道、肾脏、肝脏、脾脏均有不同程度的充血现象。有腹水。鳃部呈淡红色或苍白色。病鱼游动缓慢，食欲很差。

5. 防治方法

（1）清塘消毒　清除池底过多淤泥，改善池塘环境，并用浓度200mg/L生石灰或者20mg/L漂白粉泼洒消毒。

（2）下塘前药浴　鱼种下塘前，用碘仿（PVP+1）60mg/L药浴25min左右。

（3）人工免疫预防　发病季节到来之前，人工注射出血病防治灭活疫苗或免疫组织浆疫苗，可产生特异性免疫力。

（4）药物防治　①每100kg鱼每日用大黄、黄芩、黄柏、板蓝根各125g，再加0.5kg食盐拌饲料投服，连喂7天。

②发病季节每半月用二氧化氯消毒1次，用量0.5g/m^3。

③红霉素10mg/L浓度浸洗50～60min，再遍洒呋喃西林使水体成0.5～1.0mg/L的浓度，70d后再用同样的浓度遍洒有一定的效果。

二、观赏鱼类细菌性疾病的防治

（一）黏细菌性烂鳃病

1. 病原体

嗜纤维黏细菌，菌体细长，大小为0.5μm×（4～4.8）μm。

2. 流行情况

金鱼和锦鲤黏细菌性烂鳃病常在水温20℃以上时开始流行。在长江流域一带，春末至秋季为流行盛期。水温在15℃以下时该病逐渐减少。是金鱼的常见病，多发病，锦鲤得病较少。

3. 症状

病鱼体色发黑，尤以头部为甚，江浙渔民称其为“乌头瘟”，病鱼游动缓慢，对外界刺激反应迟钝，呼吸困难，食欲减退，病情严重时，离群独游水面，不吃食，对外界刺激失去反应。将病鱼捞起，揭开鳃盖检查，可见鳃盖内表面的皮肤充血发炎，鳃盖中间部分常糜烂成一圆形或不规则的透明小窗，俗称“开天窗”；病鱼鳃上黏液增多，鳃丝肿胀，鳃的某些部位因局部缺血而呈淡红色或灰白色；有的因局部淤血而呈现紫红色，甚至有小出血点；病情进一步发展，鳃小片坏死脱落，鳃丝末端缺损，鳃丝软骨外露；病变鳃丝周围常有淡黄色黏液。

4. 防治方法

（1）预防措施　鱼池用生石灰或漂白粉彻底清塘消毒；发病季节定期用漂白粉或优氯净挂篓，或用辣蓼粉、乌桕叶等制成药饵投喂。

（2）治疗方法　①红霉素2.0～2.5mg/L浓度浸洗鱼体，水温34℃以下浸洗30～50min，1次/d，持续3～5天，直到病情好转。

②注射链霉素或卡那霉素。按10万～15万IU/kg体重行腹腔注射，仅注射一次。

③氟哌酸鱼每日用药0.8～1g/10kg体重，拌入饲料投喂，1次/d，连续6天，用红霉素浸洗配合氟哌酸投服效果更好。

（二）白头白嘴病

1. 病原体

是一种黏细菌，菌体细长，大小（5～9）μm×0.8μm。

2. 流行情况

小金鱼菌和锦鲤鱼苗对白头白嘴病很敏感，大鱼通常不发病，疾病具有发病快，来势猛，死亡率高的特点，每年5月上旬至7月上旬是流行季节，6月为流行高峰期。长江流域此病发病率较高。

3. 症状

病鱼的头部和嘴圈为乳白色，唇似肿胀，以致嘴部不能张闭，有些病鱼颅顶和瞳孔周围充血，呈“白头白嘴”症状。病鱼通常不合群，游近水面呈浮头状。病鱼反应迟钝，头部露出水面，停留不动，不久即死去。

4. 防治方法

（1）预防措施　鱼苗的放养密度要适中，平时要加强饲养管理，保证鱼苗有充足的饲料和良好的环境。鱼池用生石灰或漂白粉彻底清塘消毒；发病季节定期用漂白粉或优氯净挂篓。

（2）治疗方法　①发病初期可用1g/m^{3}漂白粉全池泼洒，连用2天，亦可用优氯净0.3g/m^3，全池泼洒。②二溪海因全池泼洒，用量为0.2～0.3g/m^3。③五倍子2～4g/m^{3}或大黄2.5～3.7g/m^3，全池泼洒。1次/d，连用3天。④遍洒漂白粉，方法同黏细菌性烂鳃病。

（三）出血性腐败病（赤皮病、赤皮瘟、擦皮瘟）

1. 病原体

为荧光假单胞菌，菌体短杆状，大小为（0.7～0.75）μm×（0.4～0.45）μm。

2. 流行情况

本病当年金鱼患病较多，其次1龄以上的大金鱼，锦鲤患病比金鱼多。荧光假单胞菌是条件致病菌，鱼的体表整无损时，病原体无法侵入鱼的皮肤；只有鱼体受机械损伤或冻伤后，病菌才能乘虚而入，引起发病。春秋两季是疾病流行季节。除观赏鱼外其他水草鱼、青鱼、鲤鱼、鲫鱼等多种淡水鱼均可患此病。

3. 症状

病鱼体表出血发炎，鳞片松动脱落，尤其是鱼体两侧及腹部最明显。背鳍、尾鳍等鳍条基部充血，鳍条末端腐烂，使鳍条呈扫帚状，称为“蛀鳍”，在体表病灶处继发水霉感染；有的出现烂鳃症状，病鱼行动迟缓，反应迟钝，离群独游，不久即死亡。

4. 防治措施

（1）预防措施　鱼种放养前，尽量避免鱼体受伤，其他预防措施与细菌性烂鳃病相同。

（2）治疗方法

①用呋喃唑酮浸洗。与防治烂鳃病相同。

②土霉素　用药35g/100kg体重制成药饵或拌入饲料中，分6天投喂，其中第一天用药量应加强。

③漂白粉1g/m^{3}全池泼洒，连用2天，或优氯净0.3～0.5g/m^{3}全池泼洒，或五倍子2～4g/m^{3}全池泼洒。

（四）疖疮病（打印病）

1. 病原体

疖疮病是由点状气单胞菌斑点亚种引起的观赏鱼类及其他淡水鱼的一种接触性传染病。菌体大小为（0.6～0.771）μm×（0.7～1.7）μm。

2. 流行情况

点状气单胞菌点状亚种是一种水生细菌，为条件性致病菌，只有鱼体受伤后才能通过接触而感染发病。主要危害个体较大的金鱼和锦鲤，鲢鱼、鲫鱼也易感染。1龄及1龄以上金鱼多患此病，当年金鱼患病则少见。春末至秋季是流行季节。金鱼各地均有流行。

3. 症状

此病的主要病变发生在背鳍和腹鳍以后的躯干部分，患病部位先是出现圆形、椭圆形的红斑，肌肉发炎，接着逐渐开始腐烂，好似在鱼体表面盖上红色印章，故称其为打印病。随着病情的发展，坏死的表皮腐烂，露出白色真皮。皮肤充血发炎，形成鲜明的病灶轮廓，严重时病灶逐渐扩大和加深，形成溃疡。病鱼身体衰弱，食欲减退，游动缓慢，终至衰弱而死。

4. 防治方法

预防同细菌性烂鳃病的防治相同。治疗以外用药为主，患部可用石炭酸、高锰酸钾、青霉素、土霉素软膏涂敷。内服可用氟哌酸。

（五）竖鳞病

1. 病原体

水型点状假单胞菌。菌体短杆状，大小为（0.6～0.65）μm×（0.3～0.4）μm。

2. 流行情况

该菌是条体致病菌，当池塘水质污浊及鱼体表受伤时可经皮肤感染致病。主要危害金鱼和锦鲤，鲫鱼、鲢鱼、草鱼也会感染此病。每到秋末至翌年春季水温较低时易流行。本病全国各地都流行，尤以东北和华北地区较为严重。

3. 临床症状

病鱼体表粗糙，部分或全部鳞片竖起像松果状。鳞片基部水肿，水肿部位存着半透明或含血的渗出液，致鳞片竖起。如在鳞片上稍加压力，液体即从鳞片基部喷射出来。有时还伴有鳍基充血和皮肤轻度充血，眼球外突，腹部膨大，腹腔胀水。病鱼沉在水底部或身体失去平衡，腹部向上，最后衰竭而死。

4. 防治方法

（1）内服维生素 E，药物用 0.3～0.6g/10kg 饲料，混于饲料中喂饲。长期服用可预防本病和水霉病等亦可加大药量至 0.6～0.9g，连续 10～15 天。待鱼病治愈后，维生素 E 量改加为预防用药量。

（2）用食盐水或红霉素浸洗同烂鳃病。

（3）注射链霉素。

（4）内服氟哌酸。在上述浸洗或遍洒的同时内服氟哌酸疗效非常显著。

三、观赏鱼类原生动物病的防治

（一）鱼液豆虫病（口丝虫病）

1. 流行情况

适宜漂游鱼波豆虫大量繁殖的水温是 12～20℃。流行期为各季和春季，全国各地鱼塘均有流行。金鱼、锦鲤从鱼苗到亲鱼都会患病，主要危害幼鱼，常造成大批死亡。

2. 症状

病鱼皮肤上有一层白色或灰蓝色的黏液，使鱼失去光泽。在鱼体受伤处，往往被细菌或水霉感染，形成溃疡，使病情更加恶化。被感染的鳃小片上皮坏死、脱落，使鳃器官丧失了正常的生理功能，导致病鱼呼吸困难。同时病鱼食欲不振，反应迟钝，常造成病鱼游近水表呈浮头状。

3. 防治方法

（1）2.5% 食盐水浸洗病鱼 10～20min，有疗效。

（2）用 20mg/L 浓度的高锰酸钾溶液浸洗，水温 10～20℃时，浸洗 20～30min；水温 20～25℃时浸洗 15～20min。

（3）遍洒硫酸铜，使水体成 0.7mg/L 的浓度。

（二）斜管虫病

1. 病原体

鲤斜管虫，大小（40～60）μm×（25～47）μm。

2. 流行情况

斜管虫病是金鱼的常见病，多发病，多发生在水族箱和水质较脏的小池中。金鱼、锦鲤从苗鱼到大鱼都会患病，对当年金鱼危害最大。适宜斜管虫繁殖的水温为 12～18℃，当水温低至 8～12℃仍可大量出现。室外养殖水体水温在 25℃以上时，通常不会发病，但室内水族箱、小池中，还有斜管虫出现。在长江流域一带每年12月末至来年5月为流行季节，我国各地均有斜管虫病流行。

3. 症状

患鱼身体瘦弱，体色较深，体表有乳白色薄翳物质，失去原有的色彩，严重时鳍条不能充分伸展。病原体寄生在体表和鳃上，破坏组织，呼吸困难，因此病鱼常游近水表呈浮头状。

4. 防治方法

（1）与鱼波豆虫病的防治方法相同。

（2）种鱼进池前要经过严格的检疫，发现有病原体要用8mg/L硫酸铜或2mg/L硝酸亚汞浸洗0.5h，或用2%食盐水浸泡10～20min。

（3）治疗时用0.7mg/L的硫酸铜+硫酸亚铁（5∶2）遍洒。

四、观赏鱼类蠕虫病的防治

三代虫

1. 病原体

中型三代虫、细锚三代虫和秀丽三代虫。

2. 流行情况

三代虫寄生观赏鱼类的体表和鳃上，刺激鱼体分泌过多黏液，夺取营养，以致鱼体逐渐消瘦，对鱼苗和当年金鱼，锦鲤危害极大，常引起大量死亡。可引起病鱼眼角膜混浊及失明症。三代鱼繁殖最适宜水温为20℃，因此长江流域4～5月为三代虫病的流行季节。全国各地均有三代虫病流行，尤以华北地区为重。

3. 症状

病鱼身体瘦弱，发病初期病鱼极度不安，时而狂游，时而急剧侧游，在水草丛中或缸边撞擦，企图摆脱病原体的侵扰。继之食欲减退，游动缓慢，终至死亡。

4. 防治方法

（1）在放养观赏鱼类之前，用1‰的晶体的敌百虫（含量90%以上），溶液浸洗鱼类20～30min。或用2%～3%的食盐溶液浸洗10min，可杀死三代虫。

（2）用20mg/L浓度的高锰酸钾溶液浸洗鱼类，水温10～20℃时，浸洗20～30min；水温20～25℃时，浸洗15～20min；25℃以上时，浸洗10～15min。

（3）遍洒晶体敌百虫，使水体成0.2～0.4mg/L的浓度。

第五节　鸽病的防治

（一）病毒病

1. 鸽Ⅰ型副黏病毒病

本病又称鸽Ⅰ型副黏病毒感染，俗称鸽新城疫或鸽瘟。20世纪70年代末发现于中东，80年代初传到欧洲，随后波及世界各地，是高度接触性、败血性传染病。在鸽群中有时来势凶猛，有时只是零星地出现。病的特征是腹泻、震颤、单侧或双侧性腿麻痹，慢性及流行后期，部分病鸽可出现扭头歪颈症状。颈部皮下有广泛的淤斑性出血。死亡率20%～80%，多在30%～60%之间。

（1）病原与传播途径　病原是鸽Ⅰ型副黏病毒。它具有与鸡新城疫相类似的特性：可凝集禽类、两栖类、爬行类、小白鼠、豚鼠等多种动物及人的红细胞。但这种特性往往经多次鸡胚传代才能表现出来，初次传代一般看不到。曾抽检患病死亡鸽的脏器，发现脑、心、肝、脾、胰、肾均含有病毒，其中以胰、脾含毒量最高。

病原对理化因素的抵抗力不强：在100℃温度下，或紫外线照射下，只经1min便被灭活；在55℃温度下，经180min被灭活。但该病毒较耐低温，在-20℃条件下最少可存活1年。

鸡对本病的敏感性仍未有定论。鸽不拘品种、年龄、性别都易感。本病的发生没有明显的季节性。感染途径有消化道、呼吸道、泌尿生殖道、眼结膜及体表创伤。

（2）病状　潜伏期1～10天，通常是1～5天。初时病鸽精神沉郁，食欲不振，渴欲增加，全身性震颤，羽毛松乱，水样腹泻，呆立，但尚能逃离捕捉。随着病情的发展，病鸽头缩眼闭，食欲废绝，不愿走动，震颤更加明显，常有吞咽动作。腹泻物渐变为黄绿色或污绿色，会或多或少地出现扭头歪颈症状。往后则两腿麻痹，不能站立，呈现蹲伏或侧卧姿势，若受惊吓，只能以其卧地的体侧挣扎着移动身躯。全身羽毛失去光泽，多处受粪便玷污，肛门附近和后腹部的羽毛尤其严重。有神经症状的病例逐渐增多，最后死于衰竭。病程3～7天，也有长达10多天或更长的。

（3）病变　病死的鸽眼球下陷，胫部干皱。羽毛，尤其肛门、后腹区羽毛有黄绿色或污绿色粪污。嗉囊充满食物或空虚。剖检时皮肤难剥离。剥离皮肤后可见肌肉干燥，略带潮红。

胸肌有丰满的，也有菲薄的。颈部皮下呈弥漫性红色，但普遍多见的是紫红、黑红色的淤斑性出血，这是本病固有的特征性病变。肺常有不同程度的肝变（肝色变化）。脾有淤血斑，胰腺有纹状出血。肌胃角质膜下见有斑状充血、出血，偶见腺胃黏膜呈暗红色充血。小肠至肛门的黏膜常充血。颅骨顶部多有一出血斑。有部分病例的喉气管内充满黏液或干酪样物，黏膜充血或出血。有时还可见到脑膜、脑实质有疏落的针尖状出血。

（4）诊断与鉴别诊断

①诊断：据全身震颤、腹泻、神经症状及颈部皮下淤斑性出血，可作出诊断。

②鉴别诊断：本病须与有震颤及脚麻痹、扭头歪颈症状的疾病相区别。要点是这类疾病均无颈部皮下淤斑性出血病变。

（5）控制与预防　对本病的防治有如下手段。

①被动免疫接种：给鸽群接种鸽新城疫抗体，每鸽约0.5ml，肌肉注射。此法的优点是收效快，可使鸽在注射后约24h便产生对本病的抵抗力。缺点是有效免疫持续期短，仅有7～14d。但这仍是疫情期或受疫情威胁鸽场的一种快速而有效的应急措施。

②主动免疫：这是普遍被采用的平时预防方法，尤其是处于疫区或多发本病的鸽场。可供这种免疫接种的疫苗分为以下几种。

A. 鸽新城疫灭活疫苗　此种疫苗安全，不出现强反应，注射后约经7天便可使鸽产生抵御本病的能力。此时若再做1次重复接种，将会使体内抗体水平显著提高，免疫力更强。以后大致每隔6～9个月或适当时间做定期预防接种。

B. 灭活组织苗　这是采用死于本病的鸽脾、胰、肝、脑、肾等脏器，通过一定的程序制成的。本疫苗可做胸肌注射，对可疑感染或感染初期的鸽群，是一种迅速控制疫情、减少损失的有效方法。

C. 鸽新城疫弱毒疫苗　使用这种疫苗比灭活苗生效快。但没有本病病史的鸽场最好慎用，以防它对鸽体的毒力不断增强。

D. 鸡新城疫弱毒疫苗　这是在急需而又没有本病的同源疫苗可用的情况下才考虑使用的疫苗。原因是使用效果不一，有时效果好，有时不大好，有时会完全无效。如用鸡Ⅳ系（4系）弱毒苗，鸽群还可能有强反应。

为提高免疫接种的效果，可在疫苗接种的当日及前后2～3天，用下列药物混料饲喂：按0.08%～0.1%添加维生素E，按每千克料加入维生素$B_6$300国际单位，按每只成鸽加入左旋咪唑20mg，三者可选其一。但在这期间不宜服用氯霉素、磺胺类药物或呋喃类药物，否则作用刚好相反，使抗体的产生受到抑制。

2. 禽流感

禽流感于1878年首先暴发于意大利的鸡群，到1955年禽流感病毒被证实是鸡瘟（又称真性鸡瘟或欧洲鸡瘟，而鸡新城疫则称为伪鸡瘟或亚洲鸡瘟）的病原。后来陆续在世界各地出现。多种家禽和野禽均可感染。家禽中以火鸡最敏感，鸡次之，鸽多呈隐性感染。本病的特征是患禽的头、颈、胸部水肿，大量流泪和有明显的呼吸道症状。传染迅速，发病率高，可在2～3天内传遍全场禽群，是高度接触性传染病。

（1）病原与传播途径　病原是正黏病毒科的A型（1型）流感病毒。病原的血清型非常多，且易变异。毒力可由弱变强，如对家禽常具有高致病性的H_5N_2血清型，就是从原来低致病性，有时甚至是无致病性变异来的。在家禽中，各种鹅对禽流感H_5N_1血清型本来呈隐性感染，但后来已变为显性感染，且引起大批发病与死亡。因此，对同属隐性感染的鸽，是否将会变成显性感染而招致损失，急需密切关注。

病原容易在鸡胚中生长繁殖，且有凝集鸡、鸽、麻雀、豚鼠、小白鼠及某些哺乳动物红细胞的特性。该病毒还能凝集马属动物、山羊、绵羊的红细胞，而新城疫病毒却不能，这是两者最大的区别。禽流感病毒对外界环境的抵抗力：在紫外线照射下很快死亡，在55℃时30～50min、60℃时5min或更短的时间便失去感染性，在干燥的血块中100天或干燥的粪便中82～90天仍可存活，在感染的机体组织中具有长时间的活力。氧化剂如0.02%高锰酸钾或过氧化氢，0.05%新洁尔灭，以及加热至56℃经30min、60℃经10min、65～70℃经2～3min，即可将其杀灭。该病传播途径主要是消化道和呼吸道。

（2）病状　潜伏期一般为3～5天。潜伏期的长短及所致的危害性，随禽的品种、年龄、采取的措施及病毒等因素的不同而不同。开始时，病禽通常是无先兆而突然死亡。病情稍长的，表现为体温升高，精神沉郁，呆立，毛松，食欲不振或废绝，大量流泪，头、颈、胸部皮下水肿，打喷嚏，咳嗽，呼吸困难。跖上鳞片有黑色出血斑。腹泻，粪便呈黄色或灰绿色、红色。有的病例还可出现神经症状，严重的可因呼吸困难而窒息死亡。发病后多在几小时至5天左右死去，死亡率50%～100%不等。慢性型的病例主要表现为咳嗽，打喷嚏和呼吸困难。非典型及隐性型病例有的表现为轻微的呼吸困难，有的无任何症状。

（3）病变　病程短的仅见胸肌、胸骨内侧及心包膜有出血点。病程较长的可见水肿部皮下胶样浸润。心包腔、腹腔有大量稍混浊的淡黄色液体，暴露于空气中易凝固。胸腔还常有纤维蛋白性渗出物。眼结膜肿胀，肾混浊肿胀，呈灰棕色或黑棕色。口、鼻内有大量黏液。两胃之间的黏膜有出血点。肺充血或有小点状出血。心、肝、脾、胰、肾、脑有黄色坏死灶。非典型的病例仅见呼吸道、生殖道有轻度病变。隐性型的病例不显肉眼变化。

（4）诊断与鉴别诊断

①诊断：根据传染迅速，有明显的呼吸道症状，水肿及出血性变化和多脏器的灶性坏死，可作出初步诊断。红细胞凝集与血凝抑制试验也是诊断手段之一。

②鉴别诊断：本病应与有呼吸道症状的疾病：疱疹病毒感染、支原体（霉形体）病、霉菌性肺炎、念珠菌病、毛滴虫病、黏膜型鸡痘相区别，同时还要与有神经症状的疾病：维生素（A、E、B_1）缺乏症、鸽Ⅰ型副黏病毒病、副伤寒、李氏杆菌病、曲霉菌病相区别。根据本病有水肿、水肿部位皮下胶样浸润、胸肌及胸骨内侧出血及多脏器的灶性坏死，可作出鉴别。

（5）控制与预防　由于病原变异性大，不容易使用疫苗来进行免疫接种；但用死鸽脏器（组织）制造的灭活疫苗或地方分离株灭活疫苗，仍是一种好的应急预防措施。据介绍，在发病期间用病毒唑0.01%～0.05%饮水，或病毒灵0.02%～0.1%饮水或混料喂，再结合用抗生素做预防伴发病的治疗，可在1周内有效地控制本病。最近中国农业科学院哈尔滨兽医研究所制成了供注射用的禽流感高免球蛋白，保护率高达100%，特予介绍，以供参考。

平时，要切实把好兽医防疫关，首先要求不从有本病的鸽场或地区引进新鸽。如发现附近场有本病发生，应立即做好本场的严格隔离、封锁（包括鸽和人员）、严格消毒工作，同时进行预防性投药，防止疫情累及本场。

（二）细菌病

1. 禽霍乱

本病又叫禽巴氏杆菌病、禽出血性败血病（简称禽出败）。家禽、珍禽、野禽均可发生。本病很少出现暴发，常为散发或呈地方性流行。按其经过，有最急性、急性、慢性之分，以急性型危害最大。虽然通常以鸭最为敏感，但在自然条件下，鸭、鸡、鹅、火鸡、鸽可同时发病。本病是一种条件性传染病，在饲养管理条件突然改变，尤其是饲养密度过大、通风不良、长途运输、天气酷热的情况下，极易引起暴发或流行。1998年我国已有在鸽群中发生该病的报道。

（1）病原与传播途径　本病的病原为多杀性巴氏杆菌革兰氏阴性菌病。按光源从45°角投射到普通光学显微镜的聚光镜上所呈现的荧光色彩，分为Fo，Fg和Nf3型，其中具有橘红色、金色光泽的Fo型对家禽的毒力比其他两型为强。菌体对环境及普通的消毒药抵抗力不强：在干燥或直射阳光下很快死亡；56℃30min、60℃20min、70℃ 5～10min便可灭活；5%石炭酸、1%漂白粉、5%～10%热石灰水等，作用1min均可被杀死。消化道和呼吸道是主要的感染途径，通过食人被污染的饲料和喝进被污染的饮水及吸入被污染的空气而感染。人、野禽、其他动物、用具可成为机械带菌者，外寄生虫也可起传播媒介的作用。

（2）病状

潜伏期2～9天。各型的症状如下。

A. 最急性型

病情经过急骤，常为突然发病，迅速死亡。死前多有骤然乱跳、拍翼等挣扎或痉挛动作。这样的病例通常在肥壮、高产的鸽中和流行前出现。

B. 急性型

病鸽表现精神委顿，羽毛松乱，头低眼闭，翅膀下垂，食欲废绝，渴欲增加，离群呆立，不愿走动。排铜绿色或棕绿色、黄绿色稀粪。眼睑粘连，常为单侧性。嗉囊积液，倒提时口流带泡沫的黏液。有时可见左右摇头的病例，最后衰竭、昏迷而死。病程从不足1天至3天。

C. 慢性型

急性型不死的病例可能转为慢性型，以流行后期较多见。病鸽可出现呼吸道慢性炎症、慢性胃肠炎、关节炎等，呈现鼻液增加，有呼吸声或呼吸困难的症状；持续腹泻、消瘦、贫血；肢体关节肿大，垂翅，跛行或脚麻痹。病程较长，可达1个月以上。

（3）病变

A. 最急性型

常为营养状况良好，无明显肉眼病变，或偶见心外膜有疏落的针点大出血点。

B. 急性型

剖检可见肌肉、血液呈暗褐色，皮下、心冠脂肪、心外膜、腹膜、腹脂及肠浆膜有弥漫性针尖大出血点。肺高度淤血、水肿。十二指肠黏膜严重出血，肠腔有血性内容物或血块。肾肿大。气管内有大量黏液，气囊膜有针尖大灰黑色斑点。心包膜增厚，心包液增多，呈淡黄色、不透明或絮状。肝质脆，表面弥漫针尖大、黄白色坏死点，心外膜、心冠脂肪有针尖状出血是本病的特征性病变。

C. 慢性型

有慢性呼吸道炎的，可见有鼻液，鼻黏膜潮红，喉头内有炎症分泌物；有慢性胃肠炎的，肠黏膜潮红、肿胀，甚至出血；有关节炎的，可发现关节肿大、变形，关节囊增厚，内有混浊液体或干酪样物。

（4）诊断与鉴别诊断

①诊断：本病的急性型可据发病情况、病状及特征性病变作出诊断。最急性型与慢性型的诊断，需做病原检查才可确定。

②鉴别诊断：本病的慢性型容易与下列疾病相混淆。

A. 与同样有呼吸道症状的疾病相区别　鸽疱疹病毒感染有呼吸道症状，区别须进行病原检查。其他有呼吸道症状的疾病与本病的不同点，可参考疱疹病毒感染鉴别诊断的内容。

B. 与有关节炎的疾病相区别　具体参见鸽副伤寒鉴别诊断之。

③治疗与预防：环丙沙星对本病有良好的疗效。其余的药物治疗，可参照鸽副伤寒的相关内容。如鸽场中有本病发生史，则平时宜定期预防性用药，这在炎热的夏季显得更为重要。还应特别注意栏舍的通风。运输前应先供足饮水后装运，注意保持空气流通，避免闷热。其他的预防措施可参考副伤寒及大肠杆菌病的有关内容。

2. 葡萄球菌病

葡萄球菌病是一种急性或慢性、非接触性的散发性传染病。受感染的鸽与其他家禽一样有多种表现类型：葡萄球菌性败血症、皮炎、关节炎、脐炎、眼炎、滑膜炎、腱鞘炎、胸囊肿、脚垫肿、耳炎、心内膜炎、脊椎炎、化脓性骨髓炎、翼尖坏死等，也可引起呼吸道症状。本病在家畜及人中均可发生。

（1）病原和传播途径　病原主要是致病力强的葡萄球菌。

此菌广泛存在于土壤、水和空气中，以及动物、人的皮肤、黏膜上。在玻片中经染色的菌体形态呈球形，紫蓝色，单个均匀散布，像一个个熟透了的葡萄。对理化因素有很强的抵抗力，在干燥的脓汁中2～3个月或3次反复冻融仍不死亡。对60℃湿热可耐受30～60min。经70%酒精作用数分钟，或在3%～5%石炭酸中30～60min，或在0.1%升汞水中30min可被杀死。煮沸可使之迅速死亡。本菌可通过多种途径感染，尤其是伤口。

（2）病状与病变　本病的类型较多，现介绍常见的几种；

①葡萄球菌性败血症：本型较为普遍，一般幼龄鸽较为多见。病鸽精神沉郁，食欲不振或废绝，渴欲增加，排水样粪便。病变主要是肌肉出血，广泛潮红，尤以胸肌和腿肌常见。

②浮肿性皮炎：除有精神和食欲不振等一般性病状外，最为突出的是在病鸽体表，特别是胸、背、腹及翅部的皮下有浮肿，患部有波动感和温度升高。严重的发生溃烂，内容物有腐臭味，可在2～3天内死亡。常是由损伤的皮肤受感染所致。

③胸囊肿与脚垫肿：被病原污染的栖架，场舍地面过于粗糙或凹凸不平，笼网的金属游离端突出，湿度过高，卫生防疫条件不良，均有助于这两种病的发生。因为这样的条件易造成鸽胸部及脚垫损伤而为病原感染打开门户，从而引起这些部位感染发炎、肿胀、化脓，局部温度升高，有痛感和波动感。病部切口有腐臭的脓液或红棕色、棕色液体，或形成干酪样物。病鸽不愿俯卧，或不愿行走。如单脚患病，则出现单脚站立或单脚跳跃的症状。

④关节炎、腱鞘炎、滑膜炎：是由于病原在这些部位感染而引起的。患部发炎、肿胀、发热、疼痛，行走困难，甚至不能采食，直至饿死。

⑤脊椎炎、化脓性骨髓炎：颈椎及脚部的胫骨部位较其他部位易于发生；是病原侵入脊椎、骨髓并在其中大量繁殖、损害的结果。分别表现为头颈活动不灵，面部发炎、肿胀或溃烂，脚软，跛行，骨质变脆、易折并出现坏死，病鸽较快死亡。

⑥脐炎、眼炎、翼尖坏死：也是由于病原在这些部位的局部感染而引起的不同程度的炎症和机能障碍。

（3）诊断与鉴别诊断

①诊断：葡萄球菌性败血症，可根据水样腹泻，胸、腿肌等肌肉出血而提出初步怀疑。但各型的诊断均须做病原检查才能确定。

②鉴别诊断：A. 葡萄球菌性败血症应与同样具有水样腹泻的下痢疾病相区分

鸽Ⅰ型副黏病毒病、鸽轮状病毒病、鸽圆环病毒病均有水样腹泻，但传染迅速，常呈群发性，用抗生素治疗无效，这与本病常为散发并可用抗生素治疗不同，可做区分。

球虫病　急性型的初期呈水样下痢，不同在于粪便镜检可见大量外表光滑的卵圆形或圆形卵囊。

食盐、棉籽饼、亚麻籽饼、砷及砷制剂的急性中毒同样有水样下痢，但可通过发病情况调查，找到病因。

水样腹泻不是由微生物引起，而是在饲养管理过程中使某些不良因子进入鸽体，刺激其消化道引起的，使用抗菌药效果不大，投服吸附剂则效果理想，可据此加以区别。

B. 葡萄球菌性败血症应与同样呈现肌肉出血性变化的疾病相区分

磺胺类药物中毒除肌肉有出血斑点外，皮下、心、肝、脾也有出血点，还有肝苍白、血液稀薄且凝固不良，骨髓变黄等，这是与葡萄球菌败血症的不同之处。

维生素 K 缺乏症剖检时，常见在腹腔内有积血块，呈急性贫血状态。如及时补给维生素 K，一般都可渐趋恢复。

（4）治疗与预防　首选的治疗药是青霉素。成鸽 3 万～4 万 IU/只・次，1 次/d，肌肉注射，连续 2～3 天；或庆大霉素，成鸽 3 000～4 000IU/只・次，1 次/d，肌肉注射，连续2～3 天。四环素类抗生素及其他广谱抗生素、磺胺类药物等对本病也有理想的治疗效果。

预防上主要注意地面、栖架的平整性，除去金属网的外露刺，搞好平时的饲养管理和清洁卫生，以消除病原和诱因，增强体质，提高鸽体的抵抗力。

（三）支原体病

本病又叫慢性呼吸道病、霉形体病和微浆菌病，是普遍存在于鸽群和鸡群中的、世界性分布的禽病。特点是有呼吸啰音、气囊炎。病程长，死亡率低，但即使治愈也常复发，难以彻底消灭。

1. 病原和传播途径

病原是鸽支原体、鸽鼻支原体和鸽口支原体。健鸽与患鸽直接接触可以感染，也可通过呼吸道途径传播，还可经蛋壳污染而感染后代。不同品种、不同年龄的鸽均可发生，没有季节性，但以冬、春两季更为严重。常用的消毒剂可将病原体杀死，其对青霉素及 1∶4 000浓度的醋酸铅有抵抗力。20℃时在粪中 3 天，在棉布中 3 天，或 37℃时在棉布中 1 天，均能存活。对泰乐菌素很敏感。

2. 病状

潜伏期 3～8 天。病鸽有呼吸啰音，夜间更为显著。有鼻液和咳嗽。严重的病鸽眼球突出，眼部肿大。食欲下降，体重和繁殖力降低，但多不单独引起死亡。如有其他病合并发生，则可使本病暴发，甚至死亡。

3. 病变

典型的病变是鼻、气管、支气管黏膜潮红、增厚，并有浆液性、脓性或干酪样分泌物，以气囊更为明显，除混浊、增厚外，可有斑状或粒状干酪样物。混浊变化可遍及胸、腹部气囊。一些病程长的病例，还可出现滑膜肿胀、关节炎，内含混浊的液体或干酪样物。如与大肠杆菌病合并发生，病鸽呈现纤维素性气囊炎、肝周炎、心包炎，常导致死亡。

4. 诊断与鉴别诊断

（1）诊断　根据病状、病变、病程可作出初步诊断。结合病原分离与鉴定，或用红细胞凝集及凝集抑制试验，便可确诊。

（2）鉴别诊断　本病与有呼吸道症状的禽流感、念珠菌病、黏膜型鸽痘、毛滴虫病、疱疹病毒病、维生素 A 缺乏症的区别主要在于本病除有呼吸道症状外，精神、食欲、渴欲仍不受影响，也不易造成死亡。剖检仅见气囊膜混浊。

5. 治疗与预防

对本病的控制，可选用下列诸药，但不论用哪种药，投药时间通常要连续7～10天，才有较好的效果。由于本病病原对防治药物容易产生耐受性，所以尽量多推荐对本病有防治效果的药物，供在防治实践中交替或轮换使用，以减少耐药性。

（1）链霉素和双氢链霉素　成鸽20～40mg/只，肌肉注射，1次/d，连用3～5天。

（2）四环素族抗生素（四环素、土霉素、金霉素）　0.05%～0.1%混料喂，0.02%～0.05%饮水。

（3）支原净（泰妙灵）　0.05%饮水，预防量减半。

（4）壮观霉素（治百炎）　0.1%饮水，成鸽；5mg/只，肌注。

（5）林可霉素　0.001%饮水。成鸽25mg/只，肌注。

（6）泰乐菌素　0.08%混料喂，0.04%饮水。成鸽20mg/只，喂服。

（7）强力霉素（去氧土霉素）　0.005%～0.01%混料喂0.003%～0.005%饮水。

（8）庆大霉素　50万～100万IU/L，供饮水，成鸽3 000～4 000IU/只，肌注。

（9）北里霉素　0.03%～0.09%混料喂。

（10）土霉素和硫酸钠　分别用0.05%～0.1%和1.2%混料喂。

本病既可经蛋垂直传递，也可借外界条件经呼吸道途径做水平传播；且不易根治，因而预防工作就显得特别重要。主要措施有：①不引进经血清学检查阳性的鸽；②定期投药和定期检测血清中的抗体；③防止发生其他疾病，尤其是呼吸道疾病；④有人工孵化与人工育雏的场，更应十分重视各个操作环节的消毒，尤其是孵化室、孵化用具、育雏室、育雏用具的事前消毒；⑤有条件的场可进行定期的疫苗接种；⑥加强科学的饲养管理，从根本上提高鸽的体质，增强其对本病的抵抗力；⑦建场时，场舍间要有适当的距离，并种上遮荫树，以减少气源性传染的机会，尽量减少可引起呼吸道病的应激。

（四）内寄生虫病

1. 线虫类

使鸽致病的线虫，是线形动物门线虫纲所属的各种线形寄生虫。寄生线虫呈小圆柱状或纺锤状，有的为粗状的线形体，也有的为线细状，甚至比头发丝还纤细。虫体多为乳白色或淡黄白色，以吸取宿主的体液或血液为生。以血液为生的虫体，在吸血后颜色加深或带红色、红褐色。虫体长短差别悬殊，小的不足1cm，大的可达7～10cm。线虫都是雌雄异体，而且雌虫大于雄虫。虫体外壁是角质层，对宿主体内消化液有较强的抵抗力。头上有口器，能将其自身固着在宿主器官组织上。口器内的口用以吸取宿主的营养。寄生线虫以有性生殖的卵生方式进行繁殖。放养或地面平养的鸽，比笼养或网上平养的鸽容易发生线虫侵袭病。卫生条件不良，管理不善，饲料营养不全，都易使鸽得线虫病，甚至引起死亡。

（1）蛔虫病　这是常见的鸽线虫病。病鸽呈现明显的消瘦，消化机能障碍，生长发育受阻，羽毛生长不良，严重的常会导致死亡。

①病原与感染途径：病原是线虫纲，尾觉亚纲，蛔目，禽蛔科，禽蛔属的鸽蛔虫，也是鸽中最大的寄生线虫。虫体淡黄白色，粗线状，体表有环纹。雄虫长20～70mm，雌虫更长，虫体也较粗。成熟的雌虫体内充满虫卵。虫卵呈椭圆形，深灰色，壳厚而外表光滑，且对化学消毒药有很强的抵抗力。但在直射阳光下1～1.5h，或在45℃条件下5min，

或瞬间的沸水处理，或经堆沤发酵，均可死亡。鸽蛔虫的生活史属直接发育型。虫卵被排出后，直接在外界发育，如有适当的温湿度，经 10～12 天便形成第一期幼虫，再经 16～20 天成为第二期幼虫，此时虫卵已有感染力，若被鸽吞食，幼虫便在鸽胃中破壳而出，下行至十二指肠，经 9 天进行第二次蜕皮，成为第三期幼虫。之后钻入肠黏膜，进行第三次蜕皮，成为第四期幼虫。再经 17～18 天，幼虫从肠黏膜回到肠腔做最后一次蜕皮，成为第五期幼虫，以后发育为成虫。感染性虫卵在鸽体内共需 35～50 天，便发育为成虫。

②病状与病变：轻度蛔虫感染的鸽，常不显症状。但若重度感染，病鸽出现便秘与下痢相交替，有时粪中带血或黏液。精神、食欲不振；垂翅，贫血，乏力，消瘦，羽生长不良。由于皮肤有痒感，病鸽因而啄食自身羽毛或异物。有时可出现抽搐或头颈歪斜症状。病变部位主要在小肠，尤其是小肠上段黏膜损伤严重，肠腔、有时甚至是两胃内有大量蛔虫。有的蛔虫可透过肠壁移居到鸽体的其他部位或器官，因而继发腹膜炎。有时还可见到肝出现线状或点状坏死。

③诊断：根据剖检时发现大量蛔虫，或从粪便中镜检到到大量的虫卵，或从粪便中发现有一定数量的虫体，再结合临诊症状，足以确诊。

④治疗与预防：下列药物都有良好的防治效果。

（1）左旋咪唑　20～25mg/kg 体重，混料 1 次饲喂。

（2）噻咪啶　60mg 体重/kg 体重，混料 1 次饲喂。

（3）噻苯咪唑　100mg/kg 体重，混料 1 次饲喂。

（4）驱蛔灵　500mg/kg 体重，混料 1 次饲喂。

（5）甲噻吩嘧啶　10～15mg/kg 体重，1 次混水饮。

（6）噻咪唑　50～100mg/kg 体重，混料 1 次饲喂。

（7）甲苯咪唑　30mg/kg 体重，混料 1 次饲喂。

为了提高驱虫效果，驱虫时的鸽群宜处于空腹（如喂服）或半空腹（如混料）状态。时间最好选在下一餐。方法是将用药量计算好后研成粉末，与该餐 1/3～1/2 量用清水洒湿的饲料均匀混合后，分放到各料杯或料槽中，让鸽群自由采食。驱虫后，翌晨即清扫鸽粪，消毒场舍，以杀灭被驱出的虫体。

（2）毛细线虫病　鸽的毛细线虫病是由淡黄白色，比毛发还纤细的线虫寄生在鸽的食道、嗉囊或小肠等处的黏膜内而引起的疾病。

①病原与感染途径：病原是毛首科，毛首属的鸽毛细线虫（或称封闭毛细线虫）和膨尾毛细线虫。除鸽外，鸡、火鸡也可感染得病。鸽毛细线虫的生活史属直接发育型，虫卵在外界直接发育成感染性虫卵，被鸽食后，到达并定居于小肠黏膜上，经 20～26d 便可成熟、产卵。在实验条件下，可有 9 个月的寿命。膨尾毛细线虫的发育过程，需以蚯蚓为中宿主。在外界的虫卵被蚯蚓吞食后，经 9 天才发育成感染性虫卵。鸽因吞食了这种蚯蚓尸体污染的饲料而受感染。幼虫在鸽的消化道内经 22～26 天变为成虫，其寿命可达 10 个月之久。

②病状与病变：病鸽食欲不振，精神沉郁，羽毛松乱，排出带红色的黏性稀粪。严重时病鸽消瘦，贫血，脱水，昏迷，衰竭而死。剖检的肉眼病变是小肠黏膜增厚、出血。病程长的，可见有粟粒大的黄白色小结节，以至坏死。用小刀小心地刮下病变部位黏膜，放进盛有生理盐水的小器皿内，可见比头发还纤细，长约 50mm，黏膜样颜色，并做缓慢蠕

动的活虫体。若一时找不到，可持解剖针或较长的缝衣针，轻轻拨弄黏膜，继续寻找，通常可发现虫体。

③诊断：根据病状、肠黏膜病变及找到一定数量的活虫体，或粪便镜检时发现大量腰鼓形、两端有卵帽的虫卵，便可确诊。

④治疗与预防：下列药物都有理想的疗效：

（1）甲苯唑　70～100mg/kg 体重，1 次混少量料饲喂。

（2）左旋咪唑　20～25mg/kg 体重，1 次混少量料饲喂。

（3）四咪唑　40mg/kg 体重，1 次混少量料饲喂。

（4）噻苯咪唑　100mg/kg 体重，1 次混少量料饲喂。

平时可酌情做定期的预防性投药。注意加强饲养管理，搞好卫生，从根本上做好控制工作。

2. 绦虫类

（1）毛滴虫病　鸽毛滴虫病是世界性分布的疾病，任何品种、年龄的鸽均可发生。也可发生于其他的禽鸟类。此病常发生于鸽的上消化道，尤其是口腔及咽、喉部，使患鸽出现明显的脐状、易脱落的黄色沉着物和溃疡灶，故又称之为口腔溃疡病。有时肝、肠等脏器及脐部也可受感染而致病，分别被称为内脏型和脐型。据国外资料及作者的调查，约 80% 的鸽群是感染带虫者，但成年鸽多不出现症状，幼龄鸽可出现严重症状，甚至死亡。这是对鸽危害最大的原虫病，也是鸽的常见病、多发病之一。出壳当天的雏鸽都检出有虫体。虫体有弱毒株和强毒株之分，后者致病力强。

①病原与感染途径：病原是鞭毛虫纲，多鞭毛目，毛滴虫科，毛滴虫属的禽毛滴虫。虫体以二分裂方式繁殖，呈梨形、圆形或椭圆形。前端有 4 根前鞭毛，体外有 1 扇沿虫体纵轴走向的波动膜，虫体的末端有 1 条类似尾巴的轴刺。虫体凭借这些附属器官在液体（如唾液）中游动。因虫体细小，要用显微镜才能观察到。对死虫体要进行染色，对活虫体要在有水的玻片中采用弱光反照，才能借助其活动来观察。虫体可在牛血清猪肝汤培养基中进行离体培养。在这种培养环境中，约 4.5h 繁殖 1 个世代，经 24h 便有逾 100 倍数量的增长，大大提高了虫体的镜检效果。

本病原的主要感染途径是消化道。消化道是虫体最常寄生和损害的部位。患鸽的口腔溃疡病灶，是虫体的群居点，唾液中也有大量活虫体。患鸽及阳性带虫鸽，是主要的感染来源。成鸽可通过互相接吻或亲鸽通过用嗉囊乳哺育幼、雏鸽而把虫体直接传递给同伴或自己的后代。虫体还可以通过饮水、伤口、未闭合的脐带口等途径感染鸽子。本病常造成鸽尤其是幼鸽的严重发病和死亡，是对养鸽业的一大威胁。

②病状：病的潜伏期 4～14 天。病状是否出现，以及病状和死亡的严重程度，取决于虫株的毒力强弱、虫体的数量和鸽机体的生理状态。在通常情况下，成年鸽多为无症状的带虫者，幼鸽可出现严重发病及死亡。病程多为几天至 3 周，咽型的比较短，可于几天内死亡。根据虫体损害部位的不同，有咽型、内脏型和脐型之分。

A. 咽型　这是常见的，也是危害最大的致病类型。病鸽常由于口腔受损害而导致吞咽和呼吸困难，精神沉郁，消化紊乱，羽毛松乱，食欲下降，渴欲增加，消瘦，排黄绿色稀粪。雏鸽往往呈急性经过，可在短期内因呼吸困难而死亡。死前病鸽眼结膜、口黏膜发绀。

B. 内脏型　本型是由其他型的病情进一步发展而来。病鸽精神沉郁，毛松，食欲不振，渴欲增加，排黄绿色黏性稀粪，进行性消瘦，虚脱。若为呼吸道患病，可见病鸽呼吸时伴有张口或伸颈姿势，咳嗽和喘气。如肠道受损害，则病鸽废食。毛松，震颤，排淡黄色糊状粪，迅速消瘦和死亡。7～30日龄的雏鸽、幼鸽，常有较高的发病率和死亡率。

C. 脐型　是雏鸽未愈合的脐口受感染所致。病鸽表现精神呆滞，食欲减少，毛松，消瘦，不愿伏卧，脐部红肿、发炎，有痛感。

③病变：本病各型均有其特有的病变。

A. 咽型　病鸽的口腔，有时从嘴角到咽部，甚至是食道的上段，黏膜上有局灶性或弥漫性黄白色、干酪样被覆物，呈疏松状或脐状。也可出现在腭裂上，极易剥离。唾液黏稠，嗉囊空虚，鸽体消瘦，肛门周围有黄绿色粪污。

B. 内脏型　呼吸道受损害的，其病变与咽型的类似；肝脏患病时，其表面有绿豆大至玉米大、呈霉斑样放射状的脐形病变；肠受损害时，可见肠黏膜增厚，剪口明显外翻，绒毛疏松像糠麸样，肠腔臌气，胰腺潮红且明显肿大。

C. 脐型　脐部及其周围呈现质地较实的肿胀，切口有干酪样物。

④诊断与鉴别诊断：本病根据镜检时发现大量活虫体，结合病变与病状，可以确诊。

虫体镜检的方法：用蘸有生理盐水的棉签，在鸽的口腔壁抹取黏液后，于加有1滴生理盐水的载玻片上，上下按压数次，使虫体从棉签上洗落在生理盐水中，将棉签放入消毒水内处理。将载玻片盖上盖玻片，用光学显微镜作400倍放大检查，在弱光下仔细观察，如为毛滴虫病，可见有大量淡灰色或淡灰黄色、黑豆大的梨形、圆形或椭圆形活泼翻动的活虫体。

光线过强或过弱均不利于观察。此法简便、快捷、实用，比染色镜检法容易得多。

本病应与下列3种情况类似的疾病作区别：

A. 口腔有伪膜的疾病：黏膜型鸽痘、念珠菌病、维生素A缺乏症；

B. 肝脏有脐状病灶的组织滴虫病；

C. 脐部细菌感染引起的炎症：葡萄球菌病、链球菌病、大肠杆菌病、坏疽性皮炎、绿脓杆菌病。本病与上述疾病显著的区别在于上述疾病病灶湿涂片镜检查不到虫体，本病则可发现大量活虫体。

⑤治疗与预防：下列药物对本病均有特殊疗效。

A. 鸽滴净　0.1%水溶液，供鸽自由饮用，连续饮2天，可将鸽体内的活虫体全部消除，停药2周也不见虫体重新出现。治疗期间还可使幼鸽同时增重。以上述5倍浓度的剂量折为药粉，给鸽1次喂服，1次/d，连续5日，未见鸽有任何不良反应，故高效而安全。

B. 二甲硝咪唑（达美素）　用0.05%水溶液，供鸽自由饮用，连续2 d。

C. 甲硝哒唑（灭滴灵）　1片/10只鸽（每片200mg），混料1次喂给，2～3次/d，连续2～4d。为确保疗效，可在2周后再连续投药2 d。

有发病史的鸽场，平时宜定期（约30天）投药预防。另外，在每次给鸽饮药液前，应事先停供饮水2～3h，事后还要对水杯（槽）、料杯（槽）及栏舍进行消毒。平时要搞好环境清洁卫生，消除栏舍内的尖刺物。

（2）球虫病　鸽球虫病是世界性禽病。几乎所有的鸽都是带虫者，并长期自粪中排出卵囊，球虫借此而一代代繁衍下去。带虫鸽平时几乎不表现症状，一方面可能是球虫卵囊摄入量少，不足以引起疾病；另一方面则是由于少量的、不间断的食入，使鸽体由此而产生了不同程度的免疫力。当鸽大量地摄入卵囊或突然遇到某种不良应激时，也可引起发病和死亡。

①病原与感染途径：病原是孢子虫纲，球虫目的鸽艾美尔球虫和唇豆艾美尔球虫。它们使鸽产生相同的病状和病变。这两种球虫一般从卵囊的形态上便可加以区分：鸽艾美尔球虫呈椭圆形，唇豆艾美尔球虫为圆形。卵囊内含有不同发育阶段的内容物，外面有一层对外界抵抗力极强的卵囊壁。自然宿主是鸽。鸽球虫病是从食入球虫卵囊开始的，以3～4月龄的幼鸽发病率和死亡率最高。

鸽球虫的发育包括在鸽体内（内生性）和在鸽体外（外生性）两个发育阶段，无性生殖（既有在体内，也有在体外）及有性生殖（在体内）两种生殖过程。当球虫在鸽的肠道内完成最后的发育阶段，形成了卵囊，随粪便排到外界后，便开始了外生性发育：在合适的条件下，卵囊内逐渐形成4个孢子囊，每个孢子囊内有2个子孢子，即1个球虫卵囊发育成4个子孢子，至此完成了无性生殖的孢子生殖。这个时期的卵囊叫作孢子化卵囊，已具有侵袭力。孢子化卵囊被鸽食进体内后，卵囊壁和孢子囊壁在鸽的消化道内分别被消化、溶解，子孢子脱囊后，侵入并破坏小肠壁细胞而发育成裂殖体，继续进行无性生殖的裂殖生殖。裂殖生殖就是裂殖体分裂出大量活力很强的裂殖子。裂殖子很快侵入、破坏新的肠壁细胞，如此共进行3个世代的裂殖生殖。每个卵囊约可产生250万个裂殖子，然后转为有性生殖，即配子生殖。配子生殖是，第三代裂殖子中的大多数发育成为大配子体（雌配子体）和小配子体（雄配子体）。之后，分别形成大配子和小配子，小配子进入大配子内进行受精，两者合二而一变成合子。合子外周形成囊壁，最终发育成卵囊，卵囊在外界进行上述的孢子化发育。卵囊有其特有的结构。卵囊的形成标志着有性生殖、内生性发育的结束和外生性发育、无性生殖的开始。球虫的整个生活周期为7天，其中外生性发育占1～2天。雏鸽、幼龄鸽和信鸽都有较高的发病率和死亡率。鸽食入被孢子化卵囊污染的饲料、饮水而受到感染。

②病状与病变：按照不同的临诊表现，感染分为亚临诊型和急性型两种。

A. 亚临诊型（无症状型）　这种类型多见于成年鸽或病愈鸽。因为这些鸽常有不同程度的戴虫现象及低水平的抵抗力，在饲养管理条件好的情况下，不表现出症状，但可经常向外排出卵囊，污染环境。

B. 急性型　这种病型多发生在3周龄以上、未具足够免疫力的幼鸽中。病鸽主要表现为排带黏液、有恶臭味的水样粪便，呈绿或褐色、红褐色，重者可出现血性下痢观象。眼球下陷，消瘦，虚弱，麻痹和精神倦怠，肛门周围有粪污，食欲下降或废绝，严重的常导致死亡。国内曾有在信鸽中发生本病而死亡率高达15%～17%的报道。剖检所见，主要是小肠黏膜充血、出血、坏死，肠内容物呈绿色或红褐色，稀薄带黏液，几乎很少食糜。肝脏肿大或有黄色坏死点。

③诊断与鉴别诊断：诊断　病状与病变可做诊断参考。粪便或小肠内容物镜检，如发现有大量球虫卵囊，即可确诊。

镜检卵囊的方法有以下两种。

A. 接湿涂片法　用牙签挑取约米粒大的鸽粪或小肠内容物，置于载玻片上，加1滴生理盐水并混匀，覆上盖玻片，在显微镜下放大400倍观察，看是否有多量圆形或椭圆形、有双层光滑囊壁的卵囊。

B. 洗沉淀法或饱和盐水浮卵法　用此法收集粪便或小肠内容物中可能存在的卵囊，然后镜检。本法虽比上法麻烦、费时，但检查效果极好。

鉴别诊断　本病主要应与排水样便或血性粪便的疾病作鉴别。明显的不同点是，本病可镜检到大量球虫卵囊，而且几乎都是发生在幼龄鸽。

④治疗与预防：下列药物可供防治时选用。

A. 爱丹或球痢灵、尼卡巴嗪（球虫净）　按0.025%浓度，混料喂或饮水，连续3～4 d。

B. 苯胍或盐霉素（优素精）　0.006%混料或饮水，连续3 d。

C. 虫灵或牧宁霉素　0.01%混料，连用2～3d。

D. 丙啉　0.025%混料喂，连用2～3d。

E. 山酮（速丹）　0.0003%混料喂，连用3d。

F. 方敌菌净　40mg/kg体重，混料饲喂，连用3d。

同时要配合栏舍、用具的消毒，杀灭卵囊。用20%石灰乳、2%～4%热烧碱溶液，均是有效杀灭球虫卵囊的药物。如发现有病鸽，应立即隔离治疗。

复习思考题

1. 狂犬病的诊断要点及防治措施？
2. 犬细小病毒的临床症状及剖检变化有哪些？
3. 犬瘟热的诊断要点及防治措施？
4. 犬绦虫病的诊断及防治？
5. 猫白血病的诊断要点和防治措施？
6. 猫巴氏杆菌病的诊断要点及防治措施？
7. 兔巴氏杆菌并的临床症状及病理变化？
8. 兔病毒性出血症的临床症状及病理变化有哪些？
9. 仔兔轮状病毒病的临床表现和病理变化及防治措施？
10. 鲤春病毒病的临床症状及防治？
11. 黏细菌性烂鳃病的临床症状及防治方法？
12. 鸽Ⅰ型副黏病毒病的临床症状及病理变化、诊断要点及防治措施？
13. 鸽支原体病的诊断及鉴别诊断方法有哪些？
14. 鸽组织滴虫病的临床症状、病理变化、诊断要点及防治措施？

第十章　针灸疗法

第一节　针灸基本知识

针灸包括针术和灸术两种技术。针术又称针刺，是运用各种不同针具，对动物体表的某些穴位或特定部位施以适当的刺激，以达到治疗疾病目的的方法。灸术又称艾灸，是用点燃的艾绒熏灼动物体的一定穴位或部位，以达到治疗疾病目的的方法。针和灸虽是两种不同的治疗方法，但二者常常并用，且均属外治法，故合称针灸。

一、针灸用具

目前，在小动物临床上常用的针灸用具主要有以下几种。

1. 毫针

在小动物临床上，多选用针体直径为0.16～0.22mm，针体长度为1.3～6.0cm的人医针灸用毫针。毫针用于针刺位于血管以外的白针穴位。

2. 三棱针

针身呈三棱状，有大小两种类型，小动物临床常用的是小三棱针。三棱针用于针刺血管上的血针穴位。

3. 艾卷

将艾绒以草纸卷成细圆柱状，称为艾卷，是艾灸的用具。

4. 其他针灸用具

包括电针治疗机、激光治疗器、电磁波谱治疗器等。

二、针灸前准备

1. 检查针灸用具

针刺前须根据针刺的部位、动物体型的大小和针刺的方法不同选择适当的针具，并检查有无生锈、带钩、针柄松动或弯折现象，有上述现象者，不能使用；艾灸前应检查艾卷是否有受潮现象，如果受潮，则因其不易点燃而不能使用。

2. 宠物保定

为确保术者和动物的安全，保证针灸的顺利进行，应对动物进行适当的保定。犬、猫常采用网架保定。必要时，用绷带将犬嘴缚住或给犬带防咬口罩。也可以给猫和小型犬佩戴伊丽莎白圈以防止其回头咬人。

3. 消毒

针刺时，应注意对穴位、针具和术者的手指消毒。一般卫生状况良好的犬，用酒精棉球对穴位进行消毒即可；卫生状况不好的犬，则应对穴位部剪毛，然后用碘酒和酒精消毒。针具一般用75%酒精消毒，必要时可用蒸汽或煮沸消毒。术者手指用酒精棉球消毒即可。

三、针刺方法

1. 进针

有缓刺法和急刺法两种。

（1）缓刺法：又称捻转进针法，即先将针尖刺入皮下，然后再捻转进针至所需深度。

适用于毫针的进针。当所用毫针较细长或穴位部皮肤较厚，不易进针时，可用套管进针法。即将比针稍短的金属或硬质塑料套管套在针体上，对准穴位，以手掌拍打针柄，使针尖迅速穿透皮肤，取下套管，再捻转进针至所需深度。

（2）急刺法：左手按穴，右手持针，用持针手的拇指、食指固定针刺深度，将针尖点在穴位中心，迅速刺至所需深度。适用于三棱针的进针。

2. 针刺角度

即针体与穴位皮肤表面所构成的角度。常用的有平刺、斜刺和直刺3种。

（1）直刺：针体与穴位皮肤表面约呈90°角刺入。适用于全身大多数的穴位，尤其是肌肉丰满处的穴位。

（2）斜刺：针体与穴位皮肤表面约呈45°角刺入。多用于肌肉较薄或靠近脏器及骨骼边缘，不宜深刺的穴位。

（3）平刺：针体与穴位皮肤表面约呈15°角刺入。多用于肌肉浅薄处的穴位以及两个或两个以上穴位的透刺。

3. 留针

毫针刺入穴位后，常在穴位内留置一段时间，称为留针。留针时间一般为15～30min，其间每隔5～10min可行针1次，每次2～3min。

4. 行针

针刺达到所需深度后，可采用一定手法使患病犬、猫出现提肢、弓腰、摆尾、肌肉收缩等“得气”反应，称为行针。行针时可根据病情采用捻转、提插等方法。

5. 针刺强度

适当的针刺强度对于取得理想的治疗效果十分重要。常用的有以下3种。

（1）强刺激：进针深，捻转、提插幅度大，速度快，用力重。适用于体质较强的犬、猫。

（2）弱刺激：进针浅，捻转、提插幅度小，速度慢，用力轻。适用于老弱犬、猫。

（3）中刺激：介于强弱刺激之间。

6. 退针

在留针一定时间之后，以左手拇指、食指夹持针体，同时按压穴位，右手持针柄捻转抽出。

四、针刺时意外情况的处理

施针过程中，一旦发生弯针、滞针、折针等情况，应沉着冷静，及时采取措施。

1. 弯针

宠物骚动不安或肌肉强烈收缩，可引起弯针现象。此时，术者不应用力拔针，须待动物安静后，再轻轻捻转针体，顺针弯曲的方向缓缓拔出。

2. 滞针

针刺入肌肉后，发生不能捻转、提插的现象称为滞针，多由于局部肌肉紧张所致。此时应停针片刻，按揉局部，消除紧张，再行施针或轻轻向相反方向捻转针体将针拔出。

3. 折针

进针时应留适当长度的针身在体外，以便折针时容易拔出。若出现折针，应设法尽快拔出。如果针体全部折于体内无法拔出时，采用手术方法取出。

4. 血针

出血不止若因进针过深，刺伤动脉或切断血管等而出血不止，应采取压迫、钳夹或结扎止血。

第二节 常用针灸疗法

小动物临床上常用的针灸疗法有以下几种。

一、白针疗法

将毫针以一定的角度和深度刺入除血针外的穴位，施以一定刺激以治疗疾病的方法称为白针疗法，是临床应用最为广泛的一种方法，适用于治疗多种动物疾病。白针的操作方法如下。

（1）持针右手拇指、食指夹持针柄以便用力，中指和无名指抵住针身，以辅助进针。

（2）按穴针刺时，以左手切压穴位部皮肤，帮助进针，多用指切法，即左手拇指按压穴位近旁皮肤，针沿指甲边缘刺入。

（3）进针多用缓刺（捻转）进针法。

（4）留针与行针进针后一般留针 15～30min。其间，每隔 5～10min 可行针 1 次，每次 2～3min。

二、血针疗法

将三棱针刺入血针穴位，使之出血，以防治动物疾病的方法，称为血针疗法。在小动物临床上，血针疗法多用于中暑、中毒等的急救以及某些热性病的治疗。

（1）针刺方法用急刺进针法，一次穿透皮肤及血管壁。

（2）泻血量应根据患病动物体质的强弱、疾病性质、季节和穴位特性来确定泻血量。一般体壮、急性热病可多放；体弱、慢性虚寒病应少放或不放；春季、夏季可多放，秋季、冬季应少放；颈静脉穴可多放，其他穴位应少放。

（3）注意事项体质衰弱、怀孕、久泻、失血的动物，不宜放血。针刺放血后多能自行止血，若出血不止，可压迫止血或用止血钳、止血药止血。放血后，应注意护理，以防感染。

三、电针疗法

将毫针刺入穴位，待出现针感后，在针体上通以脉冲电流，刺激穴位的治疗方法，称为电针疗法。

1. 电针用具

主要包括毫针和电针治疗机。电针治疗机种类很多，但基本功能和构件组成相近，多数可交、直流两用。

2. 操作方法

首先，选择2～4个穴位，穴位消毒后，将毫针刺入穴位，待得气后，将电针机导线的正负极分别接在针柄上，由小到大地调整电针机的输出频率和电流，以动物肌肉出现节律性抽动的最大耐受量为度。每次通电持续15～30min，每间隔3～5min调节电流输出和频率，以防产生耐受性。电针治疗最常采用的电流是低频脉冲调制电流，波形有正脉冲和负脉冲两种。由于调制形式不同，可组成不同的波形，如疏波、密波、连续波、间断波等。治疗结束时，先将电流输出和频率开关慢慢调至零位，再关闭电源，除去导线夹，起针消毒。每日或隔日一次，5～7次为一疗程。

3. 应用及注意事项

凡能用针刺治疗的疾病，一般均可用电针治疗，尤其对神经麻痹性疾病疗效更好。使用电针时应该注意，各旋钮先调至零位再接通电源。当因动物骚动而致导线脱落时，必须先将电流和频率调至低档，再重新接通电源。

四、水针疗法

水针疗法，又称穴位注射，是将药物注射到穴位部以治疗疾病的方法。

它是针刺和药物相结合的一种新疗法，通过针刺和药物的双重作用，达到治疗疾病的目的。此法操作简便，使用药品量小，一般为肌肉注射量的1/5～1/3，疗效显著。其适应证已从眼病、风湿症、神经麻痹，扩大到许多常见病和多发病。

1. 注射部位

痛点注射，找出疼痛点进行注射。穴位注射，一般白针穴位均可使用。可根据不同的疾病，选用不同的穴位。患部肌肉起止点注射，如痛点不明显，可选择患部肌肉的起止点进行注射。

2. 药物及剂量

凡能供皮下或肌肉注射的药物，均可用于水针疗法。药物剂量应根据药物的性质、病情、注射部位以及注射点的多少加以确定。一般2～3天注射1次，3～5次为一个疗程。必要时，可停药3～7天，再进行第二个疗程。

3. 注意事项

有时注射局部有轻度的肿胀和疼痛，一般1天左右自行消失，故以每2～3天注射1次为宜。

五、激光针灸

激光是20世纪60年代发展起来的一项技术，自20世纪70年代开始被用于兽医临床治疗多种动物疾病。

1. 激光器

目前小动物临床使用最多的是He—Ne激光器，功率为1～40mW，输出一种波长为6 328Å，穿透力较强而热效应较弱的红光，主要用于照射穴位和局部组织。

2. 操作方法

根据病情选穴数个，将激光束对准穴位，距穴位5～10cm进行照射，每穴照射5～15min，每日1～2次，连续7～14天为一疗程。操作者应戴防护眼镜。

3. 适应症

He—Ne激光照射主要用于治疗犬的椎间盘突出、神经麻痹、软组织损伤、创伤以及幼犬（猫）的腹泻等。

4. 取穴

根据病情适当选穴，一般白针穴位均可选用。

六、艾灸

艾灸是将艾绒制成艾卷，点燃后熏灼动物体穴位或特定部位，以治疗疾病的方法。临床常用的有艾卷灸和温针灸两种方法。

1. 艾卷灸

将艾卷点燃，距穴位1～2cm进行持续熏灼，给患病动物一种温和刺激。一般每穴灸3～5min。

2. 温针灸

是将毫针或圆利针刺入穴位，待出现针感后，再将艾绒捏在针柄上点燃，使热力经针体传入穴位深部而发挥作用的方法，具有针刺和灸的双重作用。

七、穴位埋线疗法埋线疗法

又称埋植疗法，是把肠线埋植于穴位内，利用肠线对穴位的持续刺激以治疗疾病的方法。本法对犬、猫的眼病、腹泻等有较好的疗效。

1. 取穴

根据治疗的目的，选取适当穴位。如治疗眼病常用睛俞、睛明等穴，腹泻可用后海、后三里等穴。

2. 器材

半弯三棱针，封闭针头（针尖磨钝），5cm毫针，铬制1号、3号羊肠缝线，剪刀，持针器等。

3. 操作

取肠线1～2cm，置于封闭针孔前端，将封闭针刺入消毒好的穴位内，再将毫针插入封闭针孔，缓慢退针，以毫针将肠线植入穴内，最后封闭针孔。可每周埋植一次。或用持针器夹持带肠线的缝针，在穴位一侧1cm处进针，穿过皮肤、肌肉，从对侧穿出，将肠线两端剪断，轻提皮肤使肠线断端完全埋入皮下。此法可每20～30天重复一次。

4. 注意事项

应严格消毒，防止皮肤感染。埋线不应外露，以防脱落。

八、按摩疗法

按摩又称推拿，是术者在动物体一定部位上，运用不同手法进行按摩，以治疗疾病的一种方法。

1. 基本手法

有按、摩、推、拿、揉多种手法。

（1）按法：用手指或手掌在穴位或患部按压的方法。按时应缓缓用力，反复进行。适用于全身各部，有通经活络、调畅气血的作用。

（2）摩法：用手指或手掌在患部缓缓抚摩的一种方法。抚摩时主要依靠腕力，力度仅达皮肤或皮下，多配合推法进行，有理气和中、调理脾胃的作用。

（3）推法：用手掌向前后、左右用力推动的一种方法，常配合摩法使用。可采用单手推、双手推、指推、掌推等法。

（4）拿法：用拇指和其他手指把皮肤或筋膜提拿起来的一种方法。可单手或双手，适用于肌肉丰满处，有祛风散寒、疏通经络的作用。

（5）揉法：用手指或手掌在患部做按压和回环揉动的一种方法。有和气血、活经络的作用。

（6）打法：又名扣击法，分掌打和棒击两种。掌打法以手握空拳，击打所治部位。棒击法多用圆木锤击打患部或穴位。应用打法时，应注意轻重变换，快慢交替。打法有宣通气血、祛风散寒的作用。

2. 按摩的应用

按摩时间一般为每次5～15min，每日或隔日1次，7～10次为一疗程。间隔3～5天进行第二个疗程。按摩主要用于治疗犬、猫的消化不良、泄泻、肌肉萎缩、神经麻痹、关节扭伤等。

第三节　犬猫常用针灸穴位及适应症

穴位是针灸的刺激点，是脏腑经络的气血在体表汇集、输注的部位（表10－1、10－2，图10－1、10－2、10－3、10－4）。通过经络的联系，穴位可以接受针灸的各种刺激并将其传导至体内，使内部脏腑的功能得到调整，从而起到防治疾病的目的。

表10－1　犬常用针灸穴位

序号	穴名	定位	针法	主治
1	分水（水沟）	上唇唇沟上、中1/3交界处，一穴	毫针或三棱针直刺0.5cm	中风、中暑、支气管炎

续表

序号	穴名	定位	针法	主治
2	山根	鼻背正中有毛无毛交界处，一穴	三棱针点刺 0.2～0.5cm，出血	中风、中暑、感冒、发热
3	三江	内眼角下的眼角静脉上，左右侧各一穴	三棱针点刺 0.2～0.5cm，出血	便秘、腹痛、目赤肿痛
4	承泣	下眼眶上缘中部，左右侧各一穴	上推眼球，毫针沿眼球与眼眶之间刺入2～3cm	目赤肿痛、睛生去翳、白内障
5	锁口	口角后上方约1cm的口轮匝肌处缘处，左右各一穴	毫针向后上方刺入1～2cm	歪嘴风、牙关紧闭
6	开关	口角后上方咬肌前缘，左右侧各一穴	毫针向后上方刺入2～5cm，或向前下方透刺到锁口穴	牙头紧闭、歪嘴风面肌痉挛
7	睛明	内眼角上、下眼睑交界处，左右眼各一穴	外推眼球，毫针直刺0.2～0.3cm	目赤肿痛，眵泪，云翳
8	伏兔	耳后1～2cm，背中线旁2cm，寰椎翼后缘的凹陷处，左右侧各一穴	毫针斜向下方刺入2～4cm	破伤风，肺炎颈部疾病
9	上关	下颌关节后上方，下颌骨关节突与颧弓之间的凹陷中，左右侧各一穴	毫针直刺3cm	歪嘴风、耳聋
10	下关	下颌关节前下方，颧弓与下颌骨角之间的凹陷中，左右各侧各一穴	毫针直刺3cm	歪嘴风、耳聋
11	翳风	耳基部下颌关节后下方，乳突与下颌骨之间的凹陷中，左右侧各一穴	毫针直刺3cm	歪嘴风、耳聋
12	耳尖	耳廓尖端背面的静脉上，左右耳各一穴	三棱针点刺，出血	中暑、感冒、腹痛
13	天门	枕寰关节背侧正中点的凹陷中，一穴	毫针直刺1～3cm，或艾灸	发热、脑炎、抽风、惊厥
14	大椎	第7颈椎与第1胸椎棘突间的凹陷中，一穴	毫针2～4cm，或艾灸	发热、咳嗽、风湿症、癫痫
15	陶道	第1、2胸椎棘突，一穴	斜向后下方，毫针刺入2～4cm，或艾灸	神经痛、肩扭伤、前肢扭伤、癫痫、发热
16	身柱	第3、4胸椎棘突间的凹陷中，一穴	毫针向前下方刺入2～4cm，或艾灸	肺热、咳嗽、肩扭伤
17	灵台	第6、7胸椎棘突间的凹陷中，一穴	毫针稍向前下方刺入1～3cm，或艾灸	胃痛、肝胆湿热、肺热咳嗽
18	中枢	第10、11胸椎棘突间的凹陷中，一穴	毫针直刺1～2cm，或艾灸	食欲不振、胃炎

续表

序号	穴名	定位	针法	主治
19	悬枢	最后（第13）胸椎与第1腰椎棘突间的凹陷中，一穴	毫针斜向后下方刺入1～2cm，或艾灸	风湿症、腰部扭伤、消化不良、腹泻
20	命门	第2、3腰椎棘突间的凹陷中，一穴	毫针斜向后下方刺入1～2cm，或艾灸	风湿症、泄泻、腰痿、水肿、中风
21	阳关	第4、5腰椎棘突间的凹陷中，一穴	毫针斜向后下方刺入1～2cm，或艾灸	性机能减退、子宫内膜炎、风湿症、腰部扭伤
22	百会	腰荐十字部，即最后（第7）腰椎与第1荐椎棘突间的凹陷中，一穴	毫针直刺1～2cm，或艾灸	腰胯疼痛、瘫痪、泄泻、脱肛
23	肺俞	倒数第10肋间背中线约6cm的髂肋肌沟中，左右侧各一穴	毫针沿肋间向下斜刺入1～2cm，或艾灸	咳喘、气喘
24	心俞	倒数第八肋间距背中线6cm的髂肋肌沟中，左右侧各一穴	毫针沿肋间向下斜刺1～2cm，或艾灸	心脏疾患、癫痫
25	肝俞	倒数第四肋间距背中线6cm的髂肋肌沟中，左右侧各一穴	毫针沿肋间向下斜刺入1～2cm，或艾灸	肝炎、黄疸、眼病
26	脾俞	倒数第二肋间距背中线6cm的髂肋肌沟中，左右侧各一穴	毫针沿肋间向下斜刺1～2cm，或艾灸	脾胃虚弱、呕吐、泄泻
27	三焦俞	第1腰椎横突末	毫针直刺1～3cm，或艾灸	食欲不振、消化不良、呕吐、贫血
28	肾俞	第2腰椎横突末端相对的髂肋肌沟中，左右侧各一穴	毫针直刺1～3cm，或艾灸	肾炎、多尿症、不孕症、腰部风湿、扭伤
29	大肠俞	第4腰椎横突末端相对的髂肋肌沟中，左右侧各一穴	毫针直刺1～3cm，或艾灸	消化不良、肠炎、便秘
30	小肠俞	第6腰椎横突末端相对的髂肋肌沟中，左右侧各一穴	毫针直刺1～3cm，或艾灸	肠突、肠痉挛、腰痛
31	关元俞	第5腰椎横突末端相对的髂肋肌沟中，左右侧各一穴	毫针直刺1～3cm，或艾灸	消化不良、便秘、泄泻
32	二眼	第1、2背荐孔处，左、右侧各二穴	毫针直刺1～1.5cm，或艾灸	腰胯疼痛、瘫痪、子宫疾病
33	胸堂	胸前、胸外侧沟中的臂头静脉上，左右侧各一穴	头高位，三棱针顺血管直刺1cm，出血	中暑、肩肘扭伤、风湿症
34	中脘	胸骨后缘与肚脐的连线中点，一穴	毫针向前斜刺0.5～1cm，或艾灸	消化不良、呕吐、泄泻、胃痛
35	天枢	肚脐旁开3cm，左右侧各一穴	毫针直刺0.5cm，或艾灸	腹痛、泄泻、便秘、带症

续表

序号	穴名	定位	针法	主治
36	后海	尾根与肛门间的凹陷中，一穴	毫针稍向前上方刺入3～5cm	泄泻、便秘、脱肛、阳痿
37	尾根	最后荐椎与第1尾椎棘突间的凹陷中，一穴	毫针直刺0.5～1cm	瘫痪、尾麻痹、脱肛、便秘、腹泻
38	尾本	尾部腹侧正中，距尾根部1cm处的尾静脉上，一穴	三棱针直刺0.5～1cm，出血	腹痛、尾麻痹、腰风湿
39	尾尖	尾末端，一穴	毫针或三棱针从末端刺入0.5～0.8cm	中风、中暑、泄泻
40	肩井	肩关节前上缘，肩峰前下方的凹陷中，左右各一穴	毫针直刺1～3cm	肩部神经麻痹、扭伤
41	肩外俞（肩外颙）	肩关节后缘、肩峰后下方的凹陷中，左右肢各一穴	毫针直刺2～4cm，或艾灸	肩部神经麻痹、扭伤
42	抢风	肩关节后方，三角肌后缘，臂三头肌长头和外头形成的凹陷中，左右肢各一穴	毫针直刺2～4cm，或艾灸	前肢神经麻痹、扭伤、风湿症
43	郗上	肩外俞与肘俞连线的下1/4处，左右肢各一穴	毫针直刺2～4cm，或艾灸	前肢神经麻痹、扭伤、风湿症
44	肘俞	臂骨外上髁与肘突之间的凹陷中，左右肢各一穴	毫针直刺2～4cm，或艾灸	前肢及肘部疼痛、神经麻痹
45	曲池	肘关节前外侧，肘横纹外端凹陷中，左右肢各一穴	毫针直刺3cm，或艾灸	前肢及肘部疼痛、神经麻痹
46	前三里	前臂上1/4处，桡、尺骨间隙处，左右肢各一穴	毫针直刺2～4cm，或艾灸	桡、尺神经麻痹、前肢神经痛、风湿症
47	外关	前臂外侧下1/4处，桡、尺骨间隙处，左右肢各一穴	毫针直刺1～3cm，或艾灸	桡、尺神经麻痹、前肢风湿，便秘、缺乳
48	内关	前臂内侧下1/4处，桡、尺骨间隙处，左右肢各一穴	毫针直刺1～2cm，或艾灸	桡、尺神经麻痹、肚痛、中风
49	阳池	腕关节背侧，腕骨与尺骨远端之间的凹陷中，左右肢各一穴	毫针直刺1cm，或艾灸	腕、指扭伤，前肢神经麻痹，感冒
50	膝脉	腕关节内侧下方，第一、二掌骨间的掌心浅内侧静脉上，左右肢各一穴	三棱针顺血管直刺0.5～1cm，出血	腕关节肿痛，屈腱炎，指扭伤，风湿症，中暑，感冒，腹痛
51	涌泉（前肢）滴水（后肢）	第三、四掌（跖）骨间的掌（跖）背侧静脉上，每肢各一穴	三棱针直刺1cm，出血	风湿症，感冒

续表

序号	穴名	定位	针法	主治
52	指（趾）间（六缝）	足背指（趾）间，掌（跖）、指（趾）关节水平线上，每足三穴	毫针斜刺1～2cm，或三棱针点刺	指（趾）扭伤或麻痹
53	环跳	股骨大转子前方，髋关节前缘凹陷中，左右侧各一穴	毫针直刺2～4cm，或艾灸	后肢风湿、腰胯疼痛
54	肾堂	股内侧上部皮下静脉上，左右肢各一穴	三棱针顺血管刺入0.5～1cm，出血	腰胯闪伤、疼痛
55	膝上	髌骨上缘外侧0.5cm处，左右肢各一穴	毫针直刺0.5～1cm	膝关节炎
56	膝下	膝关节前外侧，膝中、外直韧带之间的凹陷中，左右肢各一穴	毫针直刺1～2cm，或艾灸	膝关节炎、扭伤神经痛
57	后三里	小腿外侧上1/4处的胫、腓骨间隙中，左右肢各一穴	毫针直刺1～2cm，或艾灸	消化不良，腹痛，泄泻，胃肠炎，后肢疼痛，麻痹
58	阳辅	小腿外侧下1/4处的胫骨前缘，左右肢各一穴	毫针直刺1cm，或艾灸	后肢疼痛、麻痹，发热，消化不良
59	解溪	跗关节前横纹中点，胫、跗骨间，左右肢各一穴	毫针直刺1cm，或艾灸	扭伤，后肢麻痹
60	后跟	跟骨与腓骨远端之间的凹陷中，左右肢各一穴	毫针直刺1cm，或艾灸	扭伤，后肢麻痹

表10－2　猫的常用针灸穴位

序号	穴名	定位	针法	主治
1	分水（水沟）	鼻唇沟中处，一穴	毫针直刺0.2cm	休克、昏迷中暑、冷痛
2	素髎	鼻尖上，一穴	毫针或三棱针点刺	呼吸微弱、虚脱
3	开关	口角后上方咬肌前缘，左右侧各一穴	毫针向后上方平刺0.5～2cm	歪嘴风、面肌痉挛
4	睛明	眼内角，上下眼睑交界处，左右眼各一穴	外推眼球，毫针向眼眶与眼球之间刺入0.2～0.5cm	眼病
5	太阳	外眼角后上凹陷处，左右侧各一穴	毫针直刺0.2～0.3cm	眼病、中暑
6	耳尖	耳尖背面静脉上，左右耳各一穴	小三棱针点刺血管，出血	中暑、感冒、中毒、痉挛、眼病
7	伏兔	耳后1cm，背中线旁开2cm，寰椎翼后缘的凹陷处，左右侧各一穴	毫针直刺0.5～1cm	颈部疾病、聋症

续表

序号	穴名	定位	针法	主治
8	大椎	第七颈椎与第一胸椎棘突间的凹陷中，一穴	毫针直刺1～3cm	发热、咳喘
9	身柱	第三、四胸椎棘间的凹陷中，一穴	毫针直刺2～3cm	咳嗽、气喘
10	脊中	第十一、十二胸椎棘突间的凹陷中，一穴	毫针直刺0.5～1cm	泄泻、消化不良
11	百会	腰荐十字部，即最后腰椎与第一荐椎棘突间的凹陷中，一穴	毫针直刺0.5～1cm	腰胯风湿、后肢麻木
12	肝俞	倒数第四肋间的髂肋肌沟中，左右侧各一穴	毫针向脊柱方向刺入1～1.5cm	胸腰部疼痛，排尿失常
13	脾俞	倒数第二肋间的髂肋肌沟中，左右侧各一穴	毫针向脊柱方向刺入0.5～1cm	脾胃虚弱，便秘、泄泻
14	次髎	第一背荐孔处，左右侧各一穴	毫针直刺1～2cm	髋部疼痛，便秘
15	后海	尾根与肛门间的凹陷中，一穴	毫针稍向前上方刺入3～5cm	腹泻，便秘，脱肛，阳痿
16	尾尖	尾部尖端，一穴	毫针直刺0.5～1cm	便秘，后躯麻痹等后躯疾病
17	膊尖	肩胛骨前角的凹陷中，左右侧各一穴	毫针向后下方刺入1cm	颈部疼痛，肩关节疼痛
18	膊栏	肩胛骨后角的凹陷中，左右侧各一穴	毫针向前下方刺入1cm	肩、胸部疼痛
19	肩井	肩关节前上缘的凹陷中，左右肢各一穴	毫针直刺0.5～1cm	肩部疼痛，前肢风湿、麻木
20	抢风	肩关节后方，三角肌后缘、臂三头肌长头和外头形成的凹陷中，左右侧各一穴	毫针直刺1～1.5cm	前肢疼痛、麻痹，便秘
21	肘俞	臂骨外髁与及肘突之间的凹陷中，左右肢各一穴	毫针直刺1～1.5cm	肘部肿痛、前肢麻木
22	曲池	肘窝横纹外端与肱骨外上髁之间，左右肢各一穴	毫针直刺0.5～1cm	前肢疼痛、麻木、发热
23	前三里	前臂上1/4处，腕外侧屈肌与第五指伸肌之间的肌沟中，左右肢各一穴	毫针直刺1～1.5cm或艾灸	前肢疼痛、麻痹、肠痉挛
24	太渊	腕部桡侧缘的凹陷中，左右肢各一穴	毫针直刺0.5～1cm	腕部疼痛

续表

序号	穴名	定位	针法	主治
25	指（趾）间	足背指（趾）间，每足三穴	毫针直刺 0.2～0.3cm	肢体麻木、中暑、中毒、泌尿器官疾病
26	环跳	股骨头和髋部连接处形成的凹陷中，左右侧各一穴	毫针直刺 0.3～0.5cm	胯部疼痛
27	汗沟	股骨大转子与坐骨结节连线与股二头肌沟的交点处，左右侧各一穴	毫针直刺 1.5～2cm	荐骨痛、腰胯痛
28	掠草	膝盖骨下缘下胫骨近端形成的凹陷中，左右肢一穴	毫针斜刺 1.5～2cm	膝关节疼痛、后肢麻痹
29	后三里	小腿外侧上部，髌骨下	毫针直刺 1.5～2cm	食欲不振、呕吐、泄泻、后肢麻痹
30	太溪	内踝与跟腱之间，左右肢各一穴	毫针直刺 0.5～1cm，或透刺跟端穴	排尿异常、难产
31	跟端	外踝与跟腱之间，左右肢各一穴	毫针直刺 0.5cm，或透刺太溪穴	飞节肿痛

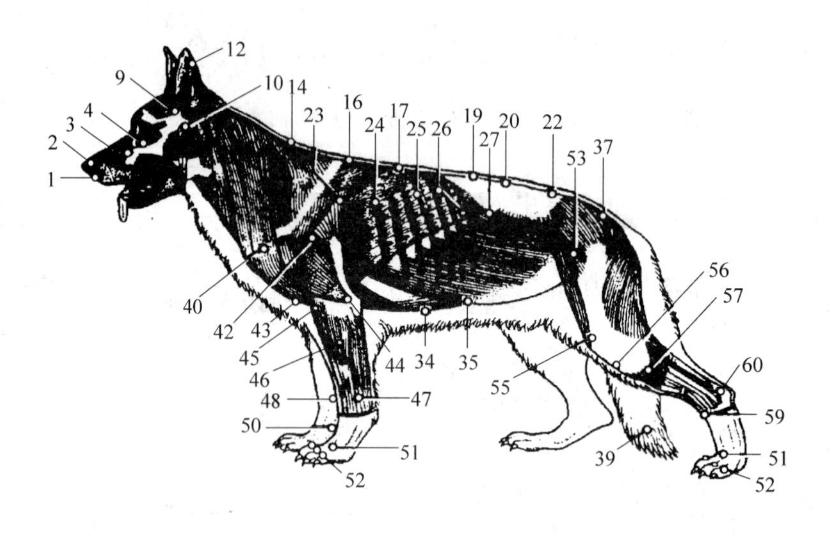

1. 分水　2. 山根　3. 三江　4. 承泣　9. 上关　10. 下关　12. 耳尖
14. 大椎　16. 身柱　17. 灵台　20. 命门　22. 百会　23. 肺俞
24. 心俞　25. 肝俞　26. 脾俞　27. 三焦俞　34. 中脘　35. 天枢
37. 尾根　40. 肩井　42. 抢风　43. 郄上　44. 肘俞　45. 曲池
46. 前三里　47. 外关　48. 内关　50. 膝脉　51. 涌滴　52. 六缝
53. 环跳　55. 膝上　56. 膝下　57. 后三里　59. 解溪　60. 后跟

图 10－1　犬针灸穴位图

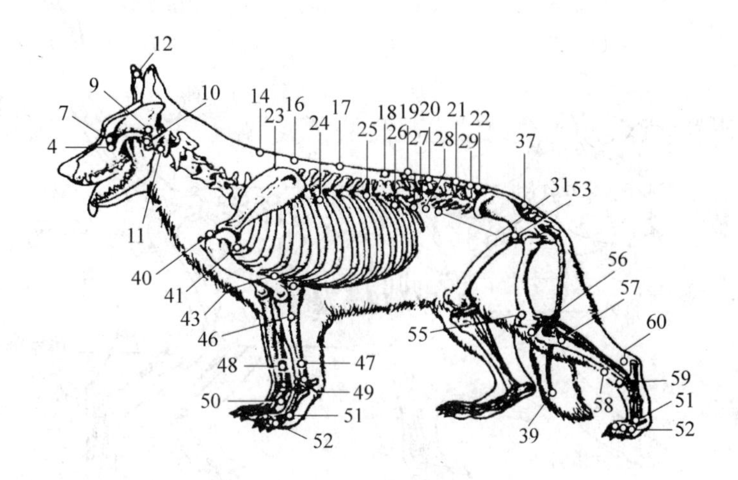

4. 承泣 7. 睛明 9. 上关 10. 下关 9. 上关 11. 骰风 12. 耳尖 14. 大椎 16. 身柱 17. 灵台 18. 中枢 19. 悬枢 20. 命门 21. 阳前 22. 百会 23. 肺俞 24. 心俞 25. 肝俞 26. 脾俞 27. 三焦俞 28. 肾俞 29. 大肠俞 31. 关元俞 37. 尾根 40. 肩井 41. 肩外俞 43. 郗上 46. 前三里 47. 外关 48. 内关 49. 阳池 50. 膝脉 51. 涌滴（后肢滴水） 52. 六缝 53. 环跳 55. 膝上 56. 膝下 57. 后三里 58. 阳辅 59. 解溪 60. 后跟

图 10－2 犬针灸穴位图

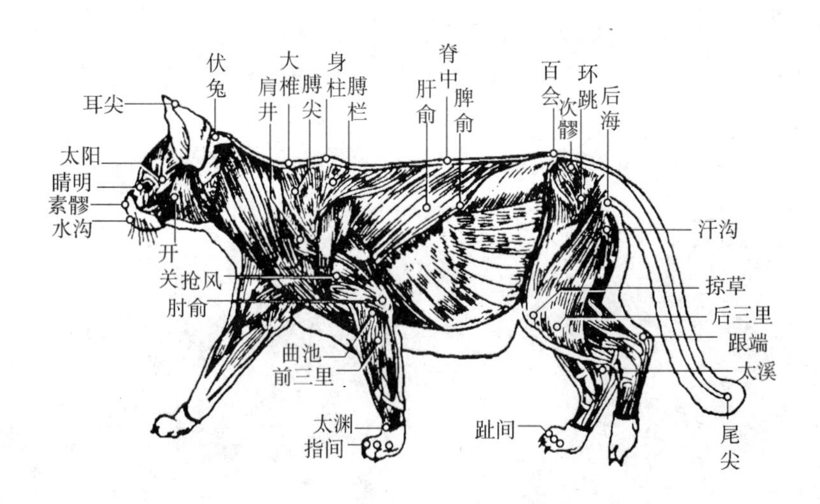

图 10－3 猫针灸穴位图

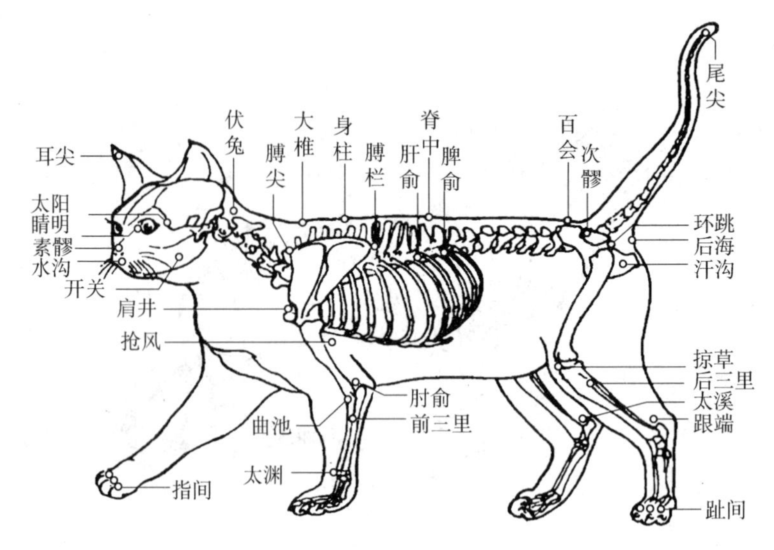

图 10－4　猫针灸穴位图

复习思考题

1. 犬猫针灸前的准备方法有哪些?
2. 宠物针刺方法有哪些?
3. 宠物临床常用针灸疗法有哪几种?

第十一章　宠物临床治疗技术实验实训指导

一、实验目的与任务

根据宠物医疗专业的教学计划内容，结合本课程专业特点制定的宠物治疗学实验实训内容。实验实训目的是让学生掌握宠物临床治疗的基本方法和技术，特别是常用治疗技术和治疗方法，并掌握常用穿刺技术和常用手术疗法，掌握常用治疗仪器的原理及使用，培养学生实践动手能力，提高学生临床治疗技术技能。

二、实训内容和要求

（一）实训内容

1. 宠物临床保定方法

了解宠物的特性，掌握宠物临床保定方法。

2. 宠物的给药方法

掌握宠物临床常用给药方法。

3. 宠物临床灌肠法、导尿、麻醉等

了解宠物临床灌肠及导尿技术，重点掌握宠物的麻醉技术及穿肠术等必要的治疗方法。

4. 宠物常用手术疗法

掌握必要的一些手术治疗方法。

5. 临床常用穿刺技术

了解临床常用穿刺技术的穿刺部位并熟练掌握各种穿刺技术。

6. 临床常用治疗方法

了解临床常用治疗方法的原理，熟练掌握各种治疗方法的操作及应用。

7. 宠物临床中医针灸疗法

熟悉宠物临床常用针灸部位，熟练掌握临床针灸技术。

（二）实训要求

1. 突出实践动手能力

在教学实训中按实训内容进行，注意发挥学生的主观能动性，让学生亲自动手操作。切实把培养学生的实践动手能力放在突出位置。

2. 实现学生自己参与意识

在实训中尊重客观规律，让学生自主参与实训活动，以学生为主体，注意多做，反复练习。

3. 理论联系实际、注意实践

学生在掌握必要的理论知识基础上，要强化实践动手能力，通过反复实践，熟练掌握各种治疗方法和技术。

4. 实践内容要精心设计，组织合理

教师在实训准备时，要紧密结合生产实际，对实训题目精心安排，实训目标明确，实训用品准备充分，实训方法得当，实训过程严谨。

5. 实训结束，必须有针对性地进行考核，并让学生认真填写实训报告。

（三）实训学时分配

根据宠物治疗技术的实训内容合理安排实训课时。

实训学时分配表

序号	实训内容	学时
1	宠物的接近与保定	2
2	宠物的给药方法	4
3	宠物的灌肠与导尿	2
4	宠物的麻醉	2
5	宠物的常用穿刺技术	4
6	宠物的输血及输液方法	2
7	宠物的物理疗法	2
8	宠物的给氧方法	2
9	宠物的普鲁卡因封闭疗法	2
10	宠物的针灸疗法	4
11	石蜡疗法	2
12	技能考核	2
合计		30

实习一　宠物的接近与保定

一、目的和要求

通过实习，了解犬、猫的习性，掌握接近宠物和宠物常用保定方法，并了解注意事项，确保诊疗过程的安全。

二、内容和方法

（一）接近宠物的方法

接近宠物前，应了解并观察欲接近宠物的习性及其惊恐和攻击人、畜的神态，如犬的吠叫，猫的喵叫等，以防意外的发生，确保人畜的安全。

接近宠物时，一般应请畜主在一旁协助保定，检查者以温和的呼声，先向动物发出欲接近的信号，然后再从其侧方徐徐接近，绝对不可以从其正前方突然接近。

接近后，先用手轻轻抚摩犬、猫的头顶和臀部，使其保持安静和温顺状态，再进行保定。

（二）宠物保定法

1. 犬的保定方法

（1）徒手保定法　此法一般由训犬员或犬主进行，保定时可用双手抓住犬的左右二耳以控制其头部；以一手握住犬嘴，另一手固定犬头部。常用于训练有素的警犬及温驯的成年犬、幼犬的保定。尚未训练的凶猛犬不宜采用此法。

（2）口笼或绷带保定法

①口笼保定法：一般采用皮革、厚帆布制成的口笼或软丝尼龙、棉麻的网状口笼，根据犬的体型大小选择适当型号，套在口鼻部系牢。保定人员抓住脖圈，防止犬用四肢将口笼抓掉。

②绷带保定法：用一根1m左右长的绷带或其他绳索，在中间打一活结圈套，将该圈套至犬鼻背中间和下颌中部，然后迅速拉紧圈套，再将绷带两端绕过耳后收紧打结即可。

③铁环保定法：取一直径与犬嘴粗细相似的带有两条绳索的金属环，将金属环套在犬的嘴上，并将绳索从颌下十字交叉，引至颈部固定即可。

④颈钳保定法：此方多同于凶猛的犬。选用颈钳柄长90～100cm，钳端为二个半圆形钳嘴的颈钳，大小应根据犬的大小而定，使之恰能套入犬的颈部，以不致松脱又不过紧为宜。保定时，保定人员持钳柄，张开钳嘴将犬套入后再合拢钳嘴，以限制犬头的活动。

⑤保定台保定法：用适宜的台架，将犬保定成需要的姿势，如仰卧、侧卧或俯卧。

2. 猫的保定

①徒手捉猫与保定：一手抓着猫的颈背部皮肤，另一手托起猫的腰荐部或臀部，使猫的腹壁朝前，猫的大部分体重落在托臀部的手上，这样既安全又方便。也可利用猫对主人的依恋性，由主人亲自捉猫。保定时最后两人相互配合，一个人抓住猫的颈背部皮肤，另一个人双手分别控制住猫的前肢和后肢，以免把人抓伤。

②反绑保定法：将猫两前肢反转向背面，用布条捆绑，使两后肢朝上不着地。

③布袋保定法：可选用与猫体大小相当的布口袋，把猫装入，将猫的一条后腿露出布袋，然后紧缩袋口，一手拉住后腿便可进行注射、灌肠等。

④四柱保定法：将板凳倒放，四腿朝上，作为四柱，把猫仰卧其中，每柱绑一条腿，使猫固定不动。也可用普通木椅，将猫仰卧于椅子上，用纱布条将四肢分别固定在椅子的四条腿上，头部自鼻端至下颌做一环扣，将猫的头部固定于椅子靠背中部。

3. 犬、猫的化学保定法

化学保定是指应用化学药物，使动物暂时失去正常活动能力的一种保定方法。这种活动能力暂时丧失，一般为肌肉松弛所致，而动物感觉却依然存在或部分减退。

常用药物及使用方法

①氯胺酮：犬和猫的氯胺酮肌肉注射量为22～30mg/kg，3～8min进入麻醉，可持续30～90min，氯胺酮进入体内后，心率稍加快，呼吸变化不明显，睁眼、流泪、眼球突出，口及鼻分泌物增加。氯胺酮具有药量小、诱导快而平稳、清醒快、无呕吐及躁动等特点。在临床上如发现犬的麻醉深度不够时，可以随时追加氯胺酮的药量，多次反复追补，均不

会产生不良后果。

②噻胺酮：或称复方麻保静，从制动效果看，噻胺酮的诱导期比氯胺酮长2～3min，且很少出现兴奋性增高的现象，呕吐的发生也低于氯胺酮。注射噻胺酮后肌张力下降，达到安全肌肉松弛状态，心率及呼吸下降，有时发生呼吸抑制现象（均占2%左右），主要是因为麻保静发生作用的结果。噻胺酮的成分是5%氯胺酮1ml，麻体静1ml，混合后肌肉注射，犬的使用量5mg/kg，猫的使用剂量为3mg/kg。噻胺酮复苏药，常用的是回苏3号（1%苯噁唑），静脉推注后，一般2min后可自然起立，其用量为噻胺酮与回苏3号的此例1∶1，肌肉注射回苏3号应加倍。

③麻保静：药理作用很广，在安静，镇静、镇痛、催眠、松肌、解热消炎、抗惊厥、局部麻醉等八个方面都有明显作用，无论单独使用或者和其他镇静剂、止痛剂合用，均能收到满意效果。犬的剂量为0.5～2.5mg/kg体重。

④846合剂：本药安全系数大于保定宁，犬、猫的推荐剂量为0.1～0.15ml/kg体重，肌肉注射，本药副作用主要是对犬的心血管系统的影响，表现心动徐缓，动脉血压降低，窦性心律不齐等，用药剂量过大，呼吸频率和呼吸深度受抑制，甚至出现呼吸暂停现象。若出现麻醉过量的征候时，可用846合剂的催醒剂（每ml含4-氨基吡啶6.0mg、氨茶碱90.0mg）作为急救药物，用量为0.1ml/mg体重，静脉注射。

实习二　宠物给药的基本方法

一、目的和要求

通过本次实习训练，熟悉给药的基本方法，熟练地掌握宠物各种给药方法的操作及注意事项，为治疗宠物疾病奠定坚实的实践基础。

二、内容和方法

根据药物的剂型、剂量、性状及宠物病情不同可分为经口投药法、注射给药法、直肠投药法。

（一）经口投药法

经口投药是最为常用的投药方法。经口投药时要细心谨慎，确保药物进入消化道，并要注意防止药物误入气管而引起异物性肺炎。

1. 固体药剂的给药

常用的固体药剂有片剂、丸剂、散剂、粉剂等。投药时左手将上两侧口角唇压入齿列，使其被盖于臼齿上，打开口腔，右手中指和食指夹药送到舌根部，然后迅速把手抽出来，将犬嘴合拢，并刺激咽部，将犬的鼻孔捏住，促使犬做吞咽动作将药吞下。粉剂、散剂可以用犬爱吃的肉块、馒头、包子等食物包好喂服。

2. 液体药物给药法

投入少量的液体药物，可按上法将犬口张开，右手持勺将药灌入。投入大量液体药物时，用胃导管给药。用开口器把犬口腔打开并固定，用大小合适的胃导管，涂以润滑剂，插入口腔从舌面上缓缓推入咽部，当犬做出吞咽动作时，顺势将胃管插入食管至胃内。外端接漏斗，将药液灌入完毕，缓慢拔出胃导管（表11－1）。

表11－1　胃管插入食道或气管的鉴别要点

鉴别方法	插入食道内	插入气管内
手感	胃管插入食道，推送胃管稍有阻力感，发滞	无阻力，有时引起咳嗽
向胃管内充气反应	随气流进入，颈沟部可见有明显波动	无波动
将胃管另端浸入水盆内	水内无气泡	随呼吸动作水内出现气泡

注意：

（1）插入或抽动胃管时要小心，缓慢，不要粗暴。

（2）病犬呼吸极度困难或咽炎，咽麻痹，忌用胃管给药。

（3）当证实胃管插入食道深部后进行灌药。如灌药后引起咳嗽、气喘，应立即停灌。

（二）注射给药法

注射法是使用注射器将药液直接注入宠物体内的给药方法。它具有药量小、奏效快、避免经口给药麻烦和降低药效的优点。

1. 皮内注射

（1）目的和要求　用于犬结核病的变态反应诊断。(结核菌素皮内试验)。

（2）准备　结核菌素注射器械或1ml特制的注射器与短针头。结核菌素，消毒用碘酒棉球、酒精棉球、剪毛剪子等。

（3）部位　颈侧中部。

（4）方法　左手拇指与食指将皮肤捏起皱褶，右手持注射器使针头尖与皮肤呈30°角刺入皮内约0.5cm，深达真皮层，即可注射规定量的药液。注毕，拔出针头，术部轻轻消毒，但应避免挤压。

注射准确时，可见注射局部形成小豆大的隆起，并感到推药时有一定阻力，如误入皮下则无此现象。

（5）注意事项　注射部位一定要认真判定准确无误，否则将影响诊断和预防接种的效果。

2. 皮下注射

（1）目的和要求　将药液注射于皮下结缔组织内，经毛细血管、淋巴管吸收进入血液，发挥药效作用，而达到防治宠物疾病目的。

凡是易溶解、无刺激性的药品及疫苗、菌苗等，均可做皮下注射。

（2）实训器材准备及实验动物准备　注射用10、20、50ml注射器及针头若干；消毒用碘酒棉球、酒精棉球、剪毛剪子等；药液（生理盐水500.0ml×1瓶）；犬、猫各一只。

（3）部位及方法　多选在皮肤较薄、富有皮下组织、松弛容易移动、活动性较小的部位。犬多在颈侧及股内侧。

当吸引药液前，先将安瓿封口端用酒精棉球消毒，并随时检查药品名称及质量，而后打去顶端，再将连接针头的注射器插入安瓿的药液中，慢慢抽出针筒活塞吸引药液到针筒中，吸完后排出气泡，用酒精棉消毒注射部位皮肤，左手拇指和中指捏起注射部位的皮肤，同时以食指尖压皱褶向下陷窝，右手持连接针头的注射器，从皱褶基部的陷窝处刺入皮下2～3cm，此时如感觉针头无抵抗，且能自由活动针头时，左手把持针头连接部，右手推压针筒活塞，即可注射药液。如需注入大量药液时，应分点注射。注完后，左手持酒精棉球按压刺入点，右手拔出针头，局部消毒。必要时可对局部轻度按摩，以促进药液吸收。

（4）注意事项　对局部刺激性较强的药物如钙制剂、砷制剂、水合氯醛及高渗溶液等，因易诱发炎症，甚至组织坏死，故不宜皮下注射。

3. 肌肉注射

（1）目的及要求　肌肉注射是将药液注入肌肉内。因肌肉内血管丰富，药液注入肌肉内吸收较快。其次肌肉内的感觉神经较少，故疼痛轻微。所以一般刺激性较强和难吸收的药液；进行血管内注射有副作用的药液；油剂、乳剂而不能进行血管内注射的药液；为了缓慢吸收，持续发挥作用的药液等，均可应用肌肉注射。

（2）器材准备　同皮下注射。

（3）部位及方法　犬、猫注射部位多在颈侧部及臀部。

注射部位剪毛消毒，左手拇指与食指轻压，注射局部，右手如执笔或持注射器，使针头与皮肤呈垂直，迅速刺入肌肉内。一般刺入2～4cm，而后用左手拇指与食指捏住露出皮外的针头结合部分，以食指指节顶在皮上，再用右手抽动针筒活塞，确认无回血后，即可注入药液。注射完毕，用左手持酒精棉球压迫针孔部，迅速拔出针头。

或以左手拇指、食指捏住针体后部，右手持针筒部，两手握住射器，垂直迅速刺入肌肉内，而后按上述方法注入药液。

左手持注射器，先以右手持注射针头刺入肌肉内，然后把注射器转给右手，左手把持住针头，右手持的注射器与针头接合好，再行注入药液。

（4）注意事项

①针头刺入深度，一般只刺入2/3，不宜全长刺入，以防针体折断。

②对强刺激性药物如水合氯醛、钙制剂、浓盐水等，不能肌肉内注射。

③注射针尖如接触神经时，则动物表现疼痛不安、应变换方向，再注射药液。

④一旦针体折断，应立即拔出。如不能拔出时，先将动物保定好，防止骚动，经局部麻醉后迅速切开注射部位，用小镊子或钳子拔出折断的针体。

4. 静脉内注射

（1）目的与要求　静脉注射主要应用于大量的输液、输血；以治疗为目的急需速效的药物（如急救、强心等）；注射刺激性较强的药物或皮下、肌肉不能注射的药物等。

（2）器械准备及实验动物准备　滴管（人用点滴管6.5～7号）1～2个，注射器50ml一只，输液瓶或人用5%葡萄糖，0.9%生理盐水注射液250ml规格的药液；橡皮膏、乳胶管消毒用棉球等；犬、猫各一只。

（3）部位及方法　颈静脉的上1/3与中1/3的交界处；后肢外侧隐静脉前支和前肢的挠侧皮静脉。

颈静脉的上1/3与中1/3的交界处，行静脉注射，宠物需站立保定，固定好头部，使动物头稍向前伸，注射者先于注射部位剪毛消毒后，左手拇指压迫颈静脉沟，使颈静脉怒张，右手持静脉注射针头，在左手压迫处前方3～5cm处，针尖与皮肤呈45°角，斜向前刺入颈静脉，有血液流出稍顺针，而后连接已排尽空气的输液瓶滴管，接好后打开滴管控制阀调节输液速度，用夹子将滴管固定在颈部被毛上。

后肢外侧隐静脉前支及前肢的挠侧皮静脉注射。先将动物横卧保定后，于注射部位剪毛消毒，用止血带扎住近心端，使静脉怒张，右手指已连接输液瓶并排尽空气的滴管针头与皮肤呈15°～20°角刺入血管，解开止血带，打开控制阀，轻捏滴管看是否有回血、如有回血，可用橡皮膏固定针头，缓慢注入药液，若不见回血可重新调整滴管针头至有回血为止。

静脉注射完毕后，迅速拔出针头，并用消毒药棉压迫针孔，片刻后再涂碘酊。

（4）注意事项　严格遵守无菌操作规程，对所有注射用具，注射部位均应严密消毒。

①注射时要注意检查针头是否畅通，当反复刺入时，常被组织块或血凝块堵塞，应随时更换针头。

②注射时要看清脉管经路，明确注射部位，准确一针见血，防止乱刺，以免引起局部血肿及静脉炎。

③刺针前应排净注射器或输液管中的气泡。

④混合注入多种药物时，应注意药物配伍禁忌，油类制剂不能静脉注射。

⑤大量输液时，速度不宜过快，以每分钟3～5ml为宜，药液温度应接近动物体温，同时注意心脏功能。

⑥输液过程中，要经常注意宠物的表现，如有骚动、出汗、气喘、肌肉震颤等征象时，应及时停止注射。当发现输入液体突然过慢或停止以及注射局部明显肿胀时，应检查回血，放低输液瓶，或一手捏紧滴管上部，使药液停止下流，再用另手在输液管下部突然加压或拉长，并随即放开，利用产生的一时性负压，看其是否回血。如针头正滑出血管外，则应顺针或重新刺入。

（5）静脉注射时药液外漏的处理　静脉注射时，常由于未刺入血管或刺入后动物骚动而针头移位脱出管外，致使药液漏于皮下。故当发现药液外漏时，应立即停止注射，根据不同的药液采取不同措施处理。

①立即用注射器抽出外漏的药液。

②如为等渗溶液（生理盐水等葡萄糖），一般很快自然吸收。

③如为高渗盐溶液，应向肿胀局部及其周围注入适量的灭菌蒸馏水，以稀释之。

④如是刺激性强或有腐蚀性的药液，则应向其周围组织内，注入生理盐水；如系氯化钙液，可注入10%硫酸钠或10%硫代硫酸钠10～20ml，使氯化钙变为无刺激性的硫酸钙和氯化钠。

⑤局部可用5%～20%硫酸镁进行温敷，以缓解疼痛。

⑥如系量药液外漏，应做早期切开，并用高渗硫酸镁溶液引流。

5. 腹膜腔注射

（1）目的与要求　腹膜吸收能力很强，当动物心力衰竭，静脉注射出现困难时，可通过腹膜腔进行补液。

（2）器械准备同肌肉注射

（3）部位及方法　犬、猫注射部位在下腹部耻骨前缘前方3～5cm腹白线的侧方。

犬、猫可前躯侧卧，后躯仰卧保定。术部剪毛消毒，左手持注射针头，用手持注射器，两手配合垂直刺入腹膜腔2～3cm。回抽无气泡，血及脏器内容物后，右手推动注射器活塞，注入药液，完毕后拔出针头，局部涂以碘酊。

（4）注意事项　注入的药液如量较大时，需将药液加温至接近体温。否则易造成动物腹痛发生。

6. 气管内注射

（1）目的及要求　将药液注入气管内。用于治疗肺脏与气管疾病及肺脏的驱虫。

（2）器械准备　同腹腔注射，动物行站立保定，抬高头部，术部剪毛消毒。

（3）部位及方法　注射部位在颈腹侧上1/3下界的正中线上，在第4、5气管环之间。局部消毒后，左手固定颈部注射部位，右手持吸有药液并装着注射针头的注射器，垂直刺入1～1.5cm，然后慢慢注入药物，完毕，拔出针头，局部涂以碘酊。

（4）注意事项

①注射前宜将药液加温至宠物体温，以减轻刺激。

②注射过程中遇有宠物咳嗽时，应暂停，待安静后再注入。

③注射速度不宜过快，以免刺激气管黏膜，咳出药液。

7. 心脏内注射

（1）目的及要求　当宠物心脏功能急剧衰竭，静脉注射急救无效时，可将强心剂直接注入心脏内，恢复心功能挽救患病动物。此外，还应用于家兔等实验动物的心脏直接采血。

（2）动物及器械准备　动物行站立保定，准备一般注射针头、注射器；注射药物多为肾上腺素。

（3）部位及方法　犬在胸左侧3、4肋间，肩关节水平线交会处；局部剪毛消毒后，左手固定术部，右手持接有针头的注射器与皮肤垂直刺入6～8cm，当回抽有血液时说明刺入心腔，可注入药物。完毕后涂入碘酊压迫片刻。

（4）注意事项

①动物应确实保定，操作要认真，刺入部位要准确，以防损伤心肌。

②当针刺入心肌，注入药液时，易发生各种危险。此乃深度不够所致，应继续刺入至心室内经回血后再注入。

③心脏内注射药液需缓慢进行，注射过急可以引起心肌的持续性收缩，易诱发急性心搏动停止。

④心脏内注射不得反复进行，此种刺激可引起传导系统发生障碍。

实习三　宠物的灌肠与导尿

一、灌肠法

（一）目的和要求

犬灌肠法使用范围较窄，主要用于配合其他给药法治疗肠炎、便秘、早期肠套叠等，或当犬呕吐剧烈且静脉输液有困难时，可作为营养补给途径。犬的灌肠法分为浅部灌肠法与深部灌肠法两种。

（二）内容和方法

1. 浅部灌肠法

浅部灌肠法是指将药液灌入直肠和结肠的方法。主要适用于直肠或结肠的便秘，直肠或结肠的炎症，剧烈呕吐不能经口给药的病犬。

(1) 保定及器械准备 病犬行小动物手术台侧卧保定或一人抓住犬两后肢稍上方提举悬垂，让犬两前肢仍然自然站立，另一人保定犬的头部。器械100ml注射器或吊桶各一个，直径1cm的胶管长1m，灌肠药液；3%～5%单宁酸溶液，0.1%高锰酸钾溶液1%温盐水，甘油、微温肥皂水等，营养溶液可备葡萄糖溶液、淀粉浆等。

(2) 操作方法 助手将尾巴拉向一侧，操作者将连接注射器或吊桶的胶管轻轻地插入肛门内4～5cm，然后推动注射器活塞或高举吊桶将药液灌入直肠内。灌肠完毕，拔出胶管，用尾根按压肛门1～2min，然后松解保定。灌入量：幼犬50～100ml，成犬100～200ml。

2. 深部灌肠法

深部灌肠法是将大量药液经肛门灌入前部肠管和胃内的方法。本方法适用于治疗犬的肠套叠，食入毒物尚未出现中毒症状的病犬及排出胃内异物等。

(1) 保定及器械准备 幼犬可按照浅部灌肠的保定方法进行保定。成犬可将两后肢系绳后将犬吊起，助手保定犬的前肢和头部。所需器械同线部灌肠法。

(2) 操作方法 首先将药液加温至38～39℃，可灌入肥皂水，0.01%高锰酸钾或生理盐水等。操作者戴医用乳胶手套，左手拉起尾部，右手将灌肠器胶管头部浸上液体石蜡，插入肛门，深度为8～10cm，助手高举灌肠器吊桶或连接大号注射器，将药液注入直肠。若直肠内积粪较多，需先注入少量药液软化粪便，待犬排净后再灌肠。灌入量：幼犬800～1 000ml，成犬1 000～2 000ml。

(3) 注意事项 灌肠过肠中，要注意病犬腹围扩张的强度并严密观察犬的呼吸变化。以防胃内液体的急剧增多，向前压迫横膈，间接压迫心肺，导致病犬窒息死亡。如发现病犬呼吸异常，应立即停止灌肠并松解保定。

二、导尿法

(一) 目的和要求

导尿是指将1条粗细适宜的管子经尿道插入膀胱内而排出尿液的方法。其目的是缓解尿闭，采取药液进行检查和进行膀胱灌洗。其中膀胱灌洗是在排空膀胱潴尿后，随即注入药注液，对膀胱炎、尿道炎等疾病进行治疗。

(二) 内容和方法

1. 公犬导尿法

(1) 器材的准备及实验动物准备 应用的器材和药品为直径1.3～3.3mm的导尿管（导尿管可用橡胶管、尼龙管、硅胶管或金属管制成），注射器、润滑剂、0.1%新洁尔灭，医用乳胶手套等，公犬。

(2) 保定 左（右）侧卧保定，前上面的后肢拉向前方固定。

(3) 操作方法 事先依据犬体的大小选择合适的导尿管，浸入0.1%新洁尔灭溶液中消毒备用。导尿时戴无菌乳胶手套，一手将包皮向后退缩拉出阴茎，另一手将导尿管经尿道外口徐徐插入尿道内，并慢慢向膀胱内插进，插入过程中要防止导尿管污染。当导尿管顶端到坐骨弓处时，用手指隔着皮肤向深部压迫，有助于导尿管进入膀胱。导尿管一旦进入膀胱，即见尿液流出。导尿完毕，向膀胱内注入生理盐水或适量抗生素溶液，然后拔出导尿管。

2. 母犬导尿法

（1）器械准备　人的导尿管、注射器、润滑剂、照明光源、0.1%新洁尔灭溶液、0.5%盐酸普鲁卡因溶液、收集尿液的容器等。

（2）保定　仰卧保定，后肢向前转位。

（3）操作方法　用0.1%新洁尔灭溶液清洗阴门及阴道，然后用0.5%盐酸普鲁卡因溶液滴注到阴道穹隆内，对阴道黏膜进行表面麻醉，以缓解导尿过程中的不舒适感。术者戴无菌乳胶手套，左手食指伸入阴道，于阴道底壁触摸尿道结节处的尿道外口，右手持导尿管在左手食指引导下将其向前下方插入尿道外口，徐徐向膀胱推进，直至尿液流出。导尿完毕，向膀胱内注入0.01%新洁尔灭溶液或适量抗生素溶液，然后拔出导尿管。该导尿法亦称盲目导尿法。

对去势的母犬采取盲目导尿法导尿有一定困难，可用带有照明光源的内镜深入阴道，观察阴道底壁上的尿道结节，然后将导尿管插入尿道外口，并经尿道插入膀胱内。该导尿法又称明视导尿法。

（4）注意事项

①操作时，关键是寻找尿道结节处的尿道外口，不要把导尿管插入阴蒂凹内。

②操作过程中，严禁粗暴进行，以免损伤膀胱及尿道黏膜。

实习四　宠物的麻醉

一、目的和要求

用于犬腹壁、腹腔、盆腔、肛门、会阴部与后肢的手术等。

麻醉是诊疗过程中常用的技术，在对病犬行外科手术或某些检查和治疗时，为确保安全和手术顺利进行，所采取的一种必要措施。

根据麻醉要求不同，可以分为局部麻醉和全身麻醉两大类。

1. 局部麻醉

局部麻醉是利用局部麻醉选择性地暂时阻断神经末梢、神经纤维以及神经干的冲动传导，使其分布和支配的相应局部组织暂时丧失痛觉的麻醉方法。目前兽医临床较多采用的局部麻醉方法主要是表面麻醉和硬膜外腔麻醉。此外还有浸润麻醉及传导麻醉。

2. 表面麻醉

表面麻醉是将适宜的局部麻醉药液滴在或喷洒在黏膜表面。利用局部麻醉药的渗透作用，使其感觉消失。常用的表面麻醉药主要是0.5%盐酸丁卡因和2%盐酸利多卡因，多用于犬眼结膜或角膜表面麻醉，适用于眼球脱出复位整复术、犬瞬膜腺摘除与复位术、角膜溃疡瞬膜瓣遮盖术等；1%～2%盐酸丁卡因和2%～4%盐酸利多卡因常用于口腔、鼻黏膜或直肠黏膜麻醉，适用于口腔乳头状瘤摘除术、鼻腔或直肠息肉摘除术等。

3. 硬膜外腔麻醉

硬膜外腔麻醉是将局部麻醉药经腰荐间隙或腰椎间隙注入硬膜外腔中，以阻滞脊神经的传导，使其所支配的区域暂时丧失痛觉。

二、内容和方法

（一）保定及器材准备

器材：16 号针头、20、50ml 注射器、硬膜外导管（长度 5cm），2% 盐酸普鲁卡因 10ml ×2 支，实验犬、猫各一只。

动物保定：将病犬侧卧保定，两后肢前伸，使背腹部尽量弓起呈弧形。

（二）操作方法

术部选择腰荐间隙，局部剪毛消毒后，术者用 16 号注射针头刺破皮肤和韧带，再将硬膜外穿刺针沿针眼刺入，当刺破黄韧带后即到硬膜外间隙，然后经针蒂插入硬膜外导管，长度 3～5cm，将吸有 2% 盐酸普卡因的注射器与导管连接，缓慢注入药液 8～10ml。

1. 浸润麻醉

将局部麻醉药液注射到皮下或深部组织中，使药液与局部浸润区域的感觉神经纤维相接触而产生麻醉效果。在临床上最常用的局部浸润麻醉药为 0. 25%～10% 盐酸普鲁卡因。

2. 传导麻醉

在神经干周围注射局部麻醉药，使其所支配的区域失去痛觉，称为传导麻醉，在兽医临床上常用的传导麻醉药为 2% 盐酸利多卡因。

3. 全身麻醉

全身麻醉是利用全身麻醉药抑制中枢神经系统，暂时使动物的意识、感觉、反射和肌肉张力部分或全部丧失的麻醉方法。依据麻醉药引入体内的方式不同，将全身麻醉分为非吸入麻醉和吸入麻醉两大类。

（1）非吸入麻醉　即将全身麻醉药通过皮下、肌肉、静脉或腹腔等途径注入体内而产生麻醉作用的方法。犬非吸入性麻醉常用药物及麻醉方法有下列几种。

①速眠新麻醉，0. 1～0. 15ml/kg 体重，肌肉注射，麻醉维持时间为 1h。

②速眠新-氯胺酮麻醉，速眠新 0. 05～0. 1ml/kg 体重，氯胺酮 5～10mg/kg 体重，混合肌肉注射，麻醉维持时间 1～1. 5h。

③安定-氯胺酮麻醉，安定与氯胺酮按 1∶1 体积比例混合，以 0. 2ml/kg 体重剂量静脉注射，麻醉维持时间约 0. 5h。

④静松灵-氯胺酮麻醉，首先按照 1. 8～2mg/kg 体重的剂量肌肉注射静松灵，10min 后肌肉注射氯胺酮 5～10mg/kg 体重，麻醉维持时间约 1h。

（2）吸入麻醉　吸入麻醉是利用挥发性强的液态或气态麻醉剂（如乙醚）通过呼吸道被吸入肺内，继而进入血液而产生麻醉作用的方法。吸入麻醉可控性较强，并且对机体影响较小，被称为是一种安全的麻醉形式。

①器材及准备：麻醉呼吸机、犬用气管内插管、金属开口器、喉镜、中空木棍一只。

麻醉呼吸机是实施吸入麻醉的必需设备，不仅用于吸入麻醉，还用于对危重动物供氧抢救。麻醉呼吸机一般由压缩气钢筒、压力表、减压装置、流量计、吸入麻醉药蒸发器、二氧化碳吸收装置、导向活瓣、逸气活阀、呼吸囊、呼吸管道和衔接管等部件构成。因国内目前为止无犬用的麻醉呼吸机，大多用国产医用 MHJ－ⅢB 型麻醉机和 MHJ－ⅢB 型麻醉呼吸机。

②操作方法：气管内插管实施吸入麻醉时，一要对犬进行气管内插管。目的是防止唾

液和胃内容物误吸入气管，有效地保证呼吸道畅通；二是避免麻醉剂污染环境和被人员吸入；三是为人工呼吸创造条件，便于对危急宠物进行抢救和复苏。

犬使用的气管内插管，应接其体重大小选用与其气管内径相适应的规格，进行气管内插管时，先用适量的非吸入麻醉剂对犬实行基础麻醉，使其咽喉反射基本消失，然后借助于咽喉镜在直视下插管。操作时将犬头、颈伸直、安置金属开口器，除去口腔内的食物残渣等，将喉镱镜片前端的扁平板状端头抵于舌根背部，然后下压舌根背，使会厌软骨被牵拉开张而显露声门。借助医用喷雾器将局麻药喷洒喉部，以降喉反射和削弱插管时的心血管反应，耐心等待至犬呼气，声门开大时，迅速将气管插管经声门插入气管内。将气管插管成功插入后，向套囊内缓慢注气至套囊充气，以封闭插管与气管壁之间隙，然后将一中空木棍置于一侧上下犬齿之间维持张口状态。用一纱布条将气管内插管临时固定于下颌旁，安装衔接管，把气管内插管与麻醉呼吸机相连接，开始行吸入麻醉。

麻醉监护手术麻醉期间的监护重点是麻醉深度，呼吸系统、心血管系统、体温等。通过观察犬眼睑反射、角膜反射、眼球位置、瞳孔大小和咬肌紧张度可大致判断麻醉深度，通过观察犬可视黏膜颜色及呼吸状态、检查毛细血管再充盈时间、听诊心率等，可了解心肺功能。

拔管、在手术和麻醉结束、犬恢复自主呼吸和脱离麻醉呼吸机后，将气管内插管套囊中的气体排出。当麻醉犬逐渐苏醒、出现吞咽反射时，即可平稳而快速地拔出插管。

③注意事项：要掌握好拔管时间，麻醉犬的吞咽和咀嚼反射尚未恢复，拔管后可发生误咽或误吸。

实习五　宠物的常用穿刺术

一、目的和要求

穿刺术是使用特制的穿刺器具（如套管针、肝脏穿刺器，骨髓穿刺器等），刺入病犬体腔、脏器或骨髓内，排除内容物或气体，或注入药液以达治疗目的。也可通过穿刺采取病畜某一特定器官或组织的病理材料，供实验室确诊检查用。因穿刺术在实施过程中有损伤组织，并易造成感染的可能，故应慎用。

二、内容和方法

（一）胸腔穿刺术

1. 适应症

胸腔积液、积气、化脓性胸膜炎，开放性气胸的诊治；胸腔的洗涤，注入药物。

2. 器材准备及动物保定

一个 20ml 灭菌注射器连接 18～20 号针头，剪毛剪子、消毒棉球、治疗所需药物等，实验犬、猫各一只。

动物行站或左侧横卧保定。

3. 穿刺部位及方法

犬在右侧第 7 肋间。与肩关节到水平线相交点的下方约 2～3cm 处，胸外静脉上方约

2cm 处。

左手将术部皮肤稍向上方移动 1～2cm，右手持套管针或针头，用指头控制 2～3cm 处，在靠近肋骨前缘垂直刺入。穿刺肋间肌时有阻力感，当阻力消失而有空虚感时，表明已刺入胸腔内，左手把持套管、右手拔去内针，即可流出积液和血液，放液时不宜过急应用拇指堵住套管口，间断地放出黏液，防止胸腔减压过急，影响心肺功能。

有时放完积液之后，需要洗涤胸腔时，可将装有消毒药的输液瓶的橡胶管或注射器连接在套管口上，(或注射针)，高举输液瓶，药液即可流入胸腔，然后将其放出。如此反复冲洗 2～3 次，最后注入治疗性药物。操作完毕，拔出针头，使局部皮肤复位，术部涂碘酊。

4. 注意事项

(1) 穿刺或排液过程中，应注意防止空气进入胸腔。

(2) 穿刺时注意防止损伤肋间血管与神经。

(3) 刺入时，应以手指控制进针深度，以防过深刺伤心肺。

(4) 穿刺过程中遇有出血时，应充分止血，改变位置再行穿刺。

(二) 心包穿刺术

1. 目的和要求

心包穿刺术，应用于排出心包腔内的渗物或脓液，并进行冲洗和治疗。或采取积液供鉴别诊断。

2. 器材准备

20ml 玻璃注射器连接 16 号针头，直径 1mm 的聚乙烯导管 8～10cm，0.5% 盐酸普鲁卡因溶常用消毒药及抗生素溶液，生理盐水等。

3. 保定

小动物行右侧横卧保定，使左前肢向左前伸半步，充分暴露心区。

4. 穿刺部位及方法

(1) 于胸腔左侧，胸廓下 1/3 与中 1/3 交界处的水平线与第 4 肋间隙交点处剪毛、消毒。用 0.5% 盐酸普鲁卡因浸润麻醉。

(2) 用 20ml 的玻璃注射器连接 16 号针头，于术部的肋骨前缘皮肤垂直刺入针头，当针穿过皮肤后，缓慢进针，进入胸腔后，注射器内维持负压，仔细向心脏方向推进，当针尖触及心包膜时，可感到心脏搏动。当刺入心包膜，心包内液体进入注射器内，说明已刺入心包腔。

(3) 取下注射器，用直径 1mm 的医用聚乙烯导管，经 16 号针头插入心包腔 5～6cm。固定导管，拔出针头。导管用胶布固定在胸壁上，通过导管持续抽吸心包液，或经导管定期向心包腔内注入药物，也可通过导管对心包腔进行冲洗引流。

(三) 腹腔穿刺术

1. 目的和要求

腹腔穿刺的目的是对某些内脏器官疾病，如胃、肠破裂、内脏出血、肠变位，膀胱破裂及腹腔疾病的诊断，腹水的排放，向腹腔内注入某些药物治疗某些疾病。

2. 内容和方法

(1) 器械准备及保定　12～16 号针头、20ml 注射器一支，常用消毒棉球等。对动物施以侧卧保定。

(2) 注射部位及操作方法　对动物施以侧卧保定后，在耻骨前缘与脐之间的腹正中或右侧3～7cm剪毛消毒。

用12～16号针头，垂直刺入腹壁，穿透皮肤后，慢慢推进针头进入腹腔内，刺入深度2～3cm。

如有腹水从针头流出时，立即用注射器抽吸。如需放出大量腹水，对犬施以站立保定，术毕，拔下针头，局部碘酊消毒。

(四) 膀胱穿刺术

1. 目的和要求

急性尿潴留时尿液的排放，采集尿液用于化验和细菌培养等。

2. 内容和方法

(1) 器材准备与动物保定　16～18号针头，20、50ml注射器，0.5%盐酸普鲁卡因，剪毛剪子、消毒棉球等，实验犬、猫各一只。

动物取仰卧保定姿势。

(2) 穿刺部位及方法　犬仰卧保定后，在耻骨前缘3～5cm处，腹白线一侧胶底壁上剪毛消毒，并用0.5%盐酸普鲁卡因浸润麻醉。

左手隔着胶壁固定膀胱，右手持16～18号针头，与皮肤呈45°角向骨盆方刺入，针头依次刺透皮肤、腹肌、腹膜肌和膀胱壁，一旦刺入膀胱壁内，尿液便从针头喷射出头。

尿道阻塞的病犬，可以用此法持续放出尿液，如需取尿化验，可立即无菌收集，穿刺完毕，拔出针头，消毒术部。

实习六　宠物的输血、输液

一、输血

(一) 目的和要求

输血疗法是给病犬静脉输入保持正常生理功能的同质（同种属动物）血液的一种治疗方法。通过输血，达到补充血容量、止血、增加机体特异性抗病力的功效。

1. 输血疗法的适应症及禁忌症

输血疗法主要用于急性大失血、休克、虚脱、出血性素质、造血机能障碍以及某些慢性贫血，新生幼犬渗血症等。对某些毒物中毒（如一氧化碳中毒、化学毒物中毒等）、饲料中毒或严重烧伤，某些败血症均有一定治疗作用。

输血的禁忌症：严重的心脏病、严重的肺水肿、肺气肿、肝病及肾病时严禁输血。

(二) 内容和方法

1. 血型及血液相合性的制定

(1) 器材准备　采血用针头、注射器若干、装血用的试管2～3个、3.8%枸橼酸钠溶液500ml、离心机一台，玻片若干、滴管3～5个、供血犬2～3只、剪毛消毒具、贮血瓶、1m左右长的输血胶管2根、1.5cm长的盐水针头2～3只，实验犬、猫各一只。

(2) 血型　所谓血型，是指血液的不同类型。血型的区分，主要是根据红细胞的不同抗原（凝集原）和血清中含有的不同抗体（凝集素）而定。

犬的血型比较复杂，根据异种免疫抗体分为 A、B、C、D、E 5 个型。目前国际上比较公认的血型有 7 种，分为 A、A2、B、C、D、E、F、G 等 8 个因子，其中 A 因子的抗原性最强，是临床输血的主要问题。

（3）采血及血液保存　选择健康供血犬，颈动脉或静脉采血。为防止凝固，收血瓶中应装有抗凝剂，一般选用 3.8% 枸橼酸钠，抗凝集与血液比为 1∶9 采血时充分摇匀。

全血的保存一般是将抗凝血置 4℃冰箱内，时间最长不超过 3 周。

（4）血液相合性试验　通常在红细胞中含有某种凝集原，而在血清中则含有凝集素。当将相同血型的血液相混合时，不产生血凝集现象。如不相同血型的血液混合时，则凝集原在凝集素的作用下，先行凝集、继则溶血。受血犬接受了异型血液，就会引起输血反应。

①玻片凝集试验法：操作方法：

由受血犬（病犬）静脉采血 5～10ml，放室温下静置，分离血清。或先于试管内装入 3.8% 枸橼酸钠溶液（按血液 9∶1 的比例），然后向其中采血，分离血浆。

选定供血的健康犬 3～5 头（分别做好编号标记），分别各采血 1～2ml。或以生理盐水 5 倍用稀释全血；或分离出红细胞液。临用时再以生理盐水稀释 10 倍。

取载玻片 3～5 枚（依选定的供血犬数而定），用吸管吸取受血犬的血清（或血浆），于每一玻片上各滴加 2 滴；立即再分别用清洁吸管吸取各供血犬的稀释全血（或稀释 10 倍的红细胞泥），滴一滴于相应编号的血片（已滴加受血犬血清）上的血清中。

手持玻片做水平运动，使受血犬的血清与供血犬的稀释血液充分混合，经 10～15min，观察血细胞的凝集反应。

判定标准：

阴性反应（即为相合性血液），玻片上的液体呈均匀红色，无任何红细胞凝集现象，显微镜下观察，每个红细胞轮廓清楚。

阳性反应（即为不相合血液），红细胞呈砂粒状凝集块，液体透明，显微镜下观察红细胞堆集在一起，界限不清。

注意事项：

凝集试验最宜在 18～12℃室温下进行。温度过低，可能出现全凝现象；温度过高，易发生假阴性结果。

观察结果的时间不宜超过 30min、以免血清蒸发，造成假凝集。

所用血液必须是新鲜无溶血现象的血液。

所用玻片、吸管必须清洁。

②三滴试验法：取 1 滴抗凝剂于玻片上，再加供血犬和受血犬血各 1 滴，混合后肉眼观察有无凝集或溶血。如无凝集或溶血，说明两犬的血相配。反之，则表明不相配。

2. 输血方法及剂量

间接输血法，先将按输血剂量计算出的抗凝剂、（抗凝剂 1∶血液 9），置于已消毒的贮血瓶中，然后从供血犬的静脉采血，边接血边摇动贮血瓶使血液与抗凝剂充分混合，以防凝血。每次采血最大量为全血的 10%～20%，立即输给受血犬。

输入的速度应尽量缓慢，一般每分钟注入 10～15ml；当急性大失血时，速度应加快每分钟 20～30ml。

3. 输血反应及其处理

输血不当，可造成严重的输血反应，主要表现为眼周围潮红、充血、眼睑浮肿、眼球震颤、呼吸困难、兴奋、不安、呕吐、流涎、大便失禁、血色素尿、虚脱及昏睡。

一旦发生上述症状、应立即停止输血，肌肉或静脉注射氨茶碱、按每千克体重 10mg 计算；或用泼尼松按 5～8mg/kg 体重肌注。为防止肾功能障碍，可早期静脉注射速尿。

4. 输血时的注意事项

（1）输血时一切操作均匀应严格无菌。

（2）通常不给孕犬输血，以防流产。

（3）不要用种公犬血液给予之交配过的或将要与之交配的母犬输血，以防产生同族免疫，使新生幼犬发生溶血病。

（4）输血时，常并用抗生素，但最好不与血液混用，而将抗生素另做肌肉注射。

二、输液

（一）目的和要求

临床用于病犬严重脱水及电解质及酸碱平衡紊乱的治疗。

（二）内容和方法

1. 水电解质和酸碱平衡紊乱

正常犬体内水分在神经体液调节下，通过摄入和排出保持动态平衡。当机体发生疾病时，全身各系统器官功能发生紊乱而使这种平衡受到破坏，如果体液的流失量大于摄入量，机体即发生脱水。临床上脱水可分为等渗性，低渗性和高渗性脱水。正常情况下，机体酸碱度保持相对稳定，这是通过肾调节、呼吸调节、全身体液缓冲系统和血液缓冲来实现的。其中血液缓冲（$CHCO_3^-$ 和 H_2CO_3 缓冲对）和肾的调节（排 H^+、NH_4^+、K^+，重吸收 Na^+）最为有效。若机体和电解质代谢失调，则酸碱平衡也受到影响甚至紊乱，发生酸中毒或碱中毒。

2. 脱水程度的划分

①轻度脱水失水量为总体重的 2%～4%。当犬精神沉郁、口稍干、有渴感、皮肤强性减退、尿少、尿液比重增加，脉搏次数明显增加，红细胞压积增加 5%～10%。

②中度脱水失水量占体重的 4%～8%。患犬沉郁、眼球内陷、饮水增加、皮肤强性降低，尿少、尿液比重增加，脉搏次数明显增加。

③重度脱水，失水量为体重的 8%～10% 或 10% 以上。患犬高度沉郁、眼球深陷、体表静脉塌陷、结膜发绀、鼻镜龟裂、脉搏细快而弱，皮肤失去弹性。脱水 12%～15% 时，可发生休克危及生命。

3. 输液溶液的类型

常用的有葡萄糖溶液（5%～50% 不等）；电解质溶液，如生理盐水、5% 葡萄糖生理盐水、林格尔氏液等；碱性溶液如 5% 碳酸氢钠溶液、乳酸钠溶液、谷氨酸钠溶液等；胶体溶液，如中分子右旋糖酐等。所需溶液的类型应根据疾病性质和体液流失的量和成分决定。

4. 输液量

根据临床病犬的病史、症状和体征判断脱水程度，然后按以下公式计算需要补液的量（一次性补充量）和维持补液的量。

补充量（L）＝体重（kg）×脱水量（%，占体重的百分比）。

维持量（ml）为每千克体重每天40～60ml。

病犬一天的输液量＝维持量＋补充量。

5. 输液途径

最常用的是静脉输液，口服补液，在静脉口服补液有困难时，也可采用皮下输液和腹腔输液。严重、大量脱水应首选静脉输液和腹腔输液。病情较轻者可皮下输液，但等渗、高能量的可采取口服输液。严重呕吐、腹泻及突然大量脱水时，不宜通过口服补液。

6. 输液速度

当机体脱水严重，心脏功能正常时，输液速度应快，大型成年犬静脉等渗溶液输液的最大速度每千克体重每小时可达80～100ml；慢性较轻微的脱水，在计算好补液量后，可先补失液量的一半，然后进行维持输液，一天内输够即可。初生仔犬输液按每千克体重1小时4ml，同时监护心、肾功能，并注意观察尿量变化。通常情况下，静脉输液速度以每千克体重每小时10～16ml为宜。

实习七　宠物的物理疗法

应用各种人工的或自然的物理因子（如光、电、热、声、机械及放射能等）来防治疾病的方法，称为物理疗法。

一、水疗法

（一）水疗法的器材准备

水盆（中盆）2～3个、水桶2个（铁皮制造的）加热用电炉一个，毛巾8条，肥皂一块、绷带4轴、木桶或矾布桶1个，酒精95%浓度500ml 4瓶。纱布、棉花、塑料布、棉布等，实验犬、猫各一只。

（二）水疗的种类、治疗技术、适应症用禁忌症

水疗应用的水温分为冰冷水5℃以下；冷水10～15℃以下；凉水23℃；温水28～30℃；温热水33～40℃；热水40～42℃；高热水42℃以上。

1. 泼浇法

根据治疗目的使用冷水或温水。将水盛入容器内，连接一软橡胶管，使水流向体表的治疗部位，实行泼浇治疗。

2. 适应症

鼻出血、日射病及昏迷状态可用冷水浇头部；四肢炎症可用冷水浇四肢。

一般冷水泼浇时使用的水温是15～18℃。

1. 局部冷水疗法

（1）目的及要求　用于止血消炎和镇痛。手术后出血、软部组织挫伤、血肿、骨膜挫

伤、关节扭伤、腱及腱鞘炎等；

（2）方法

①冷敷法：用叠成两层的毛巾或脱脂纱布浸以冷水。（亦可配成0.1%的蒸色素溶液），敷于患部，再包扎绷带固定，并须经常地保持敷料低温。为了防止感染提高疗效，可应用消炎剂，如布老氏液。2%硼酸溶液，0.1%雷夫奴尔溶液，2%～5%氯化钠溶液、20%～50%硫酸镁溶液等。亦可用冰囊及雪囊、冷水袋局部冷敷。

②冷脚治法：常用于治疗蹄、指、趾关节疾病。将冷水（亦可配成0.1%高锰酸钾溶液或其他低浓度防腐剂）注入水桶或矾布桶，将患部浸入水中。

2. 局部温热疗法

（1）适应症　用于长出现组织坏孔溶液的早期急性化脓炎症，消散缓慢的炎性浸润，亚急性腱炎及腱鞘炎。

（2）方法

①水温敷法：局部温敷用于消炎、镇痛。温敷用4层敷料：第一层为温润层，可直接敷于患病。可用叠成4层的纱布、2层的毛巾等。第二层为不透水层，可用塑料布。第三层为不良导热层（保温层），可用棉花，毛垫等。第四层为固定层可用纱布绷带、棉布带等。

温敷时，先将患部用温肥皂水洗净，擦干。然后将湿润层浸以温水（15～20℃）或3%醋酸铅溶液，并轻轻压挤出过多的水后缩于患部，外面包以不透明水层、保温层，最后用绷带固定。为了增加疗效可用药液（布老氏液、10%鱼石脂溶液、10%～30%硫酸镁溶液、0.1%雷佛奴尔溶液等）温敷。湿润层每4～6h更换1次。

②酒精温敷法：用95%或70%的酒精进行温敷。酒精度数越高，炎症产物消散吸收也越快。

③热敷法：常用棉花热敷法。先将脱脂棉浸以热水，轻轻压挤出多余的水后敷于患部。浸水的脱脂棉外包口上不透水层及保温层，再用绷带固定。每3～4h换1次。

④热脚浴法：与冷脚浴法作用相同，也是把冷水换成热或加以适量的防腐剂或药液。

⑤禁忌症：当局部有明显的水肿和进行性炎性浸润时，禁用酒精热敷。否则加速局部炎性渗出，增加组织内压并破坏局部血液循环。

二、特定电磁波疗法（T、D、P疗法）

指定电磁波（简称T、D、P）治疗机是20世纪80年代我国重庆市硅酸盐研究所苟文彬，根据电磁波对生物体内微量元素存在状态，有强烈影响的理论，经多年研究所取得的一项重大科技成果，近些年在医学及兽医学临床应用方面已积累了较丰富的临床经验和广泛地推广应用。

（一）T、D、P的治疗作用

T、D、P有明显的热效应，具有扩张毛细血管、促进血液及淋巴循环、增强代谢、消炎、消肿、解痉及镇痛作用。

T、D、P发射的电磁波及其携带的信息对生物体产生影响，从而达到调整机体病理过程达到促进疾病迅速恢复治愈的目的。

（二）T、D、P 疗法的适应症

对很多外科疾病如炎性肿胀、挫伤、关节透创、关节滑膜炎、黏液囊炎、屈腱炎、腱鞘炎、神经麻痹、创伤、风湿病、骨折特别是难愈合的陈旧性骨折、久不愈合的创伤、溃病等有显著的治疗效果。

对胃肠卡他、胃肠炎、咽喉炎、痉挛病及肾炎等内科病亦有很好疗效。

对慢性子宫内膜炎、卵巢疾病、不孕症、乳房炎、胎衣停滞等具有较好的治疗作用。

（三）器材准备

电源、接线插座一个、T、D、P 治疗机一台，实验犬、猫各一只。

（四）操作方法

动物实行横卧保定或站立保定，充分暴露患部，将 T、D、P 治疗机与电源接通，预热 5～10min，将 T、D、P 治疗机磁板调整与患部距离 20cm 并平行对强患部，固定好 T、D、P 治疗机磁板，持续照射 20～30min，每日 2～3 次，照射完毕，关闭电源，撤出 T、D、P 治疗机。

（五）注意事项

在照射过程中应注意检查 T、D、P 磁板与患部距离是否合适，以免距离过近，持续高温造成机体组织灼伤。距离过远达不到治疗效果。

实习八　宠物的给氧方法

宠物临床上给氧是为了抢救重危病犬和进行某些手术时为防止病犬缺氧造成严重后果所采取的重要急救治疗措施。

一、目的和要求

（一）给氧的目的及要求

给氧疗法主要应用于缺氧时而进行给氧的治疗手段。

（二）适应症

（1）使用麻醉药过量而引起的呼吸抑制。

（2）上呼吸道阻塞所引起的呼吸困难。肺充血、肺水肿、大叶性肺炎、异物性肺炎及气胸、血胸、脓胸、乳糜胸等。

（3）心脏疾病及血液疾病等。如心力衰竭、心肥大、心脏瓣膜病、心丝虫病、急性大出血、严重贫血、高铁血红蛋白症以及休克等。

二、内容和方法

（一）给氧的装置

临床上利用氧气输给病畜时，需备有供氧来源，常用的以下几种。

1. 氧气瓶给氧装置

备有氧气瓶、医用流量表、橡胶管、贮水瓶等。先将氧气瓶固定于氧气瓶架里，再安装流量表，于流量表输出端装上胶管，胶管的另端接于贮水瓶中，再用1条胶管，一端接于贮水瓶的输出端，另一端直接插入病犬鼻孔中以达鼻咽腔为宜，然后用卷轴绷带或胶布将胶管固定于鼻梁与下颌处，以防滑脱。应用时先打开氧气瓶上的阀门（一般打开3～4圈即可）。再慢慢扭开流量表上的开关，观察每分钟的输出量（一般每分种以2～3L为宜），此时可看到贮水瓶中连续不断地产生较大的水泡。

为经掌握氧气瓶中的含氧数量（L）与使用时间，常用的方法是：压力乘3，再除以流出的数量（L），就可计算出瓶内的氧还能持续应用多少时间。例如氧气瓶压力为350磅。每分钟流出6L，则 $350 \times 3 \div 6 = 175$min。即尚可继续使用175min。

（1）取盐水吊瓶1个（广口瓶也可），500～1 000ml广口瓶2个，配上橡皮塞（或软木塞），并打两个孔（装胶管用）。

（2）A瓶（盐水吊瓶）盛过氧化氢300～500ml；B瓶中盛高锰酸钾30～50g；C瓶中盛清净水200～300ml，如图所示连接一起。

（3）于A瓶与B瓶之间连接的橡胶管上装1弹簧夹，以便控制过氧化氢流出的速度与数量，塞紧瓶并用蜡密封。

（4）将A瓶挂在盐水瓶架上，打开弹簧夹，使过氧化氢一滴一滴的流入B瓶，过氧化氢与高锰酸钾相遇起化学反应而产生氧气，氧气通过玻璃管进入C瓶，通过水而产生气泡，由此可知氧气的量。然后将由C瓶输出的胶管，插入病犬的鼻腔，达鼻咽部即可吸入氧气。

（二）给氧的方法

1. 经导管给氧法

（1）经鼻导管给氧法：即将由给氧装置输出导管插入病犬鼻孔内，放出氧气，供病犬吸入。

（2）导管插入咽头部给氧法：将导管插入病犬咽头部给氧。

（3）气管内插管法：将导管插入气管内，供病畜吸氧的方法。

2. 经鼻直接收氧法

采用活瓣面罩给氧法。在给氧装置输出导管的一端，连接特制的活瓣面罩，将面罩套在病犬的鼻面上，并固定于头部和鼻梁上，打开氧气瓶，病犬即可自由吸入氧气。

3. 3%过氧化氢静脉内注射给氧法

应用过氧化氢（医用或化学试剂）静脉注射，根据临床实践证明是一种较为满意的静脉输液途径。

将3%过氧化氢用25%～50%葡萄糖溶液稀释成10倍，按2～3ml/kg体重剂量，以10ml/30s速度缓慢静脉注射。

（三）注意事项

（1）病犬应妥善保定，氧气瓶要有专人看护，与病犬保持一定距离，并注意观察输入量，保证安全。

（2）给氧的场地严禁点火吸烟、使用电炉等一切火种，以防发生氧气瓶爆炸。

（3）氧气瓶上的附件，严禁涂抹油类，不许用带油的手去挤氧气瓶的阀门。

（4）给氧导管、必须严密，防止漏气。氧气瓶内的氧气，不要用尽，保持量不应少于5L，以防杂质混入。

（5）过氧化氢静脉注射给氧时，稀释度尽量要大些，注射速度要慢些，1 次用量不宜过大，以防导致溶血。

实习九　宠物普鲁卡因封闭疗法

普鲁卡因封闭疗法是将一定浓度的盐酸普鲁卡因溶液，注射于机体组织内或血管内以治疗病的一种病因疗法，在兽医临床上已得到广泛应用。

一、目的和要求

练习普鲁卡因封闭疗法的操作技术，要求初步掌握其要领，应用范围及注意事项。

二、内容和方法

（一）血管内封闭法

将0.25%的盐酸普鲁卡因渗液按 1ml/kg 体重的剂量，缓慢静脉注射，1 次/d，连用3～4次。常用于治疗挫伤、去势后水肿、久不愈合的创伤、湿疹和皮肤炎等病。

（二）四肢环状封闭法

一般应于病灶上方 3～5cm 处的健康组织内注射 0.05%～0.5% 的盐酸普鲁卡因溶液，可分成 3～4 点注射，用量应根据部位的粗细而定。本法常用于治疗四肢蜂窝织炎初期，愈合迟缓的创伤及肢蹄病。

（三）病灶局部周围封闭法

在患部周围健康的组织内，注入 0.25%～0.5% 盐的普鲁卡固溶液，每天或隔天 1 次。为了提高疗效，可于药液内加入 50 万～100 万 IU 青霉素。本法常用于治疗创伤、溃病、急性炎症等。

（四）穴位封闭法

用 0.25%～0.5% 盐酸普鲁卡因溶液注入抢风穴或百会穴，分别治疗前后肢的疾病，1 次/d，连用 3～5 次。

（五）肾区封闭法

将盐酸普鲁卡因溶液注入肾脏周围脂肪囊中，封闭肾区神经丛。适宜治疗各种急性炎症包括化脓性炎症。对肠便秘也有疗效。

（六）交感神经干胸膜上封闭法

是把普鲁卡因溶液注入到胸膜外，胸椎下的蜂窝组织内，这样可使所有通向腹腔脏器的交感神经通路发生阻断，因此，可用这种方法控制腹腔及盆腔器手术后炎症的发展，以及治疗这些器官的炎症。

三、实习设备

（1）实习动物　犬2只。

（2）实习器材　口笼、颈钳各一个、剪毛剪子一把、20ml注射器5支、消毒棉球若干。

（3）病例用纸　每个学生一份。

实习十　宠物的针灸疗法

一、目的和要求

（1）熟悉针灸疗法的种类及常用针灸治疗器具。

（2）熟悉并掌握犬常用针灸穴位名称，重点掌握分水、山根、三江、承泣、锁口、开关、睛明、优兔、上关、下关、耳尖、天门、中枢、命门、阳关、百合、肺俞、心俞、肝俞、脾俞、肾俞、胸堂、后海、尾尖、肩进、抢风、涌泉、滴水、肾堂、后三里等穴位定位方法。

二、内容和方法

（一）熟悉针灸用具及种类

（1）毫针：直径0.16～0.22mm，针体长度为1.3～6.0cm的人医针灸用毫针。

（2）三棱针：针身呈三棱状，有大小两种类型，犬、猫常用小三棱针，用于针刺血管口的血针穴位。

（3）艾卷：将艾绒用草纸卷成细圆柱状，移为艾卷，是艾灸的用具。

（4）其他针灸用具：包括电针治疗机、激光治疗器、电器波谱治疗器等。

（二）针灸前的准备

（1）检查针灸用具，根据针刺部位，动物体型大小和针刺方法选择适当的针具，并检查有无生锈、常钓、弯折现象，有上述现象者不能使用；艾灸前检查卷是否受潮，如受潮不易点燃而不能使用。

（2）动物保定，犬猫采用网架保定。必要时用绷带将犬嘴缚住或给犬带防咬口罩。

（3）消毒、针刺时，应注意对穴位、针具和术者的手指消毒。

（三）针刺方法

（1）进针有缓刺法和急刺法两种。

（2）刺针角度，平刺、斜刺和直刺。

（3）留针，毫针刺入穴位后，常在穴位内留置15～30min，其间每隔5～10min，可行针1次，每次2～3min。

（4）行针：针刺达到所需深度后，可采用一定手法使患病犬、猫出现提肢、弓腰、摆尾、肌肉收缩等；得气反应，称为行针。行针时根据病情采用捻转、提插等方法。

（5）针刺强度：针刺时根据病情需要采用强、中、弱三种刺激。

（6）退针：在留针一定时间之后，以左手拇指、食指夹持针体，同时按压穴位，右手持针柄捻转抽出。

（四）常用针灸疗法

（1）白针疗法。

（2）血针疗法。

（3）电针疗法。

（4）水针疗法。

（5）激光针灸。

（6）艾灸。

（五）犬、猫常用针灸穴位的定位、针法以及适应症

犬常用针灸穴位（表 10－1）及猫常用针灸穴位（表 10－2）。

三、实习器材及动物

（1）实习动物：犬 2 只、猫 2 只。

（2）保定用具：口笼、绷带、颈钳、铁环等。

（3）针灸器材：白针、小、中毫针各 10 支、小三棱针 5 支，艾卷 5～6 个。

（4）电针用具：电针治疗机 1 个。

（5）激光治疗机一台（He－Ne 激光器）。

实习十一　石蜡疗法

一、目的和要求

利用融化的石蜡，将热能导至机体用以治疗疾病的方法称为石蜡疗法。

临床上用于犬亚急性和慢性炎症（关节扭伤、关节炎、腱及腱鞘炎等）愈合迟缓的创伤、骨痂形成迟缓的骨折，营养性溃疡、慢性软组织挫伤、瘢痕粘连、神经炎、神经痛、黏液囊炎及瘢痕挛缩等治疗。

二、器材准备

熔点 50～60℃，白石蜡 2～3kg，水浴锅一个，温度计（刻度 100℃）1～2 支，排笔刷 1～2 个，绷带 5 轴、脱脂棉若干，胶布若干。

三、方法和内容

先将石蜡放入水浴锅内溶化加温至 70～80℃，将病犬患部仔细剪毛并洗净，擦干。做“防烫层”，其做法是用排笔蘸 65℃的融化石蜡，涂于皮肤上，连续涂刷至形成 0.5cm 厚的石蜡层为止。如局部皮肤有破裂有溃疡及伤口，应事先用高锰酸钾溶液洗涤待干燥后涂一薄层蜡膜，然后再涂“防烫层”，为了防止交换绷带时局部拔毛，可在涂“防烫层”以前包扎一层螺旋绷带。

（一）石蜡热敷法

在做完“防烫层”后迅速涂布厚层热石蜡达 1～1.5cm 厚。外面包上胶布，再包以保

温层，最后用绷带固定。

（二）石蜡棉纱热敷法

常用于四肢游离部以外的其他部位。做好防烫层以后，用4～8层纱布，按患部大小叠好，浸于液化的石蜡中，取出后挤掉多余的石蜡，迅速敷于患部，外面包以胶布和保温层并加以固定。

（三）石蜡热洗法

适用于四肢末端，做好“防烫层”后，从蹄子下面套上1个胶布套，形成距皮肤表面直径2～2.5cm的空囊，用绷带将空囊的下部扎紧，然后将石蜡从上口注入空囊中，让石蜡包围在四肢游离端的周围，将上口扎紧，外面包上保温层并加以固定。

（四）石蜡疗法的禁忌症和注意事项

1. 禁忌症

有化死灶的发炎创，急性化脓性炎症以及不能使用温敷的疾患。

2. 注意事项

石蜡使用时不能超过100℃，否则石蜡氧化变成酸性而易于刺激皮肤；石蜡加温时勿混入水分，以免引起热伤；石蜡易燃，在加温时注意防火。

附：实训技能考核

根据实训的内容，结合各院校的实际情况选其中任何一项的1～2个内容进行考核，未入实训考核中的实训内容，在理论考试内容中予以考试。

（一）操作技术

附表1　操作技术实训技能考核表

考核内容	评分标准		考核方法	熟练程度	时限
	分值	扣分依据			
宠物保定	20	任选保定方法	单人	熟练	20min
宠物静脉给药	20	部位不对扣10分不消毒扣5分方法不当扣5分	操作考核	掌握	20min
宠物的麻醉	20	部位不对扣10分不消毒扣5分，方法不当扣5分	操作考核	掌握	20min
宠物的肠腔穿刺	20	部位不对扣10分不消毒扣5分，方法不当扣5分	操作考核	掌握	20min
宠物的输血疗法	10	操作不当扣5分，操作不正确扣5分	操作考核	掌握	20min
宠物的输氧疗法	10	操作不当扣5分，操作不正确扣5分	操作考核	掌握	20min

（二）常用治疗仪器的使用及常用治疗方法

附表 2　常用治疗仪器的使用及常用治疗方法表

考核内容	评分标准		操作考核	掌握
	分值	扣分标准		
激光疗法	20	不会使用扣 10 分　操作不当扣 10 分		
TDP 疗法	20	不会使用扣 10 分　操作不当扣 10 分		
光疗法	20	不会使用扣 10 分　操作不当扣 10 分		
普鲁卡因封闭疗法	20	不会操作扣 10 分　操作不当扣 10 分		
石蜡疗法	20	不会操作扣 10 分　操作不当扣 10 分		

参考文献

［1］王春璈等．犬、猫疾病防治．山东：山东省出版总社泰安分社，1988

［2］唐兆新．兽医临床治疗学．北京：中国农业出版社，2002

［3］东北农学院．临床诊疗基础．北京：中国农业出版社，1979

［4］汪世昌．兽医临床治疗学．哈尔滨：黑龙江科学技术出版社，1990

［5］李文学．临床诊疗操作技术．北京：科学技术文献出版社，1996

［6］朱明德．临床治疗学．上海：上海科学技术出版社，1994

［7］丁岚峰，扬本善等译．中村良一著．临床家畜内科治疗学．哈尔滨：黑龙江人民出版社，1987

［8］梁礼成译．Steven E. Crow 著．犬猫兔临床诊疗操作技术手册．北京：中国农业出版社，2004

［9］林德贵．兽医外科手术学．北京：中国农业出版社，2004

［10］何英等．宠物医生手册．沈阳：辽宁科学技术出版社，2003

［11］黄治国等译．小野宪一郎等著．犬病图解．南京：江苏科技出版社，2004

［12］董君艳．新版犬病诊治图谱．长春：吉林科技出版社，2001

［13］祝俊杰等．犬猫疾病诊疗大全．北京：中国农业出版社，2005

［14］叶俊华．犬病诊疗技术．北京：中国农业出版社，2004

［15］蔡宝祥．家畜传染病学．北京：中国农业出版社，2002

［16］朱维正等．新编兽医手册．北京：金盾出版社，2002 修订版

［17］胡元亮等．实用动物针灸手册．北京：中国农业出版社，2004

［18］冯蓬．狗病防治手册．长春：吉林农业出版社，2004

［19］陈锦高等．鱼病防治技术．北京：金盾出版社，2007

［20］任志良．兔病诊断与防治．北京：金盾出版社，2007

［21］杨连楷．鸽病防治技术．北京：金盾出版社，2002

［22］白景煌．养犬与犬病．北京：科学出版社，2001